꽃 색깔로 쉽게 찾는

아하! 꽃 도감

글·사진 김완규(야생화사진가)

지식서관

CONTENTS

차례

양치 식물

미역고사리
48

세뿔석위
48

손고비
49

산일엽초
49

우단일엽
50

일엽초
50

고비
51

꿩고비
51

고비고사리
52

고사리
52

베이치 박쥐란
53

아디안툼코우다툼
53

산고사리삼
54

가지고비고사리
54

공작고사리
55

섬공작고사리
55

선바위고사리
56

관중
56

비늘고사리
57

가는쇠고사리
57

꼬리쇠고사리
58

큰쇠고사리
58

일색고사리
59

거미고사리
59

골고사리
60

돌담고사리
60

뱀고사리
61

버들참빗
61

차꼬리고사리
62

넉줄고사리
62

네가래
63

물개구리밥
63

반쪽고사리
64

봉의꼬리
64

알록큰봉의꼬리
65

큰봉의꼬리
65

구실사리
66

개부처손
66

부처손
67

비늘이끼
67

생이가래
68

넓은잎개고사리
68

산토끼고사리
69

야산고사리
69

우드풀
70

참우드풀
70

가래고사리
71

드문고사리
71

진퍼리고사리
72

물별이끼
72

바늘솔이끼
73

애기솔이끼
73

꽃잎이끼
74

탑꼴이끼
74

우산이끼
74

흰색 꽃이 피는 식물

감자
76

고추
76

까마중
77

배풍등
77

피망
78

피튜니아
78

흰독말풀
79

먹넌출
79

호랑가시나무
80

고추나무
80

큰괭이밥
81

과꽃
81

구름떡쑥
82

가는잎구절초
82

구절초
83

한라구절초
83

국화
84

황진이
84

등골나물
85

개망초
85

망초
86

머위
86

멸가치
87

민박쥐나물
87

박쥐나물
88

삽주
88

샤스터데이지
89

솜나물
89

|  |  |  |  |

시네라리아
90

왕고들빼기
90

왜솜다리
91

우산나물
91

정영엉겅퀴
92

단풍취
92

수리취
93

참취
93

털별꽃아재비
94

톱풀
94

한련초
95

흰민들레
95

흰씀바귀
96

갈퀴덩굴
96

산갈퀴덩굴
97

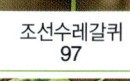

조선수레갈퀴
97

계요등
98

꽃치자
98

치자나무
99

광대수염
99

들깨
100

박하
100

흰속단
101

송장풀
101

쉽싸리
102

흰꿀풀
102

흰백리향
103

끈끈이귀개
103

피그미끈끈이주걱
104

드로세라 비나타
104

드로세라 카펜시스
105

파리지옥풀
105

나도풍란
106

새우난초
106

심비디움
107

제비난초
107

카틀레야
108

풍란
108

해오라비난초
109

호접란
109

노루발풀
110

매화노루발
110

개오동나무
111

꽃개오동나무
111

노린재나무
112

다래나무
112

쥐다래나무
113

키위
113

돈나무
114

둥근바위솔
114

바위솔
115

두릅나무
115

팔손이나무
116

때죽나무
116

쪽동백나무
117

둥근마
117

마
118

고마리
118

메밀
119

며느리밑씻개
119

며느리배꼽 120	범꼬리 120	소리쟁이 121	수영 121	바보여뀌 122
흰여뀌 122	왜개싱아 123	호장근 123	마름 124	뚝갈 124
좀쥐오줌풀 125	흰작살나무 125	남천 126	새삼 126	실새삼 127
좀나팔꽃 127	목련 128	오미자나무 128	함박꽃나무 129	구골목서 129
미선나무 130	쥐똥나무 130	개구리발톱 131	꿩의다리 131	돈잎꿩의다리 132
산꿩의다리 132	노루귀 133	노루삼 133	모데미풀 134	꿩의바람꽃 134

 나도바람꽃
135

 너도바람꽃
135

 바람꽃
136

 쌍동바람꽃
136

 홀아비바람꽃
137

 백작약
137

 사위질빵
138

 산매발톱꽃
138

 으아리
139

 참으아리
139

 촛대승마
140

 할미밀망
140

 흰진범
141

 박
141

 표주박
142

 박주가리
142

 박쥐나무
143

 개감채
143

 나도개감채
144

 달래
144

 두루미꽃
145

 각시둥굴레
145

 둥굴레
146

 용둥굴레
146

 박새
147

 백합
147

 부추
148

 산마늘
148

 산세베리아 라우렌티
149

 산자고
149

금강애기나리 150	애기나리 150	큰애기나리 151	연영초 151	옥잠화 152
윤판나물아재비 152	은방울꽃 153	튤립 153	양파 154	파 154
풀솜대 155	픽투라툼 접란 155	고광나무 156	돌단풍 156	바위말발도리 157
애기말발도리 157	물매화풀 158	미국수국 158	바위떡풀 159	바위취 159
벼 160	잔디 160	흰물봉선 161	샤프란 161	프리지어 162
맨드라미 162	가는기름나물 163	강활 163	지리강활 164	노루참나물 164

당근 165	미나리 165	바디나물 166	사상자 166	애기참반디 167

어수리 167	왜당귀 168	삼백초 168	벼룩이자리 169	개별꽃 169

다화개별꽃 170	덩굴개별꽃 170	참개별꽃 171	별꽃 171	쇠별꽃 172

안개꽃 172	가는장구채 173	오랑캐장구채 173	장구채 174	털장구채 174

점나도나물 175	카네이션 175	암석사자 176	각시수련 176	수련 177

연꽃 177	개상사화 178	문주란 178	수선화 179	냉이 179

다닥냉이 180	미나리냉이 180	황새냉이 181	묏장대 181	장대나물 182
왜모시풀 182	쐐기풀 183	목화 183	눈뫼 184	눈보라 184
백란 185	백조 185	사임당 186	선덕 186	소코베니에 187
스노드리프트 187	이원화립 188	패오니홀로레스 188	평화 189	한서 189
갯까치수영 190	까치수영 190	큰까치수영 191	봄맞이 191	애기봄맞이 192
관음죽 192	아레카 야자 193	카나리아 야자 193	코코스 야자 194	흰두메양귀비 194

붉나무
195

산용담
195

흰그늘용담
196

흰자주쓴풀
196

실유카
197

유카
197

귤나무
198

금귤
198

백선
199

유자나무
199

탱자나무
200

각시괴불나무
200

괴불나무
201

백당나무
201

수국백당나무
202

불두화
202

산가막살나무
203

인동덩굴
203

흰병꽃나무
204

백량금
204

자금우
205

물질경이
205

자라풀
206

자리공
206

가침박달
207

귀룽나무
207

서울귀룽나무
208

덩굴딸기
208

딸기
209

복분자딸기
209

산딸기나무 210	장딸기 210	마가목 211	매화나무 211	백매 212
배나무 212	팥배나무 213	병아리꽃나무 213	사과나무 214	
산개벚나무 214	산사나무 215	앵두나무 215	가는오이풀 216	큰오이풀 216
이스라지나무 217	자두나무 217	장미 218	공조팝나무 218	덤불조팝나무 219
산조팝나무 219	조팝나무 220	참조팝나무 220	찔레나무 221	터리풀 221
풀명자나무 222	피라칸다 222	남산제비꽃 223	섬제비꽃 223	잔털제비꽃 224

| 줄민둥뫼제비꽃 224 | 태백제비꽃 225 | 흰젖제비꽃 225 | 종지나물 226 | 어리연꽃 226 |

| 제라늄 227 | 세잎쥐손이 227 | 쥐손이풀 228 | 흰꽃이질풀 228 | 꼬리진달래 229 |

| 애기석남 229 | 흰철쭉나무 230 | 질경이 230 | 노각나무 231 | 차나무 231 |

| 밤나무 232 | 산부채 232 | 스파티필룸 콤무타툼 233 | 스파티필룸 파틴니 233 | 도라지 234 |

| 수염가래꽃 234 | 흰잔대 235 | 흰톱잔대 235 | 종꽃 236 | 초롱꽃 236 |

| 산딸나무 237 | 층층나무 237 | 흰말채나무 238 | 칠엽수 238 | 백등나무 239 |

비수리
239

아카시아나무
240

강낭콩
240

완두
241

토끼풀
241

벗풀
242

질경이택사
242

땅귀개
243

이삭귀개
243

백서향
244

금어초
244

디기탈리스
245

칼송이풀
245

흰송이풀
246

흰왜현호색
246

마삭줄
247

백화등
247

홀아비꽃대
248

흑삼릉
248

노란색 꽃이 피는 식물

가래
250

말즘
250

꽈리
251

천사의나팔
251

토마토
252

대추나무
252

감나무
253

고욤나무
253

물수세미 254	겨우살이 254	괭이밥 255	거베라 255	고들빼기 256
이고들빼기 256	국화 257	금구슬 257	금병산 258	산국 258
황무궁 259	금계국 259	큰금계국 260	금불초 260	버들잎금불초 261
긴담배풀 261	두메담배풀 262	기생초 262	도깨비바늘 263	도꼬마리 263
금떡쑥 264	떡쑥 264	뚱딴지 265	미국가막사리 265	개민들레 266
민들레 266	산민들레 267	흰노랑민들레 267	밀짚꽃 268	산흰쑥 268

삼잎국화
269

상추
269

센토레아
270

산솜다리
270

솜다리
271

물솜방망이
271

민솜방망이
272

솜방망이
272

쑥갓
273

쑥국화
273

벌씀바귀
274

산씀바귀
274

씀바귀
275

좀씀바귀
275

여우오줌
276

원추천인국
276

잇꽃
277

조밥나물
277

진득찰
278

털진득찰
278

갯취
279

곰취
279

나래미역취
280

미국미역취
280

미역취
281

큰방가지똥
281

털머위
282

해바라기
282

황금마가렛
283

갈퀴꼭두서니
283

솔나물
284

애기솔나물
284

참배암차즈기
285

감자란
285

금새우난초
286

온시디움
286

춘란
287

콩짜개란
287

사철나무
288

줄사철나무
288

화살나무
289

생강나무
289

느릅나무
290

구상란풀
290

산겨릅나무
291

중국단풍
291

개감수
292

암대극
292

흰대극
293

포인세티아
293

아주까리
294

가는기린초
294

기린초
295

태백기린초
295

광대싸리
296

돌나물
296

바위돌꽃
297

좁은잎돌꽃
297

바위채송화
298

흑법사
298

정선바위솔 299	가시오갈피 299	독활 300	엄나무 300	마타리 301
삼지구엽초 301	매발톱나무 302	왕매발톱나무 302	한계령풀 303	시금치 303
일목련 304	튤립나무 304	모감주나무 305	고추나물 305	물레나물 306
중국금사매 306	물양귀비 307	개나리 307	개구리미나리 308	개버무리 308
금매화 309	누른종덩굴 309	동의나물 310	라넌큘러스 310	맥카나스자이안트 311
미나리아재비 311	바위미나리아재비 312	산미나리아재비 312	복수초 313	젓가락나물 313

큰꽃으아리
314

회리바람꽃
314

달맞이꽃
315

애기달맞이꽃
315

큰달맞이꽃
316

멜론
316

수박
317

수세미외
317

여주
318

오이
318

왕과
319

참외
319

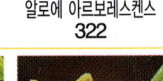
하늘타리
320

호박
320

선밀나물
321

알로에
321

알로에 아르보레스켄스
322

애기원추리
322

왕원추리
323

원추리
323

윤판나물
324

애기중의무릇
324

중의무릇
325

청가시덩굴
325

청미래덩굴
326

튤립
326

수양버들
327

유가래나무
327

가지괭이눈
328

괭이눈
328

산괭이눈 329	애기괭이눈 329	도깨비부채 330	벽오동 330	수까치깨 331
보리수나무 331	노랑물봉선 332	부들 332	분꽃 333	금붓꽃 333
노랑꽃창포 334	붓순나무 334	크로커스 335	맨드라미 335	꾸지뽕나무 336
뽕나무 336	산뽕나무 337	약모밀 337	댕댕이덩굴 338	새모래덩굴 338
생강 339	카네이션 339	해안부채선인장 340	소철 340	쇠비름 341
채송화 341	오제왜개연꽃 342	왜개연꽃 342	수선화 343	갓 343

꽃다지
344

꽃양배추
344

양배추
345

배추
345

구슬갓냉이
346

나도냉이
346

유채
347

목화
347

수박풀
348

어저귀
348

좁쌀풀
349

참좁쌀풀
349

프리뮬러
350

당종려
350

괴불주머니
351

눈괴불주머니
351

산괴불주머니
352

두메양귀비
352

애기똥풀
353

피나물
353

연복초
354

개옻나무
354

용설란
355

넓은잎황벽나무
355

초피나무
356

은행나무
356

넓은잎딱총나무
357

병꽃나무
357

삼색병꽃나무
358

섬괴불나무
358

인동덩굴
359

개암나무
359

국수나무
360

딱지꽃
360

물싸리
361

뱀딸기
361

뱀무
362

큰뱀무
362

나도양지꽃
363

돌양지꽃
363

물양지꽃
364

세잎양지꽃
364

솜양지꽃
365

양지꽃
365

은양지꽃
366

제주양지꽃
366

장미
367

짚신나물
367

한라개승마
368

겹황매화
368

황매화
369

노랑제비꽃
369

팬지
370

풍년화
370

히어리
371

노랑어리연꽃
371

등칡
372

쥐방울덩굴
372

노란만병초
373

상수리나무
373

석창포
374

창포
374

토란
375

향나무
375

눈향나무
376

산수유나무
376

골담초
377

구즈마니아 미니 엑소두스
377

땅콩
378

벌노랑이
378

자귀풀
379

전동싸리
379

새팥
380

팥
380

활량나물
381

땅귀개
381

통발
382

극락조화
382

바나나
383

담쟁이덩굴
383

피나무
384

금어초
384

해란초
385

알라만다
385

홍초
386

회양목
386

붉은색 꽃이 피는 식물

가지
388

감자
388

담배
389

낙상홍
380

계수나무
390

자주괭이밥
390

거베라
391

골등골나물
391

과꽃
392

낙동구절초
392

바위구절초
393

국화
393

도월
394

자우전
394

자을녀
395

천수국
395

해국
396

달리아
396

데이지
397

백일홍
397

뻐꾹채
398

산비장이
398

산솜방망이
399

시네라리아
399

쑥
400

까실쑥부쟁이
400

쑥부쟁이
401

고려엉겅퀴
401

도깨비엉겅퀴
402

들엉겅퀴
402

버들잎엉겅퀴
403

엉겅퀴
403

지느러미엉겅퀴
404

큰엉겅퀴
404

우엉
405

조뱅이
405

지칭개
406

각시취
406

큰각시취
407

개미취
407

벌개미취
408

좀개미취
408

서덜취
409

코스모스
409

꽃잔디
410

풀협죽도
410

골무꽃
411

광릉골무꽃
411

떡잎골무꽃
412

곽향
412

광대나물
413

금란초
413

내장금란초
414

꽃범의꼬리
414

꿀풀
415

들깨풀
415

배암차즈기
416

배초향
416

백리향
417

섬백리향
417

벌깨덩굴
418

샐비어
418

개석잠
419

석잠풀
419

소엽
420

오리방풀
420

익모초
421

조개나물
421

층층이꽃
422

꽃향유
422

향유
423

황금
423

긴잎끈끈이주걱
424

끈끈이주걱
424

드로세라 카펜시스
425

드로세라 카펜시스레드
425

무엽란
426

복주머니란
426

자란
427

타래난초
427

풍선난초
428

호접란
428

능소화나무
429

사마귀풀
429

꽃기린
430

꿩의비름
430

둥근잎꿩의비름
431

큰꿩의비름
431

오갈피나무 432	고마리 432	닭의덩굴 433	미꾸리낚시 433	애기수영 434
가시여뀌 434	개여뀌 435	큰개여뀌 435	붉은털여뀌 436	여뀌 436
이삭여뀌 437	털여뀌 437	쥐오줌풀 438	누리장나무 438	작살나무 439
좀작살나무 439	털작살나무 440	층꽃나무 440	깽깽이풀 441	고구마 441
나팔꽃 442	둥근잎유홍초 442	유홍초 443	갯메꽃 443	메꽃 444
자목련 444	부레옥잠 445	꽃개회나무 445	라일락 446	금꿩의다리 446

연잎꿩의다리
447

노루귀
447

놋젓가락나물
448

가는돌쩌귀
448

그늘돌쩌귀
449

세잎돌쩌귀
449

진돌쩌귀
450

라넌큘러스
450

매발톱꽃
451

맥카나스 자이안트
451

모란
452

병조희풀
452

세잎종덩굴
453

아네모네
453

작약
454

지리바꽃
454

진범
455

투구꽃
455

가는잎할미꽃
456

동강할미꽃
456

분홍할미꽃
457

할미꽃
457

고데티야
458

바늘꽃
458

분홍바늘꽃
459

후크시아
459

날개하늘나리
460

땅나리
460

뻐꾹나리
461

중나리
461

참나리
462

털중나리
462

하늘나리
463

하늘말나리
463

마늘
464

맥문동
464

무릇
465

두메부추
465

산부추
466

한라부추
466

비비추
467

산옥잠화
467

아가판서스
468

얼레지
468

처녀치마
469

튤립
469

히야신스
470

갯버들
470

노루오줌
471

숙은노루오줌
471

수국
472

베고니아 센퍼흘로렌스
472

베고니아 핏자즈레즈
473

물봉선
473

봉숭아
474

배롱나무
474

부처꽃
475

부게인빌리아 카르멘시티
475

분꽃
476

글라디올러스
476

꽃창포 477	범부채 477	애기범부채 478	각시붓꽃 478	등심붓꽃 479
붓꽃 479	솔붓꽃 480	제비붓꽃 480	맨드라미 481	천일홍 481
비브리스 리니프로라 482	닥나무 482	붉은참반디 483	참당귀 483	석류나무 484
사철채송화 484	동자꽃 485	제비동자꽃 485	갯장구채 486	분홍장구채 486
카네이션 487	술패랭이꽃 487	패랭이꽃 488	게발선인장 488	비모란 489
석무 489	여광전 490	채송화 490	가시연꽃 491	수련 491

연꽃 492	군자란 492	꽃무릇 493	상사화 493	시로미 494
무 494	목화 495	무궁화 495	계월향 496	고주몽 496
내사랑 497	루시 497	블루버드 498	산처녀 498	새아침 499
순지화립 499	싱글레드 500	아사달 500	에밀레 501	충무 501
칠보 502	핑크자이언트 502	하와이무궁화 503	향단심 503	홍순 504
미국부용 504	부용 505	접시꽃 505	아욱 506	당아욱 506

보라별꽃 507	시클라멘 507	설앵초 508	앵초 508	큰앵초 509
프리뮬러 509	금낭화 510	들현호색 510	개양귀비 511	양귀비 511
자주괴불주머니 512	구슬붕이 512	봄구슬붕이 513	큰구슬붕이 513	리시언서스 514
멧용담 514	비로용담 515	용담 515	진퍼리용담 516	자주쓴풀 516
애기풀 517	으름덩굴 517	붉은병꽃나무 518	올괴불나무 518	잔털인동 519
꽃사과 519	멍석딸기 520	붉은가시딸기 520	명자나무 521	모과나무 521

벚나무
522

붉은인가목
522

복숭아나무
523

살구나무
523

생열귀나무
524

산오이풀
524

오이풀
525

덩굴장미
525

슈퍼스타
526

장미
526

파파메이란드
527

프린세스마가렛
527

꼬리조팝나무
528

일본조팝나무
528

해당화
529

고깔제비꽃
529

광릉제비꽃
530

낚시제비꽃
530

둥근털제비꽃
531

뫼제비꽃
531

서울제비꽃
532

알록제비꽃
532

제비꽃
533

졸방제비꽃
533

청알록제비꽃
534

팬지
534

바이올렛
535

이질풀
535

제라늄
536

꽃쥐손이
536

털쥐손이
537

가솔송
537

산앵도나무
538

어제일리어 레드포피
538

월귤
539

진달래
539

털진달래
540

산철쭉
540

철쭉나무
541

칼미아
541

참깨
542

동백나무
542

안슈리움
543

플라밍고 안슈리움
543

더덕
544

도라지모싯대
544

모싯대
545

자주꽃방망이
545

가는층층잔대
546

당잔대
546

잔대
547

진퍼리잔대
547

층층잔대
548

톱잔대
548

섬초롱꽃
549

갈퀴나물
549

등갈퀴나물
550

낭아초
550

달구지풀
551

두메자운
551

등
552

매듭풀
552

미모사
553

박태기나무
553

붉은토끼풀
554

꽃싸리
554

땅비싸리
555

싸리나무
555

족제비싸리
556

풀싸리
556

연리초
557

자귀나무
557

자운영
558

칡
558

녹두
559

동부
559

갯완두
560

얼치기완두
560

새콩
561

콩
561

벌레잡이제비꽃
562

자주땅귀개
562

파리풀
563

서향나무
563

풍접초
564

피뿌리풀
564

한련화
565

고산해란초 565	 금어초 566	 냉초 566	 디기탈리스 567	 꽃며느리밥풀 567
 새며느리밥풀 568	 애기며느리밥풀 568	 구름송이풀 569	 나도송이풀 569	 누운주름잎 570
 주름잎 570	 참오동나무 571	 흰자주괴불주머니 571	 협죽도 572	 홍초 572

푸른색 꽃이 피는 식물

구기자나무 574	 절굿대 574	 푸른마가렛 575

소문초 575	 용머리 576	 닭의장풀 576	 자주달개비 577	 누린내풀 577

물달개비
578

물옥잠
578

산매발톱
579

무스카리
579

산수국
580

구름체꽃 580	솔체꽃 581	체꽃 581	갈퀴현호색 582	댓잎현호색 582

빗살현호색
583 · 애기현호색
583 · 점현호색
584 · 좀현호색
584 · 현호색
585

과남풀
585 · 쓴풀
586 · 꽃마리
586 · 참꽃마리
587

당개지치
587 · 반디지치
588 · 왜지치
588 · 컴프리
589 · 금강초롱
589

도라지
590 · 숫잔대
590 · 염아자
591 · 활나물
591 · 선개불알풀
592

큰개불알풀
592 · 긴산꼬리풀
593 · 꼬리풀
593 · 산꼬리풀
594 · 좁은잎빈카
594

여러 가지 색으로 꽃이 피는 식물

가래나무
596

호두나무
596

미치광이풀
597

개구리밥
597

좀개구리밥
598

골풀
598

꿩의밥
599

개사철쑥
599

돼지풀
600

풀솜나물
600

옥잠난초
601

천마
601

네펜데스
602

네펜데스 라플레시아
602

네펜데스 막시마
603

네펜데스 벤트리코사
603

네펜데스 알라타
604

네펜데스 암플라리아
604

노박덩굴
605

느티나무
605

단풍나무
606

은단풍
606

신나무
607

굴거리나무
607

깨풀
608

엑살란트 크로톤
608

유포르비아
609

인삼
609

잉글리시 아이비
610

칼라데아 마코야나
610

댑싸리
611

명아주
611

무궁화종덩굴
612

종덩굴
612

네잎삿갓나물
613

삿갓나물
613

퉁둥굴레
614

미류나무
614

버드나무
615

버즘나무
615

갈대
616

갈풀
616

강아지풀
617

달뿌리풀
617

맹종죽
618

오죽
618

왕대
619

밀
619

바랭이
620

보리
620

산조풀
621

새
621

둑새풀
622

억새
622

수수
623

옥수수
623

수크령
624

율무
624

조
625

문수조릿대
625

조릿대
626

주름조개풀
626

큰꾸러미풀
627

개미피
627

참새피
628

피
628

붕어마름
629

개비름
629

비름
630

쇠무릎
630

무화과나무
631

벤자민고무나무
631

달링토니아
632

물고랭이
632

방울고랭이
633

큰고랭이
633

참바늘골
634

도루박이
634

매자기
635

방동사니
635

알방동사니
636

동강고랭이
636

괭이사초
637

산괭이사초
637

애괭이사초 638	나도별사초 638	도깨비사초 639	바늘사초 639	산꼬리사초 640
이삭사초 640	피사초 641	애기흰사초 641	올방개 642	파슬리 642
대마 643	한삼덩굴 643	낙우송 644	다람쥐꼬리 644	개잎갈나무 645
구상나무 645	낙엽송 646		백송 646	
분비나무 647	구주소나무 647	소나무 648	솔송나무 648	
잣나무 649	전나무 649	속새 650	쇠뜨기 650	거북꼬리 651

44

물통이
651

나사말
652

까치박달
652

눈주목
653

주목
653

비자나무
654

개족도리
654

족도리풀
655

갈참나무
655

떡갈나무
656

졸참나무
656

대반하
657

반하
657

앉은부채
668

알로카시아 산데리아나
658

넓은잎천남성
659

두루미천남성
659

둥근잎천남성
660

점박이천남성
660

천남성
661

큰천남성
661

필로덴드롱 구티페룸
662

측백나무
662

솔비나무
663

주엽나무
663

머루
664

포도나무
664

45

(일러두기)

1. 이 책에는 꽃밭 · 집 주변의 식물 · 산과 들의 식물 · 곡식 · 채소 · 과일 · 물가의 식물 · 벌레잡이 식물 등 1,200여 종을 2,700여 컷의 사진으로 수록하였습니다.

2. 수록 식물의 표제는 다수의 식물 도서가 채택한 것으로 정하였으며, 일부 지방의 속명과 별명도 수록하였습니다.

3. 식물의 과 · 속 · 종 배열은 가나다순을 원칙으로 하되 식물의 이름을 구별하기 편리하도록 비슷한 식물은 유연관계를 고려하여 한 곳에 모았습니다.

4. 식물의 해설은 성상 · 분포지 · 잎과 꽃과 열매의 특징 순으로 기술하였으며, 식용 · 약용 등의 용도는 간략하게 소개하였습니다.

5. 특히, 식물에 대해 친근감을 가질 수 있게 하기 위해 식물 이름의 유래 등을 모은 <아하>를 다수 수록하였습니다.

6. 부록으로, 식물에 대한 기본적인 상식을 위한 <꽃과 잎의 구조>, 해설에 씌어진 식물 용어의 이해를 돕기 위한 <식물 용어 사전>, 쉽게 식물을 찾아볼 수 있는 <찾아보기>를 수록하였습니다.

양치 식물

미역고사리 고란초과
Polypodium vulgare Linne.

큰나도우드풀

늘푸른 여러해살이풀. 바위틈이나 나무줄기에 붙어서 자라며 잎이 드물게 달린다. 잎몸은 난상 타원형이며 길이 6~10cm이며 1회 깃꼴로 깊게 갈라진다. 날개조각은 10~15쌍이고 수평으로 퍼지며, 선형이고 중륵이 뒷면으로 튀어나온다. 잎자루에 넓은 피침형 갈색 인편이 밀생한다. 7~9월에 둥근 포자낭군이 중륵에 약간 가깝게 달린다. 뿌리줄기를 약재로 쓴다.

세뿔석위 고란초과
Pyrrosia hastata (Thunb. ex Houtt.) Ching

늘푸른 여러해살이풀. 바위 겉에서 자라고 땅속줄기는 짧게 기며 비늘조각이 붙는다. 비늘조각은 흑갈색이고 난상피침형이며, 가장자리는 갈색 털이 있고 두껍다. 잎자루에 별 모양 털이 납작하게 붙어 있다. 잎몸은 3~5갈래로 얕게 갈라지고 가죽질이며 뒷면은 적갈색 털이 밀생한다. 포자낭군은 둥글고 7~9월에 나와 다소 규칙적으로 중륵을 제외한 거의 뒷면 전체를 덮고 있다.

아하!
3갈래로 깊게 갈라진 잎 조각이 뾰족한 피침형이어서 뿔 세 개처럼 보이므로 '세뿔석위'라는 이름이 붙었다.

손고비 고란초과
Colysis elliptica (Thunb.) Ching

가지창고사리

늘푸른 여러해살이풀. 습기가 많은 그늘에서 자라고 뿌리줄기가 옆으로 길게 뻗으며 잎이 드문드문 돋는다. 잎자루는 길이 20~50cm로 볏짚색이고 밑부분에 비늘조각이 있다. 잎몸은 깃꼴로 갈라지고 넓은 달걀 모양이며 길이 10~25cm이다. 깃조각은 2~6쌍이고 피침형이며 포자낭이 달리는 잎은 길쭉하다. 포자낭군은 선형이고 7~9월에 깃조각의 중륵과 가장자리 중앙에 달리며 포막은 없다.

산일엽초 고란초과
Lepisorus ussuriensis (Regel et Maack.) Ching

늘푸른 여러해살이풀. 산지 숲 그늘의 바위 겉이나 노목의 밑동에 붙어서 키 20cm 정도 자란다. 뿌리줄기가 옆으로 뻗으며 끝부분에서 잎이 드문드문 나온다. 잎은 양끝이 좁은 선상 피침형이고 흑색 점이 있으며, 가장자리가 밋밋하고 중륵은 도드라져 뚜렷하다. 포자낭군은 6월에 황갈색으로 생기는데 잎몸 윗부분의 중륵과 가장자리 중앙에 달리고 둥글며 2줄로 배열되어 9월에 결실한다. 전초를 약재로 쓴다.

우단일엽 고란초과
Pyrrosia linearifolia (Hook.) Ching

늘푸른 여러해살이풀. 바위 겉 또는 나무줄기 겉에 붙어서 키 6~10cm 자란다. 뿌리줄기는 옆으로 기고 잎이 드물게 난다. 잎은 선형이고 윗부분이 주걱 모양이며, 밑으로 갈수록 점점 좁아지고 가장자리가 밋밋하다. 잎표면은 녹색이고 털이 약간 있으나 뒷면은 황갈색 또는 회갈색의 성모가 우단같이 밀생한다. 포자낭군은 타원형이며 7~9월에 잎의 윗부분 양쪽에 2줄로 배열된다.

야하!
하나 뿐인 잎이 우단 천과 비슷하다고 하여 '우단일엽' 이라고 한다.

일엽초 고란초과
Lepisorus thunbergianus (Kaulf.) Ching

늘푸른 여러해살이풀. 산지의 바위나 고목에 붙어 키 10~30cm 자란다. 잎은 근경에서 하나만 나오고 가장자리가 밋밋한 선형이며, 두꺼운 가죽질이고 밑은 좁아져 짧은 잎자루가 된다. 잎 앞면은 진한 녹색이고 조그만 구멍으로 된 점이 산재하며, 뒷면은 옅은 녹색이고 엽맥이 뚜렷하다. 포자낭군은 황색이고 둥글며 뒷면 상반부 주맥 양측에 1줄로 나란히 난다. 전초를 약재로 쓴다.

야하!
잎이 마디 사이가 짧은 뿌리줄기에서 1개씩 나오므로 '일엽초(一葉草)' 라는 이름이 붙었다.

고비 고비과
Osmunda japonica Thunb.

고치미

여러해살이풀. 산과 들의 초원과 냇가
근처에서 자라며 주먹 같은 뿌리줄기
에서 여러 대가 나와 키 60~100cm
정도 자란다. 잎은 2회 깃꼴겹잎이고
갈래조각은 피침형이며, 어린 잎은 용
수철처럼 풀리면서 자라고 적색 바탕
에 흰색 솜털로 덮여 있다. 잎자루는
주맥과 더불어 윤기가 있다. 3~5월
에 포자낭이 밀생한다. 연한 잎자루를
삶았다가 말려서 식용하고 뿌리줄기
를 약재로 쓴다.

꿩고비 고비과
Osmunda cinnamomea Linne

여러해살이풀. 깊은 산 속의 습지에
무리지어 자란다. 잎은 뿌리줄기 끝에
서 뭉쳐나 곧추서고 어릴 때는 적갈
색의 솜털로 덮이지만 나중에 없어진
다. 영양엽은 길이 30~80cm이고
황록색이며 1회깃꼴겹잎이다. 작은 잎
조각은 끝이 둥글고 가장자리에 털이
있다. 포자엽은 2회 깃꼴로 갈라지며
5~7월에 포자낭군이 달린다. 어린 잎
을 말려 나물로 먹고 약재로도 쓴다.

고비고사리 고사리과

Coniogramme intermedia Hieron

참고비고사리

늘푸른 여러해살이풀. 산지의 숲에서 키 1m 정도 자란다. 뿌리줄기는 옆으로 뻗는다. 잎은 1~2회 깃꼴겹잎이고 길이 1m이며 잎자루는 40~70cm이다. 잎몸은 난상타원형이고 날개조각은 타원형이며 가장자리는 잔톱니가 있다. 잎맥은 그물맥이 2개로 나누어진다. 포자낭군은 노란색이며 가장자리에서 떨어져 잎맥을 따라 붙는다.

싹

고사리 고사리과

Pteridium aquilinum var. *latiusculum*

여러해살이풀. 산과 들의 양지바른 곳에서 자라며 굵은 땅속줄기가 옆으로 길게 뻗고 군데군데 잎이 나온다. 잎은 곧게 서서 키 1m 정도 자라며, 잎몸은 깃털 모양이고 작은잎은 긴 타원형이다. 잎의 가장자리가 뒤로 말리고 막처럼 된 포자낭이 달린다.

베이치 박쥐란 고사리과
Platycerium veitchii (Underw.) C. Chr.

늘푸른 양치식물. 어린 잎은 회백색의 부드러운 털로 싸이며 후에 표면은 반반해지고 진녹색으로 되어 부드러운 솜털이 난다. 잎은 사슴뿔 모양으로 2~4개로 갈라지며 두껍고 회녹색을 띤다. 잎은 다 자라면 뒤로 젖혀져 늘어지고 잎의 기부에는 회녹색의 외투엽막이 뿌리를 덮으며, 후에 갈색으로 변하고 건조하면 돌출한다. 가장자리는 파상으로 찢어져 6~8갈래로 갈라진다.

아하!
잎이 박쥐 날개를 닮은 박쥐란의 일종이며 영국의 원예가 베이치(Veitch)의 이름을 따서 '베이치박쥐란'이라고 이름지었다.

아디안툼 코우다툼 고사리과
Adiantum caudatum L.

여러해살이풀. 원예화초로 재배하며 키 20~40cm 자란다. 잎은 밑동에서 모여나고 수평상으로 누워서 뻗는다. 잎은 1회 깃꼴겹잎이며 작은잎은 크기 1~2cm로 은행잎이 축소된 모양이고 얕게 갈라진다. 잎 뒷면에는 포자가 생긴다. 잎자루는 흑갈색이고 길이 10~20cm이며 곧게 선다.

산고사리삼 고사리삼과
Botrychium multifidum (S. G. Gmel.) Rupr.
var. *robustum* (Rupr.) C. Christensen

메꽃고사리

늘푸른 여러해살이풀. 수림 아래에서 자라고 전체에 연한 갈색 털이 있으며 줄기의 기부에 흰색 비늘조각이 1개 있다. 잎은 두꺼운 가죽질 오각형이고 3~4회 깃꼴로 갈라지며, 길이 5~10cm이고 깃조각은 끝이 뭉뚝하며 가장자리는 얕게 갈라지거나 또는 둔한 톱니가 있다. 포자엽은 길이 4~8cm의 원추형이고 긴 잎자루가 있으며 9월에 많은 포자낭이 붙는다.

가지고비고사리 공작고사리과
Coniogramme japonica (Thunb.) Diels

가지고비 · 가지고사리

늘푸른여러해살이풀. 숲 속에서 키 80~100cm 자라고 굵은 땅속줄기가 비스듬히 뻗으며 잎이 드물다. 잎몸은 길이 40~50cm로 긴 달걀 모양이고 3~5회 깃꼴로 갈라지며 잎자루가 길다. 날개조각과 작은날개조각은 선상 긴타원형이고 점차 좁아지며 가장자리에 잔톱니가 있다. 포자낭군은 측맥을 따라 달리고 가장자리와 가까운 것도 있다.

공작고사리 공작고사리과
Adiantum pedatum Linne.

봉작고사리 · 철사칠

늘푸른 여러해살이풀. 산지의 숲 속이
나 바위 틈에서 키 30~50cm 자라
며 뿌리줄기는 짧게 옆으로 뻗는다.
잎은 모여나고 잎몸은 2개씩 갈라져
부채 모양이 된다. 날개조각은 8~12
개이고 반원상 타원형이며 윗가장자
리는 결각상 톱니가 있다. 포자낭은
윗가장자리에 달리고 포막이 없으며
가장자리가 젖혀진다. 지상부를 약재
로 쓴다.

아하!
부채처럼 펼쳐진 잎 모양이 공작 꼬리
같기 때문에 '공작고사리'라고 한다.

섬공작고사리 공작고사리과
Adiantum monochlamys D. C. Eaton

큰공작고사리

늘푸른 여러해살이풀. 산 속의 바위
틈에서 키 50cm 자란다. 새로 나온
잎은 붉은색이고 잎몸은 길이
10~20cm이며 2~3회 깃꼴로 갈라
진다. 작은잎은 삼각형이고 윗가장자
리에 불규칙한 톱니가 있으며 잎맥이
부채꼴로 퍼진다. 잎자루는 흑갈색이
고 윤이 난다. 포자낭군은 6~9월에
작은잎의 윗가장자리의 오목한 곳에
1개씩 달리고 원형 또는 콩팥 모양이
다. 잎 가장자리는 뒤로 말려서 포막
처럼 된다.

선바위고사리 공작고사리과
Onychium japonicum (Thunb.) Kunze

늘푸른 여러해살이풀. 산지의 건조한 곳에서 키 30~60cm 자란다. 잎은 부리줄기에서 나고 잎자루 앞쪽에 홈이 있으며 밑부분이 자갈색으로 된다. 잎은 2가지로서 포자가 달리는 잎은 영양엽보다 길고 겨울 동안 마르며 영양엽은 얕게 갈라진다. 잎몸은 3~4회 깃꼴로 갈라지고 갈래조각은 가늘며 뾰족하다. 7~9월에 갈래조각의 가장자리의 맥 위에 포자낭군이 달리며 뒤로 젖혀진 잎 가장자리로 덮인다.

아하!
주로 바위에 붙어 곧추서서 자라기 때문에 '선바위고사리' 라고 한다.

관중 관중과
Dryopteris crassirhizoma Nakai.
면마 · 호랑고비 · 희초미

여러해살이풀. 산지의 나무 밑이나 그늘지고 습한 곳에서 키 50~100cm 자란다. 잎은 밑동에서 돌려나고 중축에 황갈색 윤채가 나는 비늘조각이 밀생하며 잎자루가 짧다. 잎몸은 피침형이고 깃 모양으로 2회 갈라지며, 깃조각은 긴 타원형이고 아래로 갈수록 작아진다. 포자낭군은 잎 윗부분에 2줄로 붙어 있다. 포막은 둥근 염통 모양이며 가장자리가 밋밋하다. 어린 잎을 식용한다. 근경을 약재로 쓴다.

비늘고사리 관중과
Dryopteris lacera (Thunb.) Kuntze

곰고사리

여러해살이풀. 산지 숲 속에서 키
40~80cm 자라며 뿌리줄기에서 잎
이 모여 난다. 잎자루는 잎몸보다 짧
고 비늘조각이 많다. 잎몸은 난상 긴
타원형이고 2회 깃꼴로 갈라지며, 표
면은 밝은 황록색이고 주름지며 뒷면
은 흰빛이 돈다. 깃조각은 긴 타원상
피침형이고 가장자리에 톱니가 있으
며, 끝이 뾰족하고 밑부분에 대가 있
으며 양쪽 밑이 귀처럼 나온다. 포자
낭군은 뒷면 전체에 달리고 포막이
둥글다.

아하!
잎자루에 비늘조각이 많기 때문에 '비
늘고사리' 라는 이름이 붙었다.

가는쇠고사리 관중과
Arachniodes aristata (G. Forst.) Tindale

가는쇠고비 · 애기가새고사리 ·
좀가위고사리 · 좀바위고사리

늘푸른 여러해살이풀. 땅속줄기는 지
면 가까이에서 길게 뻗으며 잎이 드
문드문 달린다. 잎은 길이 30~60cm
이고 잎자루 앞면에 흠이 있다. 잎몸
은 3회 깃꼴로 갈라지고 뾰족한 달걀
모양이며 길이 20~40cm이다. 작은
날개조각은 표면에 톱니 끝이 까락처
럼 뾰족하다. 7~9월에 생기는 포자낭
군은 잎몸 윗쪽의 작은날개조각과 잎
가장자리에 있다.

꼬리쇠고사리 관중과
Arachniodes simplicior (Mak.) Ohwi

늘푸른 여러해살이풀. 숲 속에서 기거나 비스듬히 서서 자란다. 잎자루는 길이 25~45cm로 연한 볏짚색이고 기부에 비늘조각이 많다. 잎몸은 2회 깃꼴로 갈라지고 긴 타원상 달걀 모양이며 길이 30~40cm이다. 날개조각은 선상 피침형이고 아래 날개조각은 3~5쌍이며 때로 날개축을 따라 흰색 줄이 뚜렷하게 있다. 포자낭군은 7~9월에 갈래조각 중앙에 달리며 포막은 둥근 콩팥 모양이다.

큰쇠고사리 관중과
Arachniodes simplicior (Mak.) Ohwi var. Major (*tagawa*) *Ohwi*

늘푸른 여러해살이풀. 산간의 임도 근처에서 자란다. 측면의 날개조각은 위로 갈수록 차츰 작아지고 정단부의 날개조각이 뚜렷하지 않다. 작은날개조각은 깊게 패이지 않으며 날개조각 중축에 흰줄이 없다. 포자는 6~9월에 만들어진다.

일색고사리 관중과
Arachniodes standishii (T. Moore) Ohwi

양면고사리

늘푸른 여러해살이풀. 숲 속의 습지에
서 자란다. 뿌리줄기는 옆으로 뻗으면
서 잎이 많이 난다. 잎자루는 볏짚색
이며 앞쪽에 홈이 있고 밑부분은 황
갈색 비늘조각이 많다. 잎몸은 길이
40~60cm로 긴 타원형이고 끝이 뾰
족하며 3회 깃꼴로 갈라진다. 깃조각
은 12~15쌍으로 짧은 대가 있고 뒷
면에 비늘조각이 드문드문 있으며 갈
래조각에 톱니가 있다. 포자낭군은
7~9월에 잎몸 밑부분에 2줄로 배열
된다.

!
포자낭이 붙지 않은 잎의 앞면과 뒷면
의 색이 같으므로 '일색(一色)고사리'
라고 부르는 것 같다.

거미고사리 꼬리고사리과
Asplenium ruprechtii Sa. Kurata

거미일엽초

늘푸른 여러해살이풀. 바위 겉이나 노
목의 원줄기에 붙어서 자란다. 잎은
모여난다. 잎자루는 연한 갈색이고 밑
부분에 자주색을 띠기도 한다. 잎몸은
길이 5~15cm의 단엽이고 선상 피침
형이며, 밑이 쐐기 모양이고 윗부분이
가늘어져 길게 된다. 잎맥은 그물눈을
만들고 가장자리는 불규칙한 물결 모
양이다. 포자낭군은 6~9월에 긴 타
원형으로 중륵 양쪽 맥 위에 달리고
포막이 있다.

!
잎끝에서 새로 생긴 싹이 땅에 닿는 모
습이 거미가 줄을 치는 것과 비슷하기
때문에 '거미고사리'라고 한다.

골고사리 꼬리고사리과
Asplenium scolopendrium Llnne

나도파초일엽 · 변산일엽

늘푸른 여러해살이풀. 수림 밑에서 길이 20~25cm 자란다. 잎은 모여나고 갈색 막질의 비늘조각이 있다. 잎몸은 끝이 뾰족한 피침형이고 가장자리가 밋밋한 물결 모양이며 종이질이다. 잎맥은 1~2회 Y자 모양으로 갈라지나 거의 평행하게 배열한다. 포자는 6~9월에 생기고 포자낭군은 잎 윗부분에 쌍을 지어 배열되며, 포막은 갈색 연한 막질이고 가운데가 터진다.

돌담고사리 꼬리고사리과
Asplenium sarelii Hooker

늘푸른 여러해살이풀. 돌담이나 바위 틈에서 자란다. 잎은 뿌리에서 여러 개가 모여나며 잎몸은 깃털 모양으로 긴 타원형이고, 작은잎조각은 가장자리에 뾰족한 톱니가 있다. 잎조각에 긴 타원 모양의 포자낭무리가 1~3개씩 달리며, 포자가 익으면 터져서 잎조각 전체를 덮는다.

뱀고사리 꼬리고사리과
Athyrium yokoscense (Franch. & Sav.)
H. Christ

새고비 · 풀고비

여러해살이풀. 산지 숲 속에서 키
15~40cm 자란다. 잎몸은 긴 타원상
피침형이며 2회 깃꼴로 깊게 갈라진
다. 깃조각은 피침형이고 밑부분에는
성글게 달리며 축에 좁은 날개가 있
다. 작은깃조각은 긴 타원형이며 가장
자리에 뾰족한 겹톱니가 있다. 포자낭
군은 중록과 가장자리의 중간부에 달
리며, 포막은 타원형으로 갈고리처럼
굽고 가장자리는 밋밋하다.

버들참빗 꼬리고사리과
Diplazium subsinuatum (Wall. ex Hook.
& Grev.) Tagawa

버들잎고사리 · 참빗고사리

늘푸른 여러해살이풀. 숲 속에서 자란
다. 잎은 드문드문 단엽으로 나오고
길이 50cm 정도이며 잎자루는 밑부
분에 비늘조각이 드물게 달린다. 잎몸
은 선상 피침형이고 가장자리가 약간
뒤로 젖혀지며 가장자리는 밋밋하거
나 물결 모양이다. 잎맥은 뚜렷하지
않으며 갈라지지 않은 측맥은 평행을
이룬다. 포자낭군은 선형이고 포막은
가장자리가 밋밋하며 2개의 뒷면이
서로 맞닿은 것도 있다.

차꼬리고사리 꼬리고사리과
Asplenium trichomanes Linne

늘푸른 여러해살이풀. 바위 밑이나 약간 습기가 있는 곳에서 무리지어 나고 15~30cm 자란다. 잎자루는 흑갈색이고 윤이 나며 좁은 날개 또는 능선이 있다. 잎몸은 선형이고 길이 10~25cm이며, 중축은 흑갈색이고 양쪽에 날개가 있으며, 1회 깃꼴로 갈라지고 깃 조각은 긴 타원형이다. 포자낭군은 7~9월에 대개 10개 이내가 2줄로 달린다.

아하!
꼬리고사리와 비슷하고 잎자루가 차를 젖는 솔(차꼬리)과 비슷하기 때문에 '차꼬리고사리'라고 한다.

넉줄고사리 넉줄고사리과
Davallia mariesii Moore ex Baker

늘푸른 여러해살이풀. 숲의 반그늘에서 바위 겉이나 나무줄기에 붙어 자란다. 뿌리줄기는 갈색·회갈색 비늘조각으로 덮이며 길게 뻗는다. 잎은 드문드문 달리고 길이 15~20cm이며, 삼각상 달걀 모양이고 4회 깃꼴로 깊게 갈라지며 잎자루에 비늘조각이 붙는다. 포자낭군은 6~8월에 끝날개 조각의 잎맥 끝에 1개씩 달리고 컵 모양이다. 뿌리줄기를 약재로 쓴다.

네가래 네가래과
Marsilea quadrifolia L.

야합초 · 전자초 · 큰개구리밥 · 파동선

여러해살이 물풀. 논 및 늪 또는 연못
에서 5~20cm 자라고 줄기는 땅속줄
기이며 잎자루가 길어 잎은 물 위에
뜬다. 잎은 작은잎 4장으로 된 겹잎이
고 작은잎은 삼각형이며 뒷면은 옅은
갈색이다. 포자낭과는 암수 한그루로
넓은 타원형이고 5~6월에 잎자루에
서 나와 2~3개로 갈라진 가지 끝에
달린다. 꽃은 7~8월에 옅은 녹색으로
피고 가장자리에 달린다. 열매는 8월
에 익는다. 잎을 약재로 쓴다.

물개구리밥 물개구리밥과
Azolla imbricata (Roxb.) Nakai

만강홍

늘푸른 여러해살이 물풀. 연못의 물
위에 떠서 자란다. 뿌리에는 붉은색을
띤 긴 뿌리털이 있고 원줄기는 깃꼴
로 갈라져 전체가 삼각형이며 다소
둥글다. 잎은 잎자루가 없고 두 갈래
로 갈라지며 뒷면 하반부에 작은 돌
기가 많다. 갈래조각은 삼각상 원형이
고 가장자리는 반투명질이다. 9~10
월에 물 속의 잎 사이에 작은 포자낭
이 달리는데 흰색 바탕에 붉은 빛이
난다.

잎 표면이 붉고 특히 겨울철에는 그 색
이 짙어져 '만강홍(滿江紅)'이라고도
한다.

반쪽고사리 봉의꼬리과
Pteris dispar Kunze

비늘봉의고사리

늘푸른 여러해살이풀. 산간의 낮은 지역 임도 근처에서 자란다. 잎은 뿌리줄기에서 밀생하고 길이 30~70cm이며 잎자루는 적갈색이고 광택이 난다. 잎몸은 피침형이며 2회 깃꼴로 갈라지고 날개조각은 4~5쌍이며 다시 깃꼴로 갈라진다. 작은깃조각은 선형으로서 끝이 뾰족하고 영양엽의 가장자리에 톱니가 있다. 포자낭군은 6~9월에 뒤로 말린 잎의 갈래조각 안에 붙고 길이 4~7cm의 선형이다.

아하!
잎이 한쪽만 갈라지기 때문에 '반쪽고사리'라고 한다.

봉의꼬리 꼬리고사리과
Pteris multifida Poir.

봉미초

늘푸른 여러해살이풀. 돌 틈이나 숲 가장자리에서 길이는 30~70cm 자란다. 잎은 모여나고 실엽(實葉)과 나엽(裸葉)의 2가지 형이 있으며, 잎자루는 잎몸과 거의 같은 길이이고 광택이 난다. 잎몸은 2회 깃꼴로 갈라지고 가장자리에 불규칙한 톱니가 있다. 포자낭군은 뒤로 말린 깃조각이나 갈래조각의 가장자리에 연결되어 붙는다. 지상부를 약재로 쓴다.

알록큰봉의꼬리 봉의꼬리과
Pteris nipponica W. C. Shieh

늘푸른 여러해살이풀. 숲에서 자라며 땅속줄기는 짧고 단단하다. 잎은 모여 나고 윤이 나는 비늘조각으로 덮인다. 생식엽은 잎자루가 길이 14~50cm 이고 날개조각은 길이 20~30cm이 며 짧은 자루가 있다. 영양엽은 잎자 루가 볏짚색을 띠고 길이 10~30cm 이다. 잎몸은 긴 타원형이고 1~3쌍의 날개조각이 있으며, 가장자리에는 톱 니가 있고 갈래조각의 가운데에 흰색 무늬가 있다.

큰봉의꼬리 봉의꼬리과
Pteris cretica Linne.

늘푸른 여러해살이풀. 숲에서 키 60 ㎝ 정도 자란다. 잎은 모여 나고 갈색 비늘조각이 있으며 실엽과 나엽의 2 가지가 있다. 나엽은 길이가 60cm에 달하며 잎자루가 잎몸보다 길고 세로 로 홈이 파진다. 깃조각은 3~5쌍이 고 긴 타원상 선형이며, 가장자리에 잔톱니가 있으며 흰색 연골질로 된다. 실엽은 나엽보다 좁으며 뒤로 말린 안쪽에 7~9월에 포자낭군이 달린다.

아하!
봉의꼬리에 비하여 잎이 넓고 크기 때 문에 '큰봉의꼬리' 라고 한다.

구실사리 부처손과
Selaginella rossii (Baker) Warb.

바위비늘이끼

늘푸른 여러해살이풀. 산지의 바위에서 자란다. 원줄기는 홍갈색으로 단단하고 옆으로 벋으면서 2개씩 갈라지며 군데군데에서 뿌리가 내린다. 잎은 4줄로 배열되고 측엽은 달걀 모양이며, 원줄기에서는 성기게, 가지에서는 조밀하게 달린다. 포자엽은 삼각형이고 뒷면에 능선이 있으며, 가장자리에 잔톱니가 있고 끝이 뾰족하다. 포자낭은 소지 끝에 1~2개씩 달리며 네모가 진다. 지상부를 약재로 쓴다.

개부처손 부처손과
Selaginella stauntoniana Spring

바위부처손

늘푸른 여러해살이풀. 산지의 바위에서 키 10~25cm 자란다. 땅속줄기는 옆으로 뻗고 땅위줄기는 곧으며 위쪽에서 3~4회 깃꼴로 갈라진다. 잎은 달걀 모양이고 드문드문 달리며 가장자리 위쪽에 톱니가 있다. 포자엽은 세모진 달걀 모양이고 끝이 뾰족하며 7~9월에 포자낭이 1개씩 달린다. 부처손과 비슷하나 잎의 형태가 방사상으로 자라지 않는다.

아하!
부처손과 비슷하고 바위에 붙어서 자라므로 '바위부처손'이라고도 부른다.

부처손 부처손과
Selaginella tamariscina (Beauv.) Spring

바위손

여러해살이풀. 고산 지대의 건조한 바위 겉에서 키 20cm 정도 자란다. 뿌리가 엉켜 줄기처럼 된 끝에서 가지가 사방으로 퍼진다. 건조할 때는 안으로 말려서 공처럼 되며 습기가 있으면 다시 퍼진다. 잎은 밑동에서 4줄로 모여나고 달걀 모양이며 가장자리에 잔톱니가 있다. 포자엽은 난상 삼각형이고 포자낭 이삭은 잔가지 끝에 1개씩 달리며 네모진다. 전초를 약재로 쓴다.

잎이 공처럼 말린 것이 손을 말아 쥔 것 같고, 한자 이름인 '보처소(補處手)'가 변하여 '부처손'이라는 이름이 되었다.

비늘이끼 부처손과
Selaginella remotifolia Spring

산지의 그늘지고 습한 곳에서 자란다. 포자잎은 삼각 모양의 바소꼴이고 길이 1mm 내외이며 점차 좁아져서 그 끝이 날카롭고 뾰족하다. 줄기는 길게 땅 위를 뻗고 주축과 가지의 구별이 뚜렷하며 주축에 잎이 드문드문 붙는다. 곁가지는 비교적 짧고 1~3회 Y자 모양으로 갈라진다. 포자낭이삭은 작은가지의 끝에 1개씩 붙고 네모진 기둥 모양이다.

생이가래 생이가래과
Salvinia natans (L.) All.

한해살이풀. 저수지와 연못 등의 물 위에 떠서 길이 7~10cm 자란다. 잎 2개는 마주나서 물 위에 뜨고 1개는 물속에 잠기며 잘게 갈라져서 양분을 흡수하는 뿌리의 역할을 한다. 물 위에 뜬 잎은 잎자루가 짧고 가운데축 좌우에 깃모양으로 배열되며, 끝이 둥근 타원형이고 가장자리 양면에 잔털이 있다. 9~10월에 물 속에 잠긴 잎 부분에 털로 덮인 주머니 같은 것이 생기고 그 안에 크고 작은 포자낭이 형성된다.

넓은잎개고사리 우드풀과
Athyrium wardii (Hook.) Makino
산골뱀고사리 · 산골새고사리

여러해살이풀. 남쪽 지방의 섬에서 주로 자란다. 뿌리줄기는 비스듬히 서고 끝에서 잎이 모여난다. 잎자루는 길이 10~20cm로서 홍자색이 돌며 밑부분에 선형 비늘조각이 밀생한다. 잎몸은 삼각형이며 길이 20~35cm이고 2회 깃꼴로 갈라진다. 날개조각은 피침형이며 어긋나고 뒷면에 잔털이 있다. 포자낭군은 6~9월에 중륵 가까이에 1줄로 달려서 비스듬히 퍼진다.

산토끼고사리 우드풀과
Gymnocarpium robertianum (Hoffm.)
Newman

여러해살이풀. 산지의 침엽수림 아래
에서 자란다. 잎은 비교적 촘촘하고
넓은 피침형이며 얇은 다갈색 비늘조
각이 달린다. 잎몸은 삼각형이고 2회
깃꼴로 갈라지며 다소 단단하다. 작은
깃조각은 선상 긴 타원형이고 끝이
둥글며 가장자리에 톱니가 있다. 포자
낭군은 6~9월에 가장자리 가깝게 달
리며 포막이 없다.

야산고사리 우드풀과
Onoclea sensibilis Linne var. *interrupta*
Maxim.

여러해살이풀. 들판의 양지에서 키
35cm 정도 자란다. 잎은 두 가지 모
양으로 포자엽의 잎몸은 선상피침형
이고 2회 깃꼴로 갈라지며, 갈색 털이
있고 날개조각은 선형이다. 영양엽은
1회 깃꼴로 갈라지고 잎몸의 비늘조
각은 갈색이며 날개조각은 피침형이
다. 잎자루는 광택이 나는 갈색이다.
포자낭군은 9~10월에 모든 포자엽에
붙으며 포막은 흑갈색으로 구슬 모양
이다.

우드풀 우드풀과
Woodsia polystichoides D. C. Eaton
가물고사리 · 면모고사리

여러해살이풀. 산지의 양지쪽 바위 곁에서 자란다. 잎은 모여나고 잎자루는 적갈색이 돌며 털과 비늘조각이 있다. 잎몸은 길이 10~30cm로 1회 깃꼴로 갈라지고 좁은 피침형이며, 양면에 털이 있고 뒷면에 비늘조각이 드문드문 있다. 깃조각은 거의 직각으로 갈라지고 긴 타원형이며 가장자리에 둔한 톱니가 있다. 포자낭군은 7~9월에 잎 양쪽 가장자리에 1줄로 달리고 포막은 연한 갈색이다.

참우드풀 우드풀과
Woodsia macrochlaena Mettenius
가물고사리아재비 · 좁쌀가물고사리

여러해살이풀. 바위 곁에서 자란다. 땅속줄기는 비늘조각이 많으며 잎은 소복하게 난다. 잎자루는 자갈색이고 털과 비늘조각이 드문드문 있다. 잎몸은 넓은 피침형이고 끝이 뾰족하며, 윗부분은 1회 깃꼴로, 아랫 부분은 2회 깃꼴로 갈라진다. 깃조각은 달걀 모양이고 가장자리가 물결 모양의 톱니로 된다. 포자낭군은 진갈색이고 포막은 불규칙하게 5~6개로 갈라지며 갈래조각 가장자리가 다시 갈라진다.

가래고사리 처녀고사리과

Thelypteris phegopteris (L.) Sloss.
ex Rydberg

여러해살이풀. 침엽수림 아래에서 키
19~34cm 자라고 땅속줄기는 길게
뻗으며 잎이 드문드문 난다. 잎몸은 2
회 깃꼴로 갈라지고 삼각형이며 날개
조각은 끝이 뾰족한 피침형이다. 작은
날개조각은 끝이 둥근 긴 타원형이고
가장자리에 물결 모양의 톱니가 있다.
포자낭군은 6~9월에 잎가장자리 근
처에 달리고 포막은 없다.

드문고사리 처녀고사리과

Thelypteris laxa (Franch. & Sav.) Ching

여러해살이풀. 습기가 많은 지대에서
자란다. 잎이 드문드문 나오거나 몇개
씩 인접하여 나오고 길이 15~35cm
이며 잎자루의 밑부분은 황갈색이다.
잎몸은 길이 25~50cm로 긴 난상타
원형이며 끝이 뾰족하고 표면에 짧은
털이 있다. 포자낭군은 6~9월에 갈
래조각의 가운데 달리고 포막은 둥근
콩팥 모양이며 털이 있다.

잎의 날개조각과 날개조각 사이가 넓
어 잎이 드물게 보이기 때문에 '드문고
사리' 라고 한다.

진퍼리고사리 처녀고사리과

Stegnogramma pozoi (Lag.) K. Iwats. ssp.
mollisima (Fisch. ex Kunze) K. Iwats.

털개고사리

늘푸른 여러해살이풀. 습지에서 자라
며 줄기 전체에 털이 있다. 잎자루는
20~40cm이고 밑부분은 갈색이 돌
며 털이 밀생하고 비늘조각이 드문드
문 난다. 잎몸은 길이 30~45cm이고
장 타원상 피침형이며, 2회 깃꼴로 갈
라지고 끝이 뾰족하다. 깃조각은 선상
피침형이며 끝이 뾰족하고 대가 없다.
포자낭군은 장타원형이고 6~9월에
중륵 양측에 달리며 포막은 없다.

물별이끼 별이끼과

Callitriche palustris L.

물자리풀

한해살이 물풀. 늪지나 논 등에서 길
이 10~20cm 자란다. 잎은 마주나는
데 물 속의 잎은 선형이고 물 위의 잎
은 긴 타원형이며, 끝은 둥글고 밑은
좁아지며 3맥이 있다. 꽃은 암수한그
루로 7~8월에 흰색으로 피고 잎짬에
1개씩 달리며 양측에 1쌍의 막질인 포
가 있다. 꽃받침과 꽃잎이 없다. 열매
는 삭과이고 타원형이며 가장자리에
좁은 날개가 있다.

바늘솔이끼 솔이끼무리
Pogonatum spinulosum Mitt.

산지 숲 그늘에서 자란다. 땅 위의 물
이 질편한 곳에서 녹색 실 모양의 몸
이 서로 엉킨다. 줄기는 짧으며 잎은
긴 피침형이고 줄기 밑동에 밀착한다.
홀씨주머니는 3cm 정도이고 끝에 둥
근 홀씨주머니가 1개씩 달린다.

애기솔이끼 솔이끼무리
Pogonatum akitense Besch.

산지 숲 속 그늘의 땅 위에서 흔히 자
란다. 줄기는 외대로 곧게 서고 잎은
넓은 피침형이며 둔한 톱니가 있다.
홀씨주머니는 달걀 모양이며 키
15cm 정도의 홀씨주머니대 끝에 1개
씩 달린다.

우산이끼 우산이끼무리
Marchantia polymorpha L.

마을 부근의 습한 곳에서 흔히 자란다. 잎 같은 줄기는 두 갈래로 갈라지고 겉면에 기공이 뚜렷하다. 암수의 포기가 다르며 암그릇은 10개로 갈라지고, 숫그릇은 8개로 갈라진다.

아하!
꽃이 필 때 우산을 펼친 모양의 암그릇(자기탁;雌器托)과 숫그릇(웅기탁;雄器托)이 나오는데 이것을 보고 '우산이끼'라는 이름이 붙었다.

꽃잎이끼 지의무리
Parmelia tinctorum Despr.

산과 들의 바위나 죽은 나무 등에 붙어 너비 20cm 정도 자란다. 줄기는 둥글고 회백색이며 오글오글한 꽃잎 모양이 된다.

탑꿀이끼 지의무리
Cladonia verticillata Hoffm.

산과 들의 평지에서 키 1cm 정도 자란다. 줄기는 비늘조각 모양이며 회록색이고, 암그릇대는 겹겹이 탑처럼 달린다. 암그릇은 갈색이고 비늘이 있어 거칠게 보인다.

흰색 꽃이 피는 식물

덩이줄기

감자 가지과
Solanum tuberosum L.

여러해살이풀. 남아메리카 원산이며 농가에서 작물로 재배하고 키 60~100cm 자란다. 잎은 어긋나고 깃꼴겹잎이며 작은잎은 달걀 모양이다. 꽃은 별 모양이며 5~6월에 엷은 자주색 또는 흰색으로 피고 잎겨드랑이에서 나온 긴 꽃줄기에 모여 달린다. 열매는 장과이고 둥글며 황록색으로 익는다. 덩이줄기를 식용한다.

꽃

고추 가지과
Capsicum annuum L.

한해살이풀. 남아메리카 원산이며 밭에서 재배한다. 키 60cm 정도 자라며 전체에 털이 약간 난다. 잎은 어긋나고 피침형이며 잎자루가 길다. 꽃은 여름에 흰색으로 피고 잎겨드랑이에 1송이씩 밑을 향해 달린다. 열매는 장과이고 8~10월에 붉게 익는다. 잎과 열매를 식용하고 약재로도 쓴다.

아하!
빨갛게 익은 열매가 후추같이 매운 맛(苦味)이 있는 풀이라 하여 한자로 '고초(苦草)' 라고 하며, 이것이 변화하여 '고추' 라는 이름이 되었다.

까마중 가지과
Solanum nigrum L.

용안초

한해살이풀. 밭이나 길가에서 키 20
~90cm 자란다. 잎은 어긋나고 달걀
모양이며 가장자리에 물결 모양의 톱
니가 있다. 꽃은 5~9월에 흰색으로
피고 줄기에서 나온 긴 꽃줄기에 3~
8 송이가 모여 달린다. 열매는 장과이
고 둥글며 7월부터 검게 익는데, 단맛
이 나지만 약간 독성이 있다.

꽃

열매

아하!
까만 열매가 많이 열려 '까마중'이라
하며, 열매의 모양이 용(龍)의 눈알 (안;
眼) 같다 하여 '용안초(龍眼草)' 라고도
불린다.

배풍등 가지과
Solanum lyratum Thunberg

북풍등 · 설하홍

여러해살이풀. 낮은 산의 자갈밭에서
길이 3m 정도 자란다. 줄기에 선 모
양의 털이 있고 끝은 덩굴 같다. 잎은
어긋나고 달걀 모양이다. 꽃은 8~9
월에 흰색으로 피고 잎과 마주난 꽃
차례에 여러 송이가 달린다. 화관은
수레바퀴 모양이고 5개로 깊게 갈라
지며 갈래조각은 피침형으로 뒤로 젖
혀진다. 열매는 둥근 장과이고 가을에
붉게 익는다. 전초를 약재로 쓴다. 유
독성 식물.

아하!
겨울에 북풍(北風)이 불 때까지 열매가
달리는 덩굴(藤)이라 하여 '북풍등(北
風藤)' 이라 부르다가 변하여 '배풍등'
이 된 것 같다.

피망 가지과
Capsicum annuum L.

한해살이풀. 남아메리카 원산이며 키 60cm 정도 자란다. 잎은 넓은 타원형이며 끝이 뾰족하다. 꽃은 7~8월에 흰색으로 피고 잎겨드랑이에 1송이씩 달린다. 열매는 짧은 원통 모양이고 울퉁불퉁하며 9~10월에 적색으로 익는다. 열매를 식용한다.

다 익은 열매

피튜니아 가지과
Petunia hybrida Hort.

한해 또는 여러해살이풀. 남아메리카 원산이며 관상용으로 재배하고 키 30~50cm 자란다. 줄기가 약해 곧게 서지 못하고 약간 덩굴성이다. 잎은 어긋나고 끝이 뾰족한 달걀 모양이며 부드러운 털이 있다. 꽃은 6~7월에 보라색·붉은색·흰색 등으로 피고, 잎겨드랑이에 1송이씩 달린다. 꽃부리는 깔때기 모양이다.

흰독말풀 가지과
Datura stramonium L. var. *stramonium*

한해살이풀. 들이나 길가, 밭에서 키 1~2m 자라며 굵은 가지가 많이 갈라진다. 잎은 어긋나거나 마주나며, 넓은 달걀 모양이고 가장자리에 결각상의 톱니가 있다. 꽃은 6~7월에 흰색으로 피고 잎겨드랑이에 1송이씩 달리며, 꽃받침은 긴 통 모양이고 화관은 깔때기 모양이며 끝이 거북 꼬리 모양으로 뾰족하다. 열매는 둥근 삭과이고 가시 모양의 돌기가 밀생하며 씨는 깨 모양이다. 잎을 약재로 쓴다.

먹넌출 갈매나무과
Berchemia racemosa var. S. et Z. *magna*
Makino

왕곰버들

갈잎 덩굴나무. 바닷가 산기슭 및 산골짜기에서 길이 10m 정도 자라며 줄기는 윤기가 나는 자록색이다. 잎은 어긋나고 난상 타원형이며, 측맥이 고르게 평행하고 뒷면에 흰색 잔털이 많다. 꽃은 5~8월에 녹백색으로 피고 가지 끝에 원추화서로 달린다. 꽃받침조각과 꽃잎은 각 5개이다. 열매는 타원형 핵과이고 6~10월에 익으면 붉은색에서 검은색으로 변한다.

아하!
덩굴처럼 비스듬히 뻗은 가지가 먹칠을 한 것처럼 검은 자록색이어서 '먹넌출'이라는 이름을 얻은 것 같다.

꽃

열매

호랑가시나무 감탕나무과
Ilex cornuta Lindley

묘아자나무

늘푸른 떨기나무. 해변가 낮은 산의 양지에서 높이 2~3m 자라며 가지가 무성하다. 잎은 어긋나고 두꺼우며 윤기가 있고 타원상 육각형이다. 꽃은 4~5월에 흰색으로 피고 잎겨드랑이에 5~6송이씩 모여 달린다. 열매는 핵과이고 둥글며 9~10월에 적색으로 익는다.

고추나무 고추나무과
Staphylea bumalda Dc.

갈잎 떨기나무 . 골짜기와 냇가에서 높이 3~5m 자란다. 잎은 마주나고 3장으로 된 겹잎이며, 작은잎은 달걀 모양이고 가장자리에 잔톱니가 있다. 꽃은 5~6월에 흰색으로 피고 가지 끝에 여러 송이가 모여 달린다. 열매는 삭과이고 반원형이며 9~10월에 익는다. 어린잎을 먹는다.

큰괭이밥 괭이밥과

Oxalis obtriangulata Max.

여러해살이풀. 깊은 산 숲 속에서 자란다. 잎은 3개로 된 겹잎이며 잎자루가 길고 작은 잎은 삼각형이다. 꽃은 5~6월에 흰색으로 피고 긴 꽃줄기 끝에 1송이씩 달린다. 열매는 삭과이고 둥글며 7~8월에 익는다. 잎을 먹고 약재로도 쓴다.

열매

아하!

같은 종인 괭이밥에 비하여 잎과 꽃 등이 훨씬 크다고 하여 '큰괭이밥'이라고 부른다.

과꽃 국화과

Callistephus chinensis (L.) Nnees

한해살이풀. 고원과 산지에서 키 30~100cm 자란다. 줄기는 자줏빛을 띠고 가지를 많이 치며 풀 전체에 흰 털이 많다. 꽃은 7~9월에 남보라색으로 피고 긴 꽃줄기 끝에 1송이씩 달린다. 열매는 수과이고 납작하며, 긴 타원형이고 털이 있다.

구름떡쑥 국화과
Anaphalis sinica var. *morii* (Nakai) Ohwi

개괴쑥 · 두메떡쑥 · 한라떡쑥

여러해살이풀. 한국특산식물. 한라산에서 키 5~20cm 자라고 원줄기는 면모로 덮여 있다. 잎은 끝이 둔한 피침형이고 두꺼우며 뒷면은 면모가 밀생하여 회백색으로 된다. 꽃은 8~9월에 연황색으로 피고 두화는 줄기 끝에 모여서 산방상으로 되며 총포는 종모양이다. 열매는 긴 타원형 수과이고 10월에 익는다.

가는잎구절초 국화과
Chrysanthemum zawadskii Herb. ssp. *acutilobum* (Dc.) Kitagawa

산구절초

여러해살이풀. 산 중턱에서 키 10~60cm 자란다. 잎은 어긋나고 깃모양으로 갈라지며 갈래는 피침형이다. 꽃은 7~10월에 연분홍색 · 흰색으로 피고 가지 끝에 1송이씩 달린다. 열매는 수과이고 타원형이며 10~11월에 익는다. 잎을 약재로 쓴다.

아하!
구절초의 일종이며 다른 구절초에 비해 잎이 가느다란 피침형이므로 '가는잎구절초'라고 부른다.

구절초 국화과
Chrysanthemum zawadskij var. latilobum Kitam.

넓은잎구절초 · 선모초

여러해살이풀. 산과 들의 초원에서 키 50~100cm 정도 자란다. 잎은 달걀 모양이고 가장자리가 얕게 갈라지며 가장자리에 톱니가 있다. 꽃은 8~10 월에 흰색으로 피지만 드물게 붉은 빛이 도는 것도 있고 줄기나 가지 끝에서 1송이씩 달린다. 총포는 반구형이고 포편은 3줄로 배열되며 가운데의 관상화는 노란색이다. 열매는 장타원형 수과이고 10~11월에 익는다. 꽃이 달린 전초를 약재로 쓴다.

!
9월 9(九:구)일에 잘라야(切:절) 약효가 좋다고 하여 '구절초(九切草)'라 부르고, 부인병에 쓰인다고 하여 '선모초(仙母草)'라고 한다.

한라구절초 국화과
Chrysanthemum zawadskii Herb. ssp. coreanum (Nakai) Y. Lee stat. nov.

여러해살이풀. 한라산 해발 1300m 이상 지역에서 자라는 구절초. 잎은 어긋나고 가늘게 깃처럼 갈라진다. 꽃은 9~10월에 분홍색 또는 흰색으로 피고 줄기와 가지 끝에 1송이씩 달린다. 열매는 10~11월에 익는다.

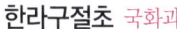!
구절초의 일종이고 제주도 한라산에서 많이 자라므로 '한라구절초'라는 이름이 붙었다.

국화 국화과

Chrysanthemum morifolium Ramat.

여러해살이풀. 주로 화단에서 관상용으로 재배하며 키 1m 정도 자란다. 잎은 어긋나고 깃털 모양으로 갈라지며 가장자리에 불규칙한 톱니가 있다. 꽃은 가을에 노란색이나 흰색으로 피고, 줄기나 가지 끝에 1송이씩 달린다. 꽃빛깔은 품종에 따라 다양하고 크기나 모양도 다르다. 우리 나라에는 390여 품종이 알려져 있다.

황진이 국화과

Chrysanthemum morifolium Ram. cv 'Hwangjinee'

국화의 일종. 원산지는 중국과 일본이며 꽃은 10월 중·하순에 순백색으로 핀다.

등골나물 국화과
Eupatorium chinensis Linne

벌등골나물 · 새등골나물

여러해살이풀. 산과 들에서 키 2m 정도 자란다. 밑부분의 잎은 작으며 꽃이 필 때쯤 되면 없어지고 중앙부의 큰 잎은 마주나며, 끝이 뾰족하고 긴 타원형이며 밑부분에 규칙적인 톱니가 있다. 꽃은 7~10월에 흰색 또는 연자색으로 피고 작은 꽃이 원줄기 끝에 산방화서로 달린다. 열매는 수과이고 원통형이며 11월에 익는다. 어린 순을 식용한다.

개망초 국화과
Erigeron annuus (L.) Pers.

달걀꽃

두해살이풀. 북아메리카 원산이며 들이나 길가에서 키 30~100cm 자라고 전체에 털이 난다. 잎은 어긋나고 달걀 모양이며 가장자리에 드문드문 톱니가 있다. 꽃은 8~9월에 흰색으로 피고 가지와 줄기 끝에 여러 송이가 모여 달린다. 열매는 수과이고 8~9월에 익는다. 어린 잎을 식용한다.

아하!
꽃이 피었을 때 가장자리의 흰 꽃잎과 가운데의 노란 꽃술을 보고, 어린이들은 달걀프라이 같다고 하여 '달걀꽃'이라고 부른다.

망초 국화과
Erigeron canadensis L.
잔꽃풀

두해살이풀. 북아메리카 원산. 전국의 들이나 길가에 흔히 나며 키 0.5~1.5m 자란다. 전체에 굵은 털이 있다. 뿌리에서 난 잎은 주걱 모양이며 톱니가 있고, 줄기잎은 촘촘히 어긋나고 피침형이다. 꽃은 7~9월에 흰색으로 피고 줄기 끝에 다수의 두상화서가 모여 큰 원추화서로 달린다. 열매는 수과이고 관모가 있다. 개망초보다 꽃이 작다.

아하!
1910년 일본의 식민지가 될 때 전국에 많이 났다고 한다. 나라가 망할 때 난 풀이라고 '망국초(亡國草)'라 부르다가 '망초'가 되었다.

머위 국화과
Petasites japonicus (S. et Z.) Max.
관동

여러해살이풀. 산과 들의 습지에서 키 50cm 정도 자란다. 잎은 땅속줄기에서 나오고 콩팥 모양이며 가장자리에 톱니가 있다. 꽃은 암수딴그루이며 4월에 흰색으로 피고 꽃줄기 끝에 잔꽃이 빽빽하게 달린다. 열매는 수과이고 원통형이며 6월에 익는다. 잎자루와 꽃을 식용하며, 꽃은 약재로도 사용한다.

아하!
식물체에 폴리페놀 화합물이 들어있어 쓴맛이 강하므로 요리에 앞서 물에 담가두어 쓴맛을 제거한 후 사용해야 한다.

멸가치 국화과
Adenocaulon himalaicum Edgew.

개머위 · 옹취 · 화상채

여러해살이풀. 산지의 습기가 있는 그
늘에서 무리지어 키 50~100cm 자
란다. 뿌리잎은 모여나고 꽃이 필 때
없어진다. 줄기잎은 어긋나고 염통 모
양이며, 뒷면에 흰색 솜털이 많고 가
장자리에 톱니가 있다. 꽃은 8~9월
에 흰색으로 피었다가 연홍색으로 변
하며 줄기와 가지 끝에 원추화서로
달린다. 열매는 수과이고 달걀 모양이
며 8~9월에 익는다. 어린 순은 나물
로 먹고 전초를 약재로 쓴다.

민박쥐나물 국화과
Cacalia hastata subsp. *orientalis*
Kitamura

여러해살이풀. 전국 깊은 산 골짜기에
서 키 1~2m 자란다. 잎은 어긋나고
창 모양 삼각형이며, 가장자리에 톱니
가 있고 잎자루가 길며 날개가 있다.
꽃은 7~9월에 흰색으로 피고 줄기
끝에 두상화서가 원추화서를 이룬다.
열매는 수과이고 선형이며 10월에 여
문다. 어린 순은 나물로 먹고 뿌리를
제외한 전체를 약재로 쓴다.

아하!
잎이 박쥐 날개를 펼친 모양이고 잎 가
장자리가 박쥐나물보다 밋밋하여 '민
박쥐나물'이라 부르는 것 같다.

열매

박쥐나물 국화과
Cacalia auriculata De Candolle var.
matsumurana Nakai

산귀박쥐나물

여러해살이풀. 깊은 산지에서 키
1~2m 자란다. 잎은 어긋나고 삼각상
창 모양 또는 콩팥 모양이며, 가장자
리에 잔 톱니가 있고 뒷면에 짧은 털
이 있으며 날개가 있다. 꽃은 7~9월
에 흰색으로 피고 줄기 끝에 많은 두
상화가 원추화서로 달린다. 열매는 선
형 수과이고 세로줄이 있으며 관모는
흰색이다. 어린 순을 식용한다.

야하!
양쪽 귀가 넓게 퍼진 잎 모양이 박쥐가
날개를 펼친 모양처럼 보이므로 '박쥐
나물' 이라고 부른다.

삽주 국화과
Atractylodes japonica Koidz.

여러해살이풀. 산과 들에서 키 30~
100cm 자란다. 잎은 어긋나고 긴 타
원형이며 가장자리에 바늘 모양의 가
시가 있다. 꽃은 암수딴그루로 7~10
월에 흰색으로 피고 줄기와 가지 끝
에 1송이씩 달린다. 열매는 수과이고
털이 있으며 갈색 관모가 있다. 어린
잎을 식용하고 뿌리를 약재로 쓴다.

야하!
삽주를 캐 보면 묵은 뿌리 밑에 햇뿌리
가 함께 달려 있는데, 묵은 뿌리를 '창
출(蒼朮)' 이라 하고 햇뿌리를 '백출(白
朮)' 이라고 부른다.

샤스터 데이지 국화과
Chrysanthemum burbankii Mikino

여러해살이풀. 정원에서 심으며 키
50~60cm 자란다. 잎은 마주나고 좁
고 긴 피침형이며 가장자리에 톱니가
있다. 뿌리잎은 길고 줄기잎은 짧다.
꽃은 6~7월에 흰색으로 피고 줄기
끝에 1송이씩 두상화로 달린다. 겹꽃
종도 있으며 절화 및 화단용으로 이
용된다.

아하!
샤스터(shasta)는 미국 캘리포니아의
샤스터 산(shasta :4424.78m)에서 유래
된 것으로 인도어로는 '흰색'이라는
뜻이다.

솜나물 국화과
Leibnitzia anandria (L.) Turez

까치취 · 부시깃나물

여러해살이풀. 산의 양지 바른 곳에서
키 60cm 정도 자란다. 잎은 타원형
이고 가장자리는 깃 모양으로 갈라지
며 흰색 털이 밀생한다. 꽃은 3~9월
에 붉은빛이 도는 흰색으로 피고 꽃
줄기 끝에 두상화가 달리며 설상화는
1줄이다. 열매는 방추형 수과이고 털
이 다소 있으며 7~9월에 익는다. 어
린 싹을 식용하고 지상부를 약재로
쓴다.

아하!
나물로 먹는 잎과 꽃줄기에 흰색 솜털
이 빽빽하게 나므로 '솜나물'이라고
부른다.

시네라리아 국화과
Senecio cruentus (Masson) Dc.

여러해살이풀. 카나리아 군도 원산이며 키 40~60cm 자라고 전체에 털이 있다. 잎은 어긋나며 큰 염통 모양으로 가장자리에 톱니가 있다. 꽃은 12월~이듬해 4월에 붉은색 또는 흰색으로 피는데, 꽃줄기에 많은 꽃이 빽빽하게 달린다. 가운데는 대개 자주색이다.

열매

왕고들빼기 국화과
Lactuca indica L.

한해 또는 두해살이풀. 산과 들이나 밭 근처에서 키 80~150cm 자란다. 잎은 어긋나고 피침형이며 불규칙하고 깊게 갈라진다. 꽃은 7~9월에 연한 노란색으로 피고 줄기와 가지 끝에 여러 송이가 모여 달린다. 열매는 수과이고 납작한 타원형이며 10~11월에 익는다. 어린 순을 식용한다.

아하!
고들빼기의 일종이며 다른 고들빼기에 비하여 키가 훨씬 크다고 하여 '왕고들빼기'라고 부르는 것 같다.

왜솜다리 국화과
Leontopodium coreanum Nakai

여러해살이풀. 높은 산 바위 틈에서
키 25~50cm 자라며 줄기가 모여나
고 전체에 흰 솜털로 덮여 있다. 잎은
긴 타원형이며 끝이 뾰족하다. 꽃은
8~9월에 회백색으로 피고 줄기 끝에
여러 송이가 모여 달린다. 열매는 수
과이고 돌기가 있다. 어린 잎은 식용
한다.

!
흰 솜털이 많은 솜다리의 일종이며, 솜
다리보다 크기가 작기 때문에 '왜(矮;
작을 왜)' 자를 붙여 '왜솜다리' 라고 부
르는 것 같다.

우산나물 국화과
Syneilesis palmata (Thunb.) Max.
삿갓나물

여러해살이풀. 깊은 산의 그늘에서 키
70~120cm 자란다. 잎은 방패형이고
손바닥처럼 5~9갈래로 갈라지며 갈
래 가장자리에 날카로운 톱니가 있다.
꽃은 6~10월에 흰색으로 피고 긴 꽃
줄기 끝에 원추상 두상화서로 달린다.
작은꽃은 7~13개이고 총포는 원통형
이며 화관끝은 5개로 갈라진다. 열매
는 수과이고 원통형이며 10~11월에
익는다. 어린 순을 식용하고 전초를
약재로 쓴다.

꽃

!
어린 잎의 모양이 우산을 펼친 모양 같
기도 하고 삿갓 모양 같기도 해서 '우
산나물(삿갓나물)' 이라고 부른다.

정영엉겅퀴 국화과
Cirsium chanroenicum Nakai

여러해살이풀. 산지 숲 속에서 키 50~100cm 자란다. 잎은 어긋나고 끝이 뾰족한 달걀 모양이며 가장자리에 바늘 모양의 톱니가 있다. 꽃은 7~8월에 황백색으로 피고 줄기와 가지 끝에 모여 달린다. 열매는 수과이고 납작한 타원형이며 다갈색 관모가 있다. 어린 순을 식용한다.

아하!
지리산 정령치에서 처음 발견되었다고 하여 '정영엉겅퀴'라 부르며, 지리산 전역에서 흔하게 자란다.

단풍취 국화과
Ainsliaea acerifolia Schultz Bip

괴발딱지 · 장이나물

여러해살이풀. 산지 숲속에서 키 35~80cm 자란다. 전체에 엷은 갈색 털이 드물게 있고 줄기는 곧게 선다. 잎은 돌려나고 끝이 얕게 갈라진 손바닥 모양이며 잎자루가 길다. 꽃은 7~9월에 흰색으로 피고 원줄기 끝에 성긴 이삭 모양으로 달린다. 총포는 긴 통 모양이고 화관은 흰색이다. 열매는 수과이고 넓은 타원형이며, 자주색 바탕에 세로선이 있고 10~11월에 익는다. 어린 잎은 식용한다.

아하!
끝이 손바닥 모양인 잎이 단풍나무 잎과 비슷하므로 '단풍취'라고 부른다.

수리취 국화과
Synurus deltoides (Aiton) Nakai
개취

여러해살이풀. 산과 들의 양지에서 키 40~100cm 자라며 줄기에 흰 털이 빽빽이 난다. 잎은 어긋나고 달걀 모양이며 가장자리에 톱니가 있다. 꽃은 9~10월에 자주색과 흰색으로 피고 원줄기 끝이나 가지 끝에서 옆을 향해 달린다. 열매는 수과이고 11월에 익는다. 어린 잎을 식용한다.

아하!
성숙한 잎은 말려서 부싯깃으로 한다. 수리취 잎을 비벼 만든 솜을 부싯돌에 대고 치면 불똥이 튀어 쉽게 불이 옮겨 붙는다.

참취 국화과
Aster scaber Thunb.
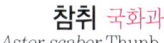
나물취

여러해살이풀. 산과 들에서 키 1m~1.5m 자란다. 줄기는 곧게 서고 전체에 거친 털이 있다. 잎은 어긋나고 염통 모양이며 가장자리에 톱니가 있다. 꽃은 8~10월에 흰색으로 피고 줄기와 가지 끝에 모여 달린다. 열매는 수과이고 긴 피침형이며 11월에 익는다. 어린 잎을 나물로 먹는다.

아하!
취나물류는 비타민의 함량이 많아 대표적인 식품 가치를 갖는 산나물이다. 식용하는 취나물은 주로 참취이므로 '취나물'이라 한다.

털별꽃아재비 국화과
Galinsoga ciliata (Raf.) S. F. Blake

털쓰레기꽃

한해살이풀. 집 근처의 텃밭이나 길가 구릉지에서 키 15~50cm 자란다. 잎은 마주나고 끝이 뾰족한 타원형이며 가장자리에 굵고 깊은 톱니가 있다. 꽃은 6~10월에 흰색으로 피고 줄기 끝에 두상화로 달린다. 총포는 5개이고 설상화는 5~6개이며 끝이 3갈래로 갈라진다. 관상화는 노란색이고 끝이 5갈래로 갈라진다. 열매는 수과이고 7월에 검은빛으로 익는다.

아하!
남아메리카 원산인 귀화식물로, 줄기에 털이 많으며 꽃이 별꽃과 닮았으나 별꽃은 아니라는 뜻으로 아재비를 붙여 '털별꽃아재비' 라고 불린다.

톱풀 국화과
Achillea sibirica L.

가새풀

여러해살이풀. 산과 들에서 키 50~110cm 자라며 줄기 윗부분에 털이 많이 난다. 꽃은 7~10월에 연한 붉은색과 흰색으로 피고 줄기와 가지 끝에 5~7송이가 모여 달린다. 열매는 수과이고 납작하며 11월에 익는다. 어린 잎을 나물로 먹는다.

아하!
잎의 가장자리가 깊게 빗살처럼 갈라진 모양이 톱날과 비슷하다고 하여 '톱풀' 이라고 한다.

한련초 국화과
Eclipta prostrata L.

한해살이풀. 길가나 밭둑에서 키 10~60cm 자라며 전체에 짧고 억센 털이 난다. 잎은 마주나고 피침형이며 가장자리에 잔톱니가 있다. 꽃은 8~10월에 흰색으로 피고 줄기와 가지 끝에 1송이씩 달린다. 열매는 수과이고 세모지며 10월에 익는다. 전체를 약재로 쓴다.

꽃

아하!
잎이나 줄기를 꺾으면 진액이 나와 잠시 후 까맣게 변한다. 옛사람들은 한련초의 즙을 수염이나 머리카락을 검게 물들이는 데 썼다.

흰민들레 국화과
Taraxacum coreanum Nakai

여러해살이풀. 들의 양지쪽에서 자라며 원줄기가 없다. 잎은 뿌리에서 뭉쳐나고 피침형이며 가장자리는 깊게 갈라진다. 꽃은 4~6월에 흰색으로 피고 꽃줄기가 끝에 1송이씩 달린다. 열매는 수과이고 긴 타원형이며 7~8월에 갈색으로 익는다. 어린 순을 묵나물로 먹고 꽃은 약재로 쓴다.

아하!
전체적으로 민들레와 비슷하나 꽃이 흰색으로 피므로 '흰민들레'라고 구분하여 부른다.

흰씀바귀 국화과
Ixeris dentata (Thunb.) Nakai var. *albiflora* Nakai

여러해살이풀. 산지 낮은 곳과 들에서 키 40~70cm 자란다. 뿌리잎은 넓은 피침형이고 줄기에서 난 잎은 밑부분이 원줄기를 감싼다. 꽃은 흰색으로 피고 가지와 줄기 끝에 8~11송이가 모여 달린다. 열매는 수과이고 연한 노란색 관모가 있다. 뿌리와 어린 순을 식용하고 전체를 약재로 쓴다.

아하!

쓴맛이 나는 나물인 씀바귀의 일종이며, 꽃이 흰색으로 피므로 '흰씀바귀' 라고 부른다.

갈퀴덩굴 꼭두서니과
Galium spurium Linne

덩굴성 여러해살이풀. 들이나 길가에서 키 60~90cm 자란다. 줄기는 네모지고 가시가 밀생한다. 잎은 6~8장씩 돌려나고 피침형이며, 잎자루가 없다. 꽃은 5~6월에 연황록색으로 피고 가지 끝이나 잎겨드랑이에 취산화서로 달린다. 화관은 4갈래이고 꽃자루에 마디가 있다. 열매는 반원상 분과로 2개씩 붙고 갈고리 모양의 단단한 털이 있어서 다른 물체에 잘 붙는다. 어린 잎은 나물로 먹고 전초를 약재로 쓴다.

산갈퀴덩굴 꼭두서니과
Galium pogonanthum Franch. & Sav.

여러해살이풀. 다소 건조한 숲 속에서
키 30~50cm 자란다. 줄기는 모가
나고 가늘며, 암녹색이고 광택이 난
다. 잎은 4장씩 돌려나고 긴 타원상피
침형이며 뒷면 맥과 가장자리에 털이
있다. 꽃은 6~7월에 흰색으로 피고
잎겨드랑이와 줄기 끝에 3출상 취산
화서로 달린다. 화관은 겉에 털이 있
고 4개로 갈라진다. 열매는 분과이고
2개씩 붙으며 혹 모양의 작은 돌기가
밀생한다.

조선수레갈퀴 꼭두서니과
Galium trifloriforme Komarove

개선갈퀴·산갈퀴

여러해살이풀. 산과 들에서 키
20~50cm 자란다. 원줄기는 밀생하
고 네모지며 능선에 밑을 향한 잔가
시가 드물게 있다. 잎은 6장씩 돌려나
고 긴 타원형이며, 길이 2.5~4cm이
고 잎자루는 거의 없다. 꽃은 5~8월
에 흰색으로 피고 가지 끝에 취산화
서로 달리며 화관은 4갈래로 갈라진
다. 열매는 2개씩 붙고 겉에 갈고리가
시가 밀생하며 9월에 익는다.

계요등 꼭두서니과
Paederia scandens (Lour.) Merrill

갈잎 덩굴나무. 길이 5~7m 자라며 전체에서 닭똥 냄새가 난다. 잎은 마주나고 달걀 모양이다. 꽃은 7~9월에 흰색으로 피고 잎겨드랑이에 달린다. 열매는 핵과이고 둥글며 9~10월에 황갈색으로 익는다. 전체를 약재로 쓴다.

아하!
풀 전체에서 닭똥(계뇨;鷄尿) 냄새와 비슷한 냄새가 나는 덩굴식물이라고 하여 '계요등(鷄尿藤)'이라는 이름이 붙었다.

꽃치자 꼭두서니과
Gardenia jasminoides Eills var. *radicans* Makino

늘푸른 떨기나무. 중국 원산. 남부 지방에서 관상용으로 심으며 높이 60cm 정도 자란다. 잎은 마주나고 피침형이며, 두껍고 광택이 난다. 꽃은 7~8월에 흰색으로 피고 작으며, 가지 끝에 1~2송이씩 달린다. 열매는 꽃받침통에 싸인다. 치자나무와 비슷하지만, 잎과 꽃이 작다.

치자나무 꼭두서니과
Gardenia jasminoides Ellis for.
grandiflora Makino

늘푸른 떨기나무. 높이 1~2m 자라며 작은 가지에 짧은 털이 있다. 잎은 마주나고 긴 타원형이며, 표면에 윤기가 나고 뾰족한 턱잎이 있다. 꽃은 6~7월에 피고 흰색이지만 시간이 지나면 황백색으로 되며 가지 끝에 1송이씩 달린다. 열매는 달걀 모양이며 9월에 황홍색으로 익는다. 안에는 노란색 과육과 씨가 들어 있다.

광대수염 꿀풀과
Lamium album L. var. *barbatum*
(S.et Z.) Franch. et Savat.

여러해살이풀. 산지의 숲 속 그늘에서 키 60cm 정도 자라며 줄기에 털이 약간 있다. 잎은 마주나고 달걀 모양이며 가장자리에 톱니가 있다. 꽃은 5월에 연한 붉은빛을 띤 자주색 또는 흰색으로 피고 잎겨드랑이에 5~6송이씩 층을 지어 달린다. 열매는 분과이고 달걀 모양이며 7~8월에 익는다. 어린 잎을 나물로 먹고 꽃은 약재로 쓴다.

아하!
꽃잎을 싸고 있는 뾰족한 포의 끝이 촘촘히 돌려 나 있어 마치 광대가 가짜로 수염을 단 것 같다고 하여 '광대수염'이라고 한다.

씨

들깨 꿀풀과

Perilla frutescens Britton var. *japonica* (Hassk) Hara

한해살이풀. 동남 아시아 원산이며 농가에서 재배하고 키 60~90cm 자란다. 잎은 마주나고 넓은 달걀 모양이며 가장자리에 톱니가 있다. 꽃은 8~9월에 흰색으로 피고 줄기 끝에 통꽃이 빽빽하게 달린다. 열매는 소견과이고 공 모양이며 10월에 익는다. 잎과 열매를 식용한다.

박하 꿀풀과

Mentha arvensis L. var. *piperascens* Malinvand

여러해살이풀. 개울가와 저지대의 습한 곳에서 키 60~100cm 자라며 전체에 짧은 털이 있고 향내가 난다. 잎은 마주나고 긴 타원형이며 가장자리에 날카로운 톱니가 있다. 꽃은 7~10월에 흰색으로 피고 잎겨드랑이에 모여 이삭처럼 달린다. 열매는 소견과이고 달걀 모양이며 9~11월에 익는다.

아하!

'박하'의 영어 이름인 민트(Mint)는 그리스 전설에 나오는 지옥의 신 하데스의 연인이었던 민테(Minte)의 이름에서 유래되었다고 한다.

흰속단 꿀풀과
Phlomis umbrosa Turcz. for.
albiflora Y. Lee

여러해살이풀. 산지에서 키 1m 정도
자란다. 잎은 마주나고 끝이 뾰족한
염통 모양이며, 위로 갈면서 작아지고
뒷면에 잔털이 있으며 가장자리에 둔
한 톱니가 있고 잎자루가 길다. 꽃은
7월에 흰색으로 피고 줄기 윗부분의
잎겨드랑이에 큰 원추화서로 달린다.
열매는 수과이고 넓은 달걀 모양이며
꽃받침으로 싸여 9~10월에 익는다

송장풀 꿀풀과
Leonurus macranthus Max.

개속단 · 대화익모초

여러해살이풀. 산지의 풀밭에서 키
1m 정도 자라며 전체에 갈색 누운 털
이 빽빽이 난다. 잎은 마주나고 달걀
모양이며 가장자리에 거친 톱니가 있
다. 꽃은 입술 모양이며 8월에 연한
분홍색, 또는 흰색으로 피고 잎겨드랑
이에 층층으로 달린다. 열매는 소견과
이고 반들반들하며 10월에 검은색으
로 익는다. 전체를 약재로 쓴다.

전체를 익모초처럼 산후조리 등 부인
병의 약재로 잘 쓰고 꽃이 익모초보다
크므로 '대화익모초(大花益母草)'라고
도 부른다.

꽃

쉽싸리 꿀풀과
Lycopus lucidus Turczaninov

개조박이 · 택란

여러해살이풀. 연못이나 물가 등 습지 근처에서 무리지어 나며 키 1m 정도 자란다. 잎은 마주나고 넓은 피침형이며, 밑으로 좁아져서 잎자루처럼 되며 가장자리에 날카로운 톱니가 있다. 꽃은 암수딴그루로 6~8월에 흰색으로 피고 잎겨드랑이에 윤산화서로 달린다. 꽃받침은 종 모양이고 화관은 입술 모양이다. 열매는 협과이고 9~10월에 익는다. 연한 잎을 식용하고 약재로도 쓴다.

흰꿀풀 꿀풀과
Prunella vulgaris L. var. *lilacina* Nakai for. *albiflora* Nakai

여러해살이풀. 산기슭 풀밭에서 키 30cm 정도 자라며 전체에 짧은 털이 난다. 잎은 마주나고 끝이 뾰족한 달걀 모양이다. 꽃은 5~8월에 흰색으로 피고 원줄기 끝에 모여 층을 이루며 달린다. 열매는 소견과이고 9월에 황갈색으로 익는다.

아하!
꿀풀의 돌연변이종으로 드물게 보이는데, 흰색 꽃이 피므로 '흰꿀풀'이라는 이름이 붙었다.

흰백리향 꿀풀과

Thymus quinquecostatus for. *albus* Y. N. Lee

갈잎 작은 떨기나무. 산꼭대기 가까이
에서 나며 높이 20cm 정도 자란다.
잎은 마주나고 피침형이며 가장자리
에 물결 모양의 톱니가 있다. 꽃은
6~8월에 흰색으로 피고 잎겨드랑이
에 2~4개씩 달리지만 가지 끝부분에
서 총생한다. 꽃받침조각은 삼각형이
고 연한 자주색이다. 열매는 둥근 분
과이고 9월에 암갈색으로 익으며 전
체에 향기가 있다. 줄기와 잎을 약재
로 쓴다.

끈끈이귀개 끈끈이주걱과

Drosera peltata var. *niponica* Ohwi.

여러해살이풀. 괴경 끈끈이주걱의 일
종이며 완도, 보길도 등에서 자생한
다. 땅 속의 구근에서 자란 줄기는 키
10~30cm 자란다. 잎은 어긋나고 초
승달처럼 위로 굽으며 표면에 긴 선
모가 있다. 꽃은 흰색이고 6월에 꽃줄
기 끝부분에서 5~10송이 달린다. 자
생지는 환경부 보호지(식-75호)로 지
정되어 보호되고 있다.

끈끈이귀개의
덫(선모)에 걸린 곤충들

꽃

아하!
초승달처럼 굽은 잎이 귀개처럼 생겼
고, 잎에 끈적끈적한 선모가 많이 있어
'끈끈이귀개'라고 한다. 이 선모로 벌
레를 가두어 잡는다.

꽃

피그미끈끈이주걱
끈끈이주걱과
Drosera pygmaea Dc.

주로 사막 지대에서 자생하며 지름 10~20mm의 작은 방사형이다. 습기가 많은 우기에 자라 꽃이 피고 건기에는 뿌리만 살아남아 휴면에 들어간다. 잎은 원형이고 가운데가 움푹 들어간다. 꽃은 흰색·분홍색·적색·노란색 등 여러 가지 색으로 피고 실 모양이고 키 2cm 정도의 꽃대에 1송이만 달린다.

아하!
끈끈이주걱과 비슷하나 크기가 훨씬 작기 때문에, 키 작은 종족인 피그미족의 이름을 따서 '피그미끈끈이주걱'이라는 이름이 붙었다.

꽃

드로세라 비나타
끈끈이주걱과
Drosera binata Labil.

여러해살이풀. 오스트레일리아 원산. 줄기가 짧고 기부에 털이 많다. 잎은 녹색이고 붉은색 촉수로 덮여 있고 잎자루가 줄기처럼 길게 뻗는다. 꽃은 흰색이고 꽃잎은 타원형이며 키 1m까지 자라는 꽃줄기에 수십 송이가 달린다.

아하!
잎이 2개로 나누어지는 형을 비나타-T형이라 하고, 잎이 4개로 나누어지는 형을 '비나타 디코토마'라고 하며, 잎이 8개 이상으로 나누어지는 형을 '비나타 무르티피다'라고 한다.

드로세라 카펜시스
끈끈이주걱과
Drosera capensis Linne

여러해살이풀. 남아메리카 원산. 줄기
가 짧고 잎은 밀생한다. 잎은 길이
3.5~6cm의 가는 수저형이고 잎자루
는 길이 10cm 정도 되는 것도 있다.
꽃은 보라색이고 꽃잎은 타원형이며
길이 20~30cm의 꽃줄기에 30송이
정도까지 달린다.

카펜시스 티피칼(Drosera capencis
'Typical'), 카펜시스 나로우(Drosera
capencis 'Narrow'), 백색 카펜시스
(Drosera capencis 'Alba'), 카펜시스 레
드(Drosera capencis 'Red'), 카펜시스
자이안트(Drosera capencis 'Giant') 등
의 품종이 있다.

파리지옥풀 끈끈이주걱과
Dionaea muscipula (L.) Ellis

여러해살이풀. 아메리카 원산. 줄기는
짧고 옆으로 뻗는다. 잎은 직경
20cm 정도의 방사형으로 배열되고
잎자루는 심장형이다. 잎이 성숙하면
길이 2.5~5cm의 덫을 만든다. 덫은
조개껍질처럼 2개로 나뉘며 가장자리
에 가시가 창살처럼 나란히 나 있다.
꽃은 흰색이고 4~6월에 길이
25~30cm의 꽃줄기 끝에 여러 송이
가 달린다.

잎에 있는 덫에 파리 등의 벌레가 걸리
면 창살 같은 가시와 끈적한 체액으로
인해 결국 죽게 되기 때문에 '파리지옥
풀'이라고 한다.

나도풍란 난초과
Aerides japonicum Gray et Sweet

여러해살이풀. 산지의 늘푸른나무 줄기나 바닷가 바위에 붙어서 키 5~15cm 자란다. 잎은 어긋나고 3~5장이 2줄로 달리며, 두껍고 긴 타원형이다. 꽃은 6~8월에 연한 녹백색으로 피고, 뿌리에서 나온 꽃줄기 끝에 4~10송이가 모여 달린다. 열매는 타원형 또는 곤봉 모양이다.

아하!
풍란과 다른 종류지만 나무나 바위에 붙어 자라고 밑으로 굽는 거(距)가 있는 등 '풍란'과 닮은 점이 있어 '나도풍란'이라고 한다.

새우난초 난초과
Calanthe discolor LINDL.

상록성 여러해살이풀. 산지 숲 속 그늘에서 자란다. 잎은 긴 타원형으로 길이 20cm 정도이며 주름이 있다. 꽃은 4~5월에 흰색 또는 자줏빛이 도는 갈색으로 피고 꽃줄기에 10송이가 총상화서로 달린다. 열매는 삭과이고 밑으로 처진다. 땅속줄기나 전초를 약재로 쓴다.

아하!
연한 갈색 계통의 독특한 꽃색이 새우의 빛깔을 떠올리기도 하지만 그보다는 땅 속에서 매년 가짜 덩이줄기가 생겨 옆으로 이어지는데 그 모습이 마치 등이 굽은 새우의 등과 닮아 '새우난초'라고 한다.

심비디움 난초과
Cymbidium

여러해살이풀. 잎은 뿌리에서 모여나
고 긴 칼 모양이며 활처럼 휜다. 꽃은
4~6월에 피고 잎 사이에서 나온 꽃
줄기 끝에 10여 송이가 모여 달린다.
꽃빛깔은 노란색·분홍색·자주색·
흰색 등 여러 가지이다. 주로 실내에
서 많이 기르므로 겨울에도 꽃을 볼
수 있다.

제비난초 난초과
Platanthera metabifolia F. Maekawa
향난초

여러해살이풀. 산지 숲 속에서 키
20~50cm 자란다. 줄기 기부에 타원
형 큰 잎이 2개 마주나고 밑부분이
좁아지며 엽초처럼 줄기를 감싼다. 꽃
은 6~7월에 흰색으로 피고 줄기 끝
에 많은 꽃이 달려 이삭화서를 이룬
다. 화관은 투구 모양이고 입술꽃잎은
긴 타원상 선형이며 거는 선상 곤봉
형이고 길게 밑으로 처진다. 열매는
9~10월에 익는다.

카틀레야 난초과
Cattleya

여러해살이풀. 브라질 원산. 나뭇가지 등에 붙어 키 30~60cm 자란다. 잎은 넓은 칼 모양이고 두껍다. 꽃은 가을에서 겨울에 걸쳐 피고 잎 사이에서 나온 꽃줄기 끝에 여러 송이가 모여 달린다. 꽃색은 노란색·주홍색·붉은색·흰색 등 여러 가지가 있다. 사무실이나 집 안에서 주로 화분에 키운다.

풍란 난초과
Neofinetia falcata (Thunb.) Hu

여러해살이풀. 따뜻한 해안 지방 섬의 나무줄기와 바위 겉에서 키 3~15cm 자란다. 잎은 2줄로 마주나고 넓은 선형이며 딱딱하다. 꽃은 7월에 순백색으로 피고 잎겨드랑이에서 나온 꽃줄기에 1송이씩 달린다. 열매는 삭과이고 10월에 익는다.

아하!
지리산에는 성모 마야 할미가 화가 나서 베옷을 갈갈이 찢어 바람(風;풍)에 날린 실오라기들이 변하여 '풍란(風蘭)'이 되었다는 전설이 전한다.

해오라비난초 난초과

Habenaria radiata K. Spreng.

여러해살이풀. 양지쪽 습지에서 키 15
~40cm 자란다. 잎은 3~5개가 어긋
나고 끝이 뾰족한 넓은 선형이며 밑
부분은 잎집으로 되어 있다. 꽃은 7~
8월에 흰색으로 피고 원줄기 끝에
1~2송이가 달린다.

아하!
꽃 모양이 마치 날아가는 해오라기와
비슷하다고 하여 '해오라비난초'라는
이름이 붙었다. 해오라비는 해오라기
의 옛말이다.

호접란 난초과

Phalaenopsis schilleriana Reichb. f.

여러해살이풀. 필리핀 원산이며 관상
용으로 심는다. 잎은 두껍고 긴 타원
형으로 길이 45cm 정도이며 늘어진
다. 꽃은 이른 봄부터 여름까지 계속
피는데 흰색·분홍색 등 여러 가지
색이며 꽃줄기에 100여 송이가 달린
다. 꽃줄기는 가지를 쳐서 길이 1m
정도 자라며 구부러져서 늘어진다.

노루발풀 노루발과
Pyrola japonica Klenze ex Alefeld

녹제초

늘푸른 여러해살이풀. 산지 숲 속 그늘에서 키 25cm 정도 자란다. 잎은 밑동에서 모여나고 넓은 타원형이며 잎자루가 길다. 꽃은 6~7월에 황백색으로 피고 긴 꽃줄기에 5~12송이가 밑을 향해 달린다. 열매는 삭과이고 납작한 공 모양이며 9월에 갈색으로 익는다. 전체를 약재로 쓴다.

아하!

꽃이 피면 아래를 향하여 달린 꽃의 모양이 노루의 발굽과 비슷하다고 하여 '노루발풀' 이라고 부르며, 한자로는 '녹제초(鹿蹄草)' 라고 한다.

매화노루발 노루발과
Chimaphila japonica Miq.

늘푸른 여러해살이풀. 깊은 산 그늘에서 키 5~10cm 자란다. 잎은 어긋나고 넓은 피침형이며 가장자리에 날카로운 톱니가 있다. 꽃은 5~6월에 흰색으로 피고 긴 꽃줄기 끝에 1~2송이씩 밑을 향해 달린다. 열매는 삭과이고 납작한 공 모양이며 암술머리가 붙어 있다. 전체를 약재로 쓴다.

아하!

노루발풀의 일종이며 흰색 꽃이 매화나무의 꽃과 비슷하다고 하여 '매화노루발' 이라는 이름으로 불린다.

개오동나무 능소화과
Catalpa ovata G. Don
향오동

갈잎 큰키나무. 마을 부근에서 높이 10~20m 자라며 나무껍질은 잿빛을 띤 갈색이다. 잎은 마주나고 넓은 달걀 모양이며 잎자루는 자줏빛을 띤다. 꽃은 6~7월에 노란빛을 띤 흰색으로 피고, 가지 끝에 많이 모여 달린다. 열매는 삭과이고 긴 선형이며 10월에 익는다. 씨는 갈색이고 양쪽에 털이 있다.

꽃

꽃개오동나무 능소화과
Catalpa bignonioides Walter
상사수

갈잎 큰키나무. 주로 공원에 식재하며 높이 30m 정도 자란다. 잎은 마주나거나 돌려나고 난상 타원형이며 끝부분은 긴 꼬리 모양이다. 꽃은 6~7월에 황백색으로 피고 가지 끝에 원추화서로 달린다. 화관은 입술 모양이고 꽃잎 안쪽에 노란색 선과 자갈색 반점이 있다. 열매는 선형 삭과이고 10월에 암갈색으로 익는다. 열매와 잎을 약재로 쓴다.

노린재나무 노린재나무과

Symplocos chinensis for. *pilosa* (Nakai) Ohwi

갈잎 떨기나무. 산지와 들의 숲 가장자리에서 높이 1~3m 자라며 수피는 회갈색이고 세로로 갈라진다. 잎은 어긋나고 달걀 모양이며, 뒷면 맥위에 털이 있고 노란색으로 단풍이 든다. 꽃은 5월에 흰색으로 피고 새가지 끝에 원추상 총상화서로 달린다. 열매는 타원형 장과이고 9월~10월에 벽색으로 익는다. 잎과 뿌리와 열매를 약재로 쓴다. 목재는 재질이 치밀하여 도장재로 쓰인다.

아하!
가을에 떨어진 잎을 태우면 노란색 재가 남는다 하여 '노린재나무'라고 이름지어졌다.

다래나무 다래나무과

Actinidia arguta Planchon

갈잎덩굴나무. 산지 숲 속에서 길이 7m 정도 자란다. 줄기는 계단 모양으로 층이 지고 햇가지에 잔털이 난다. 잎은 어긋나고 넓은 달걀 모양이다. 꽃은 암수딴그루이고 5월에 흰색으로 피며 잎겨드랑이에 3~10송이가 달린다. 열매는 장과이고 달걀 모양이며 10월에 황록색으로 익는다. 열매를 날것으로 먹을 수 있다.

아하!
열매의 맛이 달다고 하여 '다래'라고 한다. 머루랑 다래랑 먹고 청산에 살자고 했던 은자들의 마음을 달래주었다고 '다래'라고 이름을 붙인 것 같다.

꽃

열매

쥐다래나무 다래나무과
Actinidia kolomikta Max.

갈잎 덩굴나무. 깊은 산에서 길이 5m
정도 자란다. 잎은 어긋나고 긴 타원
형이며 가장자리에 톱니가 있다. 꽃은
암수딴그루이고 5월에 흰색으로 피며
잎겨드랑이에 1~3송이씩 달린다. 열
매는 장과이고 달걀 모양이며 10월에
노란색으로 익는다.

키위 다래나무과
Actinidia chinensis Planch
중국다래

갈잎 덩굴나무. 중국 원산이며 밭에서
과수로 재배하고 길이 5~10m 자란
다. 잎은 어긋나고 달걀 모양이며 가
장자리에 톱니가 있다. 꽃은 암수딴그
루이며 6~7월에 흰색으로 피고 잎겨
드랑이에 달린다. 열매는 장과이고 달
걀 모양이며, 겉에 갈색 털이 빽빽하
게 나고 8~10월에 익는다.

꽃

돈나무 돈나무과
Pittosporum tobira (Thunb.) Aiton

섬음나무 · 해동화

늘푸른 떨기나무. 섬 지방의 산기슭에서 높이 2~3m 자란다. 맹아력이 강하다. 잎은 마주나고 장타원형이며, 가죽질이고 표면은 광택이 나며 뒷면은 엷은 흰색이다. 꽃은 5~6월에 흰색으로 피어 노란색으로 변하며, 가지 끝에 취산화서로 달리고 꽃잎과 꽃받침은 각 5개씩이다. 열매는 삭과이고 9~12월에 적색으로 익는다. 씨는 윤기가 나고 점질이 있다. 잎과 수피를 약재로 쓴다.

아하!
열매에서 끈끈하고 달콤한 액체가 분비되는데 곤충들이 날아와 지저분하여 똥나무라고 부르다가 변하여 '돈나무'가 되었다.

둥근바위솔 돌나물과
Orostachys malacophyllus (Pallas) Fischer

여러해살이풀. 산의 바위 틈에 붙어 키 10~30cm 자란다. 뿌리줄기는 굵고 짧다. 잎은 뭉쳐나고 다육질 주걱형이며 흰가루를 쓰고 있는 것처럼 보인다. 꽃은 9~12월에 푸른빛을 띤 흰색으로 피고 원주형 수상화서를 이루는데 잎 가운데에서 꽃대가 나와 수많은 꽃으로 덮인다. 열매는 골돌과로 5개이며 달걀 모양이다. 뿌리를 제외한 모든 부분을 약재로 쓴다.

아하!
뿌리에서 모여나는 잎이 둥근 원형을 이루므로 '둥근바위솔'이라고 부르는 것 같다.

바위솔 돌나물과

Orostachys japonicus (Max.) A. Berger

기와솔

꽃

여러해살이풀. 산지의 바위 겉에 붙어
서 키 30cm 정도 자란다. 뿌리에서
나온 잎은 방석처럼 퍼지고 끝이 굳
어져서 가시같이 된다. 꽃은 9월에 흰
색으로 피고 원줄기 끝에 빽빽하게
모여 이삭처럼 달린다. 꽃잎은 5장이
며 끝이 뾰족한 피침형이다. 열매는
골돌과이고 10월에 익는다.

(아)(하)*!*
모양이 소나무의 열매인 솔방울과 비
슷하고 바위틈에서 잘 자라기 때문에
'바위솔'이라고 부른다. 또 오래 된 기
와지붕에서 자란다고 해서 '기와솔'이
라고도 한다.

두릅나무 두릅나무과

Aralia elata (Miq.) Seemann

목말채 · 자노아 · 참두릅

꽃

열매

갈잎 떨기나무. 산록의 골짜기에서 높
이 3~4m 자라며 줄기에 억센 가시
가 많다. 잎은 2회짝수깃꼴겹잎으로
어긋나고 작은잎은 넓은 달걀 모양이
며, 가시가 있고 뒷면 맥 위에 털이
난다. 꽃은 7~9월에 흰색으로 피고
가지 끝에 겹총상화서로 달린다. 열매
는 납작한 공 모양 장과이고 10월에
검은색으로 익는다. 어린 순은 식용하
고 열매와 줄기 껍질 · 뿌리는 약재로
쓴다.

(아)(하)*!*
줄기 끝의 어린 순을 나물로 먹는데,
가지(木) 끝(末)에서 야채(野菜)가 난다
고 하여 '목말채(木末菜)'라고도 한다.

팔손이나무 두릅나무과
Fatsia japonica Decne. et Planch.

늘푸른 떨기나무. 바닷가의 산기슭에서 높이 2~3m 자라며 나무껍질은 잿빛을 띤 흰색이다. 잎은 어긋나고 손바닥 모양이며, 7~9개로 깊게 갈라지고 가장자리에 톱니가 있다. 꽃은 10~11월에 흰색으로 피고 가지 끝에 모여 달린다. 열매는 장과이고 둥글며 다음해 5월 무렵 검게 익는다.

아하!
잎이 갈라지는 모양이 손가락이 8개 달린 손바닥처럼 보이므로 '팔손이나무' 라고 부른다.

때죽나무 때죽나무과
Styrax japonica S. et Z.
족나무

갈잎 중키나무. 산과 들의 낮은 지대에서 높이 10m 정도 자란다. 잎은 어긋나고 달걀 모양이며 가장자리에 톱니가 약간 있다. 꽃은 종 모양이며 5~6월에 흰색으로 피고 잎겨드랑이에 2~5송이씩 밑을 향해 달린다. 열매는 삭과이고 공 모양이며, 9월에 익고 껍질이 터져서 씨가 나온다. 열매를 약재로 쓴다.

쪽동백나무 때죽나무과
Styrax obassia S. et z.

갈잎 큰키나무. 산지에서 높이 6~
15m 자란다. 잎은 어긋나고 타원형이
며 뒷면에 별 모양의 털이 난다. 꽃은
깔때기 모양이며 5~6월에 흰색으로
피고 새 가지 끝에 모여 달린다. 열매
는 핵과이고 달걀 모양이며 7~10월
에 회백색으로 익는다. 열매로 기름을
짠다.

열매

둥근마 마과
Dioscorea bulbifera L.

쓴감자마

여러해살이 덩굴 식물. 덩이뿌리는 크
고 둥글며 바깥 껍질은 검은색이다.
원줄기는 덩굴성이고 길게 뻗으면서
가지가 갈라진다. 잎은 어긋나고 염통
모양이며 가장자리는 밋밋하다. 잎겨
드랑이에서 갈황색 육아가 생긴다. 꽃
은 암수딴그루이고 6~8월에 잎겨드
랑이에 총상화서로 달린다. 수꽃화서
는 1~3개씩 달리고 황갈색이며 많은
꽃이 밀생한다. 암꽃화서는 흰색이고
밑으로 처지며 꽃은 드문드문 달린다.

아하!
기다란 몽둥이 모양인 다른 마에 비해
덩이뿌리가 둥근 모양이어서 '둥근마
라'는 이름이 붙었다.

열매

꽃

마 마과

Dioscorea batatas Decne.

여러해살이 덩굴풀. 산지에서 자라며 뿌리는 육질의 원주형이다. 육아가 잎 겨드랑이에서 나온다. 잎은 마주나거나 돌려나고 삼각형이며, 가장자리는 밋밋하고 잎자루는 자주색이다. 꽃은 암수한그루로 6~7월에 흰색으로 피고 잎겨드랑이에 수상화서로 달리는데, 수꽃은 곧게 서고 암꽃은 아래로 처진다. 열매는 삭과이고 날개가 3장 있으며 9~10월 익는다. 뿌리를 식용하고 전초를 약재로 쓴다.

고마리 마디풀과

Persicaria thunbergii (S. et Z.) H. Gross
돼지풀

한해살이풀. 들이나 물가에서 무리지어 나며 키 1m 정도 자란다. 줄기에 갈고리 같은 가시가 난다. 잎은 어긋나고 삼각형이다. 꽃은 8~9월에 연분홍색 또는 흰색으로 피고 가지 끝에 10여 송이가 뭉쳐 달린다. 열매는 수과이고 세모진 달걀 모양이며, 10~11월에 황갈색으로 익는다.

아하!

충청도 일부 지역에서는 땅 속의 덩이 뿌리를 돼지가 잘 먹는다고 하여 '돼지풀'이라고 부르기도 한다.

메밀 마디풀과
Fagopyrum esculentum Moench

한해살이풀. 중앙 아시아 원산이며 밭에서 재배하고 키 60~90cm 자란다. 잎은 어긋나고 끝이 뾰족한 염통 모양이며 잎자루가 길다. 꽃은 7~10월에 흰색으로 피고 줄기와 가지 끝에 모여 달린다. 열매는 수과이고 세모진 달걀 모양이며 흑갈색으로 익는다. 씨를 먹는다.

아하!
옛부터 해가 바뀌는 섣달 그믐날 '메밀'로 만든 메밀국수를 먹으면 좋은 일이 국수처럼 길게 다음 해로 이어진다고 하여 즐겨 먹었다.

며느리밑씻개 마디풀과
Persicaria senticosa (Franch. et Savat.) H. Gross

한해살이 덩굴풀. 산과 들에서 길이 1~2m 자란다. 줄기와 잎자루에 갈고리 같은 가시가 있다. 잎은 어긋나고 긴 삼각형이며 양면에 잔털이 있다. 꽃은 7~8월에 피고 가지 끝에 여러 송이가 모여 달린다. 꽃잎은 없으며 연홍색 꽃받침이 꽃처럼 보인다. 열매는 수과이고 10월에 검게 익는다.

아하!
며느리를 구박하는 시어머니가 줄기에 가시가 많은 이 풀을 며느리의 뒤처리용으로 쓰게 했다 하여 '며느리밑씻개'라고 한다.

119

며느리배꼽 마디풀과
Persicaria perfoliata (L.) H. Gross

한해살이 덩굴풀. 들에서 길이 1~2m
자란다. 갈고리 같은 가시가 있어 다
른 물체에 잘 붙는다. 잎은 어긋나고
삼각형이며 잎맥을 따라 잔가시가 있
다. 꽃은 7~9월에 엷은 녹백색으로
피고 가지 끝에 여러 송이가 모여 달
린다. 열매는 수과이고 달걀 모양이
며, 10월에 익는다. 열매 밑에 접시
모양의 포가 있다.

아하!
턱잎이 며느리밑씻개에 비해서 크고
접시처럼 오목한 것이 배꼽 같아서 '며
느리배꼽'이라 한다.

범꼬리 마디풀과
Bistorta major S. F. Gray var. *japonica*
Hara

여러해살이풀. 깊은 산 풀밭에서 키
30~80cm 자란다. 잎은 밑동에서
모여나고 긴 피침형이며 잎자루는 잎
집이 된다. 꽃은 7~8월에 연분홍색
또는 흰색으로 피고 줄기 끝에 모여
이삭처럼 달린다. 열매는 수과이고 세
모지며, 표면에 광택이 나고 9~10월
에 익는다. 어린 잎과 줄기는 먹을 수
있다.

아하!
긴 꽃줄기 끝에 달린 원통 모양의 꽃차
례가 호랑이의 꼬리를 닮았다고 하여
'범꼬리'라는 이름이 붙여졌다.

소리쟁이 마디풀과
Rumex japonicus Houtt.

여러해살이풀. 습지 근처에서 키 30
~80cm 자란다. 줄기는 녹색 바탕에
자줏빛이 돌며 뿌리가 비대해진다. 잎
은 어긋나고 타원형이며 가장자리는
물결 모양이다. 꽃은 6~7월에 연한
녹색으로 피고 층층으로 달리지만 전
체가 원뿔형으로 된다. 열매는 수과이
고 갈색이며 8~9월에 익는다. 잎은
식용하고 뿌리는 약재로 쓴다.

아하!
바람이 불거나 하여 흔들리면 줄기가
서로 마찰할 때 소리가 난다고 하여
'소리쟁이'라고 불리게 되었다.

수영 마디풀과
Rumex acetosa L.

시금초 · 신검초

여러해살이풀. 산과 들에서 키 30~
80cm 자란다. 뿌리잎은 빽빽하게 모
여나며, 줄기잎은 어긋나고 긴 창 모
양이며 위로 갈수록 짧아진다. 꽃은
암수딴그루이고 5~6월에 연녹색으로
피며, 줄기 끝에 모여 달린다. 열매는
수과이고 세모진 타원형이며 꽃받침
조각에 둘러싸여 8~9월에 익는다.

아하!
잎의 생김새가 시금치와 비슷하고 잎
을 먹으면 맛이 시기 때문에 '시금초'
또는 '신검초'라고도 부른다.

바보여뀌 마디풀과
Persicaria pubescens (Blume) H. Hara
점박이여뀌

한해살이풀. 습지에서 키 40~80cm 자란다. 잎은 어긋나고 긴 피침형이며 양끝이 좁고 양면에 흑색점과 짧은 털이 있으며 마르면 원줄기와 더불어 적갈색이 돈다. 초상의 탁엽은 막질이고 복모가 있다. 꽃은 8월에 피고 흰색 바탕에 연한 붉은빛이 돌며, 가지 끝에 이삭화서를 이루고 밑으로 처져서 드문드문 달린다. 열매는 수과이고 세모진 달걀 모양이며 9월에 흑색으로 익는다.

흰여뀌 마디풀과
Persicaria scabra (Moench) Mold.

한해살이풀. 들의 개울가나 습지에서 키 30~50cm 정도 자란다. 잎은 어긋나고 피침형이며 가장자리에 잔털이 있다. 꽃은 5~9월에 연분홍색이나 흰색으로 피고 가지 끝에서 이삭처럼 달린다. 열매는 수과이고 납작한 원형이며 흑갈색으로 익는다.

아하!
전체적으로 여뀌와 비슷하지만 꽃이 흰색으로 피므로 '흰여뀌'라고 이름을 붙여 구분한다.

왜개싱아 마디풀과
Aconogonon divaricatum (L.) Nakai

민산승애 · 왕싱아 · 큰바위승애

여러해살이풀. 산지에서 키 1m 정도 자란다. 가지가 많이 갈라져서 사방으로 퍼지고 전체에 털이 거의 없다. 잎은 어긋나고 난상 긴 타원형이며 가장자리에는 털 모양의 톱니가 있다. 꽃은 5~6월에 가지 끝에 커다란 원추형 이삭화서로 달리며 꽃잎은 없다. 열매는 세모진 수과이고 꽃받침보다 2배 길며, 광택이 나고 7월에 갈색으로 익는다. 어린 순을 식용한다.

호장근 마디풀과
Reynoutria japonica Houttyn

감제풀 · 까치수영 · 싱아

여러해살이풀. 산과 들에서 키 100~150cm 자란다. 어릴 때는 자주색 반점이 많고 줄기 속은 빈다. 잎은 어긋나고 넓은 창 모양이며 엽초 모양의 턱잎은 막질이다. 꽃은 암수딴그루로 6~8월에 흰색으로 피고 이삭화서를 이룬다. 꽃받침은 5장이고 꽃잎은 없다. 열매는 세모진 수과이고 날개처럼 된 꽃받침에 싸이며 9~10월에 암갈색으로 익는다. 어린 줄기를 식용하고 땅속줄기를 약재로 쓴다.

아하!
뿌리줄기가 곤봉(杖:장) 모양이며 줄기에 붉은 점이 퍼진 것이 호랑이(虎:호) 무늬를 닮았다고 하여 '호장근(虎杖根)'이라고 한다.

꽃
열매

마름 마름과
Trapa japonica Flerov.

한해살이 물풀. 연못에서 뿌리는 진흙 속에 박고 줄기가 물 위로 길게 자란다. 잎은 뭉쳐나고 삼각형이며 가장자리에 톱니가 있다. 잎자루에 있는 굵은 공기 주머니로 물 위에 뜬다. 꽃은 7~8월에 흰색으로 피고 잎겨드랑이에 달린다. 열매는 딱딱한 골질이고 역삼각형이며 양끝에 가시가 있다. 씨를 식용한다.

아하!

수학에 나오는 사각형의 한 종류인 마름모꼴은 이 '마름'에서 유래한 용어다. 사각형인 잎의 모양을 보면 알 수 있다.

뚝갈 마타리과
Patrinia villosa (Thunberg) Jussieu
흰미역취

여러해살이풀. 산과 들의 양지에서 키 1m 정도 자라며 전체에 짧은 털이 밀생한다. 잎은 마주나고 타원형이며, 깃 모양으로 갈라지고 흰털이 있으며 가장자리에 톱니가 있다. 꽃은 7~8월에 흰색으로 피고 줄기나 가지 끝에 산방화서로 달린다. 화관은 끝이 5개로 갈라지고 수술과 암술은 꽃 밖으로 길게 뻗는다. 열매는 달걀 모양 수과이며 날개는 염통 모양이다. 어린 잎을 식용하고 뿌리를 약재로 쓴다.

좀쥐오줌풀 마타리과
Valeriana coreana Briquet

좀바구니나물

여러해살이풀. 산지 숲 속에서 키 30~60cm 자라며 줄기에 짧은 털이 있다. 잎은 마주나고 5~7개로 갈라지며 작은잎은 가장자리에 톱니가 있다. 꽃은 5~8월에 붉은빛이 도는 흰색으로 피고 가지 끝과 원줄기 끝에 산방상으로 달리며 화관은 5개로 갈라진다. 열매는 피침형 수과이고 10월에 익으며 윗부분에 꽃받침이 관모상으로 달린다. 어린 잎은 식용하고 뿌리를 약재로 쓴다.

아하!
뿌리에서 쥐오줌 냄새가 강하게 나는 쥐오줌풀 종류이고 식물체가 작으므로 '좀' 자를 붙여 '좀쥐오줌풀'이라고 부른다.

흰작살나무 마편초과
Callicarpa japonica Thunb. var.
leucocarpa Nakai

갈잎 떨기나무. 산기슭에서 높이 2~4m 자란다. 잎은 마주나고 긴 타원형이며 가장자리에 가는 톱니가 있다. 꽃은 7~8월에 흰색으로 피고 잎겨드랑이에 모여 달린다. 열매는 핵과이고 둥글며 10월에 흰색으로 익는다.

남천 매자나무과
Nandina domestica Thunb.

늘푸른 떨기나무. 주로 약초로 재배하며 높이 3m 정도 자라며 밑에서 줄기가 많이 갈라진다. 잎은 가죽질이고 작은 잎이 깃 모양으로 배열되며, 작은잎은 타원상 피침형이고 가장자리는 밋밋하다. 꽃은 6~7월에 흰색으로 피고 가지 끝에 원추화서로 달리며 꽃밥은 노란색이다. 열매는 장과이고 10월에 붉게 익으며 둥근 모양이다. 전체를 약재로 쓴다. 종자는 새들의 좋은 먹이가 된다.

열매

새삼 메꽃과
Cuscuta japonica Choisy

한해살이 덩굴풀. 산과 들의 구릉지에서 길이 5m 정도 자란다. 처음에는 땅에서 자라다가 곧 다른 식물에 흡판으로 붙어 기생한다. 줄기는 노란색이며 잎이 없다. 꽃은 종 모양이며 8~9월에 흰색으로 피고 줄기 위에 모여 이삭처럼 달린다. 열매는 삭과이고 달걀 모양이며 9~10월에 익는다. 씨를 약재로 쓴다.

아하!
새삼은 뿌리가 없어 스스로 양분을 만들지 못하여 모든 양분을 숙주(기생 식물이 달라붙어 양분을 빼앗기는 식물)에게 의존하는 기생 식물이다.

실새삼 메꽃과
Cuscuta australis R. Brown

한해살이 덩굴풀. 들의 밭둑과 콩밭에서 기생하며 길이 50cm 정도 자란다. 잎은 어긋나고 비늘 모양이며 노란색이다. 꽃은 짧은 종 모양이며 7~8월에 흰색으로 피고 가지 위에 잔꽃이 조밀하게 모여 달린다. 열매는 삭과이고 납작한 원형이다. 씨를 약재로 쓴다.

아하!
덩굴식물인 새삼의 일종이며 줄기가 새삼에 비해 실처럼 아주 가늘어서 '실새삼'이라고 불린다.

좀나팔꽃 메꽃과
Ipomoea lacunosa Linne

덩굴성 한해살이풀. 북아메리카 원산. 들판에서 길이 3m 정도 자라며 전체에 털이 많다. 잎은 넓은 난형이고 가장자리는 밋밋하며 가느다란 잎자루가 있다. 꽃은 7~9월에 흰색 깔때기 모양으로 피고 잎보다 짧은 화축에 1~3송이가 달린다. 꽃잎 가장자리가 자주색인 것도 있다. 열매는 삭과이고 공 모양이며 10월에 여문다.

아하!
나팔꽃과 비슷하며 나팔꽃보다 크기가 작으므로 작다는 뜻으로 '좀' 자를 붙여 '좀나팔꽃'이라고 한다.

열매

목련 목련과

Magnolia kobus A. P. De Candolle

갈잎 큰키나무. 숲 속에서 높이 10m 정도 자란다. 잎은 넓은 달걀 모양이고 끝이 급히 뾰족해진다. 꽃은 3~4월에 잎이 나기 전에 흰색으로 피고 가지 끝에 1송이씩 달린다. 열매는 골돌과이고 9~10월에 익으며, 씨는 타원형이고 붉은색이다. 꽃봉오리를 약재로 쓴다.

아하!
원래 나무에 핀 난초꽃 같다 하여 '목란(木蘭)'이라고 하였으나 불교에서 나무에 핀 연꽃 같다 하여 '목련(木蓮)'이라고 한 것이 널리 퍼졌다고 한다.

오미자나무 목련과

Schizandra chinensis Baill.

덩굴성 갈잎 떨기나무. 산골짜기의 전석지에서 길이 6~9m 자란다. 잎은 어긋나고 달걀 모양이며, 뒷면 맥 위에 털이 있고 가장자리에 톱니가 있다. 꽃은 암수딴그루로 5~7월에 연분홍색 또는 흰색으로 피고 새 가지의 잎겨드랑이에 한 송이씩 달린다. 열매는 이삭 모양의 장과이고 8~9월에 붉은색으로 익는다. 어린 순을 나물로 먹고 열매를 약재로 쓴다.

아하!
열매(子)에서 신맛, 단맛, 쓴맛, 짠맛, 매운맛의 다섯(五) 가지 맛(味)이 난다고 하여 '오미자(五味子)'라는 이름이 생겼다.

함박꽃나무 목련과

Magnolia sieboldii K. Koch.

목필 · 산목련

갈잎 중키나무. 깊은 산 골짜기의 숲 속에서 높이 7m 정도 자라며, 어린 가지와 겨울눈에 털이 있다. 잎은 어긋나고 끝이 뾰족한 달걀 모양이며 잎맥에 털이 있다. 꽃은 5~6월에 흰색으로 핀다. 열매는 집과이고 9~10월에 익으며, 실에 매달린 타원형의 적색 씨가 나온다.

열매

(아하)!
산 속에서 피는 하얀 꽃이 목련꽃과 비슷하다고 하여 '산목련'이라고도 부르며, 꽃 피기 전의 꽃봉오리가 붓끝 같다고 해서 '목필(木筆)'이라고도 한다.

구골목서 물푸레나무과

Osmanthus fortunei Carr.

구골나무목서

늘푸른 떨기나무. 주로 정원에 식재하고 높이 2~6m 자라며 줄기는 회갈색이다. 잎은 마주나고 타원형이며, 억센 가죽질이고 가장자리에 날카로운 가시가 좌우대칭을 이루고 있으며 잎자루가 짧다. 꽃은 9~10월에 흰색으로 피고 잎겨드랑이에 꽃잎이 4갈래로 갈라진 작은 꽃이 무리지어 달린다. 꽃은 향기가 짙고 열매는 결실하지 않으며 삽목으로 번식한다.

(아하)!
금목서와 무늬구골나무의 교배종이어서 '구골나무목서'로 이름지었다.

미선나무 물푸레나무과
Abeliophyllum distichum Nakai

갈잎 떨기나무. 한국특산식물. 볕이 잘 드는 산기슭에서 높이 1m 정도 자란다. 잎은 마주나고 끝이 뾰족한 달걀 모양이다. 꽃은 잎이 나기 전인 3~4월에 연분홍색이나 흰색으로 피고 전년도 가지에 모여 달린다. 열매는 시과이고 타원형이며, 9~10월에 여물고 씨가 2개 들어 있다.

아하!
열매의 모양이 마치 부채(扇:선)를 펴 놓은 것처럼 아름답다(美:미)는 뜻으로 '미선(美扇)나무'라고 한다.

쥐똥나무 물푸레나무과
Ligustrum obtusifolium S. et Z. var. *regelianum* (Koehne) Rehder

갈잎 떨기나무. 산기슭이나 들에서 높이 2~4m 자란다. 잎은 마주나고 긴 타원형이며 끝이 둔하다. 꽃은 통 모양이며 5~6월에 흰색으로 피고 가지 끝에 많이 모여 달린다. 열매는 장과이고 달걀 모양이며 10월에 검은색으로 익는다. 꽃을 약재로 쓴다.

아하!
줄기에 달리는 검은 열매의 표면에 윤기가 거의 없다. 이 둥근 열매의 크기와 모양이 영락없이 쥐똥처럼 생겨서 '쥐똥나무'라는 이름이 붙었다.

개구리발톱 미나리아재비과
Semiaquilegia adoxoides (D. C.) Makino

개구리망 · 섬향수풀

여러해살이풀. 산기슭이나 숲 속에서 키 20~30cm 자란다. 뿌리잎은 잎자루가 긴 3출엽이고 줄기잎은 3갈래로 깊게 갈라진다. 꽃은 4~5월에 붉은 빛이 도는 흰색으로 피고 가지 끝에 1송이씩 달린다. 꽃잎은 5장이고 밑부분이 짧은 거로 되어 있다. 꽃잎처럼 보이는 꽃받침은 5장이고 종 모양이다. 열매는 피침형 골돌과이고 별 모양의 열매덩이를 이룬다. 전초를 약재로 쓴다.

꿩의다리 미나리아재비과
Thalictrum aquilegifolium L.

여러해살이풀. 산기슭의 풀밭에서 키 1m 정도 자란다. 줄기는 속이 비었고 흰빛을 띤다. 잎은 어긋나고 깃꼴겹잎이며 작은잎은 달걀 모양이다. 꽃은 7~8월에 흰색 또는 보라색으로 피고 줄기 끝에 모여 달린다. 열매는 수과이고 타원형이며 9~10월에 익는데, 긴 자루가 있어 밑으로 늘어진다. 어린 잎과 줄기를 식용한다.

야하!
가늘고 길게 뻗은 줄기가 연약해 보이는 꿩의 다리와 비슷하므로 '꿩의다리'라고 부른다.

꽃

돈잎꿩의다리 미나리아재비과

Thalictrum coreanum Leveille var.
minus Nakai

여러해살이풀. 깊은 산에서 키 20cm
정도 자란다. 뿌리는 비대하고 줄기는
곧게 선다. 잎은 어긋나고 3출겹잎이
며, 잎자루가 길고 작은잎은 방패 모
양이다. 꽃은 흰색이고 줄기 끝에 작
은 꽃들이 모여 원추화서를 이룬다.
꽃잎은 없고 많은 수술이 꽃잎처럼
보인다. 열매는 수과이고 방추형이며
한쪽으로 굽는다. 그늘진 습지의 녹화
용 지피식물로 이용한다.

아하!
연잎꿩의다리와 닮았으나 키가 작고
특히 잎이 3cm를 넘지 못해 동전(돈)만
하다고 하여 '돈잎꿩의다리' 라는 이름
을 얻었다.

산꿩의다리 미나리아재비과

Thalictrum filamentosum Max.

갈미꿩의다리 · 개구엽 · 외가락풀

여러해살이풀. 산지의 숲에서 키
45~70cm 자란다. 뿌리잎은 3출겹
잎이고 잎자루가 길다. 줄기잎은 9장
으로 된 겹잎이고 작은잎은 달걀 모
양이며 가장자리에 둔한 톱니가 있다.
꽃은 6~8월에 흰색으로 피고 가지
끝에서 총상화서를 이루며, 꽃잎은 없
고 수술이 많다. 열매는 초승달처럼
굽는 수과이고 9~10월에 익는다. 어
린 줄기와 잎을 식용한다.

아하!
산에서 자라고 가늘고 긴 줄기가 꿩의
다리와 비슷하여 '산꿩의다리'라고 부
른다. 삼지구엽초와 비슷하여 '개구
엽' 이라고도 한다.

노루귀 미나리아재비과
Hepatica asiatica Nakai

여러해살이풀. 산의 나무 밑에서 자란
다. 잎은 뿌리에서 모여나고 3개로 갈
라지며, 갈래잎은 달걀 모양이고 뒷면
에 솜털이 많다. 꽃은 잎이 나기 전인
4월에 연홍색 또는 흰색으로 피고, 꽃
줄기 위에 1송이씩 달린다. 꽃잎은 없
고 꽃잎 모양의 꽃받침이 6~8개 있
다. 열매는 수과이고 6월에 익는다.
어린 잎을 나물로 먹는다.

잎

아하!
이른 봄에 잎이 나올 때 끝이 말려서
나와 솜털이 빽빽하게 돋아 있는 모습
이 마치 노루의 귀와 닮았다 하여 '노
루귀'라고 한다.

노루삼 미나리아재비과
Actaea asiatica Hara

여러해살이풀. 산지의 나무그늘에서
키 40~70cm 자란다. 잎은 어긋나고
3출 깃꼴겹잎이며, 작은잎은 달걀 모
양이고 가장자리에 불규칙한 톱니가
있다. 꽃은 6월에 흰색으로 피고 총상
화서를 이룬다. 꽃이 피면 꽃받침은
곧 떨어지고 꽃잎은 3~4개이다. 열
매는 장과이고 6월에 흑색으로 익는
다. 전초를 약재로 쓴다.

모데미풀 미나리아재비과
Megaleranthis saniculifolia Ohwi

여러해살이풀. 깊은 산의 약한 습지에서 키 20~40cm 자란다. 잎은 모두 뿌리에서 나오고 잎자루가 길며, 3개로 갈라지고 갈래조각은 다시 2~3개로 갈라진다. 꽃은 4~5월에 흰색으로 피고, 잎 가운데에서 나온 꽃줄기에 1송이씩 달린다. 열매는 골돌과이고 둥글게 퍼져 배열한다.

아하!
지리산 운봉면의 '모데미'라는 곳에서 처음 발견되었기 때문에 '모데미풀'이라고 부른다.

꿩의바람꽃 미나리아재비과
Anemone raddeana Regel

여러해살이풀. 산의 숲 속에서 자란다. 뿌리줄기는 옆으로 벋고 길이 2~3cm이며, 육질이고 굵다. 잎은 3개로 갈라지며 잎자루가 길다. 꽃은 4~5월에 흰색으로 피고, 키 15~20cm인 꽃줄기 끝에 1송이씩 달린다. 꽃잎이 없고 긴 꽃받침 8~13개가 꽃잎처럼 보인다. 열매는 수과이다.

아하!
꽃을 달고 있는 가늘고 긴 꽃줄기가 연약해 보이는 꿩의 다리 같다고 하여 '꿩의바람꽃'이라 부르는 것으로 추정된다.

나도바람꽃 미나리아재비과
Isopyrum raddeanum (Regel) Max.

여러해살이풀. 산지 그늘에서 키 20
~30cm 자란다. 줄기 중앙 윗부분에
잎이 달린다. 꽃은 5~6월에 흰색으
로 피고 줄기 끝에 1송이씩 달린다.
열매는 골돌과이고 끝이 뾰족한 타원
형이다.

아하!
바람꽃류는 아니지만 잎이나 꽃과 모
양 등이 '바람꽃과 비슷하다'고 하여
'나도바람꽃'이라고 부른다.

너도바람꽃 미나리아재비과
Eranthis stellata Max.

여러해살이풀. 산지에서 키 15cm 정
도 자란다. 잎은 뿌리에서 나며 3개로
갈라진다. 줄기에 잎 같은 포엽이 돌
려난다. 꽃은 4월에 흰색으로 피고 포
엽에서 나온 꽃줄기 끝에 1송이씩 달
린다. 열매는 골돌과이고 반달 모양이
며 6월에 익는다.

아하!
바람꽃류는 아니지만 잎이나 꽃 모양
등이 바람꽃과 비슷하다고 하여 '너도
바람꽃'이라고 부른다.

바람꽃 미나리아재비과
Anemone narcissiflora Linne.

조선바람꽃

여러해살이풀. 높은 산에서 키 20~40cm 자란다. 전체에 털이 나고 뿌리줄기는 굵으며 뿌리잎과 꽃줄기가 모여난다. 잎은 둥근 염통 모양이고 3개로 깊게 갈라지며, 다시 2~3갈래로 갈라지고 잎자루가 길다. 꽃은 6~8월에 흰색으로 피고 5~6개의 작은 꽃이 산형으로 달린다. 열매는 수과이고 납작한 타원형이며 두꺼운 날개가 있고 9~10월에 익는다.

아하!
속명 Anemone의 어원은 그리스어 anemos(바람)이며, 숲 속 바람이 잘 통하는 곳에서 잘 자라므로 '바람꽃'이라고 불린다.

쌍동바람꽃 미나리아재비과
Anemone rossii S. Moore

여러해살이풀. 깊은 산에서 키 25cm 정도 자란다. 뿌리잎은 3개로 깊게 갈라지며 가장자리에 톱니가 있다. 꽃은 5~6월에 흰색으로 피고 잎 가운데에서 나온 2개의 꽃줄기 끝에 1송이씩 달린다. 꽃잎은 없고 꽃받침 5장이 꽃처럼 보인다. 열매는 수과이고 8월에 익는다.

아하!
바람꽃의 일종이며 줄기에 꽃이 2송이씩 동시에 피므로 쌍동이 같다고 하여 '쌍동바람꽃'이라고 한다.

홀아비바람꽃 미나리아재비과
Anemone koraiensis Nakai

여러해살이풀. 한국특산식물. 산지의 습한 곳에서 자란다. 잎은 뿌리에서 나며 손바닥 모양으로 갈라진다. 꽃은 4월에 흰색으로 피고 꽃줄기 끝에 1송이가 위를 향해 피며 꽃받침 5장이 꽃잎처럼 보인다. 열매는 수과이고 한데 모여 달린다.

아하!
꽃줄기가 1개씩 자라므로 부인이 없이 홀로 사는 홀아비의 처지와 비슷하다고 하여 '홀아비바람꽃'이라고 한다.

백작약 미나리아재비과
Paeonia japonica Miyabe et

여러해살이풀. 깊은 산에서 키 40~50cm 자란다. 뿌리는 굵고 육질이며 밑부분이 비늘 같은 잎으로 싸여 있다. 잎은 어긋나고 깃털 모양이며 작은잎은 긴 타원형이다. 꽃은 6월에 흰색으로 피고 원줄기 끝에서 1송이씩 달린다. 열매는 골돌과이고 다 익어 벌어지면 검은 씨가 나타난다. 뿌리를 약재로 쓴다.

사위질빵 미나리아재비과
Clematis apiifolia A. P. Dc.

갈잎 덩굴나무. 산지와 들판에서 길이 3m 정도 자란다. 잎은 마주나고 3장으로 된 겹잎이다. 꽃은 7~8월에 흰색으로 피고 잎겨드랑이에 많이 달린다. 꽃잎은 없고 수술과 암술이 많아 꽃잎처럼 보인다. 열매는 수과이고 9~10월에 익으며, 흰색 털이 난 긴 암술대가 있다. 어린 잎과 줄기를 식용한다.

아하!
사위를 아끼는 장모가 무거운 짐을 얹지 못하게 하려고 연약한 이 덩굴로 사위의 지게멜빵을 만들었다고 하여 '사위질빵' 이라 부른다.

산매발톱 미나리아재비과
Aquilegia flabellata S. et Z. var. *pumila* Kudo

하늘매발톱

여러해살이풀. 높은 산 암석지에서 키 30m 정도 자란다. 잎은 마주나고 깃꼴겹잎이며, 작은잎은 삼각형이고 다시 얕게 갈라지며 잎줄기가 길다. 꽃은 7~8월에 보라색이나 짙은 하늘색으로 피고 원줄기 끝에 1~3송이씩 밑을 향해 달린다. 간혹 흰색 꽃이 피기도 한다. 열매는 골돌과이고 꼬투리가 5개씩이다.

아하!
매발톱꽃의 일종이며 백두산 등지의 고산 지대에서 자라므로 '산매발톱' 이라는 이름이 붙었고, 또 하늘과 가까운 곳에서 자란다는 뜻으로 '하늘매발톱' 이라고도 부른다.

으아리 미나리아재비과
Clematis mandshurica Rupr.

갈잎 덩굴나무. 산기슭과 들에서 길이 2m 정도 자란다. 잎은 마주나고 5~7장으로 된 깃꼴겹잎이며 작은잎은 달걀 모양이다. 잎자루는 덩굴손처럼 구부러진다. 꽃은 6~8월에 흰색으로 피고 줄기 끝이나 잎겨드랑이에 모여 달린다. 열매는 수과이고 달걀 모양이며, 9월에 익으며 털이 난 암술대가 꼬리처럼 달린다. 어린 잎은 식용하고 뿌리는 약재로 쓴다.

열매

꽃

아하!
속명(Clematis)은 덩굴손을 뜻한다. 긴 잎자루가 덩굴손같이 물체에 얽히는 형질은 으아리속의 특징이다.

참으아리 미나리아재비과
Clematis terniflora Dc.

갈잎 덩굴나무. 산과 들에서 길이 5m 정도 자란다. 잎은 마주나고 깃꼴겹잎이며 작은잎은 달걀 모양이다. 꽃은 7~9월에 흰색으로 피고 가지 끝이나 잎겨드랑이에 모여 달린다. 열매는 수과이고 9~10월에 익으며 긴 깃털같은 암술대가 꼬리처럼 달린다. 어린 잎은 식용하고 뿌리는 약재로 쓴다.

아하!
참으아리는 가지와 꽃자루에 털이 있고 꽃밥 끝이 뭉툭한 반면에, 으아리는 꽃자루에 털이 거의 없으며 꽃밥 끝이 뾰족하다.

촛대승마 미나리아재비과
Cimicifuga simplex Wormsk.

여러해살이풀. 산지의 숲 속에서 키
1.5m 정도 자라며 줄기에 흰색 털이
있다. 잎은 어긋나고 깃꼴겹잎이며,
작은잎은 달걀 모양이고 가장자리에
톱니가 있다. 꽃은 암수딴그루이며 6
~7월에 흰색으로 피고 줄기 끝에 모
여 달린다. 열매는 골돌과이고 긴 타
원형이며 5~9월에 익는다. 뿌리를
약용한다.

아하!
줄기가 곧게 서고 흰색 작은 꽃들이 원
기둥처럼 모여 있는 것이 흰색 초를 꽂
아놓은 촛대와 비슷하다고 하여 '촛대
승마'라고 한다.

할미밀망 미나리아재비과
Clematis trichotoma Nakai

세꽃으아리 · 큰질빵풀 · 할미질빵
갈잎 덩굴나무. 산기슭 덤불 속에서
길이 5m 정도 자란다. 잎은 마주나고
깃꼴겹잎이며, 작은잎은 달걀 모양이
고 가장자리에 톱니가 있다. 꽃은
6~8월에 흰색으로 피고 잎겨드랑이
에 3송이씩 취산화서로 달린다. 꽃받
침조각은 도피침형이며 겉에 연한 갈
색 털이 있다. 열매는 달걀 모양의 수
과이고 15~16개가 한군데 모여 달리
며 9~10월에 익는다. 어린 잎은 식
용한다.

아하!
으아리처럼 덩굴로 자라고 꽃이 3송이
씩 모여 피므로 '세꽃으아리'라고도
부른다.

흰진범 미나리아재비과
Lycoctonum longecassidatum Nakai

흰진교

여러해살이풀. 산지의 숲 속에서 길이 1m 정도 자란다. 줄기는 비스듬히 자라거나 덩굴처럼 되고 윗부분에 구부러진 털이 있다. 잎은 손바닥 모양으로 갈라지며 가장자리에 톱니가 있다. 꽃은 8월에 연한 황백색으로 피고 원줄기 끝과 잎겨드랑이에 여러 송이가 모여 달린다. 열매는 골돌과이고 3개가 붙으며, 씨는 삼각형으로 날개가 있다. 뿌리를 약재로 쓴다.

아하!
전체적으로 진범과 닮았지만 꽃이 연한 노란빛을 띤 흰색으로 피므로 '흰진범' 이라고 이름을 붙여 구분한다.

박 박과
Lagenaria leucantha Rusby var. *depressa* Makino

한해살이 덩굴풀. 열대 아시아 원산이며 농가에서 재배한다. 전체에 짧은 털이 있으며 각 마디에서 많은 곁가지가 나온다. 잎은 어긋나고 염통 모양이며 얕게 갈라진다. 꽃은 암수한그루이며 7~9월에 흰색으로 피고 잎겨드랑이에 1송이씩 달린다. 열매는 박과이고 둥글며 다 익으면 껍질이 딱딱해진다.

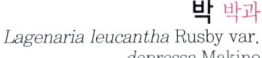

꽃

표주박 박과
Lagenaria leucantha Rusby var. *gourda* Makino

한해살이 덩굴풀. 아프리카 원산이며 농가에서 재배한다. 전체에 짧은 털이 있으며 각 마디에서 많은 곁가지가 나온다. 잎은 어긋나고 염통 모양이며 얕게 갈라진다. 꽃은 암수한그루이며 7~9월에 흰색으로 피고 잎겨드랑이에 1송이씩 달린다. 열매는 박과이고 가운데가 잘록해지며, 다 익으면 껍질이 딱딱해진다.

열매

박주가리 박주가리과
Metaplexis japonica (Thunb.) Makino

여러해살이 덩굴풀. 들판의 풀밭에서 길이 3m 정도 자란다. 줄기를 자르면 흰 젖 같은 유액이 나온다. 잎은 마주나고 긴 염통 모양이며 뒷면이 뽀얗다. 꽃은 7~8월에 흰색으로 피고 잎겨드랑이에 모여 달린다. 열매는 골돌과이고 표주박 모양이며, 10월에 익고 사마귀 모양의 돌기가 있다. 연한 잎을 나물로 먹고 잎과 열매를 약재로 쓴다.

아하!
양 끝이 뾰족한 배 모양인 열매꼬투리가 다 여물면 벌어지는데, 이것이 조그만 바가지 같다고 하여 '박주가리'라고 한다.

박쥐나무 박쥐나무과

Marlea macrophylla S. et Z. *var.*
trilobata (Miq.) Nakai

갈잎 떨기나무. 바위가 많은 산지 숲
속에서 자란다. 잎은 어긋나고 염통
모양이며 끝이 얕게 갈라진다. 꽃은
잎이 나기 전인 6~8월에 연한 노란
색으로 피고 잎겨드랑이에 1~4송이
가 모여 달린다. 열매는 핵과이고 달
걀 모양이며 9월에 진한 파란색으로
익는다. 어린 잎은 식용하고 열매는
약재로 쓴다.

아하!
박쥐처럼 그늘에서도 잘 자라며, 넓은
잎이 전체적으로 보면 둥근 편이나 다
섯 개의 갈래가 있어서 박쥐의 펼친 날
개처럼 보인다 하여 '박쥐나무'라고
한다.

개감채 백합과

Lloydia serotina Reichenb.

여러해살이풀. 높은 산의 암석 지대에
서 키 15cm 정도 자란다. 뿌리잎은
보통 2장이고 선형이며 줄기잎은 가
장자리가 위로 말린다. 꽃은 넓은 종
모양이며 7~8월에 흰색으로 피고 줄
기 끝에 1송이씩 달린다. 열매는 삭과
이고 달걀 모양이며 9월에 갈색으로
익는다. 어린 잎을 식용하고 전체를
약재로 쓴다.

아하!
속명(Lloydia)은 처음 발견한 영국의식
물학자 Edward lloyd의 이름을 딴 것이
며, 유럽과 북아메리카에 약 20종, 우
리 나라에 2종이 있다.

나도개감채 백합과

Lloydia serotina Reichenb.

두메무릇 · 산무릇

여러해살이풀. 깊은 산 숲 속에서 키 10~25cm 자란다. 땅 속의 비늘줄기는 넓은 타원형이고 겉비늘은 갈라지지 않는다. 뿌리잎은 1장이고 삼각상 선형이며, 꽃줄기에 난 잎은 피침형이고 위로 올라가면서 점점 작아진다. 꽃은 4~5월에 피고 흰색 바탕에 녹색 줄이 있으며 꽃줄기에 2~6송이씩 달린다. 꽃잎은 6장이고 피침형이며 꽃밥은 넓은 타원형이다. 열매는 장과이고 달걀 모양이며 7월에 갈색으로 익는다.

달래 백합과

Allium monanthum Max.

소산 · 야산

여러해살이풀. 산기슭과 들에서 키 5~12cm 자란다. 잎은 1~2개 넓은 선형이다. 꽃은 4월에 흰색 또는 붉은빛이 도는 흰색으로 피고, 잎 사이에서 나온 꽃줄기 끝에 1~2송이씩 달린다. 열매는 삭과이고 둥글며 7월에 익는다. 전체를 식용한다.

아하!
달래는 들에서 자라는 마늘이라 하여 '야산(野蒜)'이라 하고, 또 서아시아 원산의 마늘(대산;大蒜)에 대하여 작은 마늘이라는 뜻으로 '소산(小蒜)'이라고도 한다.

두루미꽃 백합과
Majanthemum bifolium (L.) F. W. Schmidt

열매

여러해살이풀. 깊은 산지의 숲 속 그늘에서 키 8~25cm 자라며 땅속줄기가 옆으로 길게 뻗으며 군락을 이룬다. 잎은 2개씩 달리는데 어긋나고 삼각상 염통 모양이며, 맥 위에 돌기 같은 털이 나고 가장자리에 잔톱니가 있다. 꽃은 5~6월에 흰색으로 피고 줄기 끝에서 총상화서를 이룬다. 꽃잎 조각은 4개이고 타원형이며 젖혀진다. 열매는 둥근 장과이고 8~10월에 붉은색으로 익는다. 지상부를 약재로 쓴다.

잎 2장이 양 옆으로 퍼진 모양이 날개를 펼친 두루미의 모습을 닮아서 '두루미꽃'이라는 이름이 붙었다.

각시둥굴레 백합과
Polygonatum humile Fischer ex Max.
둥굴레아재비

여러해살이풀. 깊은 산의 숲 가장자리에서 키 15~30cm 자란다. 잎은 어긋나고 긴 타원형이며 가장자리에 돌기 같은 털이 있다. 꽃은 대롱 모양이며 5~6월에 녹색이 도는 흰색으로 피고 잎겨드랑이에 1~2송이씩 달린다. 열매는 장과이고 8~9월에 짙은 하늘색으로 익는다. 어린 줄기와 잎을 식용한다.

둥굴레 종류 가운데 키가 가장 작기 때문에 새색시(각시)처럼 작고 예쁘다는 의미로 '각시둥굴레'라는 이름이 붙여졌다.

열매

둥굴레 백합과

Polygonatum odoratum (Maller) Druce
var. *pluriflorum* (Naq.) Ohwi

신선초 · 옥죽

여러해살이풀. 산과 들에서 키 30~
60cm 자란다. 잎은 어긋나고 긴 타
원형이며 한쪽으로 치우쳐서 퍼진다.
꽃은 종 모양이며 6~7월에 녹색빛을
띤 흰색으로 피고 잎겨드랑이에 1~2
송이씩 달린다. 열매는 장과이고 둥글
며 9~10월에 검게 익는다. 어린 잎
과 뿌리줄기를 식용한다.

아하!
구슬(玉;옥)처럼 둥근 열매와 대나무
(竹;죽)를 닮은 잎 때문에 '옥죽(玉竹)'
이라고도 하고, 가지런히 잎을 달고 있
는 모습이 신선같이 보인다 하여 '신선
초(神仙草)'라고도 부른다.

용둥굴레 백합과

Polygonatum involucratum Max.

여러해살이풀. 산지에서 키 20~
60cm 자란다. 잎은 어긋나고 타원형
이며 2줄로 배열된다. 꽃은 5월에 백
록색으로 피고 잎겨드랑이에 붙은 잎
모양의 포 속에 달린다. 열매는 장과
이고 둥글며 7~8월에 검게 익는다.
연한 순을 나물로 먹는다.

아하!
꽃이 잎처럼 생긴 백록색 포 속에 싸여
있는데, 이것이 벌레의 번데기(용;俑)
같다고 하여 '용둥굴레'라는 이름이
붙은 것 같다.

박새 백합과
Veratrum patulum Loes. fil.

여러해살이풀. 깊은 산의 습지에서 키
1.5m 정도 자란다. 잎은 촘촘히 어긋
나고 넓은 타원형이며 주름이 많다.
꽃은 7~8월에 연한 노란빛을 띤 흰
색으로 피고, 줄기 끝에 많이 모여 달
린다. 열매는 삭과이고 타원형이며,
8~9월에 익으면 3개로 갈라진다. 뿌
리를 약용한다.

아하!
종소명(grandiflorum)은 잎이 크다는 뜻
이며, 잎이 넓은 타원형으로 크고 넓은
박새의 특징을 나타낸다.

백합 백합과
Lilium longiflorum Thunb.

여러해살이풀. 숲이나 수목의 그늘에
서 50~100cm 자란다. 잎은 어긋나
거나 돌려나고 넓은 칼 모양이며 뒤
로 젖혀진다. 꽃은 큰 나팔 모양이며
5~6월에 흰색으로 피고, 줄기 끝에
2~3송이씩 옆을 향해 달린다. 열매
는 삭과이고 긴 타원형이다.

아하!
땅 속의 뿌리에 많은 인편(鱗片)이 모
여서 이루어진 구근(球根)이 있는데 이
것을 보고 100(百)개가 합(合)해졌다는
뜻에서 '백합(百合)'이라고 부른다.

부추 백합과
Allium tuberosum Rottler

솔 · 정구지

여러해살이풀. 농가에서 재배하며 키 30~40cm 자란다. 잎은 밑동에서 나오고 긴 선형이며 육질이다. 꽃은 7~8월에 흰색으로 피고 꽃줄기 끝에 많이 모여 달린다. 열매는 삭과이고 염통 모양이며 10월에 익는다. 비늘줄기를 약재로 사용하고 전체를 식용한다.

야하!

씨를 '구자'라고 하는데, 경상도 지방에서는 '정구지'라 부르고, 충청도 지방에서는 솔잎을 닮았다고 하여 '솔'이라고도 한다.

산마늘 백합과
Allium victorialis L.

명이

여러해살이풀. 산지의 숲 속에서 자란다. 잎은 밑동에서 2~3개씩 나며 넓고 크다. 꽃은 5~7월에 흰색으로 피고 꽃줄기 끝에 잔꽃이 많이 모여 달린다. 열매는 삭과이고 염통 모양이며 8~9월에 익는다. 씨는 검은색이다. 전체를 식용한다.

야하!

울릉도 지방에서는 이 식물을 많이 먹으면 명(命)이 길어진다고 하여 '명이나물'이라고 한다.

산세베리아 라우렌티 백합과
Sansevieria trifasciata Prain var. *laurentii* N. E. Br.

금변호미란 · 복륜산세베리아

여러해살이풀. 잎은 길이가 1.2m 정도 자라고 육질이 두꺼우며, 끝은 뾰족하고 광택이 나며 잎가장자리 양옆에는 1cm 정도 폭의 노란색 세로줄 무늬가 있다. 꽃은 흰색이고 잎 사이에서 나온 긴 꽃줄기 끝에 이삭화서를 이룬다.

아하!
뿌리째 분주하면 잎에 무늬가 있는 이 종이 나오지만, 잎꽂이를 하면 무늬 없는 산세베리아가 나온다.

산자고 백합과
Tulipa edulis (Miq.) Baker

여러해살이풀. 들의 양지바른 풀밭에서 키 30cm 정도 자란다. 잎은 긴 선형으로 밑동에서 2장 나오며 밑이 줄기를 감싼다. 꽃은 넓은 종 모양이며 4~5월에 흰색으로 피고 줄기 끝에 1~3송이가 달린다. 열매는 삭과이고 세모지며 7~8월에 익는다. 전체를 식용하고 비늘줄기를 약재로 쓴다.

아하!
넓은 종 모양인 흰색 꽃이 튤립 꽃과 닮았다고 하여 영어 이름으로는 'Korean tulips'라고 한다.

금강애기나리 백합과
진부애기나리
Streptopus ovalis (Ohwi) Wang et
Y. C. Tang

여러해살이풀. 깊은 산 숲 속 그늘에
서 키 10~30cm 자란다. 잎은 어긋
나고 긴 달걀 모양이며 밑이 줄기를
감싼다. 꽃은 4~6월에 연한 황백색
으로 피고 줄기 끝에 1~2송이가 달
린다. 꽃잎은 6장이며 자주색 반점이
있다. 열매는 장과이고 둥글며 7~8월
에 붉게 익는다.

아하!
애기나리와 비슷하지만 금강산에서
최초로 발견되어 '금강애기나리'라고
부른다. 설악산, 오대산 등 강원도의 고
산 지대에서 자란다.

열매

애기나리 백합과
Disporum smilacinum A. Gray

여러해살이풀. 산지의 숲 속에서 키
15~40cm 자란다. 잎은 어긋나고 긴
달걀 모양이다. 꽃은 4~5월에 흰색
으로 피고 꽃잎은 6장이며, 줄기 끝에
1~2송이가 밑을 향해 달린다. 열매는
장과이고 둥글며 6~7월에 검은색으
로 익는다. 어린 잎과 줄기를 나물로
먹는다.

아하!
나리를 닮았지만 나리보다 키가 작으
므로 애기 같다는 뜻으로 '애기나리'
라고 이름이 붙었다.

큰애기나리 백합과
Disporum viridescens (Max.) Nakai

여러해살이풀. 산지 숲에서 키 50cm
정도 자란다. 잎은 어긋나고 타원형이
며 잎자루가 짧다. 꽃은 5~6월에 흰
색으로 피고 꽃잎은 6장이며 줄기 끝
에 1~3송이가 달린다. 열매는 장과이
고 둥글며 8~9월에 검게 익는다. 어
린 잎을 식용한다.

열매

아하!
애기나리와 비슷하지만 전체가 좀더
크기 때문에 '큰애기나리'라고 하여
구분한다.

연영초 백합과
Trillium kamtschaticum Palls
왕삿갓나물 · 큰꽃삿갓풀

여러해살이풀. 깊은 산의 습한 숲 그
늘에서 키 20~40cm 자란다. 뿌리줄
기는 굵고 짧으며 줄기는 1~3개 모
여난다. 잎은 원줄기 끝에서 3개가 돌
려나고 넓은 달걀 모양이며 가장자리
는 밋밋하다. 꽃은 5~6월에 흰색으
로 피고 잎 가운데에서 나온 꽃줄기
에 1송이씩 달린다. 꽃잎과 꽃받침은
각각 3장이다. 열매는 장과이고 둥글
며 7~8월에 익는다. 전초를 약재로
쓴다.

옥잠화 백합과

Hosta plantaginea Aschers.

여러해살이풀. 중국 원산이며 키 40~60cm 자란다. 잎은 굵은 뿌리줄기에서 모여나고 타원형이며, 가장자리가 물결 모양이고 잎자루가 길다. 꽃은 깔때기 모양이며 8~9월에 흰색으로 피고, 긴 꽃줄기 끝에 여러 송이가 모여 달린다. 열매는 삭과이고 원뿔 모양이며 씨에 날개가 있다.

아하!

꽃봉오리가 옛날 여인들이 머리에 꽂는 옥(玉)으로 만든 비녀(잠:簪)같이 생겼다고 하여 '옥잠화(玉簪花)'라고 이름지어졌다.

윤판나물아재비 백합과

Disporum sessile D. Don

여러해살이풀. 산과 들의 풀밭에서 키 30~50cm 자란다. 땅 속의 짧고 땅 위를 기는 포복지가 나온다. 잎은 길이 5~15cm로 긴 타원형 또는 넓은 타원형이다. 꽃은 5~6월에 흰색으로 피고 줄기 끝에 1~3송이가 밑으로 처져 달린다. 꽃잎은 길이 2~3cm이고 끝은 연녹색이다. 열매는 7월에 익는다.

은방울꽃 백합과
Convallaria keiskei Miq.

여러해살이풀. 산기슭에서 키 25~
35cm 자란다. 잎은 밑동에서 2장이
마주나고 긴 타원형이다. 꽃은 작은
종 모양이며 5~6월에 흰색으로 피
고, 밑동에서 나온 꽃줄기 끝에 10송
이 정도 달린다. 열매는 장과이고 둥
글며 7월에 붉게 익는다. 어린 잎을
식용한다.

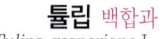
작은 종 모양인 꽃의 생김새가 방울과
비슷하고 빛깔이 희기 때문에 '은방울
꽃'이라고 한다.

튤립 백합과
Tulipa gesneriana L.

여러해살이풀. 소아시아 원산이며 키
20~60cm 자라고 땅 속의 비늘줄기
는 달걀 모양이다. 잎은 어긋나고 넓
은 피침형이며 밑부분은 원줄기를 감
싼다. 꽃은 넓은 종 모양이며 4~5월
에 빨간색·노란색 등 여러 색으로
피고, 잎 사이에서 나온 꽃줄기 끝에
1개씩 위를 향해 달린다. 열매는 삭과
이고 7월에 익는다.

양파 백합과
Allium cepa L.

두해살이풀. 페르시아 원산이며 농가에서 재배하고 키 50~100cm 자란다. 땅 속의 비늘줄기는 납작한 공 모양이며 매운 맛이 난다. 잎은 원기둥 모양이며 꽃이 필 때 마르고 밑 부분이 두꺼운 비늘 조각으로 되어 있다. 꽃은 9월에 흰색으로 피고 잎 사이에서 나온 꽃줄기 끝에 잔꽃이 많이 모여 공 모양이 된다. 전체를 식용하고 뿌리줄기는 약재로도 쓴다.

비늘줄기

파 백합과
Allium fistulosum L.

여러해살이풀. 시베리아 원산이며 농가에서 재배하고 키 70cm 정도 자란다. 잎은 끝이 뾰족한 통 모양이고 밑동이 잎집이 되며 2줄로 자란다. 꽃은 원기둥 모양이며 6~7월에 흰색으로 피고 꽃줄기 끝에 많이 모여 달린다. 열매는 삭과이고 9월에 익는다. 잎을 식용하고 뿌리와 비늘줄기를 약재로 쓴다.

풀솜대 백합과
Smilacina japonica A. Gray
지장보살

열매

여러해살이풀. 산지의 숲 속 그늘에서 키 20~50cm 자란다. 원줄기가 비스듬히 자라며 위로 올라갈수록 털이 많아진다. 잎은 어긋나고 긴 타원형이며 2줄로 배열된다. 꽃은 5~7월에 흰색으로 피고 원줄기 끝에 잔꽃이 많이 모여 달린다. 열매는 장과이고 둥글며 9월에 붉은색으로 익는다. 어린 잎을 나물로 먹는다.

아하!
줄기에 솜털이 많고 흰색 작은 꽃들이 모여 있는 꽃차례가 솜뭉치처럼 보여서 '풀솜대'라고 부르는 것 같다.

픽투라툼 접란 백합과
Chlorophytum comosum Baker 'Picturatum'

늘푸른 여러해살이풀. 남아프리카 원산종의 변종. 늘푸른 여러해살이풀. 뿌리에는 흰색 덩이뿌리가 많다. 잎은 좁고 길며 중앙에 유백색 세로줄 무늬가 있다. 꽃은 흰색 작은 별 모양이고 잎 사이에서 나온 꽃줄기에 달린다. 포기의 잎 사이에서 새 줄기가 길게 뻗는데 그 끝에서 뿌리가 생기고 싹이 자라 번식한다.

아하!
영어 이름 Picturatum은 색이 들어 있다는 뜻으로 잎 가운데에 흰색 줄무늬가 있는 것을 말한다.

고광나무 범의귀과
Philadelphus schrenckii Ruprecht

쇠영꽃나무 · 오이순 · 조선산매화

갈잎 떨기나무. 산지 계곡의 숲 속에서 높이 2~4m 자란다. 잎은 마주나고 달걀 모양이며 가장자리에 둔한 톱니가 있다. 꽃은 4~6월에 흰색으로 피고 가지 끝과 잎겨드랑이에 총상화서로 달린다. 꽃받침은 4장이고 통 모양이며, 꽃잎은 4장이고 넓은 달걀 모양이다. 열매는 타원형 삭과이고 끝이 뾰족하며 9월에 익는다. 어린 잎은 식용하고 뿌리를 약재로 쓴다. 밀원식물.

돌단풍 범의귀과
Aceriphyllum rossii Engler

여러해살이풀. 물가의 바위 틈에서 키 30cm 정도 자란다. 잎은 모여나고 손바닥 모양으로 깊게 갈라지며, 윤이 나고 가장자리에 톱니가 있다. 꽃은 5월에 엷은 홍색이나 흰색으로 피고 줄기 끝에 모여 달린다. 열매는 삭과이고 달걀 모양이며 7~8월에 익는다. 어린 잎은 식용한다.

아하!
주로 물가의 바위 틈에서 자라며, 손바닥 모양으로 갈라진 잎이 단풍나무 잎과 비슷하다고 하여 '돌단풍'이라고 불린다.

바위말발도리 범의귀과
Deutzia prunifolia Rehder

파삭다리

갈잎 떨기나무. 산기슭 바위 틈에 뿌리를 내리고 높이 1m 정도 자란다. 작은가지에 털이 있으며 묵은 가지는 회갈색이다. 잎은 마주나고 난원형이며, 뒷면에 별모양 털이 촘촘히 나고 가장자리에 톱니가 있다. 꽃은 4~5월에 흰색으로 피고 새가지 끝에 1~3송이씩 겹산방상화서로 달린다. 열매는 삭과이고 3줄의 홈이 있으며 9월에 익는다. 밀원 식물.

바위가 많은 지역에서 잘 자라기 때문에 '바위말발도리'라고 한다.

애기말발도리 범의귀과
Deutzia gracilis S. et Z.

가냘픈말발도리 · 각시말발도리

갈잎 떨기나무. 잎은 마주나고 달걀 모양 또는 피침형이며, 끝이 뾰족하고 별 모양의 털이 나며 가장자리에 잔 톱니가 있다. 꽃은 5~6월에 흰색으로 피고 가지 끝에서 원추화서로 달린다. 꽃받침은 종 모양이고 5개로 갈라지며 수술대 양쪽에 돌기 같은 좁은 날개가 있다. 열매는 둥근 삭과이고 성모가 있으며 9월에 익는다. 열매를 약재로 사용한다.

종소명 gracilis(가늘고 긴)는 말발도리보다 꽃과 잎이 작은 이 식물의 특징을 나타낸 것으로 '애기말발도리'라는 이름이 붙었다.

물매화풀 범의귀과
Parnassia palustris L.

여러해살이풀. 산지의 햇볕이 잘 드는 습지에서 키 30cm 정도 자라며 줄기는 밑동에서 모여난다. 뿌리잎은 모여나고 달걀 모양이며 잎자루가 길다. 줄기잎은 1장이고 잎자루가 없다. 꽃은 7~9월에 흰색으로 피고 줄기 끝에 1송이씩 위를 향해 달린다. 열매는 삭과이고 넓은 달걀 모양이며, 10~11월에 익는다.

아하!
꽃의 모양이 매화나무의 꽃과 비슷하고 산의 물기가 많은 곳에서 잘 자라므로 '물매화풀' 이라고 한다.

미국수국 범의귀과
Hydrangea arborescens Linne.

갈잎 떨기나무. 화단에서 식재하며 높이 1m 정도 자란다. 잎은 마주나고 끝이 뾰족한 타원형 또는 달걀 모양이며 가장자리에 밖으로 향한 이빨 모양의 톱니가 있다. 꽃은 6~7월에 흰색으로 피고 줄기 끝에 산방화서로 달리며 꽃줄기가 길다. 열매는 짧은 삭과이고 암술대가 남아 있다.

바위떡풀 범의귀과

Saxifraga fortunei var. *incisolobata* Nakai

대문자꽃잎풀

여러해살이풀. 산지 습한 바위 위에서 키 5~35cm 자란다. 잎은 밑동에서 모여나고 염통 모양이며, 잎 뒷면은 흰색이고 가장자리에 이빨 모양의 톱니가 있다. 꽃은 8~9월에 흰색으로 피고 꽃줄기 끝에 원추상 취산화서를 이룬다. 꽃잎은 5개이며 아래쪽 꽃잎 2개가 길다. 열매는 삭과이고 달걀 모양이며 10월에 익는다. 어린 잎을 식용하고 지상부를 약재로 쓴다.

아하!
둥근 녹색 잎이 모시개떡과 비슷하고 바위 틈에서 잘 자라기 때문에 '바위떡풀'이라고 한다. 꽃잎이 큰 대(大)자 모양이므로 '대문자꽃잎풀'이라고도 부른다.

바위취 범의귀과

Saxifraga stolonifera Meerburgh

늘푸른 여러해살이풀. 그늘진 습지에서 키 60cm 정도 자라며, 전체에 적갈색 털이 빽빽하게 난다. 잎은 뿌리줄기에서 뭉쳐나며 콩팥 모양이고 가장자리에 톱니가 있다. 꽃은 5월에 흰색으로 피고 꽃줄기에 모여 달린다. 열매는 삭과이고 달걀 모양이며 10월에 익는다. 전체를 약재로 쓴다.

아하!
잎을 나물로 먹을 수 있고, 고산 지대의 바위 위에서 잘 자라므로 '바위취'라고 부르는 것 같다.

꽃

벼 벼과
Oryza sativa L.
나락

한해살이풀. 인도와 말레이시아 원산이며 농가에서 재배하고 키 1m 정도 자란다. 잎은 긴 칼 모양이고 가장자리가 까칠까칠하다. 꽃은 흰색으로 피고 줄기 끝에 낱꽃이 빽빽하게 붙는다. 이삭은 꽃이 필 때는 곧게 서지만 열매가 익을 때는 밑으로 처진다. 열매를 식용한다.

아하!
신라 때 관리들에게 급료인 녹봉(祿俸)을 벼로 주었다. 이에 사람들이 벼를 '신라(新羅)의 봉록(俸祿)'이라 하여 '나록(羅祿)이라 부르던 것이 변해 벼의 겉곡식을 '나락'이라고 한다.

꽃

잔디 벼과
Zoysia japonica Steud.

여러해살이풀. 산과 들의 양지바른 곳에서 키 10~20cm 자란다. 줄기가 옆으로 길게 벋고 마디에서 뿌리가 내린다. 잎은 뿌리에서 모여나고 피침형이며, 밑부분은 차례로 감싸는 잎집으로 된다. 꽃은 5~6월에 흰색으로 피고 꽃줄기 끝에 잔꽃이 모여 이삭 모양이 된다. 7~8월에 씨가 여물면 자주색이 된다.

아하!
잔디나 잔디의 뿌리로 차 있는 토양표층이나, 잔디의 이식 또는 증식의 목적으로 떼어낸 토양표층의 일부를 '떼'라고 한다.

흰물봉선 봉선화과

Impatiens textori Miq. var. *koreana*
Nakai

한해살이풀. 산골짜기의 물가나 습지에서 무리 지어 나며 키 40~80cm 자란다. 잎은 어긋나고 끝이 뾰족한 피침형이며 가장자리에 예리한 톱니가 있다. 꽃은 8~9월에 흰색으로 피고 가지 윗부분에 모여 달린다. 열매는 피침형 삭과이고 10월에 익으면 껍질이 터지면서 씨가 튀어나온다.

아하!
봉선화와 비슷하고 물가에 핀다고 해서 '물봉선'이라 하고, 꽃이 흰색이므로 '흰물봉선'이라고 부른다.

사프란 붓꽃과

Crocus sativus L.

여러해살이풀. 유럽 남부와 소아시아 원산이며 키 15cm 정도 자란다. 알뿌리는 납작한 공 모양이다. 잎은 알뿌리 끝에 모여나며 선형이고 꽃이 진 다음 자란다. 꽃은 깔때기 모양이며 10~11월에 백색 또는 밝은 황적색으로 피고, 잎 사이에서 나온 짧은 꽃줄기 끝에 1송이씩 달린다.

프리지어 붓꽃과
Freesia hybrida L. H. Bailey

여러해살이풀. 남아프리카 원산이며 키 40cm 정도 자란다. 알뿌리는 원추형이고 조밀한 피막이 있다. 잎은 뿌리에서 모여나고 긴 칼 모양이며 2줄로 나뉜다. 꽃은 2~4월에 피고 잎 사이에서 나온 꽃줄기 끝에 1송이씩 달린다. 꽃빛깔은 연분홍색 · 자주색 · 홍색 · 흰색 등 많은 품종이 있다.

맨드라미 비름과
Celosia cristata L.

계관화

한해살이풀. 열대 아시아 원산이며 높이 90cm 정도 자라고 줄기에는 붉은 빛이 돈다. 잎은 어긋나고 달걀 모양이며 잎자루가 길다. 꽃은 7~8월에 노랑색 · 홍색 · 흰색 등으로 피고, 편평한 꽃줄기 끝에 작은 꽃이 빽빽하게 달린다. 열매는 달걀 모양이고 꽃받침에 싸여 있으며 익으면 갈라져 뚜껑처럼 열린다.

아하!
꽃의 모양이 사람이 일부러 만들어 놓은 것 같다고 하여 '맨드라미'라는 이름이 붙었다. 또 닭의 벼슬처럼 생겼다 하여 '계관화(鷄冠花)'라고도 부른다.

가는기름나물 산형과
Peucedanum elegans Komarov.

여러해살이풀. 산지에서 키 90cm 정
도 자란다. 뿌리잎은 3회 깃꼴겹잎이
고 밑부분이 넓어져 원줄기를 감싸며
잎자루가 길다. 꽃은 7~9월에 흰색으
로 피고 줄기 끝에서 겹산형화서를
이루며 작은 산형화서는 10~20개이
다. 열매는 분과이고 타원형이다.

아하!
속명 Peucedanum은 희랍어 peuce(소
나무)와 danos(낮다)의 합성어로서 키
가 낮은 소나무 즉 풀 전체에서 소나무
향기가 나므로 붙여진 것이다.

강활 산형과
Ostericum koreanum (Max.) Kitagawa
강호리

두해살이풀 또는 여러해살이풀. 산지
에서 키 2m 정도 자라며 줄기는 자
줏빛이다. 잎은 어긋나고 2회 3출겹
잎이며, 갈래는 끝이 뾰족한 타원형이
고 가장자리에 톱니가 있으며 윗부분
의 잎자루는 엽초가 된다. 꽃은 8~9
월에 흰색으로 피고 작은 꽃이 많이
모인 작은 산형화서 10~30개가 모여
겹산형화서를 이룬다. 열매는 타원형
분과이고 날개가 있다. 어린 순은 나
물로 식용하고 뿌리를 약재로 쓴다.

지리강활 산형과

Angelica purpuraefolia Chung

여러해살이풀. 한국특산식물. 산지에서 키 1m 정도 자라며 가지가 갈라지는 분지부는 자주색이다. 뿌리는 비대하고 흰 유액이 들어 있으며 악취가 난다. 잎은 3~4회 3출겹잎이고 작은잎은 달걀 모양이며 가장자리에 불규칙한 톱니가 있다. 꽃은 7~8월에 흰색으로 피고 줄기 끝에서 겹산형화서를 이룬다. 어린 순은 식용하고 뿌리는 약재로 쓴다.

아하!

강활과 비슷하여 강활의 대용으로 많이 쓰며 지리산 부근에서 잘 자라므로 '지리강활' 이라고 부른다.

꽃

노루참나물 산형과

Pimpinella gustavohegiana Koidz.

가령참나물

여러해살이풀. 산지 숲 속에서 키 30~80cm 자라며 줄기에 흰색 털이 있다. 잎은 2회 3출겹잎으로 작은잎은 5~9개이고 넓은 달걀 모양이며, 가장자리에 불규칙한 톱니가 있거나 3개로 갈라진다. 잎 표면에 털이 약간 있고 뒷면에 짧은 털이 밀생하며, 끝부분의 잎은 3~5개의 소엽으로 되며 잎자루가 없다. 꽃은 8월에 흰색으로 피고 가지 끝에 겹산형화서로 달린다. 열매는 분과로 좁은 달걀 모양이고 10월에 익는다.

당근 산형과

Daucus carota L. var. *sativa* Dc.

홍당무

한해 또는 두해살이풀. 농가에서 재배
하며 키 1m 정도 자란다. 뿌리는 굵
고 곧으며 등황색이다. 잎은 깃꼴겹잎
이며 잎자루가 길다. 꽃은 7~8월에
흰색으로 피고 줄기 끝과 잎겨드랑이
에서 나온 꽃줄기 끝에 많이 모여 달
린다. 열매는 분과이고 긴 타원형이
며, 9월에 익고 가시 같은 털이 있다.
뿌리를 식용한다.

(아)(하)!
뿌리(根;근)에서 강한 단맛(糖;당)이 나
므로 '당근(糖根)'이라 불리며, 꽃과 뿌
리가 붉은색(紅;홍)이고 무와 비슷하다
고 하여 '단맛이 나는 붉은 무'라는 뜻
으로 '홍당무'라고도 한다.

뿌리

미나리 산형과

Oenanthe javanica (Blume) Dc.

여러해살이풀. 습지에서 키 80cm 정
도 자라며, 흔히 논에서 재배한다. 잎
은 어긋나고 깃꼴겹잎이며, 작은잎은
달걀 모양이고 가장자리에 톱니가 있
다. 꽃은 7~9월에 흰색으로 피고 줄
기 끝에 모여 달린다. 열매는 분과이
고 타원형이며 가장자리에 모가 나
있다. 전체를 식용한다.

(아)(하)!
미나리는 미(물을 뜻하는 옛말)와 나리
(나물을 뜻하는 옛말)의 합성어로 '물
에서 자라는 나물'이라는 뜻을 가지고
있다.

바디나물 산형과
Angelica decursiva Fr. et Sav.

사약채

여러해살이풀. 산이나 들의 습지 부근에서 키 80~150cm 자란다. 잎은 잎자루가 긴 깃꼴겹잎이고 작은잎은 삼각상 난형이며 가장자리에 예리한 톱니가 있다. 꽃은 8~9월에 흰색 또는 짙은 자주색으로 피고 줄기 끝에 모여 겹산형화서로 달린다. 열매는 분과이고 납작한 타원형이다. 뿌리를 약재로 쓴다.

아하!

촘촘히 꽃차례를 이루고 있는 꽃자루들이 베짜는 기구인 베틀의 바디살처럼 보이므로 '바디나물' 이라고 부르는 것 같다.

사상자 산형과
Torilis japonica (Houtt.) DC.

뱀도랏 · 진들개미나리

두해살이풀. 들에서 키 30~70cm 자라며 전체에 짧은 털이 있다. 잎은 어긋나고 2회 깃꼴겹잎이며, 작은잎은 난상 피침형이고 잎자루 밑부분이 넓어져서 원줄기를 감싼다. 꽃은 6~8월에 흰색으로 피고 줄기나 가지 끝에 겹산형화서로 달린다. 열매는 분열과이고 달걀 모양이며 짧은 가시 같은 털이 있어 다른 물체에 잘 붙는다. 어린 순을 나물로 먹고 열매를 약재로 쓴다.

애기참반디 산형과
Sanicula tuberculata Max.

여러해살이풀. 산지에서 키 8~20cm
자란다. 뿌리잎은 둥근 콩팥 모양이고
깊게 3갈래로 갈라지며, 양쪽갈래는
다시 2갈래로 갈라진다. 줄기잎은 마
주나고 잎자루가 없다. 꽃은 6~7월에
황백색으로 피고 잎 사이에서 겹산형
화서를 이룬다. 작은 총포는 선상 피
침형으로 잎처럼 달린다. 열매는 분과
로 넓은 난상 구형이고 1~4개씩 달
리며 8월에 익는다.

어수리 산형과
Heracleum moellendorffii Hance

여러해살이풀. 산과 들에서 키 70~
150cm 자란다. 줄기는 속이 빈 원기
둥 모양이고 거친 털이 있다. 잎은 어
긋나고 깃꼴겹잎이며, 작은잎은 삼각
형이고 잎자루 밑은 줄기를 감싼다.
꽃은 7~8월에 흰색으로 피고 가지와
줄기 끝에 모여 달린다. 열매는 분과
이고 달걀 모양이며 9~10월에 익는
다. 어린 잎을 나물로 먹는다.

아하!
어수리속(Heracleum)은 전세계에 약
70여 종, 우리 나라에는 1종만이 분포
한다.

왜당귀 산형과

Ligusticum acutilobum Sieb. et Zucc.

좀당귀

여러해살이풀. 약초로 재배하고 키 60~90cm 자라며 줄기는 검은빛이 도는 자주색이다. 잎은 3출겹잎으로 엽초가 있고 삼각형이다. 작은잎은 깊게 3갈래지고 갈래는 난상 피침형이며 가장자리에 예리한 톱니가 있다. 꽃은 7~8월에 흰색으로 피고 줄기 끝에 작은 꽃이 많이 모인 겹산형화서로 달린다. 열매는 분과이고 납작한 타원형이며, 가장자리에 좁은 날개가 있고 10월에 익는다. 뿌리를 약재로 쓴다.

아하!

참당귀보다 작아서 '좀당귀'라고도 부르는데 일본(=왜;矮) 원산이므로 '왜당귀'라고 부르는 것 같다.

꽃

삼백초 삼백초과

Saururus chinensis Baill.

여러해살이풀. 개울가나 습지에서 키 50~100cm 자란다. 잎은 어긋나고 끝이 뾰족한 긴 타원형이며 위쪽 잎은 겉이 흰색이다. 꽃은 6~8월에 흰색으로 피고 줄기 끝에 작은 꽃이 모여 이삭 모양으로 달린다. 열매는 둥글고 씨는 각 실에 1개씩 들어 있다.

아하!

꽃이 필 때쯤 잎이 흰색이 되고 꽃도 흰색이다. 여기에다 뿌리줄기까지 흰색이어서 '세(三;삼) 가지가 흰(白;백) 색인 풀'이라고 하여 '삼백초(三白草)'라는 이름이 붙었다.

벼룩이자리 석죽과
Arenaria serpyllifolia L.

모래별꽃

두해살이풀. 전국의 밭이나 들에서 키 5~25cm 자란다. 연약하고 전체에 잔털이 난다. 잎은 마주나고 타원형이며, 가장자리는 밋밋하고 잎자루가 없다. 꽃은 4~5월에 흰색으로 피고 잎겨드랑이에 난 꽃자루에 1송이씩 달린다. 열매는 삭과이고 6~7월에 검은 갈색으로 여물며 표면이 오돌도돌하다. 어린 식물을 식용한다.

아하!
별꽃처럼 꽃이 작고 꽃 한가운데의 연두색 씨방이 벼룩이나 모래처럼 보이므로 '벼룩이자리' 또는 '모래별꽃'이라고 부르는 것 같다.

개별꽃 석죽과
Pseudostellaria heterophylla (Miquel) Pax.

들별꽃

여러해살이풀. 산지 숲 속에서 키 10~15cm 자란다. 줄기는 1~2개씩 나오고 흰 털이 있다. 잎은 마주나고 피침형이며, 아래쪽은 좁아져서 잎자루처럼 된다. 꽃은 5월에 흰색으로 피고 잎겨드랑이에서 꽃줄기가 나와 1송이씩 달린다. 꽃잎은 5장이고 수술은 10개다. 열매는 삭과이고 달걀 모양이며, 6~7월에 익고 3갈래로 갈라진다. 어린 순을 식용하고 전초를 약재로 쓴다.

아하!
속명(Pseudostellaria)은 희랍어 거짓(pseudos)과 별꽃(stellaria)의 합성어로, 진짜 별꽃이 아님을 뜻한다. '개별꽃'도 같은 뜻인 것 같다.

다화개별꽃 석죽과
Pseudostellaria multiflora Y. Lee

여러해살이풀. 한국특산식물. 숲 가장
자리에서 키 10~20cm 자란다. 잎
은 마주나고 피침형이다. 꽃은 4~5
월에 흰색으로 피고 줄기 끝에 3~5
송이씩 달린다. 꽃받침은 피침형이고
꽃잎은 끝이 2개로 갈라지며 꽃밥은
검붉은색이다. 열매는 둥근 삭과이다.
뿌리를 약재로 쓴다.

덩굴개별꽃 석죽과
Pseudostellaria davidii (Franch.) Pax

덩굴들별꽃 · 덩굴미치광이 · 둥근잎미치광이
여러해살이풀. 산지의 그늘에서 키
15cm 정도 자란다. 줄기는 꽃이 핀
다음 옆으로 길게 뻗으며 땅에 닿으
면 뿌리를 내린다. 잎은 마주나고 주
걱 모양이며, 끝이 뾰족하고 밑부분은
잎자루 모양이다. 꽃은 5~6월에 흰
색으로 피고 줄기 윗부분의 잎겨드랑
이에 1송이씩 달린다. 꽃받침은 5장이
고 끝이 뾰족한 피침형이며, 꽃잎은 5
장이고 피침형이며 꽃받침보다 길다.
열매는 삭과이다.

아하!
가지가 옆으로 길게 뻗으면서 덩굴처
럼 엉기므로 '덩굴개별꽃' 이라는 이름
이 붙었다.

참개별꽃 석죽과

Pseudostellaria coreana (Nak.) Ohwi

섬개별꽃 · 한라들별꽃

여러해살이풀. 한국특산식물. 산지에서 키 25cm 정도 자란다. 덩이뿌리는 고구마 모양이고 한꺼번에 여러 줄기가 나온다. 잎은 마주나고 좁은 피침형이며 가장자리는 밋밋하다. 꽃은 5월에 흰색으로 피고 원줄기 끝에 1송이씩 달리며, 꽃받침은 5장이고 피침형이며, 꽃잎은 타원형이고 끝이 2갈래지며 꽃밥은 적자색이다. 열매는 난원형 삭과이고 6월에 익으며 4개로 갈라진다. 덩이뿌리를 약재로 쓴다.

별꽃 석죽과

Stellaria media (L.) Villars

두해살이풀. 밭이나 길가에서 키 20cm 정도 자라며, 줄기에 1줄의 털이 있다. 잎은 마주나고 달걀 모양이며 가장자리는 밋밋하다. 꽃은 5~6월에 흰색으로 피고, 줄기 끝에 난 꽃줄기에 여러 송이가 모여 달린다. 꽃잎은 5장이고 깊게 갈라진다. 열매는 삭과이고 달걀 모양이며 8~9월에 익는다.

아하!
작은 꽃잎 5장을 가진 흰색 꽃이 별처럼 보이기 때문에 '별꽃'이라고 이름이 붙여졌다.

쇠별꽃 석죽과
Stellaria aquatica Scop.

두(여러)해살이풀. 다소 습기가 있는 곳에서 키 20~50cm 자라며 줄기 윗부분에 털이 약간 있다. 잎은 마주 나고 달걀 모양이다. 꽃은 5~6월에 흰색으로 피고 잎겨드랑이에 1송이씩 달린다. 열매는 삭과이고 달걀 모양이며 6~7월에 익는다. 어린 순을 나물로 먹고 전초를 약재로 쓴다.

아하!

쇠별꽃은 별꽃보다 작다는 뜻이다. 쇠물푸레나무 등 '쇠'는 '쇠'가 붙지 않은 것보다 작은 식물에 붙인다. '애기'나 '좀'도 마찬가지다.

안개꽃 석죽과
Gypsophila elegans Bieb

한해살이풀. 유럽 원산이며 키 30~45cm 자란다. 잎은 마주나고 위쪽 것은 피침형이며, 통통하고 끝이 뾰족하다. 꽃은 여름에서 가을에 걸쳐 작고 흰 꽃이 가지 끝에서 무리지어 달린다. 꽃잎은 5장이고 끝이 오목하다. 담홍색이나 선홍색의 품종도 있다.

가는장구채 석죽과
Melandryum seoulensis Nakai

한해살이풀. 산지에서 키 50cm 정도 자라며 전체에 잔털이 있다. 잎은 마주나고 달걀 모양이다. 꽃은 7~8월에 황백색·흰색으로 피고 줄기 끝에 모여 달린다. 꽃잎은 5장이고 끝이 갈라진다. 열매는 삭과이고 달걀 모양이며 9~10월에 익는다.

유사종인 장구채에 비하여 가지가 많이 갈라지고 줄기가 가늘고 약하므로 '가는장구채' 라고 한다.

오랑캐장구채 석죽과
Silene repens Person

여러해살이풀. 산지 초원에서 키 60cm 정도 자란다. 밑에서부터 가지가 많이 갈라지며 전체에 잔털이 퍼져 있다. 잎은 마주나고 피침형이다. 꽃은 6~7월에 담홍색으로 피고 원줄기 끝에 여러 송이가 모여 달린다. 열매는 삭과이고 달걀 모양이며 익으면 6개로 갈라진다.

아하!
종소명(repens;기어가는)은 원줄기 밑부분에서 가지가 많이 갈라져 옆으로 비스듬히 자라는 '오랑캐장구채'의 특징을 나타낸다.

장구채 석죽과
Melandryum firmum (S. et Z.) Rohrb.

두해살이풀. 산과 들에서 키 30~
80cm 자라며 마디는 검은 자줏빛을
띤다. 잎은 마주나고 긴 타원형이며
털이 약간 있다. 꽃은 7월에 흰색으로
피고 잎겨드랑이와 줄기 끝에 층으로
달린다. 꽃잎은 5장이고 끝이 2개로
갈라진다. 열매는 삭과이고 달걀 모양
이며 8~9월에 익는다. 씨는 자갈색
으로 작은 돌기가 있다.

아하!
꽃의 모양이 민속 악기인 장구를 닮았
으며 특히 꽃자루에 달린 꽃봉오리가
장구채와 비슷하므로 '장구채'라고 이
름이 붙었다.

털장구채 석죽과
Melandryum firmum (S. et Z.) Rohrb.
for. *pubescens* Ohwi

두해살이풀. 산과 들에서 키 30~
80cm 자라며 전체에 부드러운 털이
있다. 잎은 마주나고 넓은 피침형이
다. 꽃은 7월에 흰색으로 피고 잎겨드
랑이와 줄기 끝에 층층으로 달린다.
열매는 삭과이고 달걀 모양이며 8~9
월에 익는다.

아하!
장구채와 비슷하고 식물 전체에 부드
러운 털이 많이 나 있으므로 '털장구
채'라고 이름이 붙었다.

점나도나물 석죽과

Cerastium holosteoides Fries var.
hallaisanense (Nakai) Mizush.

이채

두해살이풀. 밭이나 들에서 흔히 나며
키 15~25cm 자란다. 전체에 털이
있고 줄기는 흑자색이다. 잎은 마주나
고 달걀 모양이며 양끝이 좁다. 꽃은
5~7월에 흰색으로 피고 줄기 끝에
모여 취산화서로 달린다. 꽃잎은 5장
이고 깊게 2개로 갈라진다. 열매는 삭
과이고 달걀 모양이며 8월에 연한 노
란빛을 띤 갈색으로 익는다. 씨는 갈
색이고 사마귀 같은 작은 돌기가 있
다. 어린 순을 식용한다.

아하!
잎 모양이 쥐의 귀(耳:이)와 비슷하고
어린 잎을 '나물(菜:채)'로 먹을 수 있
기 때문에 '이채(耳菜)'라고도 부른다.

꽃

카네이션 석죽과

Dianthus caryophyllus L.

여러해살이풀. 유럽과 아시아 서부 원
산이며 키 40~50cm 자라고 전체가
분처럼 흰색을 띤다. 잎은 마주나고
선형이며, 밑부분이 줄기를 감싸고 끝
이 뾰족하다. 꽃은 7~8월에 흰색·
붉은색 등 여러 가지 색으로 피고 잎
겨드랑이와 줄기 끝에 2~3송이씩 달
린다. 열매는 삭과이고 달걀 모양이며
꽃받침에 싸여 있다.

아하!
어머니날은 미국에서 시작되었다. 어
머니가 살아 계신 사람은 붉은 카네이
션을, 어머니가 계시지 않는 사람은 흰
카네이션을 달았다.

암석사자 선인장과
Cereus peruvianus Mill.

암석기둥선인장

여러해살이 다육식물. 페루 원산종의
원예품종. 높이 2~3m 자라며 가지의
직경은 7~8cm 정도 된다. 능선은
7~12개로 불규칙하고 변화가 많다.
줄기는 덩어리 모양으로 마디가 짧게
자라고 옆가지가 많이 나오며 가시가
2cm 정도로 길다. 꽃은 밤에 흰색으
로 피고 길이 15cm · 지름 10cm 정
도이다. 열매는 타원형이고 길이
6~8cm 정도 된다.

아하!
종소명(peruvianus)은 '남아메리카의
페루' 라는 뜻으로 원산지를 나타낸다.

각시수련 수련과
Nuphar minima Nakai

여러해살이 물풀. 잎은 밑에서 모여나
고 긴 잎자루가 있으며 물 위에 뜬다.
잎몸은 두껍고 말발굽 모양이며 가장
자리는 물결 모양이다. 꽃은 7~8월에
흰색으로 피고 긴 꽃줄기에 1개씩 달
리며, 꽃잎은 보통 8장이고 피침형이
다. 열매는 둥근 삭과이고 9~10월에
익는다.

수련 수련과
Nymphaea tetragona Georgi

여러해살이 물풀. 굵고 짧은 땅속줄기
에서 많은 잎자루가 자라서 물 위에
서 잎을 편다. 잎은 뚜꺼운 말발굽 모
양이고 윤기가 있으며 질이 두껍다.
꽃은 5~9월에 홍색이나 흰색으로 피
고 긴 꽃줄기 끝에 1송이씩 달린다.
열매는 삭과이고 달걀 모양이며
9~10월에 익는다.

아하!
꽃이 정오쯤 피기 시작하여 밤에는 오
므라들므로 잠을 잔다(睡:수)고 하여
'수련(睡蓮)'이라는 이름이 붙었다.

연꽃 수련과
Nelumbo nucifera Gaertn

여러해살이 물풀. 연못에 자란다. 잎
은 뿌리줄기에서 나와 물 위에 높이
솟고 둥글며 백록색이다. 꽃은 7~8
월에 분홍색이나 흰색으로 피고 꽃자
루 끝에 1송이씩 달린다. 열매는 견과
이고 타원형이며 9월에 검은색으로
익는다. 잎과 땅속줄기와 열매는 식용
하고 약재로도 사용한다.

열매

아하!
연꽃은 늪지 등 더러운 흙탕물에서 자
라면서도 꽃과 잎이 오염되지 않고 깨
끗한 아름다운 꽃이 피므로 불교를 상
징하게 되었다.

개상사화 수선화과
Zephyranthes candida (Lindl.) Herb.

실란·흰상사화

늘푸른 여러해살이풀. 주로 화분에 심으며 키 20~35cm 자라며 땅 속에 작은 비늘줄기가 있다. 잎은 3~4월에 밑동에서 모여나고 긴 원통형 다육질이며 암록색이다. 꽃은 7~10월에 흰색으로 피고 잎 사이에서 나온 꽃대 끝에 1송이씩 달린다.

아하!
부추잎처럼 가늘고 긴 잎 모양에서 '실란'이라 부르고 꽃이 흰색이어서 '흰상사화'라고 부르기도 한다. 종소명(candida)은 순백색이라는 뜻이다.

문주란 수선화과
Crinum asiaticum L. var. *japonicum* Baker

늘푸른 여러해살이풀. 해안의 모래땅에서 키 30~50cm 자란다. 잎은 띠 모양이고 짧은 줄기 끝에서 사방으로 벌어지며, 육질이고 두꺼우며 광택이 난다. 꽃은 7~8월에 흰색으로 피고 잎 사이에서 나온 꽃줄기에 여러 송이가 달린다. 열매는 삭과이고 둥글며, 8~9월에 익는다. 씨는 크고 흰색이다.

아하!
제주도 구좌읍의 문주란 자생지는 중요한 학술연구자원으로서 천연기념물 제19호로 지정되어 보호되고 있다.

수선화 수선화과
Narcissus tazetta L. var. *chinensis* Roemer

금잔은대

여러해살이풀. 지중해 연안 원산이다.
잎은 늦가을에 자라기 시작하고 선형
이며, 끝이 둔하고 녹색빛을 띤 흰색
이다. 꽃은 12월~이듬해 3월에 피고
긴 꽃줄기 끝에 5~6송이가 옆을 향
해 달린다. 꽃잎은 6장으로 보통 흰색
이고 가운데는 노란색이다. 원예 품종
으로 여러 가지 색과 겹꽃이 있다.

아하!
흰색과 노란색으로 된 꽃을 위로 향하
게 하면 하얀 은(銀)접시 위에 금(金)으
로 만들어진 술잔(盞)을 올려놓은 모양
이 되므로 '금잔은대(金盞銀臺)' 라고
도 부른다.

냉이 십자화과
Capsella bursa-pastoris (L.) Medicus

제채 · 나시 · 나생이 · 나싱개

두해살이풀. 들과 밭에서 키 10~
50cm 자란다. 뿌리잎은 모여나서 사
장으로 퍼지고 깃모양이며, 줄기잎은
어긋나고 피침형이다. 꽃은 5~6월에
흰색으로 피고 십자 모양이며 줄기
끝에서 총상화서로 달린다. 꽃받침과
꽃잎은 4개씩이다. 열매는 삼각형 단
각과이고 5~7월에 익는다. 어린 식물
을 나물로 먹고 전초를 약재로 쓴다.

꽃

아하!
옛날에는 나시 · 나싱 · 나지 등으로
부르다가 변하여 '냉이' 라는 이름이
생겼다.

다닥냉이 십자화과
Lepidium apetalum Willdenow

두해살이풀. 밭가장자리나 풀밭에서 키 30~60㎝ 자란다. 줄기는 곧게 서고 윗부분에서 가지를 많이 친다. 잎은 어긋나고 피침형이며 가장자리가 약간 깊게 패인 톱니 모양이다. 꽃은 5~7월에 흰색으로 피고 가지 끝에 이삭 모양으로 뭉쳐 총상화서로 달린다. 꽃받침과 꽃잎은 각각 4개씩이다. 열매는 둥근 부채꼴 단각과이고 6~7월에 익으며, 씨는 적갈색이고 원반 모양이다. 잎은 채소로 먹고 씨를 약재로 쓴다.

아하!
꽃이 지고 난 뒤에 둥근 부채꼴의 열매가 다닥다닥 맺으므로 '다닥냉이'라는 이름이 붙었다.

미나리냉이 십자화과
Cardamine leucantha (Tausch) O. E. Schulz

여러해살이풀. 산지의 그늘진 곳에서 키 50cm 정도 자라며 전체에 부드러운 털이 있다. 잎은 어긋나고 깃꼴겹잎이며, 작은잎은 넓은 피침형이고 가장자리에 불규칙한 톱니가 있다. 꽃은 6~7월에 흰색으로 피고 가지와 줄기 끝에 많이 모여 달린다. 열매는 길쭉한 각과이고 8~9월에 여문다. 어린잎을 나물로 먹는다.

아하!
냉이의 일종이며 깃털처럼 갈라지는 잎이 '미나리'의 잎과 비슷하다고 하여 '미나리냉이'라고 부르는 것 같다.

황새냉이 십자화과
Cardamine flexuosa With.

두해살이풀. 들판의 습지에서 무리지어 나며 키 10~30cm 자란다. 잎은 어긋나고 깃꼴겹잎이며 잔털이 있다. 작은잎은 달걀 모양이고 다시 갈라진다. 꽃은 4~5월에 흰색으로 피고 줄기 끝에 10여 송이가 모여 달린다. 열매는 각과이고 길쭉하다.

가느다란 줄기가 중간중간에 꺾여서 자라는데 그 모습이 황새의 다리와 비슷하다고 하여 '황새냉이' 라고 불리게 되었다.

묏장대 십자화과
Arabis lyrata L.

여러해살이풀. 산지에서 키 15~35cm 자라며 줄기는 밑부분에서 가지가 갈라진다. 뿌리잎은 모여나고 피침형이며 깃 모양으로 깊게 갈라진다. 줄기잎은 넓은 선형이고 밑부분이 좁다. 꽃은 4~8월에 흰색 또는 연홍색으로 피고 줄기 끝에 총상화서로 달린다. 열매는 장각과이고 씨는 편평한 타원형이며 끝에 좁은 날개가 있다.

장대나물 십자화과

Arabis glabra (L.) Bernhardi

장대나물

두해살이풀. 산지의 볕이 잘 드는 풀
밭이나 들에서 키 70~100cm 자란
다. 뿌리잎은 밀생하고 줄기잎은 어긋
나며, 긴 타원형이고 밑이 줄기를 감
싸며 위로 갈수록 작아진다. 꽃은
4~6월에 흰색으로 피고 십자 모양이
며 원줄기 끝에 총상화서로 달린다.
열매는 장각과이고 원줄기와 평행하
게 달리며 7월에 익는다. 어린 순을
나물로 먹는다.

아하!

가지가 없이 곧게 선 줄기가 깃발을 다
는 장대처럼 보이므로 '장대나물' 또
는 '깃대나물' 이라고 부른다.

왜모시풀 쐐기풀과

Boehmeria longispica Steud.

개모시풀

여러해살이풀. 키 80~100cm 자라
고 줄기는 곧추선다. 잎은 마주나고
난상 원형이며, 끝은 꼬리처럼 다소
길고 양면에 털이 있다. 꽃은 암수한
그루로 7~9월에 연한 녹색으로 피고
잎겨드랑이에 수상화서로 달리며, 위
쪽에 암꽃화서가 달리며 꽃은 공처럼
모인다. 열매는 수과이고 작다.

쐐기풀 쐐기풀과
Urtica thunbergiana Sieb. et Zucc

여러해살이풀. 산과 들의 풀숲에서 키 40~80cm 자란다. 줄기는 모여나고 가시털이 있다. 잎은 마주나고 넓은 달걀 모양이며, 가장자리에 결각상 겹톱니가 있고 털이 드문드문 난다. 꽃은 암수한그루로 7~8월에 연녹색으로 피고 원줄기의 잎겨드랑이에 수상화서를 이루며, 수꽃은 위에, 암꽃은 아래에 달린다. 열매는 달걀 모양 수과이고 9~10월에 익는다. 지상부를 약재로 쓰고 줄기 껍질을 섬유용으로 이용한다.

목화 아욱과
Gossypium indicum Lam.

한해살이풀. 동아시아 원산이며 키 60cm 정도 자란다. 잎은 어긋나고 손바닥 모양으로 갈라지며 갈래는 끝이 뾰족하다. 꽃은 8~9월에 노란색 또는 흰색으로 피고 잎겨드랑이에 1송이씩 달린다. 열매는 삭과이고 달걀 모양이며 끝이 뾰족하고 씨는 긴 솜털에 싸인다. 씨를 식용한다.

꽃

아하!
고려 말에 문익점은 중국에서 '목화'를 들여왔고, 손자인 문래는 베짜는 기계를 만들었는데, 사람들은 그 이름을 따서 '물레'라고 불렀다.

눈뫼 아욱과
Hibiscus syriacus L.

무궁화–배달계. 재래종과 도입종의
혼식포장에서 씨를 받아 선발되었다.
꽃은 순백색 반겹꽃이다. 꽃잎의 폭은
넓은 편이나 좁게 오므라들면서 별
모양을 하고 있다.

(아하)!
흰색인 꽃빛깔과 모양이 흰눈이 덮인
산(山:뫼)을 연상하게 하여 '눈뫼'라고
하였다. 1983년 서울대학교 농과대학
에서 이름지었다.

눈보라 아욱과
Hibiscus syriacus L.

무궁화–배달계. 전국에 분포하는 재
래종에서 선발되었다. 꽃은 우유빛이
감도는 흰색 겹꽃이며, 기본꽃잎이 갈
라져 작으며 속꽃잎이 함께 산만하게
뒤틀린다. 꽃망울일 때는 꽃잎이 노란
색을 띠는 특징이 있다.

(아하)!
새하얀 겹꽃이 만발한 모습이 눈발이
내리는 것 같다고 하여 1979년 서울대
학교 농과대학에서 이름지었다.

백란 아욱과
Hibiscus syriacus L.

시로미다레

무궁화–배달계. 일본 도입종으로 일
본 도쿄에서 자라는 것 중에서 선발
되었다. 꽃은 우유빛을 띤 흰색 겹꽃
이며 꽃의 지름은 8.6cm 정도이다.
암술 윗부분이 겹꽃잎으로 변해 어지
럽게 비틀린다. 잎의 크기는 작은 편
이고 개화기가 다소 늦은 편이다.

백조 아욱과
Hibiscus syriacus L.

무궁화–배달계. 외국 도입종이며 꽃
의 지름은 11cm 이상으로 크다. 꽃은
순백색 홑꽃이다. 꽃잎 끝은 굴곡이
있고 간혹 겹꽃잎이 나올 때도 있다.
꽃이 활짝 피지만 쉽게 이그러진다.
나무는 곧게 자라지만 작은 편이며,
잎은 윤기가 나고 두꺼우며 가장자리
의 결각이 심하다.

사임당 아욱과
Hibiscus syriacus L.

무궁화-배달계. 남해안 지역에서 자
라는 것 중에서 선발하고, 1972년 서
울대학교 농과대학에서 이름지었다.
꽃은 순백색 반겹꽃 또는 홑꽃이고
꽃의 지름은 11.5cm 정도이다.

아하!
흰색 꽃이 '신사임당'을 연상케 한다
고 하여 이름을 따 지었다.

선덕 아욱과
Hibiscus syriacus L.

무궁화-백단심계. 경기도 지역에서
선발한 육성종으로 1990년 한국무궁
화연구회에서 이름지었다. 꽃은 흰색
홑꽃으로 꽃의 지름은 10.7cm 정도
로 큰 편이며 붉은 단심과 단심선이
작다. 꽃잎 끝이 뒤쪽으로 조금 오므
라져 있다.

아하!
선덕이라는 이름은 신라 시대 '선덕여
왕'에서 따온 것이다.

소코베니에 아욱과
Hibiscus syriacus L. 'Sokobeni Yae'

무궁화-백단심계. 원예품종. 수세가
강하고 다화성으로 반겹꽃이다.
7~10월에 꽃이 피고 흰색 또는 분홍
색이 세로로 꽃잎 한쪽에 나타나며
기부에서 적색 방사선 빗살무늬가 꽃
잎 끝까지 퍼져 있다. 꽃의 지름은
9.4cm 정도로 크고 풍만하다.

스노우드리프트 아욱과
Hibiscus syriacus L.

무궁화-배달계. 미국 도입종으로 꽃
은 순백색 홑꽃이며 꽃의 지름은
12cm 정도이다. 꽃잎은 긴 타원형이
고 사이가 넓게 벌어진다. 가지의 생
장은 보통이고 잎은 가장자리에 톱니
가 있으며 길쭉한 편이다.

이원화립 아욱과
Hibiscus syriacus L.

무궁화-백단심계. 일본 도입종으로
꽃은 뒷면에 분홍색 무늬가 감도는
반겹꽃이다. 기본꽃잎이 크고 속꽃잎
이 균일하게 발달한다.

패오니플로러스 아욱과
Hibiscus syriacus L.

무궁화-아사달계. 미국 도입종으로
흰색 겹꽃이며 꽃의 지름은 8cm 정
도이고 꽃잎 끝에 홍색 반점이 있는
연분홍색 아사달무늬가 있다. 암술이
변하여 겹꽃잎이 잘 발달한다. 잎은
작은 편이며 가장자리에 톱니가 있다.

평화 아욱과
Hibiscus syriacus L.

무궁화-아사달계. 재래종과 도입종
사이의 교배종에서 선발하여 1972년
서울대학교 농과대학에서 이름지었다.
꽃은 흰색 겹꽃이며 강렬한 적색 단
심이 보이고 꽃잎 끝으로 엷은 홍색
아사달무늬가 선명하다.

아하!
처음에는 '평화단심'으로 불리다가
1983년 '평화'로 바뀌었다.

한서 아욱과
Hibiscus syriacus L.

무궁화-배달계. 재래종과 외국 도입
종의 혼식포장에서 꽃이 가장 큰 것
을 선발하였다. 꽃은 우유빛이 감도는
흰색 홑꽃이며 꽃잎이 투박하다.

아하!
1983년 서울대학교 농과대학에서 '한
서 남궁억 선생'을 기리기 위해 호를
따 이름을 지은 것이다.

갯까치수영 앵초과
Lysimachia mauritiana Lamarck

해변진주초

두해살이풀. 울릉도와 남부 지방의 바닷가에서 키 10~40cm 자란다. 밑에서 가지가 갈라지고 전체에 붉은빛이 돈다. 잎은 어긋나고 주걱 모양 피침형이며 가죽질이다. 꽃은 5~7월에 흰색으로 피고 가지 끝에 많이 모여 총상화서로 달린다. 열매는 삭과이고 둥글며, 단단하고 7~8월에 익는다. 열매 끝에서 작은 구멍이 뚫려 씨가 나온다.

아하!
바닷가 갯벌에서 잘 자라고 까치수염과 비슷하다고 하여 '갯까치수염'이라 하며, 열매가 둥글고 잎 표면이 윤기가 나는 것이 진주 같다 하여 '해변진주초(海邊眞珠草)'라고도 부른다.

까치수영 앵초과
Lysimachia barystachys Bunge

개꼬리풀 · 까치수염

여러해살이풀. 산과 들의 습한 풀밭에서 키 50~100cm 자라며 전체에 잔털이 난다. 줄기는 붉은빛이 도는 원기둥 모양이다. 잎은 어긋나고 긴 타원형이다. 꽃은 6~8월에 흰색으로 피고 원줄기 끝에 여러 송이가 모여 달린다. 열매는 삭과이고 둥글며 9월에 붉은 갈색으로 익는다. 어린 잎을 먹는다.

아하!
작은 흰꽃들이 조밀하게 모여 긴 꽃차례를 이룬 것이 옆으로 굽어서 개의 꼬리 같다고 하여 '개꼬리풀'이라고도 한다.

큰까치수영 앵초과
Lysimachia clethroides Duby

여러해살이풀. 산에서 키 90cm 정도
자란다. 잎은 어긋나고 긴 타원형이며
털이 있다. 꽃은 6~8월에 흰색으로
피고 원줄기 끝에 여러 송이가 모여
달린다. 열매는 삭과이고 둥글며
9~10월에 익는다. 어린 잎을 식용하
고 뿌리는 약재로 쓴다.

아하!
꽃차례가 흰색 꼬리 모양인 까치수영
과 비슷하나 잎과 꽃이 다소 크므로
'큰까치수영'이라고 부르는 것 같다.

봄맞이 앵초과
Androsace umbellata (Lour.) Merrill

두해살이풀. 들에서 흔하게 나며 키
10cm 정도 자란다. 잎은 모두 뿌리에
서 나고 반원형이며 가장자리에 둔한
톱니와 거친 털이 있다. 꽃은 4~5월
에 흰색으로 피고 긴 꽃줄기 끝에 4
~10송이씩 모여 달린다. 열매는 삭
과이고 둥글며 익으면 윗부분이 5개
로 갈라진다. 어린 잎을 식용한다.

꽃

아하!
이른 봄에 양지바른 들이나 풀밭에 조
그만 흰꽃들이 여기저기 흩어져 있어
'봄을 맞이하는 꽃'이라는 뜻으로 '봄
맞이'라고 불린다.

애기봄맞이 앵초과
Androsace filiformis Retzius

두해살이풀. 들의 습한 곳에서 키 15cm 정도 자란다. 잎은 모두 뿌리에서 나오고 타원형이며 가장자리에 둔한 톱니가 있다. 꽃은 4~8월에 흰색으로 피고 밑동에서 나온 긴 꽃줄기 끝에 모여 달린다. 열매는 삭과이고 둥글며, 익으면 윗부분이 5개로 갈라진다.

아하!
봄맞이의 일종이며 봄맞이보다 크기가 작아 아기 같다고 하여 '애기봄맞이'라고 부르는 것 같다.

관음죽 야자과
Rhapas excelsa (Thunb.) A. Henry ex Rehd.

늘푸른 떨기나무. 줄기는 모여나고 높이 1~3m 정도 자란다. 잎자루 기부에 있는 털 같은 섬유질 망이 줄기를 싸고 있다. 잎은 광택이 나고 깊이 갈라진 손바닥 모양이며 작은잎은 6~8개 달린다. 잎끝은 이 모양으로 약간 갈라지고 가장자리에 가는 톱니가 있다. 꽃은 길이 15~30cm의 유백색 육수화서이고 암수딴그루이다. 열매는 황록색 또는 연황색이다.

아레카 야자 <small>야자과</small>

Chysalidocarpus lutescens H. Wendl.

황야자

늘푸른 떨기나무. 높이 3~8m 자라는 키 작은 야자나무이다. 줄기는 밑동에서 모여나고 가는 대나무 모양이며, 표면은 황록색이고 흰 가루가 붙어 있으며 잎이 떨어진 자리에 마디가 있다. 잎은 깃꼴겹잎이고 광택이 나며, 잎줄기는 황록색이고 검은 점무늬가 있다. 꽃은 암수한그루이고 흰색으로 핀다. 열매는 직경 2cm 정도의 달걀 모양이고 자흑색으로 익는다.

야하!

속명 Chysalidocarpus는 그리스어 Chysallis(황금색:黃金色)과 karpos(열매)의 합성어이고 '황야자(黃椰子)'라고도 부른다.

카나리아 야자 <small>야자과</small>

Phoenix canariensis Hort. ex Chobaud

늘푸른 떨기나무. 카나리아 군도 원산. 줄기는 외대로 나며 높이 20m 정도, 지름 80~100cm 자란다. 잎은 줄기 꼭대기에서 빽빽이 모여나고 깃털 모양이며, 잎줄기는 길이 5~7m이고 기부에 억센 녹황색 가시가 있다. 작은잎은 150~200개가 마주나고 길이 50cm 정도이며 활처럼 젖혀진다. 꽃은 암수딴그루이고 암나무에서 달리는 열매는 긴 타원형이며 먹지 못한다.

야하!

종소명(canariensis)은 대서양의 카나리아(canary) 군도를 뜻한다.

코코스 야자 야자과
Cocos nucifera L.

늘푸른 큰키나무. 태평양제도, 열대지방 원산. 식물원에서 식재하며 높이 20~30m 자란다. 잎은 길이 2~4m로 대형 깃꼴겹잎이고 잎줄기에 흰가루 같은 것이 붙어 있으며 잎자루에 털 같은 갈색 섬유질이 있다. 꽃은 암수한그루이고 잎겨드랑에서 나온 꽃대에 달린다. 수꽃은 크림색이다. 열매는 타원형이고 삼각의 능선이 있으며 씨의 내과피에 3개의 주공(방)이 있다.

야하!
속명 Cocos는 '원숭이'라는 뜻으로, 열매의 내피에 있는 3개의 주공(珠孔)이 원숭이의 얼굴과 유사하다는 데서 붙여졌다.

흰두메양귀비 양귀비과
Papaver radicatum Rott. var. *pseudoradicatum* (Kitagawa) Kitagawa for. *albiflorum* Y. Lee

두해살이풀. 백두산 등 높은 산에서 키 5~10cm 자란다. 전체에 퍼진 털이 빽빽하게 난다. 잎은 뿌리에서 모여나고 깃 모양으로 갈라지며 잎자루가 길다. 꽃은 7~8월에 흰색으로 피고 잎이 없는 꽃줄기 끝에 1송이씩 핀다. 열매는 삭과이고 달걀 모양이며 퍼진 털이 있다.

야하!
두메양귀비와 비슷하며 두메양귀비가 연한 황록색 꽃인 데 비하여 흰색 꽃이 피므로 '흰두메양귀비'라고 하여 구분한다.

붉나무 옻나무과
Rhus chinensis Miller

뿔나무 · 염부목 · 오배자나무

갈잎 중키나무. 산기슭에서 높이 7m
정도 자란다. 잎은 1회깃꼴겹잎이고
작은잎은 달걀 모양이며, 양면에 털이
나고 가장자리에는 거친 톱니가 있다.
꽃은 암수딴그루로 7~8월에 황백색으
로 피고 줄기 끝에 원추화서로 달
린다. 열매는 납작한 구형 핵과이고
10월에 황적색으로 익는다. 잎은 식
용, 수액은 약용, 열매즙은 두부 재료
로 쓴다. 잎에 달리는 오배자는 약재
로 쓴다.

일찍 붉은 단풍이 든다고 하여 붉나무
라 하고, 잎에 달리는 벌레집(오배자:
五倍子)에서 유래되어 '오배자나무' 라
고도 부른다.

열매

산용담 용담과
Gentiana algida Pall.

여러해살이풀. 높은 산에서 키 10~
25cm 자란다. 잎은 피침형이고 밑부
분이 엽초가 된다. 꽃은 긴 종 모양이
며 8~9월에 연한 황백색으로 피고
줄기 끝에 2~3송이씩 모여 달린다.
열매는 삭과이고 길쭉하며, 10월에
익는다. 뿌리를 약재로 쓴다. 북한에
서는 천연기념물로 지정하여 보호하
고 있다.

뿌리가 쓴 용담의 일종이며, 백두산 등
고산 지대에서 잘 자라기 때문에 '산용
담(山龍膽)' 이라고 한다.

흰그늘용담 용담과
Gentiana pseudo-aquatica Kusnezoff

여러해살이풀. 한라산에서 키 5~7cm 자란다. 잎은 마주나고 뿌리에서 난 잎은 크고 달걀 모양이며, 줄기에 난 잎은 작고 선형이다. 꽃은 깔때기 모양이며 5~7월에 흰색으로 피고 줄기 끝에 1송이씩 위를 향해 달린다. 열매는 삭과이고 7월에 익는다. 뿌리를 약재로 쓴다.

아하!
쓴맛이 강한 뿌리가 있는 용담의 일종으로, 꽃이 흰색이고 높은 산의 그늘진 습지에서 자라기 때문에 '흰그늘용담'이라 부르는 것 같다.

흰자주쓴풀 용담과
Swertia pseudochinensis (Bunge) Hara for. *alba* Y. Lee for. nov.

두해살이풀. 산지와 들판에서 키 15~30cm 자라며 줄기는 흑자색을 띤다. 잎은 마주나고 피침형이며 끝이 뾰족하다. 꽃은 9~10월에 흰색으로 피고 줄기나 가지 끝에 모여 달린다. 열매는 삭과이고 피침형이며 11월에 익는다. 전체를 약재로 쓴다.

아하!
전체적으로 자주쓴풀과 비슷하지만 꽃이 흰색으로 피므로 '흰자주쓴풀'이라고 부른다.

실유카 용설란과
Yucca smalliana Fern.

늘푸른 여러해살이풀. 화단에서 많이 재배하며 키 1~2m 자란다. 잎은 밑에서 모여나고 창 모양이며, 가죽질이고 가장자리가 올실 모양으로 떨어진다. 꽃은 6~7월에 흰색으로 피고 줄기 끝에서 약 20송이가 원추화서를 이루어 밑을 향해 달린다. 외꽃잎은 연녹색, 내꽃잎은 흰색이다. 열매는 긴 타원형 삭과이고 9월에 익으며 검은색 씨가 많이 들어 있다. 잎에서 섬유를 채취하여 사용한다.

아하!
잎 가장자리가 가늘게 갈라져 올실처럼 되기 때문에 '실유카'라고 한다.

유카 용설란과
Yucca gloriosa L.

늘푸른 여러해살이풀. 미국 원산이며 키 2m 정도 자란다. 잎은 가지 끝에서 100장 정도가 모여나고 긴 타원형이며, 억세고 표면이 흰 분가루로 덮이며 끝이 날카로운 침으로 되어 있다. 꽃은 종 모양이며 6~9월에 연녹색으로 피고, 꽃줄기 끝에 여러 송이가 모여 달린다.

귤나무 운향과
Citrus unshiu Markovich

늘푸른 중키나무. 일본 원산. 과수로
재배하고 높이 3~5m 자란다. 잎은
어긋나고 타원형이며 가장자리에 톱
니가 있다. 꽃은 6월에 흰색으로 피고
잎겨드랑이에 1송이씩 달린다. 열매는
장과이고 작은 공 모양이며 10~11월
에 황적색으로 익는다. 열매를 먹고
열매껍질을 약재로 쓴다.

꽃

금귤 운향과
*Fortunella japomica Swingle var.
margarita* (Swingle) Makino

금감

늘푸른 떨기나무. 중국 원산이며 과수
로 재배하고 높이 4m 정도 자란다.
잎은 어긋나고 피침형이며 양끝이 좁
다. 꽃은 흰색으로 피고 잎겨드랑이에
1~2송이씩 달린다. 열매는 장과이고
달걀 모양이며 오렌지색으로 익는다.
열매를 먹는다.

백선 운향과
Dictamnus dasycarpus L.
백양선

여러해살이풀. 산기슭에서 키 50~90cm 자란다. 잎은 마주나고 깃꼴겹잎이며, 작은잎은 타원형이고 가장자리에 톱니가 있다. 꽃은 5~6월에 흰색이나 연홍색으로 피고, 줄기 끝에 여러 송이가 모여 달린다. 열매는 삭과이고 8월에 익으며, 5개로 갈라지고 털이 난다. 뿌리를 약재로 쓴다.

아하!
백선은 뿌리껍질을 약재로 쓰는데 이를 '백선피(白鮮皮)'라고 하며, 양의 냄새가 난다고 하여 '백양선(白羊鮮)'이라고도 부른다.

유자나무 운향과
Citrus junos Tanaka

늘푸른 떨기나무. 중국 원산이며 과수로 재배하고 높이 4m 정도 자란다. 잎은 어긋나고 끝이 뾰족한 긴 타원형이며 가장자리에 잔톱니가 있다. 꽃은 5~6월에 흰색으로 피고 꽃잎은 5장이며 잎겨드랑이에 1송이씩 달린다. 열매는 장과이고 9~10월에 밝은 노란색으로 익으며 겉이 울퉁불퉁하다. 열매를 식용한다.

열매

꽃

탱자나무 운향과
Poncirus trifoliata (L.) Rafinesque

갈잎 떨기나무. 가시가 많아 울타리용
으로 심으며 키 3~5m 자란다. 가지
에 억센 가시가 어긋나게 달린다. 잎
은 어긋나고 타원형인 작은잎 3개로
이루어지며 가장자리에 둔한 톱니가
있다. 꽃은 5월에 흰색으로 피고 잎겨
드랑이에 1~2송이씩 달린다. 열매는
장과이고 둥글며 9월에 노란색으로
익는다. 열매를 생식하며 약재로도 쓴
다. 밀원 식물이다.

각시괴불나무 인동과
Lonicera chrysantha Turcz.
절초나무 · 산아귀꽃나무

갈잎 떨기나무. 산지의 숲 속에서 높
이 3~4m 자란다. 잎은 난상 타원형
이고 가장자리와 뒷면 맥 위에 털이
있다. 꽃은 5~6월에 피는데 처음에
는 흰색이나 나중에 노란색으로 변하
며 잎겨드랑이에 2송이씩 쌍으로 붙
는다. 꽃받침은 톱니처럼 5개로 갈라
지며 털이 있고 화관통부는 짧으며
윗입술꽃잎이 중앙까지 갈라진다. 열
매는 둥근 장과이고 8~9월에 붉은색
으로 익는다. 잎과 꽃을 약재로 쓴다.

괴불나무 인동과
Lonicera maackii (Rupr.) Max.

금은인동 · 아귀꽃나무

갈잎 떨기나무. 산골짜기 숲 속이나 음지에서 높이 2~5m 자라고 가지의 속은 빈다. 잎은 마주나고 장타원형이며 양면에 털이 있다. 꽃은 5~6월에 피고 흰색에서 노란색으로 변하며 잎겨드랑이에 달린다. 포는 선상 피침형이고 꽃받침은 5개로 갈라지며 화관은 입술 모양이다. 열매는 둥근 장과이고 9~10월에 붉은색으로 익는다. 열매를 식용하고 어린잎과 꽃은 차의 대용으로 쓴다. 뿌리는 약재로 쓴다.

열매

아하*!*
열매가 두개씩 마주보기로 달리는 모양이 개불알을 닮았다 하여 개불나무로 부르다가 '괴불나무' 라고 부른다.

백당나무 인동과
Viburnum sargentii Koehne

접시꽃나무

갈잎 떨기나무. 계곡과 산허리의 습지에서 군락을 이루어 높이 3~6m 자란다. 가지의 속은 흰색이고 코르크층이 발달한다. 잎은 마주나고 넓은 달걀 모양이며 가장자리에 불규칙한 톱니가 있다. 꽃은 5~7월에 흰색으로 피고 햇가지 끝에 취산화서로 달리며 주변부의 꽃은 무성화이다. 열매는 둥근 핵과이고 9월에 붉은색으로 익는다. 잎과 열매와 가지를 약재로 쓴다.

수국백당나무 인동과
Viburnum parginene for. *lutescens* Nakai

갈잎 떨기나무. 사찰과 민가의 정원에서 관상용으로 심으며 높이 3～6m 자란다. 잎은 마주나고 넓은 달걀 모양이며 가장자리에 불규칙한 톱니가 있다. 꽃은 5～6월에 둥글게 피는데 처음에는 황록색인데 완전히 피면 하얗게 변한다. 열매는 둥근 핵과이고 9월에 붉은색으로 익는다.

아하!
백당나무에서 원예종으로 육성된 것으로 수국처럼 둥글게 모여 달리고 모두 무성화로 되어 있어 '수국백당나무'라고 부른다.

불두화 인동과
Viburnum sargentii Koehne for. *sterile* (Makino) Hara

갈잎 떨기나무. 산지에서 높이 3～6m 자라며 어린 가지는 붉은빛을 띠는 녹색인데 자라면서 회흑색으로 변한다. 잎은 마주나고 넓은 달걀 모양이며 가장자리에 불규칙한 톱니가 있다. 꽃은 5～6월에 흰색으로 피고 꽃줄기 끝에 많이 모여 달린다. 열매는 핵과이고 둥글며 9월에 붉은색으로 익는다.

아하!
부처님이 태어난 사월 초파일 무렵에 피는 꽃의 모양이 부처님의 머리처럼 곱슬곱슬하기 때문에 '불두화(佛頭花)'라고 불린다. 불두화는 불교를 상징한다고 한다.

산가막살나무 인동과
Viburnum wrightii Miquel

갈잎 떨기나무. 깊은 산 중턱 이상의 숲에서 키 3m 정도 자란다. 잎은 넓은 난형이고 양끝이 뾰족하며 가장자리에 거친 톱니가 있다. 꽃은 5~6월에 흰색으로 피고 줄기 끝에서 취산화서를 이룬다. 열매는 핵과이고 넓은 난형이며 9~10월에 붉게 익는다.

인동덩굴 인동과
Lonicera japonica Thunb.

갈잎 덩굴나무. 산과 들에서 길이 5m 정도 자란다. 줄기는 길게 벋어 오른쪽으로 다른 물체를 감으면서 올라간다. 잎은 마주나고 긴 타원형이다. 꽃은 5~6월에 흰색으로 피었다가 나중에 노란색으로 변하며, 잎겨드랑이에 2송이씩 달린다. 열매는 장과이고 둥글며 10~11월에 검게 익는다.

아하!
겨울에도 덩굴이 마르지 않고 푸른 잎도 살아 있어, 겨울(동:冬)을 견뎌내는 (인:忍) 덩굴이라는 뜻으로 '인동(忍冬)덩굴'이라고 한다.

열매

흰병꽃나무 인동과
Weigela florida (Bunge) Dc. for *candida* Rehder

갈잎 떨기나무. 산기슭 양지쪽에서 높이 2~3m 자란다. 잎은 마주나고 달걀 모양이며 가장자리에 잔 톱니가 있다. 꽃은 5월에 흰색으로 피고 잎겨드랑이에 달린다. 열매는 삭과이고 단단하며, 잔털이 있고 9월에 익는다.

꽃

백량금 자금우과
Ardisia crenata Sims

선꽃나무 · 탱자아재비

늘푸른 반떨기나무. 섬의 산골짜기나 숲 속 그늘에서 높이 1m 정도 자라고 줄기는 윗부분에서 가지가 갈라진다. 잎은 어긋나고 긴 타원형이며 가장자리가 쪼글쪼글하다. 꽃은 6~8월에 흰색으로 피고 짧은 가지 끝에 산방상으로 달린다. 꽃받침은 달걀 모양이다. 열매는 핵과이고 둥글며 9월~이듬해 2월에 붉게 익는다. 뿌리와 잎을 약재로 쓴다.

아하!
빨간 열매가 주렁주렁 달린 모습이 백량(百兩)이나 될 만큼 많다고 하여 '백량금'이라는 이름이 붙었다.

자금우 자금우과
Ardisia japonica Blume.

늘푸른 반떨기나무. 산지의 상록수림 그늘에서 땅속줄기의 끝이 땅 위로 비스듬히 나와 높이 15~20cm 자란다. 잎은 돌려나거나 마주나고 긴 타원형이며 가장자리에 잔톱니가 있다. 꽃은 6~7월에 흰색으로 피고 잎겨드랑이에 2~3송이가 산형을 이루며 밑으로 처져 달린다. 화관은 수레바퀴 모양이고 꽃잎은 5개이다. 열매는 둥근 장과이고 9월~이듬해 2월에 붉은색으로 익는다. 잎과 줄기를 약재로 쓴다.

물질경이 자라풀과
Ottelia alismoides (L.) Pers.

물배추

한해살이 물풀. 잎은 뿌리에서 모여나고 넓은 난형이며 가장자리에 주름과 더불어 톱니가 약간 있다. 꽃은 9월에 백색 바탕에 연한 홍자색으로 피고 꽃줄기 끝에 1개가 달린다. 꽃받침잎과 꽃잎은 각 3개이고 꽃잎은 넓은 도란형이다. 열매는 타원형이고 많은 종자가 들어 있다. 종자는 긴 타원형이고 털이 있다.

자라풀 자라풀과
Hydrocharis dubia Miq.

여러해살이 물풀. 연못 등에서 키 1m 정도 자라며 마디에서 뿌리가 내리고 턱잎이 자란다. 잎은 말굽 모양이며 뒷면에 기포가 있어 물 위에 뜬다. 꽃은 암수한그루이며 8~10월에 흰색으로 피고 물 위로 나온 꽃줄기에 달린다. 열매는 달걀 모양이며 육질이고 10월에 연한 녹색으로 익는다.

아하!
물 위에 떠 있는 작은 잎에 자라(거북)의 등 무늬와 비슷한 그물 무늬가 있어 '자라풀'이라는 이름이 붙었다.

꽃

자리공 자리공과
Phytolacca esculenta Van Houtte
장녹

여러해살이풀. 인가 부근에서 키 1m 정도 자란다. 뿌리는 비대하여 덩어리로 된다. 줄기는 육질이고 기둥 모양이며 가지가 많이 갈라진다. 잎은 어긋나고 타원형이며 가장자리가 밋밋하다. 꽃은 5~7월에 흰색으로 피고 총상화서를 이루며 꽃자루가 짧다. 꽃받침은 5개이고 꽃밥은 연한 홍색이다. 열매는 장과이고 자주색의 즙액이 있으며 7~8월에 흑자색으로 익는다. 뿌리를 약재로 쓴다.

가침박달 장미과
Exochorda serratifolia S. Moore

갈잎 떨기나무. 산기슭에서 높이
1~5m 자란다. 수피는 회갈색이고 작
은가지는 붉은 빛이 도는 갈색이며
백색 피목이 산재한다. 잎은 어긋나고
난상타원형이며, 뒷면은 흰색이고 가
장자리 위쪽에 톱니가 있다. 꽃은
4~5월에 흰색으로 피고 가지 끝에
총상으로 3~6송이씩 달린다. 열매는
모가 난 삭과이고 달걀 모양이며, 씨
가 1~2개씩 들어 있고 9월에 익는다.

귀룽나무 장미과
Prunus padus L.

갈잎 큰키나무. 깊은 산의 골짜기나
물가에서 높이 15m 정도 자라며 수
피는 흑갈색이다. 잎은 어긋나고 타원
형이며 뒷면은 회갈색이고 가장자리
에 잔톱니가 있다. 꽃은 5월에 흰색으
로 피고 새 가지 끝에서 원통형 총상
화서를 이루어 아래로 처져 달린다.
꽃받침과 꽃잎은 각각 5개이다. 열매
는 둥근 핵과이고 6월에 검은색으로
익는다. 잎과 열매를 약재로 쓴다.

아하!
원래는 '구룡목(九龍木)'으로 불렸으
나 후에 '귀룽나무'로 변하였다고 전
해진다.

서울귀룽나무 장미과

Prunus padus var. *seoulensis* Nakai

갈잎 큰키나무. 산지의 계곡에서 높이 15m 정도 자란다. 어린 가지를 꺾으면 냄새가 나고 수피는 흑갈색이며 세로로 갈라진다. 잎은 어긋나고 타원형이며 뒷면은 회갈색이고 털이 있으며 가장자리에 잔톱니가 있다. 꽃은 5월에 흰색으로 피고 새 가지 끝에 총상화서가 처져 달린다. 꽃받침잎과 꽃잎은 각각 5개이다. 열매는 핵과이고 둥글며 6월에 흑색으로 익는다. 핵은 주름이 있고 과육은 떫다.

아하!
서울 지방에서 잘 자라므로 종소명이 seoulensis가 되었고 '서울귀룽나무' 라고 부른다.

열매

덩굴딸기 장미과

Rubus oldhamii Miq.

줄딸기

갈잎 떨기나무. 산과 들에서 자라며 갈고리 같은 가시가 많다. 잎은 깃꼴겹잎이고 작은잎은 피침형이며 가장자리에 톱니가 있다. 꽃은 5월에 연분홍색으로 피고 가지 끝에 1송이씩 달린다. 열매는 복과로서 둥글고 6~8월에 붉은색으로 익는다. 열매를 식용한다.

아하!
땅바닥으로 줄기가 덩굴처럼 뻗어 나가며 자라고, 꽃이 줄기를 따라 줄을 지어 피므로 '줄딸기' 라고도 부른다.

딸기 장미과
Fragaria ananassa Duchesne

여러해살이풀. 남아메리카 원산이며 밭에서 재배한다. 잎은 3장으로 된 겹잎이며 가장자리에 톱니가 있다. 꽃은 4~5월에 흰색으로 피고 꽃줄기 위에 여러 송이가 모여 달린다. 열매는 꽃턱이 발달한 것으로 달걀 모양이고 6월에 익으며, 겉에 깨알 같은 씨가 붙어 있다. 열매를 식용한다.

아하!
딸기는 북반구와 남아메리카의 온대 지방에 약 10종 분포하며, 우리 나라에는 2종 있다. 재배 딸기의 열매는 '양딸기'라고도 한다.

복분자딸기 장미과
Rubus coreanus Miquel
곰의딸

갈잎 떨기나무. 산기슭의 양지에서 높이 3m 정도 자란다. 잎은 어긋나고 작은잎 5~7개로 된 깃꼴겹잎이다. 작은잎은 타원형이고 가장자리에 예리한 톱니가 있다. 꽃은 5~6월에 흰색이나 연홍색으로 피고 가지 끝에 산방화서로 달린다. 열매는 핵과가 모여서 반달 모양의 복과를 이루고 7~8월 검은색으로 익는다. 열매를 식용하고 열매와 뿌리와 잎을 약재로 쓴다.

아하!
열매를 먹고 방뇨하면 요강단지(盆·분)가 뒤집어질(覆·복) 정도로 정력이 강해진다고 하여 '복분자(覆盆子)딸기'라 부른다.

산딸기나무 장미과
Rubus crataegifolius Bunge

갈잎 떨기나무. 산과 들에서 높이 2m 정도 자라고 전체에 가시가 있으며 줄기는 여러 대가 모여 나온다. 잎은 어긋나고 넓은 달걀 모양이며 가장자리에 톱니가 있다. 꽃은 6월에 흰색으로 피고 가지 끝에 모여 달린다. 열매는 복과이고 둥글며 7~8월에 붉은색으로 익는다. 열매를 먹고 약재로도 쓴다.

꽃

아하!
열매는 집합과로 딸기를 이루며, 깊은 산에서 잘 자란다고 하여 '산딸기나무'라고 부른다.

장딸기 장미과
Rubus hirsutus Thunberg

땅딸기

갈잎 반떨기나무. 산과 들에서 키 20~60cm 자란다. 줄기는 길게 옆으로 뻗고 가시가 있다. 잎은 어긋나고 3장의 작은잎으로 된 겹잎이며, 작은잎은 난상 피침형이고 가장자리에 겹톱니가 있으며 양면에 털이 밀생한다. 꽃은 4~6월에 흰색으로 피고 햇가지 끝에 1~2송이씩 달린다. 열매는 복과이고 둥글며 7~8월에 붉은색으로 익는다. 열매를 식용하고 뿌리와 잎을 약재로 쓴다.

마가목 장미과
Sorbus commixta Hedlund

갈잎 중키나무. 깊은 산지에서 높이
8m 정도 자란다. 잎은 어긋나고 깃꼴
겹잎이며, 작은잎은 넓은 피침형이고
가장자리에 톱니가 있다. 꽃은 5~6
월에 흰색으로 피고 가지 끝에 많이
모여 달린다. 열매는 이과이고 둥글며
9~10월에 붉은색으로 익는다. 열매
와 나무 껍질을 약재로 쓴다.

꽃

봄철에 돋는 이 식물의 새싹이 말(馬;
마)의 이빨(牙;아)처럼 힘차게 돋아난
다고 하여 '마아목(馬牙木)'이라 한 것
이, 점차 변화되어 '마가목'으로 바뀌
었다고 한다.

매화나무 장미과
Prunus mume Siebold & Zuccarini

매실나무

갈잎 큰키나무. 마을 부근에서 재배하
며 높이 4~6m 정도 자란다. 잎은 어
긋나고 달걀 모양이며 가장자리에는
잔톱니가 있다. 꽃은 잎이 나기 전인
2~4월에 흰색 또는 담홍색으로 피고
잎겨드랑이에 1~3개씩 달린다. 열매
는 매실이라고 부르는데 둥글고 6~7
월에 노란색으로 익으며 매우 신맛이
난다. 열매를 식용하며 열매와 줄기를
약재로 쓴다.

열매를 '매실(梅實)'이라고 하므로 나
무 이름도 '매실나무'라고 부르기도
한다.

백매 장미과
Prunus glandulosa Thunb. for.
albiplena Koehne

옥매

갈잎 떨기나무. 관상용으로 재배하고
높이 1.5m 정도 자라며, 가지가 빽빽
하게 벋는다. 잎은 어긋나고 넓은 피
침형이며 가장자리에 물결 모양의 잔
톱니가 있다. 꽃은 5월에 흰색으로 피
며 겹꽃이다. 열매는 핵과이고 둥글며
여름에 붉게 익는다.

열매

배나무 장미과
Pyrus serotina Rehder. var. *culta* Nakai

갈잎 중키나무. 과수로 재배하며 높이
5m 정도 자란다. 잎은 어긋나고 긴
타원형이며 가장자리에 톱니가 있다.
꽃은 4월에 흰색으로 피고 꽃잎은 5
장이며 여러 송이가 모여 달린다. 열
매는 꽃턱이 발달해서 이루어진 이과
이고 둥글며, 9~10월에 다갈색으로
익는다. 열매를 먹는다.

팥배나무 장미과

Sorbus alnifolia (S. et Z.) K. Koch

물앵도나무 · 물방치나무

갈잎 중키나무. 산지에서 높이 15m 정도 자라며 가지에 피목이 뚜렷하다. 잎은 어긋나고 타원형이며 가장자리에 겹톱니가 있다. 꽃은 4~6월에 흰색으로 피고 가지 끝에 산방화서로 붙는다. 꽃받침과 꽃잎은 각각 5개이다. 열매는 이과이고 타원형이며, 반점이 뚜렷하고 9~10월에 황홍색으로 익는다. 열매는 식용하고 약재로도 이용한다.

병아리꽃나무 장미과

Rhodotypos scandens (Thunb.) Makino

개함박꽃나무 · 대대추나무 · 이리화 · 자마꽃

갈잎 떨기나무. 해안가 산록에서 높이 2m 정도 자란다. 잎은 마주나고 달걀 모양이며, 표면은 주름지고 뒷면에 흰색 비단털이 있으며 가장자리에 겹톱니가 있다. 꽃은 4~5월에 흰색으로 피고 햇가지 끝에 1송이씩 붙는다. 꽃받침조각은 4개이고 좁은 달걀 모양이며, 꽃잎은 4개이고 원형이다. 열매는 타원형 견과이고 9월에 검게 익고 광택이 난다. 뿌리를 약재로 쓴다.

아하!
조그맣고 순백색인 꽃을 작고 귀여운 병아리에 비유하여 '병아리꽃나무'라 한 것 같다.

열매

꽃

사과나무 장미과
Malus pumila Miller

갈잎 큰키나무. 과수로 재배하며 높이 10m 정도 자란다. 잎은 어긋나고 타원형이며 가장자리에 톱니가 있다. 꽃은 4~5월에 분홍색 또는 흰색으로 피고 가지 끝의 잎겨드랑이에 여러 송이가 모여 달린다. 열매는 이과이고 둥글며, 8~9월에 익고 양쪽이 오목하게 들어간다. 열매를 식용한다.

산개벚나무 장미과
Prunus maximowiczii Rupr.

갈잎 큰키나무. 깊은 산 중턱에서 키 15m 정도 자란다. 잎은 어긋나고 끝이 뾰족한 달걀 모양이며, 가장자리에 겹톱니가 있고 표면에 털이 산재한다. 꽃은 잎이 나기 전인 4~5월에 흰색으로 피고 산방화서를 이룬다. 포에 톱니가 있고 꽃받침통은 타원형 또는 술잔 모양이며 꽃받침에는 날카로운 톱니가 있다. 열매는 핵과이고 둥글며 7~8월에 검은색으로 익는다.

산사나무 장미과
Crataegus pinnatifida Bunge

아가위나무 · 찔광나무

갈잎 중키나무. 산과 들에서 높이 6~7m 자라며 가시가 있다. 잎은 어긋나고 넓은 달걀 모양이며, 깃 모양으로 갈라지고 가장자리에 불규칙한 톱니가 있다. 꽃은 4~5월에 흰색 또는 담홍색으로 피고 가지 끝에 산방화서로 달린다. 꽃받침과 꽃잎은 각 5개씩이고 꽃밥은 홍색이다. 열매는 둥근 이과이고 흰색 반점이 있으며 9월에 붉게 익는다. 꽃을 차로 하여 복용하고 전초를 약재로 쓴다.

앵두나무 장미과
Prunus tomentosa Thunb.

갈잎 떨기나무. 과수로 재배하며 높이 3m 정도 자라고 나무껍질은 흑갈색이다. 잎은 어긋나고 달걀 모양이며 겉에 잔털이 많다. 꽃은 잎이 나기 전인 4월에 연분홍색 또는 흰색으로 피고 잎겨드랑이에 1~2송이씩 달린다. 열매는 핵과이고 둥글며 6월에 붉은 빛으로 익는다. 열매를 먹는다.

열매

가는오이풀 장미과

Sanguisorba tenuifolia Fisch. var. *alba* Trautv. et Meyer

애기오이풀·좁은잎오이풀·흰오이풀

여러해살이풀. 들판의 숲가장자리와 산기슭 습지에서 키 1m 정도 자란다. 잎은 1회 깃꼴겹잎으로 작은잎은 11~15개이고 달걀 모양이며 가장자리에 톱니가 있다. 꽃은 7~9월에 흰색으로 피고 꽃이삭은 원줄기와 가지 끝에 곧추서서 달리며 꽃밥은 흑색이다. 열매는 수과이고 달걀 모양이며 날개가 있다. 어린 잎은 식용하고 전초를 약재로 쓴다.

큰오이풀 장미과

Sanguisorba sitchensis C. A. Meyer

여러해살이풀. 고산 지역의 습기가 많은 곳에서 키 40~80cm 자란다. 잎은 어긋나고 깃꼴겹잎이며 뿌리에 달린 잎은 잎자루가 길다. 꽃은 8~9월에 흰색으로 피고 가지 끝에 다닥다닥 달린다. 열매는 수과이고 네모진다. 어린 싹은 식용하고 뿌리를 약재로 사용한다.

아하!

풀잎을 따서 냄새를 맡아 보면 오이풀처럼 오이 냄새가 나며, 또 오이풀보다 개체가 크다고 하여 '큰오이풀'이라고 한다.

이스라지나무 장미과
Prunus japonica var. *nakaii* (Lev.) Rehder

갈잎 떨기나무. 산지 숲 가장자리나 계곡에서 높이 1m 정도 자란다. 잎은 어긋나고 달걀 모양이며 가장자리에 톱니가 있다. 꽃은 5월에 연홍색으로 피고 잎겨드랑이에서 2~4송이씩 산형화서를 이룬다. 꽃잎은 타원형이고 꽃받침에 잔털이 있다. 열매는 둥근 핵과이고 7~8월에 적색으로 익는다. 열매를 잼이나 과실주로 만들어 먹으며 씨를 약재로 쓴다.

자두나무 장미과
Prunus salicina Lindl.
오얏나무

갈잎 큰키나무. 과수로 재배하며 높이 10m 정도 자란다. 잎은 어긋나고 긴 달걀 모양이며 가장자리에 둔한 톱니가 있다. 꽃은 잎이 나기 전인 4월에 흰색으로 피고 보통 3송이씩 달린다. 열매는 핵과이고 달걀 모양이며 7~8월에 노란색이나 적자색으로 익는다. 열매를 먹는다.

꽃

장미 장미과
Rosa hybrida Hort.

갈잎 떨기나무. 원예용으로 재배하며 높이 2~3m 정도 자라고 가지에 날카로운 가시가 많다. 잎은 어긋나고 끝이 뾰족한 타원형이며 가장자리에 예리한 톱니가 있다. 꽃은 품종에 따라 색깔, 피는 시기가 다르고 홑꽃에서 겹꽃까지 수많은 변이가 있다. 현재 알려진 품종만도 15,000여 종이나 된다.

아하!
줄기가 덩굴성이어서 꼿꼿하게 서기 어려운 이 식물이 주로 울타리나 담장에 의지하여 자란다고 하여 '장미(薔薇)'라는 이름이 붙었다.

공조팝나무 장미과
Spiraea cantoniensis Lour.

갈잎 떨기나무. 중국 원산이며 높이 1~2m 정도 자란다. 잎은 어긋나고 피침형이며 가장자리 윗부분에 톱니가 있다. 꽃은 4~5월에 흰색으로 피고 가지 끝에 많이 모여 산형화서로 달린다. 열매는 골돌과이고 5개씩이며 7~9월에 익는다.

아하!
작은 꽃이 모여 달린 것이 공처럼 보인다고 하여 '공조팝나무'라고 부른다.

덤불조팝나무 장미과
Spiraea miyabei Koidz.

갈잎 떨기나무. 깊은 산골짜기의 숲 가장자리 습지에서 높이 1~1.5m 자란다. 어린 가지는 노란색이고 묵은 가지는 회백색이다. 잎은 어긋나고 끝이 뾰족한 넓은 피침형이며 가장자리에 톱니가 있다. 꽃은 4월에 흰색으로 피고 줄기 끝에 작은 꽃들이 많이 모여 달린다. 열매는 골돌과이고 9월에 익으며 잔털이 난다. 밀원 식물·방향성 식물이다.

산조팝나무 장미과
Spiraea blumei G. Don

갈잎 떨기나무. 깊은 산 바위 틈에서 높이 1m 정도 자란다. 잎은 어긋나고 달걀 모양이며 가장자리 위쪽에 둔한 톱니가 있다. 꽃은 5월에 흰색으로 피고 가지 끝에 빽빽하게 모여 우산 모양을 만든다. 열매는 골돌과이고 10월에 익는다.

열매

꽃

조팝나무 장미과

Spiraea prunifolia S. et Z. for. *simpliciflora* Nakai

갈잎 떨기나무. 산과 들에서 높이 1.5 ~2m 자라며 줄기는 무리지어 난다. 잎은 어긋나고 타원형이며 가장자리에 잔톱니가 있다. 꽃은 4~5월에 흰색으로 피고, 잎겨드랑이에 4~5송이씩 무리지어 가지 윗부분을 덮는다. 열매는 골돌과이고 9월에 익는다. 어린 잎은 나물로 먹는다.

아하!

줄기에 조밀하게 달린 작고 하얀 꽃들이, 튀겨 놓은 좁쌀을 붙여 놓은 것처럼 보인다고 하여 '조밥나무'라고 부르다가 점차 강하게 발음되어 '조팝나무'가 되었다.

참조팝나무 장미과

Spiraea fritschiana Schneid

고려조팝나무·애기바위조팝나무

갈잎 작은 떨기나무. 산 중턱에서 높이 1.5m 정도 자라며 가지는 자갈색이다. 햇가지에는 연한 털이 있고 다소 모가 난다. 잎은 어긋나고 넓은 타원형이며 가장자리 위쪽에 겹톱니가 있다. 꽃은 5~6월에 흰색으로 피고 새 가지 끝에 겹산방화서로 달리며 중앙부는 연한 홍색이다. 꽃받침잎은 뒤로 젖혀지고 꽃잎은 둥글며 수술은 꽃잎의 2배 정도이다. 열매는 골돌과이고 9월에 익으며 배면이 갈라진다.

찔레나무 장미과
Rosa multiflora Thunb.

갈잎 떨기나무. 산기슭이나 냇가에서
높이 1~2m 자라고 가지가 많이 갈
라지며 날카로운 가시가 있다. 잎은
어긋나고 깃꼴겹잎이며 작은잎은 달
걀 모양이고 가장자리에 톱니가 있다.
꽃은 5월에 연한 붉은색 또는 흰색으
로 피고, 가지 끝에 여러 송이가 모여
달린다. 열매는 수과이고 둥글며 9월
에 붉은색으로 익는다.

열매

아하!
활처럼 휘어 비스듬히 자라는 줄기와
가지에 가시가 많아 잘 찔리므로 '찔레
나무'라고 부른다.

터리풀 장미과
Filipendula glaberrima Nakai
털이풀

여러해살이풀. 높은 산 낙엽수림 아래
에서 키 1m 정도 자란다. 잎은 깃꼴
겹잎으로 단풍잎처럼 5개로 갈라지고
가장자리에 톱니가 있으며 줄기잎은
어긋난다. 잎자루에는 작은잎이 1~7
쌍 붙어 있다. 꽃은 6~8월에 흰색 또
는 연한 분홍색으로 피고 가지 끝과
원줄기 끝에 취산상 산방화서로 밀생
하여 달린다. 열매는 삭과이고 타원형
이며 9~10월에 익는다. 어린 순을
식용한다.

아하!
분홍색 꽃차례의 모양이 먼지털이개
를 닮아 '털이풀'이라는 이름이 붙었
는데 변하여 '터리풀'이 되었다.

풀명자나무 장미과

Chaenomeles japonica (Thunb.) Lindley

가시덕이 · 애기씨꽃나무

갈잎 반떨기나무. 정원에서 식재하며 높이 1~2m 자란다. 줄기가 지면 가까이 눕고 가지가 변한 가시가 있다. 잎은 어긋나고 달걀 모양이며, 가장자리에 날카로운 톱니가 있고 표면은 광택이 나며 뒷면은 연두색이다. 꽃은 4~5월에 주홍색 또는 흰색으로 피고 가지 끝에 2~4송이가 달리며, 꽃자루는 짧고 꽃잎은 5장이다. 열매는 넓은 타원형 이과이고 7~8월에 노란색으로 익으며 신맛이 강하다.

아하!
명자나무에 비해 개체가 작고 줄기가 풀처럼 땅에 누우므로 풀명자나무라고 부르는 것 같다.

피라칸다 장미과

Pyracantha angustifolia Schneid.

늘푸른 떨기나무. 관상용으로 심으며 높이 1~2m 정도 자라고, 가지가 많이 갈라져 서로 엉키고 가시가 있다. 잎은 어긋나고 긴 타원형이며 뒷면에 짧은 털이 있고 가장자리가 거의 밋밋하다. 꽃은 5~6월에 흰색으로 피고 윗가지의 잎겨드랑이에 모여 달린다. 열매는 둥글고 9~10월에 붉은색으로 익는다.

남산제비꽃 제비꽃과
Viola dissecta Ledeb. var. *chaerophylloides*
(Regel) Makino

여러해살이풀. 주로 산지에서 자란다. 잎은 밑동에서 뭉쳐나고 3개로 갈라지며 각 조각은 다시 깃 모양으로 갈라진다. 꽃은 4~6월에 흰색으로 피고 잎 사이에서 나온 꽃줄기에 1송이씩 달린다. 열매는 삭과이고 타원형이며 7~8월에 익는다.

열매

(아하)!
제비꽃의 일종이며 따뜻한 남쪽 산에 많이 핀다고 하여 '남산제비꽃'이라 한 것 같으며, 잎이 깃털처럼 갈라지는 것이 특징이다.

섬제비꽃 제비꽃과
Viola thakeshimana Nakai

여러해살이풀. 울릉도 산에서 키 15cm 정도 자란다. 잎은 어긋나고 콩팥 모양이며, 표면에 털이 약간 나고 가장자리에 둔한 톱니가 있다. 꽃은 5월에 연보라색으로 피고 줄기 끝이나 잎겨드랑이에서 나온 긴 꽃줄기 끝에 1송이씩 달린다. 열매는 삭과이고 타원형이다.

(아하)!
제비꽃의 일종이며 울릉도의 산지에서 처음 발견되었기 때문에 '섬제비꽃'이라고 부르는 것 같다.

잔털제비꽃 제비꽃과
Viola keskei Miq. var. *okuboi* Makino

여러해살이풀. 산지에서 키 10cm 정
도 자라며 전체에 잔털이 난다. 잎은
밑동에서 뭉쳐나고 둥글며, 가장자리
에 톱니가 있고 잎자루가 길다. 꽃은
4월에 흰색으로 피고 잎 사이에서 나
온 긴 꽃줄기 끝에 1송이씩 달린다.
열매는 삭과이고 세모지며 6~7월에
익으면 3개로 갈라진다.

야하!
제비꽃의 일종이며 꽃줄기를 비롯하
여 전체에 잔털이 많으므로 '잔털제비
꽃'이라고 부른다.

줄민둥뫼제비꽃 제비꽃과
Viola tokubuchiana Makino var. *takedana*
F. Maekawa for. *variegata*

여러해살이풀. 숲 속에서 자라며 원줄
기가 없다. 잎은 밑동에서 모여나고
달걀 모양이며, 겉에 흰색 줄무늬가
있으며 가장자리에 물결 모양의 톱니
가 있다. 꽃은 4~5월에 연분홍색으
로 피고 꽃줄기가 끝에 1송이씩 달린
다. 꽃잎에 자주색 반점이 있다. 열매
는 삭과이고 타원형이다.

태백제비꽃 제비꽃과
Viola albida Palibin

여러해살이풀. 산지에서 키 25cm 정도 자란다. 잎은 밑동에서 모여나고 달걀 모양이며 가장자리에 톱니가 있다. 꽃은 4~5월에 흰색으로 피고 잎사이에서 나온 긴 꽃줄기 끝에 1송이씩 달린다. 열매는 삭과이고 달걀 모양이며, 6~7월에 익으면 3개로 갈라진다. 잎을 약재로 쓴다.

아하!
제비꽃의 일종이며 태백산 지역에서 처음 발견되었기 때문에 '태백제비꽃'이라고 이름지은 것으로 추정된다.

흰젖제비꽃 제비꽃과
Viola lactiflora Nakai

여러해살이풀. 산과 들에서 키 10cm 정도 자라며 전체에 잔털이 있다. 잎은 밑동에서 뭉쳐나고 긴 타원형이며, 가장자리에 둔한 톱니가 있고 잎자루가 길다. 꽃은 4~5월에 흰색으로 피고 잎 사이에서 나온 가는 꽃줄기 끝에 1송이씩 달린다. 열매는 삭과이고 긴 타원형이며 6~7월에 익는다.

아하!
종소명(lactiflora)은 우유빛(흰색)을 의미하며 우유처럼 흰색 꽃이 핀다고 하여 '흰젖제비꽃'이라고 이름지은 것 같다.

종지나물 제비꽃과
Viola papilionacea Pursh.

여러해살이풀. 1945년 광복 후 미국에서 건너온 귀화식물로 화단에 식재한다. 밑동에서 잎이 모여 솟아나고 끝이 약간 뾰족한 염통 모양이며 기부 양쪽이 얕게 말리고 가장자리에 톱니가 있다. 잎자루는 잎몸보다 길다. 꽃은 4~5월에 피고 자색, 흰색, 황록색이 섞여 있다. 열매는 삭과이고 긴 타원형이며 6월에 녹색 또는 흑자색으로 익으며 씨는 검은 녹색이다.

아하!
잎이 말려 있는 것이 종지와 비슷하다고 하여 '종지나물'이라고 부른다.

어리연꽃 조름나물과
Nymphoides indica (L.) O. Kuntze

여러해살이 물풀. 못이나 호수에서 길이 1m 이상 자란다. 줄기는 물 속에서 비스듬히 자라고 가늘며 끝부분에 잎이 드문드문 달린다. 잎은 둥근 염통 모양이며 표면에 광택이 있다. 꽃은 7~8월에 흰색으로 피고 잎자루의 밑부분에 싸여 달린다. 열매는 삭과이고 긴 타원형이다.

아하!
연꽃이 아닌데도 물 위의 잎이 연잎을 닮았으나 크기가 훨씬 작으므로 '어린연꽃'이라는 뜻으로 '어리연꽃'이라고 부르는 것 같다.

제라늄 쥐손이풀과
Pelargonium inquinans Ait.

양아욱

여러해살이풀. 관상용으로 재배하며 키 30~50cm 자란다. 잎은 잎자루가 길고 염통 모양이며 가장자리에 둔한 톱니가 있다. 꽃은 7~8월에 피고 잎보다 긴 꽃줄기 끝에 모여 달린다. 처음에는 꽃봉오리가 밑으로 처졌다가 위를 향한다. 꽃빛깔은 품종에 따라 여러 가지이다.

세잎쥐손이 쥐손이풀과
Geranium wilfordii Max.

여러해살이풀. 산지 숲 속에서 키 50~100cm 자란다. 잎은 마주나고 3장으로 갈라진다. 꽃은 8~9월에 연분홍색 또는 흰색으로 피고 잎겨드랑이에서 나온 꽃줄기 끝에 2송이씩 달린다. 꽃잎에 검붉은 맥이 있다. 열매는 삭과이다. 전초를 약재로 쓴다.

아하!
쥐손이풀의 일종이며 잎이 3장으로 갈라지므로 '세잎쥐손이'라고 부르는 것 같다.

쥐손이풀 쥐손이풀과
Geranium sibiricum L.

여러해살이풀. 산과 들에서 키 50~80cm 자라며 전체에 밑을 향한 털이 있다. 잎은 마주나고 잎자루가 길며 손바닥 모양으로 깊게 갈라진다. 작은 잎은 피침형이고 가장자리에 톱니가 있다. 꽃은 7~9월에 연한 붉은색 또는 붉은빛이 강한 자주색으로 피고, 잎겨드랑이에서 나온 긴 꽃줄기 끝에 달린다. 열매는 삭과이고 곧게 서며 9~10월에 익는다.

아하!
작은 잎이 5갈래로 깊게 갈라져 손바닥처럼 생겼다고 하여 '작은 손'이라는 의미로 '쥐손이풀'이라고 부른다.

흰꽃이질풀 쥐손이풀과
Geranium thunbergii S. et Z. for. *albiflorum* Chung

여러해살이풀. 산과 들에서 키 1m 정도 자란다. 잎은 마주나고 손바닥처럼 갈라지며, 작은잎은 긴 타원형이다. 꽃은 8~9월에 흰색으로 피고 잎겨드랑이에서 나온 꽃줄기에 1~3송이씩 달린다. 열매는 삭과이고 10월에 익는다. 전체를 약재로 쓴다.

아하!
이질 치료에 쓰이는 이질풀과 비슷하고 흰색 꽃이 핀다고 하여 '흰꽃이질풀'이라고 한다.

꼬리진달래 진달래과
Rhododendron micranthum Turcz.

참꽃나무겨우사리

갈잎 떨기나무. 양지바른 산지에서 높
이 1~2m 자란다. 잎은 어긋나지만
가지 윗부분에서는 3~4개씩 모여 달
리고 타원형 또는 피침형이며, 표면에
흰점이 있고 잎자루에 짧은 털이 있
다. 꽃은 6~7월에 흰색으로 피고 총
상화서에 20개씩 모여 달리며, 포는
홍갈색이고 화관은 깔때기 모양이다.
열매는 삭과이고 긴 타원형이며
9~10월에 익다. 꽃을 포함한 가지와
잎을 약재로 쓴다.

꽃

애기석남 진달래과
Andromeda polifolia Linne.

각시석남 · 애기진달래

늘푸른 작은 떨기나무. 습지에서 높이
10~30cm 자란다. 원줄기는 옆으로
눕고 분백색을 띤다. 잎은 어긋나고
타원상 피침형이며, 양끝은 뾰족하고
가죽질이며 가장자리는 뒤로 말린다.
꽃은 5~6월에 연홍색 또는 흰색으로
피고 가지 끝에 산형으로 달린다. 화
관은 단지 모양이고 끝이 5개로 갈라
진다. 열매는 삭과이고 편구형이며 갈
색으로 익는다.

열매

229

흰철쭉나무 진달래과

Rhododendron schlippenbachii Max. var. albifiora Uyeki

갈잎 떨기나무. 산지의 숲 속 또는 모래땅에서 키 2~5m 자란다. 잎은 어긋나고 넓은 달걀 모양이며 가지 끝에서는 5장씩 모여 난다. 꽃은 4~5월에 연분홍색으로 피고 가지 끝에 달린다. 꽃잎 안쪽에 짙은 자주색 반점이 있다. 열매는 삭과이고 계란 모양이며 10월에 익는다.

꽃

질경이 질경이과

Plantago asiatica L.

여러해살이풀. 풀밭이나 길가에서 10~50cm 자란다. 잎은 뿌리에서 뭉쳐나고 달걀 모양이다. 꽃은 6~8월에 흰색으로 피고 잎 사이에서 나온 꽃줄기 윗부분에 이삭처럼 빽빽이 달린다. 열매는 삭과이고 10월에 익으면 갈라져 뚜껑처럼 열리며 씨가 여러 개 있다. 어린 잎을 먹는다.

아하!

사람의 왕래가 많은 길가에서도 잘 자라는 질긴 풀이라는 뜻으로 '질경이'라고 부르고 예로부터 수레바퀴에 깔려도 죽지 않고 강인하게 살아난다고 하여 한자로는 '차전초(車前草)'라고 쓴다.

노각나무 차나무과

Stewartia pseudo-camellia Max. var.
koreana (Nak.) Kimura

금수목 · 비단나무 · 여름동백 · 하춘

갈잎 큰키나무. 산 중턱에서 높이
7~15m 자라며 나무껍질은 홍황색
얼룩 무늬이다. 잎은 어긋나고 끝이
뾰족한 타원형이며 가장자리에 물결
모양의 톱니가 있다. 꽃은 6~7월에
흰색으로 피고 햇가지의 잎겨드랑이
에 1송이씩 달린다. 열매는 삭과이고
5각상 원추형이며 10월에 익는다. 나
무껍질을 약재로 쓴다.

아하!
곧게 뻗은 줄기의 껍질이 백로(白鷺)의
다리(脚)처럼 미끈하다고 하여 '백로의
다리(鷺脚)'라는 뜻으로 '노각(鷺脚)나
무'라고 한다.

차나무 차나무과

Thea sinensis L.

늘푸른 떨기나무. 찻잎을 따기 위해
재배한다. 잎은 어긋나고 긴 타원형이
며, 약깐 두껍고 가죽질이다. 꽃은 10
~11월에 연분홍색 또는 흰색으로 피
고 1~3송이가 잎겨드랑이에 달린다.
열매는 납작하고 둔한 삼각형이며, 다
음 해 10월에 3개로 갈라져 갈색의
단단한 씨가 나온다.

암꽃

열매

밤나무 참나무과
Castanea crenata S. et Z.

갈잎 큰키나무. 산기슭이나 밭둑에서 높이 10~15m 자란다. 잎은 어긋나고 곁가지에 2줄로 늘어서며 긴 타원형이다. 꽃은 암수한그루이며 6월에 잎겨드랑이에서 흰색으로 피고, 수꽃은 이삭처럼 달리고 암꽃은 그 밑에 2~3송이가 달린다. 열매는 견과이고 9~10월에 익으며, 가시가 많은 밤송이에 1~3개씩 들어 있다. 열매는 먹으며 꽃과 열매를 약재로 쓴다.

산부채 천남성과
Calla palustris Linne
진펄앉은부채

여러해살이풀. 산지의 늪 등 습지에서 키 15~30cm 자란다. 여러 잎이 밑동에서 모여 나온다. 잎은 염통 모양이고 가장자리가 밋밋하며 길이 5~7cm로 끝이 뾰족하다. 잎자루는 길이 10~25cm로 원주형이고 밑부분이 엽초로 되어 줄기를 감싸며 그 위에 엽설이 있다. 꽃은 7월에 긴 타원형으로 피는데 꽃잎이 없으며, 불염포는 흰색이고 넓은 타원형이며 끝이 꼬리처럼 뾰족하다. 열매는 장과이고 씨는 타원형이다.

스파티필룸 콤무타툼 천남성과
Spathiphyllum commutatum Schott

늘푸른 여러해살이풀. 필리핀과 인도
네시아 원산. 잎자루 50~60cm로 길
게 자란다. 잎은 긴 타원형이고 잎끝
은 뾰족하며, 앞면은 진녹색에 광택이
나고 뒷면은 연녹색이며 가장자리는
물결 모양이다. 잎자루는 길게 자란
다. 밑동에서부터 길게 꽃대가 나오고
끝에 불염포와 육수화서가 달린다. 불
염포는 좁고 길며 뒷면은 녹색이고
앞면은 녹색을 띤 흰색이다. 육수화서
는 황갈색으로 불염포보다 짧다.

속명 Spathiphyllum은 그리스어의
Spathe(불염포)와 phyllun(잎)의 합성어
로 잎과 비슷한 불염포에서 이름이 유
래되었다.

스파티필룸 파틴니 천남성과
Spathiphyllum patinii (Hogg) N. E. Br.

늘푸른 여러해살이풀. 남아메리카 콜
롬비아 원산으로 키 40~70cm 자란
다. 잎은 밑동에서 모여나고 가죽질이
며, 크고 긴 타원상 피침형에 끝은 뾰
족하며, 표면은 광택이 나고 잎자루는
가늘다. 포는 순백색이고 긴 타원상의
피침형이며, 끝은 좁아지고 뾰족하며
맥은 흰색 또는 연녹색이다. 육수화서
는 5월에 흰색으로 피고 보통 포보다
는 짧다. 향기가 난다.

종소명 patinii는 이 식물을 1878년 처
음 채집하여 보급시킨 영국 식물가 M.
Patin 이름에서 유래된 것이다.

뿌리

도라지 초롱꽃과
Platycodon grandiflorum (Jacq.) A. Dc.

여러해살이풀. 산과 들에서 키 40~
100cm 자란다. 잎은 어긋나고 긴 달
걀 모양이며 가장자리에 톱니가 있다.
꽃은 끝이 벌어진 종 모양이며 7~8
월에 하늘색 또는 흰색으로 피고, 줄
기와 가지 끝에 1송이씩 위를 향해 달
린다. 열매는 삭과이고 달걀 모양이며
9~10월에 꽃받침조각이 달린 채로
익는다. 뿌리를 먹고 약재로도 쓴다.

아하!
오래 헤어졌던 오빠가 돌아와 뒤에서
부르는 소리에 돌아보다가 죽었다는
도라지 소녀의 전설이 얽혀 '도라지'
라고 부른다고 한다.

수염가래꽃 초롱꽃과
Lobelia chinensis Lour.

여러해살이풀. 중부 이남 지방 들판의
습지 및 논둑 등지에서 키 3~15cm
자란다. 줄기는 땅에 깔리고 마디에서
뿌리가 나온다. 잎은 어긋나고 피침형
이며 가장자리에 둔한 톱니가 있고
잎자루가 없다. 꽃은 5~7월에 흰색이
도는 담자색으로 피고 잎겨드랑이에
1~2송이씩 달린다. 열매는 삭과이고
9월에 여물며, 씨는 적갈색이고 미끄
럽다. 전초를 약재로 쓴다.

아하!
남자의 턱에 돋아난 구렛나루 수염처
럼 가느다란 꽃잎이 한쪽으로 뭉쳐서
핀다고 하여 '수염가래꽃'이라는 이름
이 붙었다.

흰잔대 초롱꽃과

Adenophora triphylla (Thunb.) A. Dc. var. *japonica* (Regel) Hara for. *albiflora* Y. Lee for. nov.

여러해살이풀. 주로 오대산에서 발견되며 키 40~120cm 자라고 전체적으로 잔털이 있다. 잎은 어긋나거나 돌려나고 타원형이며 가장자리에 겹톱니가 있다. 꽃은 종 모양이며 7~9월에 흰색으로 피고 원줄기 끝에 여러 송이가 달린다. 열매는 삭과이고 10월에 익는다.

아하!
잔대와 닮았으며 꽃이 흰색이므로 '흰잔대'라고 부른다.

흰톱잔대 초롱꽃과

Adenophora curvidens for. *alba* Y. N. Lee

여러해살이풀. 산지에서 키 50cm 정도 자란다. 잎은 어긋나고 선형 또는 피침형이며 가장자리에 굽은 톱니가 있다. 꽃은 8~9월에 흰색으로 피고 줄기 끝에 총상으로 달리며 화관은 긴 종 모양이다. 열매는 둥글고 10월에 익는다.

종꽃 초롱꽃과
Campanula medium L.

두해살이풀. 유럽 남부 원산이며 키 1m 정도 자라고 줄기에 굵은 털이 빽빽하다. 잎은 피침형이고 가장자리에 잔톱니가 있다. 꽃은 커다란 종 모양이며 5~6월에 붉은색·진보라색·흰색 등으로 피고 꽃줄기 끝에 1~2송이씩 달린다.

초롱꽃 초롱꽃과
Campanula punctata Lamarek
종꽃

여러해살이풀. 산과 들의 풀밭에서 키 40~100cm 자라며 전체에 퍼진 털이 있다. 잎은 어긋나고 긴 달걀 모양이며 가장자리에 불규칙한 톱니가 있다. 꽃은 6~8월에 연한 홍자색 또는 흰색으로 피고 꽃잎에 짙은 반점이 있으며 긴 꽃줄기 끝에서 밑을 향해 달린다. 열매는 삭과이고 달걀 모양이며 9월에 익는다. 어린 잎을 나물로 먹는다.

아하!
꽃 모양이 종을 닮았고 종치기 노인의 전설과 관련하여 '종꽃'이라고 부르기도 하고, 청사초롱과 비슷하다고 하여 '초롱꽃'이라고 한다.

산딸나무 층층나무과
Cornus kousa Buerger et Hance

갈잎 큰키나무. 산에서 높이 7~12m 자라며 가지가 층을 이루면서 퍼진다. 잎은 마주나고 달걀 모양이며 뒷면에 털이 난다. 꽃은 6월에 흰색으로 피고 가지 끝에 20~30송이씩 모여 달린다. 꽃잎은 없고 흰색 총포 4개가 꽃잎처럼 보인다. 열매는 취과이고 둥글게 모여 덩이를 이루며 10월에 붉은빛으로 익는다. 열매를 먹는다.

아하!
열매덩이가 산딸기 열매와 비슷하게 생겼기 때문에 '산딸나무'라고 이름지어졌다.

층층나무 층층나무과
Cornus controversa Hemsley

갈잎 큰키나무. 산지의 계곡 숲 속에서 높이 20m 정도 자라며, 가지가 층층으로 달려서 수평으로 퍼진다. 잎은 어긋나고 넓은 타원형이며 끝이 뾰족하다. 꽃은 5~6월에 흰색으로 피고 가지 끝에 모여 달린다. 꽃잎은 넓은 피침형이고 꽃받침통과 더불어 겉에 털이 있다. 열매는 핵과이고 둥글며 9~10월에 자흑색으로 익는다.

아하!
원줄기에 돌려나는 가지가 한 무더기씩 수평으로 넓게 퍼져 계단처럼 편평한 층을 만들기 때문에 '층층나무'라고 부른다.

꽃

흰말채나무 층층나무과
Cornus alba Linne

갈잎 떨기나무. 산지 계곡의 숲 속에서 높이 3m 정도 자라며 가지는 가을부터 붉은 빛이 돈다. 잎은 마주나고 끝이 뾰족한 타원형이며, 표면에 잔털이 있고 뒷면은 흰색이다. 꽃은 5~6월에 황백색으로 피고 가지 끝에 원추상 취산화서로 달린다. 열매는 타원형 핵과이고 8~9월에 흰색으로 익는다. 씨는 양끝이 좁고 편평하다. 열매와 잎, 수피를 약재로 쓴다.

아하!
말채나무류 중에서 흰색 열매가 달리므로 '흰말채나무'라고 부르는 것 같다.

칠엽수 칠엽수과
Aesculus turbinata Blume

갈잎 큰키나무. 정원수로 많이 심으며 높이 30m 정도 자란다. 잎은 마주나고 손바닥 모양의 겹잎이며, 작은잎은 긴 타원형이다. 꽃은 6월에 분홍색 반점이 있는 흰색으로 피며 가지 끝에서 원뿔 모양을 이루며 빽빽하게 달린다. 열매는 삭과이고 원뿔 모양이며 10월에 익는다. 씨는 밤처럼 생기고 끝이 둥글며 적갈색이다.

아하!
손바닥처럼 펼쳐진 커다란 잎이 일곱(七:칠) 개의 작은 잎(葉:엽)으로 이루어져 있으므로 '칠엽수(七葉樹)'라고 부른다.

백등나무 콩과

Wistaria brachybotrys S. et Z. f.
alba Hurusawa

갈잎 덩굴나무. 잎은 어긋나고 깃꼴겹
잎이며, 작은잎은 타원형으로 끝이 뾰
족하고 가장자리가 밋밋하다. 꽃은
5~6월에 흰색으로 피고 잎겨드랑이
에 많이 모여 밑으로 처진다. 열매는
협과이고 원기둥 모양이며 9월에 익
는다.

비수리 콩과

Lespedeza cuneata G. Don

여러해살이풀. 들에서 키 1m 정도 자
란다. 잎은 어긋나고 3출겹잎이며, 작
은잎은 선상 도피침형이고 가장자리
는 밋밋하다. 꽃은 8~9월에 흰색으
로 피고 잎겨드랑이에 모여 달리며
기판 중앙부에 자주색 줄이 있다. 꽃
받침은 선상 피침형이고 거의 밑부분
까지 갈라진다. 열매는 넓은 달걀 모
양 협과이고 10월에 암갈색으로 익으
며, 씨는 콩팥 모양이고 황록색 바탕
에 붉은색 반점이 있다. 지상부를 약
재로 쓴다.

꽃

아카시아나무 콩과
Robinia pseudoacacia L.
아까시나무

갈잎 큰키나무. 산과 들에서 높이
25m 정도 자라며 턱잎이 변한 가시
가 있다. 잎은 어긋나고 깃털 모양의
겹잎이며, 작은잎은 타원형이다. 꽃은
나비 모양이며 5~6월에 흰색으로 피
고, 어린 가지의 잎겨드랑이에서 모여
달린다. 열매는 협과이고 납작한 선형
이며 9월에 익는다.

꽃

씨

강낭콩 콩과
Phaseolus vulgaris L.
덩굴강낭콩

한해살이 덩굴풀. 열대 아메리카 원산
이며 길이 1.5~2m 자라고 전체에 잔
털이 난다. 잎은 어긋나고 깃털 모양
이며 작은잎은 넓은 달걀 모양이다.
꽃은 나비 모양이며 7~8월에 연한
붉은색 또는 흰색으로 피고 잎겨드랑
이에 모여 달린다. 열매는 협과이고
약간 납작한 원통형 꼬투리이며, 씨는
여러 가지 색이다. 씨를 먹는다.

완두 콩과
Pisum sativum L.

두해살이풀. 유럽 원산. 농가에서 작물로 재배하며 길이 2m 정도 자란다. 잎은 어긋나고 깃꼴겹잎이며 끝의 잎은 덩굴손이 된다. 꽃은 5월에 홍색·자주색·흰색으로 피고 잎겨드랑이의 긴 꽃줄기에 2송이씩 달린다. 열매는 협과이고 칼 모양이다. 어린 순과 열매를 식용한다.

씨

토끼풀 콩과
Trifolium repens L.

클로버

여러해살이풀. 유럽 원산이며 키 20~30cm 자란다. 땅 위로 뻗는 줄기 마디에서 뿌리가 내리며 잎이 드문드문 달린다. 잎은 3장으로 된 겹잎이고 작은잎은 넓은 달걀 모양이며 잎자루가 길다. 꽃은 6~7월에 흰색으로 피고 긴 꽃줄기 끝에 모여 둥글게 달린다. 열매는 협과이고 선형이며, 9월에 익고 씨가 4~6개 들어 있다.

아하!
잎이 4개 달린 것을 '네잎클로버'라고 하는데, 희망·신앙·애정·행복을 나타내며, 이 네잎클로버를 찾으면 행운이 온다고 한다.

꽃

벗풀 택사과
Sagittaria trifolia L.
보풀

여러해살이풀. 물기가 많은 습지나 얕은 물에서 자란다. 잎은 밑에서 서로 감싸면서 모여나고 화살촉 모양으로 갈라지며 끝이 뾰족하다. 꽃은 암수한그루이며 8~10월에 흰색으로 피고 긴 꽃줄기에 층층이 돌려 달린다. 열매는 수과이고 납작한 달걀 모양이며 10월에 익는다.

⊙야하!
속명 (Sagittaria)은 라틴어로 화살 (sagitta)이라는 의미다. 잎 모양이 화살촉처럼 뾰족한 벗풀의 특징을 나타내고 있다.

질경이택사 택사과
Alisma plantago-aquatica Linne
var. *orientale* G. Samuels.

여러해살이풀. 연못이나 늪 등 얕은 물 속에서 60~90cm 자란다. 잎은 뿌리에서 모여나고 길이 30cm 정도인 잎자루가 있으며 잎몸은 난상 타원형이다. 꽃은 7~8월에 흰색으로 피고 잎 사이에서 나온 꽃줄기 끝에 총상화서로 달린다. 꽃받침과 꽃잎은 각 3개이며 꽃잎 밑부분이 노란색이다. 열매는 편평한 수과이고 원 모양으로 배열되며 뒷면에 2개의 홈이 깊이 패여 있다. 뿌리줄기를 약재로 쓴다.

⊙야하!
잎자루가 긴 잎 모양이 질경이 잎을 닮아 '질경이택사'라고 부르는 것 같다.

땅귀개 통발과
Utricularia bifida L.

여러해살이풀. 광주 어등산 · 화순 · 대
암산 용늪 등 늪 주변이나 습지에서
자란다. 잎은 땅속줄기에서 군데군데
땅 위로 모여난다. 포충낭은 흰색 실
같이 가는 땅속줄기가 땅 속으로 뻗
으면서 군데군데 달린다. 꽃은 노란색
또는 흰색이고 6~8월에 15cm 정도
자라는 꽃줄기에 1송이씩 달린다. 씨
는 작고 둥글며 노란색이다.

아하!
씨 모양이 귀를 청소하는 귀개를 닮았
다고 하여 '귀개' 라고 부르고, 다른 귀
개보다 키가 훨씬 작기 때문에 '땅귀
개' 라고 부르는 것 같다. 환경부 지정
자생식물 137번으로 지정되어 보호되
고 있다.

꽃

이삭귀개 통발과
Utcularia racemosa Wallich

여러해살이풀. 늪 주변이나 습지에서
자란다. 잎은 땅속줄기에서 군데군데
땅 위로 모여나고 주걱 모양이다. 포
충낭은 흰색 실같이 가는 땅속줄기가
땅 속으로 뻗으면서 군데군데 달린다.
꽃은 흰색 또는 노란색이고 15cm 정
도 자라는 꽃줄기에 1송이씩 달린다.
씨는 작고 둥글며 검정색이다.

아하!
이삭귀개는 환경부 지정 자생식물 139
번으로 지정되어 보호되고 있다. 이삭
귀개와 땅귀개는 잎의 모양으로 구별
한다. 둥근 주걱 모양의 잎을 가진 것
이 '이삭귀개' 이고 날카로운 선형으로
생긴 것은 '땅귀개' 이다.

백서향 팥꽃나무과
Daphne kiusiana Miq.

늘푸른 떨기나무. 남부 지방 바닷가의 산기슭에서 높이 1m 정도 자라며 꽃차례에만 털이 난다. 잎은 어긋나고 끝이 둔한 피침형이며 잎자루가 짧다. 꽃은 암수딴그루이며 2~4월에 흰색으로 피고 묵은 가지 끝에 빽빽하게 모여 달린다. 열매는 장과이고 공 모양이며 5~6월에 주홍색으로 익는다. 꽃의 향기가 강하고 열매에 독성이 있다.

금어초 현삼과
Antirrhinum majus Linne

여러해살이풀. 원예화초로 재배하며 키 20~80cm 자란다. 잎은 돌려나고 피침형이며 잎자루가 짧다. 꽃은 4~7월에 흰색 · 적색 등 여러 가지 색으로 피고 줄기 끝에 총상화서로 달린다. 화관은 두툼한 입술 모양이다. 열매는 삭과이고 찌그러진 난형이며 윗부분에 구멍이 뚫려 씨가 나온다.

아하!

속명(Antirrhinum)은 anti(유사하다)와 rhis(코)의 합성어로 꽃 모양이 동물의 코와 비슷한 데서 붙여졌으며, 또 꽃의 모양이 금붕어를 닮았다고 하여 '금어초'라고 부른다.

디기탈리스 현삼과
Digitalis purpurea L.

여러해살이풀. 유럽 원산이며 관상용으로 재배한다. 키 1m 정도 자라고 전체에 짧은 털이 있다. 잎은 어긋나고 달걀 모양이며, 양면에 주름이 있고 가장자리에 물결 모양의 톱니가 있다. 꽃은 종 모양이며 7~8월에 홍자색 또는 흰색으로 피고 줄기 끝에 이삭처럼 달린다. 꽃잎 안쪽에 짙은 반점이 있다. 열매는 삭과이고 원뿔 모양이며 꽃받침이 남아 있다.

칼송이풀 현삼과
Pedicularis lunaris Nakai

여러해살이풀. 높은 산 꼭대기 부근에서 키 15~50cm 자란다. 잎은 어긋나고 넓은 피침형이며 깃 모양으로 갈라진다. 꽃은 7~8월에 연황색으로 피고 줄기 윗부분 잎겨드랑이에 1송이씩 달린다. 열매는 삭과이고 넓은 달걀 모양이다.

아하!
종소명(lunaris)은 초승달 같은 모양을 뜻하고 꽃잎이 휘어진 것을 나타내는데, 이것을 칼에 비유하여 '칼송이풀'이라 부르는 것 같다.

흰송이풀 현삼과

Pedicularis resupinata L. var. *resupinata* L. for. *albiflora* Y. Lee for. nov.

여러해살이풀. 산에서 키 60cm 정도 자란다. 잎은 어긋나고 긴 타원형이며 가장자리에 톱니가 있다. 꽃은 7~9월에 흰색으로 피고 줄기 끝에 여러 송이가 빽빽하게 달린다. 열매는 삭과이고 10월에 익으며 끝이 뾰족하다. 어린 순을 먹는다.

아하!

전체적으로 송이풀과 비슷하지만 꽃이 흰색으로 피므로 '흰송이풀'이라고 구분하여 부른다.

흰왜현호색 현호색과

Corydalis ambigua for. *lacticolora* Y. N. Lee

여러해살이풀. 산지 숲에서 키 10~30cm 자란다. 잎은 어긋나고 2회3출로 갈라지는 겹잎이며, 작은잎은 타원형이고 가장자리가 밋밋하거나 다시 3개로 갈라진다. 꽃은 4~5월에 흰색으로 피고 원줄기 끝에서 3~10여 개의 꽃이 총상으로 달린다. 화관은 입술 모양이고 꽃잎은 4장이다. 열매는 삭과이고 긴 타원상 선형이며 6월에 익는다. 씨는 흑색 또는 윤채가 있는 갈색이다. 덩이줄기를 약재로 쓴다.

마삭줄 협죽도과
Trachelospermum asiaticum var.
intermedium Nakai

백화등

늘푸른 덩굴나무. 남부 지방 산록의
숲 속에서 줄기의 부착근으로 나무나
바위를 기어오르며 자란다. 잎은 마주
나고 양쪽이 뾰족한 긴 타원형이다.
꽃은 5~6월에 흰색으로 피고 줄기
끝이나 잎겨드랑이에 취산화서로 성
기게 달리며 노란색으로 변한다. 열매
는 골돌과이고 약간 굽은 원통형이며
8~9월에 여물면 2개가 평행으로 벌
어진다. 줄기와 잎을 약재로 쓴다.

!

꽃이 흰색(백화;白花)이고 등(藤)나무
처럼 다른 나무나 바위 등을 타고 올라
가기 때문에 '백화등(白花藤)'이라고
도 부른다.

백화등 협죽도과
Trachelospermum asiaticum var.
majus Ohwi

늘푸른 덩굴나무. 그늘진 숲 속에서
다른 나무들을 감고 올라가며 길이
5m 이상 자란다. 꽃은 5~6월에 흰
색으로 피고 줄기 끝이나 잎겨드랑이
에 취산화서로 달리며 점차 노란색으
로 변한다. 마삭줄과 비슷하나 전체적
으로 크다. 열매는 원통형 대과이고
8~9월에 익는다. 원줄기와 잎을 약
재로 쓴다.

홀아비꽃대 홀아비꽃대과
Chloranthus japonicus Sieb.

여러해살이풀. 산지의 숲 그늘에서 20~30cm 자란다. 잎은 2장씩 마주 나서 줄기 끝쪽에 4장 달리는데, 타원형이며 가장자리에 뾰족한 톱니가 있다. 꽃은 4월에 흰색으로 피고 원줄기 끝에 이삭 모양으로 달린다. 열매는 삭과이고 달걀 모양이며 9~10월에 익는다.

아하!
줄기가 홀로 곧게 서며, 꽃잎이 없고 흰색 수술만 보이는 것이 외로운 홀아비 같다고 하여 '홀아비꽃대'라고 부르는 것 같다.

흑삼릉 흑삼릉과
Sparganium erectum Linne

여러해살이풀. 연못가나 개천 등에서 키 70~100cm 자란다. 잎은 서로 감싸면서 모여나고 선형이며 원줄기보다 길어진다. 꽃은 암수한그루로 6~7월에 흰색으로 피고 잎 사이에서 나온 꽃줄기 끝에 두상화서가 원추상으로 달리는데, 화서 밑부분에는 암꽃, 윗부분에는 수꽃이 달린다. 열매는 구과이고 달걀 모양이며 능각이 있다. 땅속의 덩이줄기를 약재로 쓴다.

노란색 꽃이 피는 식물

가래 가래과

Potamogeton distinctus A. Benn.

여러해살이풀. 연못 또는 논에서 키 50cm 정도 자라고 땅속줄기를 물 속의 땅에 뻗으며 큰 군락을 만든다. 잎은 물 속에 잠겨서 얇고 좁다랗게 생긴 것과 물 위에 뜬 타원형인 것이 있다. 꽃은 7~8월에 황록색으로 피고 꽃줄기 끝에 많이 모여 달린다. 열매는 핵과이고 끝부분에 암술대가 달린다. 전체를 약재로 쓴다.

아하!
길쭉한 타원형의 잎에 긴 잎자루가 달린 모양이 흙을 떠서 던지는 농기구인 가래와 비슷하여 '가래'라고 부르는 것 같다.

꽃

말즘 가래과

Potamogeton cripus L.

여러해살이 물풀. 연못이나 흐르는 물 속에서 무리지어 나며 길이 70cm 정도 자란다. 잎은 어긋나고 넓은 선형이며, 가장자리에 주름이 있고 대부분 물에 잠긴다. 꽃은 5~10월에 연한 노란색으로 피고 꽃줄기에 이삭처럼 달린다. 열매는 삭과이고 타원형이며 10월에 익는다.

아하!
말즘 같은 수초(水草)는 광합성을 통해 산소를 물 속에 방출하여 물을 깨끗하게 하고 물 속에 뻗은 잎은 어류의 번식처로 활용된다.

꽈리 가지과

Physalis alkekengi L. var. *francheti*
(Masters) Hort.

등롱초

여러해살이풀. 마을 부근에서 키 40
~90cm 자란다. 잎은 어긋나고 가장
자리에 톱니가 있다. 꽃은 7~8월에
연한 노란색으로 피고, 잎겨드랑이에
서 나온 꽃줄기 끝에 1송이씩 달린다.
열매는 장과이고 둥글며, 9~10월에
빨갛게 익는다. 꽃받침이 자라서 주머
니 모양으로 열매를 둘러싼다.

열매

노래를 잘하는 소녀 꽈리의 수줍은 모
습이 꽃이 되었다는 전설과 열매를 입
에 물고 불면 "꽈르르…" 소리가 나므
로 '꽈리'라고 불린다. 열매 모양이 밤
길을 밝히는 청사초롱 같다고 하여 '등
롱초(燈籠草)'라고도 한다.

천사의나팔 가지과

Datura suaveolens Humb. et. Bonpl.

늘푸른 떨기나무. 남아메리카 원산으
로 정원에서 재배하며 높이 3~4m
자란다. 잎은 어긋나고 긴 타원형이며
양끝은 뾰족하고 가장자리는 물결 모
양이다. 꽃은 흰색 또는 연황색 통 모
양으로 길이 20~30cm의 대형이고
아래로 늘어져서 달리며 향기가 있다.
꽃받침은 원통 모양이고 끝은 5갈래
로 갈라지며 각 끝이 뾰족하게 되어
있다. 과실은 긴 달걀 모양이고 15cm
정도로 길다.

아래로 길게 늘어진 커다란 꽃에서 향
기가 나고 성화 속의 천사가 지닌 나팔
과 비슷하여 '천사의 나팔'이라고 불
리는 것 같다.

열매

토마토 가지과
Lycopersicon esculentum Miller

한해살이풀. 남아메리카 원산이며 농가에서 재배한다. 키 1m 이상 자라며 전체에 부드러운 흰 털이 많다. 잎은 어긋나고 깃꼴겹잎이며, 작은잎은 긴 타원형이고 가장자리에 톱니가 있다. 꽃은 5~8월에 노란색으로 피고 마디 사이에서 나온 꽃줄기에 여러 송이가 달린다. 열매는 장과이고 납작한 공 모양이며 붉은색으로 익는다. 열매를 식용한다.

대추　꽃

대추나무 갈매나무과
Zizyphus jujuba Miller var. *inermis* Rehder

갈잎 큰키나무. 서남 아시아 원산이며 마을 부근에서 과수로 재배한다. 전체에 가시가 있으며 잎은 어긋나고 긴 달걀 모양이다. 꽃은 6월에 연한 황록색으로 피고 잎겨드랑이에 모여 달린다. 열매는 핵과이고 타원형이며 9월에 적갈색으로 익는다. 열매를 식용하고 약재로도 쓴다.

감나무 감나무과
Diospyros kaki Thunb.

갈잎 큰키나무. 과수로 재배하며 높이 6~14m 자란다. 나무껍질은 비늘 모양으로 갈라지며 작은가지에 갈색 털이 있다. 잎은 어긋나고 가죽질이며 타원형이다. 꽃은 5~6월에 황백색으로 피고 잎겨드랑이에 1송이씩 달린다. 열매는 장과이고 달걀 모양이며 10월에 주황색으로 익는다. 열매를 먹고 약재로도 쓴다.

고욤나무 감나무과
Diospyros lotus linne var. *lotus*

갈잎 큰키나무. 높이 10m 정도 자란다. 잎은 어긋나고 긴 타원형이며, 뒷면 맥 위에 굽은 털이 있고 가장자리가 밋밋하다. 꽃은 암수딴그루로서 6월에 연한 녹색의 병 모양으로 피고 잎겨드랑이에 달린다. 수꽃은 2~3개씩 모이고 암꽃은 하나씩 달리며, 꽃받침잎은 삼각형이고 화관은 연황색 종모양이다. 열매는 둥근 장과이고 10월에 노란색에서 흑색으로 익는다. 열매를 먹고 약재로도 쓴다.

물수세미 개미탑과
Myriophyllum verticillatum Linne
금붕어풀 · 붕어풀

여러해살이 물풀. 연못 등에서 길이 50cm 정도 자라는 침수식물. 줄기는 길고 물 속의 진흙에 뿌리줄기를 뻗는다. 잎은 4장씩 돌려나며 길게 갈라진 깃 모양이다. 꽃은 5~8월에 연노란색으로 피고 물 위로 나온 잎겨드랑이에 1송이씩 달려 전체가 잎이 달린 총상화서처럼 되는데 줄기 위에는 수꽃, 밑에는 암꽃이 달린다. 열매는 둥근 핵과이다. 물고기를 기르는 어항용 물풀로 쓰인다.

야하!
줄기에 빽빽이 잎이 달린 모양이 수세미처럼 보이므로 물수세미라는 이름이 붙었다.

겨우살이 겨우살이과
Viscum album L. var. *coloratum* (Komarov) Ohwi
기생목 · 참나무겨우살이

늘푸른 더부살이 떨기나무. 물오리나무 · 밤나무 · 자작나무 · 참나무에 기생한다. 가지가 새의 둥지같이 둥글게 자라 지름이 1m에 달하는 것도 있다. 꽃은 암수딴그루이고 종 모양이며, 3월에 노란색으로 피고 가지 끝에 달린다. 열매는 둥글고 10월에 연한 노란색으로 익는다.

야하!
겨울에도 녹색을 잃지 않고 살아 넘긴다고 하여 '겨우살이'라고 하며, 다른 식물에 기생(寄生)하므로 '기생목(寄生木)'이라고도 부른다.

괭이밥 괭이밥과

Oxalis corniculata L.

시금초

여러해살이풀. 밭이나 길가, 빈터에서 키 10~30cm 자라며 전체에 가는 털이 난다. 잎은 어긋나고 3갈래진 겹잎이며, 작은잎은 염통 모양이고 잎자루가 길다. 꽃은 5~9월에 노란색으로 피고, 잎겨드랑이에서 나온 긴 꽃줄기 끝에 1송이씩 달린다. 열매는 삭과이고 원기둥 모양이며 9월에 익는다. 어린 잎은 식용한다.

아하!
뿌리줄기와 잎 등 체내에 수산(蓚酸)이 들어 있어 시큼한 신맛이 나므로 '시금초'라고도 부르며, 어린 잎을 따서 심심풀이삼아 생으로 먹기도 한다.

거베라 국화과

Gerbera hybrida Hort.

여러해살이풀. 줄기와 잎에 솜털이 밀생한다. 잎은 모두 뿌리에서 모여나고 길이 30cm 정도이며 가장자리에 거친 물결 모양의 톱니가 있다. 꽃은 5~11월에 노란색·붉은색·흰색 등으로 피고, 잎 사이에서 나온 긴 꽃줄기 끝에 1송이씩 달린다.

고들빼기 국화과
Youngia sonchifolia Max.

씬나물

두해살이풀. 산과 들이나 밭 근처에서 키 80cm 정도 자라며, 줄기는 붉은 자줏빛을 띤다. 잎은 끝이 뾰족한 달걀 모양이며 밑부분이 줄기를 감싸고 가장자리에 불규칙한 톱니가 있다. 꽃은 5~7월에 노란색으로 피고 가지 끝에 여러 송이가 달린다. 열매는 수과이고 납작한 원뿔형이며 7~10월에 검은색으로 익는다. 어린 잎과 뿌리를 식용한다.

아하!
식물체 내에 쓴 맛을 가지고 있어 '씬나물'이라고도 부르며, 나물로 먹으면 식욕을 돋우는 작용을 한다.

이고들빼기 국화과
Youngia denticulata (Houtt.) Kitamura

한(두)해살이풀. 산과 들의 건조한 곳에서 키 30~70cm 자라며 줄기는 자줏빛을 띤다. 잎은 어긋나고 주걱 모양이며, 밑부분이 줄기를 감싸고 가장자리에 불규칙한 톱니가 있다. 꽃은 7~10월에 노란색으로 피고 줄기 끝에 여러 송이가 달린다. 열매는 수과이고 9~10월에 갈색으로 익는다.

아하!
흔히 고들빼기와 씀바귀를 혼동하는데, 고들빼기는 잎이 크고 깊게 갈라지며 밑부분이 줄기를 감싸고 있는 것이 씀바귀와는 다르다.

국화 국화과
Chrysanthemum morifolium Ramat.

여러해살이풀. 주로 화단에서 관상용으로 재배하며 키 1m 정도 자란다. 잎은 어긋나고 깃털 모양으로 갈라지며 가장자리에 불규칙한 톱니가 있다. 꽃은 가을에 노란색이나 흰색으로 피고, 줄기나 가지 끝에 1송이씩 달린다. 꽃빛깔은 품종에 따라 다양하고 크기나 모양도 다르다. 우리 나라에는 390여 품종이 알려져 있다.

금구슬 국화과
Chrysanthemum morifolium Ram.
cv 'Kumkoosool'

여러해살이풀. 중국과 일본 원산이며 국화의 개량 품종이다. 꽃은 노란색이고 크며 11월 중순에 핀다.

금병산 국화과
Chrysanthemum morifolium Ramat.
cv. 'Kumbyoungsan'

여러해살이풀. 중국·일본 원산이며
국화 개량종이다. 꽃은 노란색 겹꽃이
고 가운데에 황심이 있으며 10월 중
하순에 핀다.

산국 국화과
Chrysanthemum boreale (Makino) Makino

감국·개국화

여러해살이풀. 산지에서 키 1m 정도
자란다. 잎은 어긋나고 깃털 모양으로
갈라지며 가장자리에 날카로운 톱니
가 있다. 꽃은 9~10월에 노란색으로
피고 가지 끝에 여러 송이가 모여 달
린다. 열매는 수과이고 10~11월에 익
는다. 어린 순은 나물로 먹고 꽃을 약
재로 쓴다.

아하!
산기슭에서 무리를 이루어 흔하게 자
라기 때문에 '산(山)에서 자라는 국화
(菊花)'라는 뜻으로 '산국(山菊)'이라
고 부른다.

황무궁 국화과
Chrysanthemum morifolium Ram. cv 'Hwangmookoong'

국화. 중국과 일본 원산이며 꽃은 노란색으로 피고 약간 납작하며 10월 하순에 핀다.

금계국 국화과
Coreopsis drummondii Torr. et Gray

한해 또는 두해살이풀. 북아메리카 남부 원산이며 키 30~60cm 자란다. 잎은 마주나고 깃꼴겹잎이며 갈래는 타원형이다. 꽃은 6~8월에 진한 노란색으로 피고 줄기와 가지 끝에 1송이씩 달린다. 열매는 수과이고 달걀 모양이며 가장자리가 두껍다.

아하!
꽃이 진한 노란색으로 피기 때문에 황금색 깃털을 가진 금계(金鷄)에 비유하여 '금계국(金鷄菊)'이라고 부른다.

큰금계국 국화과
Coreopsis Lanceolata L.

여러해살이풀. 북아메리카 원산이며 키 30~100cm 자란다. 잎은 마주나고 피침형이며 3개로 갈라진다. 꽃은 6~8월에 노란색으로 피고 꽃줄기 끝에 1송이씩 달린다. 열매는 수과이고 둥글며 얇은 날개가 있다.

아하!
노란색 꽃이 피는 금계국과 비슷하지만 금계국에 비해 키가 크고 꽃색이 밝은 노란색인 것이 다르므로 '큰금계국'이라 하여 구분한다.

금불초 국화과
Inula britannica L. ssp. *japonica* Kitamura

하국

여러해살이풀. 산과 들의 습지에서 키 30~60cm 자라며 전체에 털이 난다. 잎은 어긋나고 긴 타원형이며 가장자리에 잔톱니가 있다. 꽃은 7~9월에 노란색으로 피고 가지와 줄기 끝에 여러 송이가 달린다. 열매는 수과이고 10월에 익는다. 어린 잎을 나물 또는 국거리로 식용한다.

아하!
국화 모양의 황금색 꽃이 피므로 '금불초(金佛草)'라 부르고, 여름에 국화 꽃이 핀다고 하여 '하국(夏菊)'이라고도 한다.

버들잎금불초 국화과

Inula salicina var. *asiatica* Kitam.

여러해살이풀. 산과 들의 양지쪽에서
키 60~80cm 자란다. 전체에 털이
있고 윗부분에서 가지가 갈라진다. 잎
은 어긋나고 중앙부의 잎은 끝이 뾰
족한 피침형이며, 밑부분이 원줄기를
감싸고 뒷면은 맥 위에 털이 있으며
가장자리에 점 같은 톱니와 털이 있
다. 꽃은 6~8월에 노란색으로 피고
가지 끝과 원줄기 끝에 두상화가 달
리며 총포는 반구형이고 총포갈래는
4줄이다. 열매는 수과이고 9월에 익
는다.

꽃이 금불초를 닮았고 잎은 버드나무
잎과 비슷하기 때문에 '버들잎금불초'
라고 부른다.

긴담배풀 국화과

Carpesium divaricatum S. et Z.

여러해살이풀. 전국의 산과 들에서 키
1m 정도 자란다. 땅속줄기는 옆으로
짧게 뻗고 전체에 가는 털이 밀생한
다. 잎은 어긋나고 난형이며 가장자리
에 불규칙한 톱니가 있다. 꽃은
8~10월에 노란색 두상화로 피고 가
지와 줄기 끝에서 아래를 향해 달린
다. 열매는 수과이고 원기둥 모양이
다. 어린 순은 식용하고 전체를 약재
로 쓴다.

(아하)!
담배풀의 일종이며 줄기와 가지 끝에
꽃을 달아 긴 담뱃대 모양이 되므로
'긴담배풀'이라고 한 것 같다.

두메담배풀 국화과
Carpesium triste Max.

산담배풀 · 왕담배풀

여러해살이풀. 산지 숲 속에서 키 40~100cm 자란다. 뿌리잎은 긴 타원형이고 양면에 털이 밀생하며, 가장자리에 불규칙한 톱니가 있고 잎자루에 넓은 날개가 있다. 중앙부의 잎은 좁고 끝이 뾰족하며, 위로 갈수록 작아져서 피침형으로 된다. 꽃은 7~9월에 노란색으로 피고 줄기 끝의 잎겨드랑이에 두상화서가 1개씩 아래로 달린다. 열매는 달걀 모양 수과이고 10월에 익는다. 어린 잎을 식용한다.

아하!
산지에서 나고 줄기 끝에서 아래를 향해 달린 꽃의 모양이 담뱃대와 비슷하므로 '두메담배풀'이라고 한 것 같다.

기생초 국화과
Coreopsis tinctorid Nutt.

춘차국 · 황금빈대꽃

한해살이풀. 원예화초로 15~30cm 정도 자라며 1m 이상 자라는 것도 있다. 잎은 2회 깃꼴로 갈라지고 갈래조각은 선상 피침형이다. 꽃은 7~10월에 노란색으로 피고 긴 꽃대 끝에 원추화서로 달린다. 꽃잎은 설상화로 쐐기 모양이다. 꽃잎 기부는 암적갈색으로 있거나 또는 전체가 적갈색이 나며 변이가 많다.

아하!
많은 원예품종이 있으며 화려한 색의 꽃이 피기 때문에 옛 기생(妓生)에 빗대어 '기생초(妓生草)'라고 한다.

도깨비바늘 국화과
Bidens bipinnata L.

한해살이풀. 산과 들의 황무지에서 키 25~85cm 자라며 줄기는 네모진다. 잎은 마주나고 2회 깃 모양으로 갈라지며 가장자리에 톱니가 있다. 꽃은 8~10월에 노란색으로 피고 통 모양이며 줄기와 가지 끝에 1송이씩 달린다. 열매는 수과이고 좁은 선형이다. 어린 잎은 식용한다.

아하!
바늘처럼 가늘고 길쭉한 열매 끝에 밑을 향한 가시 같은 털이 있어 사람의 옷이나 짐승의 털에 잘 붙는데, 모르는 사이에 도깨비같이 달라붙는다고 하여 '도깨비바늘'이라고 한다.

도꼬마리 국화과
Xanthium strumarium L.

한해살이풀. 들이나 길가에서 키 1.5m 정도 자라며 전체에 억센 털이 많이 나 있다. 잎은 넓은 삼각형이며 끝이 뾰족하고 잎자루가 길다. 꽃은 8~9월에 노란색으로 피고 가지 끝에 1송이씩 달린다. 열매는 수과이고 넓은 타원형이며 바깥쪽에 갈고리 같은 가시가 있다. 열매를 약재로 쓴다.

아하!
'도꼬마리'의 열매는 갈고리 모양의 가시가 있어 사람과 동물에 붙으면 잘 떨어지지 않는다. 식물이 씨를 널리 퍼뜨리는 방법 중의 하나다.

금떡쑥 국화과
Gnaphalium hypoleucum DC.
가을푸솜나물

한해살이풀. 들에서 키 30~50cm 자라고 윗부분에서 가지가 벌어지며 솜털에 싸인다. 잎은 다닥다닥 어긋나고 선형이며, 밑부분이 원줄기를 얼싸안고 잔털이 있으며 뒷면에 백색 솜털이 빽빽하다. 꽃은 8~10월에 노란색으로 피고 두상화 여러 송이가 원줄기 끝과 가지 끝에 산방화서로 달린다. 열매는 긴 타원형 수과이고 흰색 관모와 잔점이 있으며 10월에 익는다. 어린 잎과 줄기를 식용한다.

떡쑥 국화과
Gnaphalium affine D. Don
괴쑥 · 모자떡 · 솜쑥

두해살이풀. 들과 산에서 키 15~40㎝ 자란다. 줄기 전체가 흰색 털로 덮이며 밑동에서 가지가 많이 갈라져 포기를 이룬다. 잎은 어긋나고 주걱 모양이며 가장자리가 밋밋하다. 꽃은 5~7월에 노란색으로 피고 원줄기 끝에 산방상 두상화서로 쌀알처럼 달린다. 총포는 둥근 종 모양이고 포 비늘은 누런 빛이 돈다. 열매는 수과이고 황갈색으로 익는다. 지상부를 약재로 쓴다.

아하!
옛날에 이른 봄인 3월 3일에 이 풀을 뜯어서 떡을 빚어 어머니와 아들(모자: 母子)이 먹었다고 하여 '모자떡'이라고도 불렀다.

뚱딴지 국화과

Helianthus tuberosus L.

돼지감자

여러해살이풀. 북아메리카 원산이며
키 1.5~3m 자라고 줄기에 억센 털이
있다. 잎은 마주나거나 어긋나고 끝이
뾰족한 긴 타원형이며 가장자리에 톱
니가 있다. 꽃은 8~10월에 노란색으
로 피고, 줄기와 가지 끝에 1송이씩
달린다. 열매는 수과이고 덩이줄기를
식용한다.

뿌리

아하!
덩이줄기가 감자처럼 생겼지만 수분
이 많아 질이 무르고 익히면 질척거려
돼지나 먹을 수 있는 감자라는 뜻으로
'돼지감자'라고 한다.

미국가막사리 국화과

Bidens frondosa L.

한해살이풀. 습지에서 키 1m 정도 자
란다. 줄기는 사각형이고 골 속은 흰
색이다. 잎은 마주나고 깃꼴겹잎이며,
작은잎은 3~5개이고 피침형이며 가
장자리에 톱니가 있다. 꽃은 9~10월
에 노란색으로 피고 가지 끝에 두화
로 달려 원추화서를 이룬다. 두화는
겉에 잎 같은 총포가 6~10개 있다.
관모는 가시가 있고 2개이다. 열매는
편평한 수과이고 끝에 가시 모양의
관모가 2개 있으며 10월에 익는다.

개민들레 국화과
Hypochoeris radicata Linne

서양금혼초

여러해살이풀. 들판의 풀밭에서 키 30~50cm 자란다. 밑동에서 나는 잎은 피침형이고 민들레 잎처럼 땅에 퍼진다. 꽃은 5~6월에 노란색 두상화로 피고 민들레와 닮았다. 열매는 수과이고 가시털이 밀생한다.

아하!
유럽에서 들어온 귀화식물로 제주도의 해발 50m 이하의 초지에 널리 포져 있는데, 퇴치하기 어려운 잡초이다.

열매

민들레 국화과
Taraxacum platycarpum H. Mazz.

여러해살이풀. 주로 양지에서 자라며 줄기는 없다. 잎은 뿌리에서 뭉쳐나고 피침형이며, 깊게 갈라지고 가장자리에 톱니가 있다. 꽃은 4~5월에 노란색으로 피고 잎 사이에서 나온 꽃줄기 끝에 1송이씩 달린다. 열매는 수과이고 긴 타원형이며 7~8월에 갈색으로 익는다. 어린 잎을 나물로 먹고 뿌리는 약재로 쓴다.

아하!
열매가 여물어 씨앗이 바람에 모두 날아가 버리면 꽃줄기 끝이 민둥머리처럼 되기 때문에 '민들레'라고 부르는 것 같다.

산민들레 국화과
Taraxacum ohwianum Kitamura

여러해살이풀. 산의 습지에서 자란다. 잎은 뿌리에서 나고 피침형이며 가장자리는 깊게 갈라진다. 꽃은 5~6월에 노란색으로 피고 꽃줄기 끝에 1송이씩 달린다. 열매는 수과이고 긴 타원형이며 갈색으로 익는다. 잎을 먹고 뿌리는 약재로 쓴다.

아하!
민들레의 일종이며 산지에서 잘 자라기 때문에 '산민들레'라고 부르는 것으로 추정된다.

흰노랑민들레 국화과
Taraxacum coreanum Nakai var.
flavescens Kitamura

여러해살이풀. 들의 양지쪽에서 자라며 원줄기가 없다. 잎은 뿌리에서 뭉쳐나고 피침형이며 가장자리는 깊게 갈라진다. 꽃은 5월에 노란빛을 띤 흰색으로 피고 꽃줄기가 끝에 1송이씩 달린다. 열매는 수과이고 긴 타원형이며 갈색으로 익는다.

아하!
민들레와 비슷하고 꽃이 노란빛을 띤 흰색으로 피므로 '흰노랑민들레'라고 부른다.

밀짚꽃 국화과

Helichrysum bracteatum Willd. var.
monstrosum Hort.

맥간국 · 바스래기꽃 · 보리짚꽃

한해살이풀. 화단에 심으며 키 80~90cm 자란다. 줄기는 곧게 서고 밑에서 분지한다. 뿌리잎은 타원형이고 줄기잎은 어긋나며 긴 피침형이다. 꽃은 6~9월에 흰색 · 노란색 · 홍색 등 여러 가지로 피고 가지 끝에 1송이씩 두상화로 달린다. 꽃잎은 끝이 뾰족한 타원형이며 광택이 난다. 오랜 기간을 두어도 꽃색이 변하지 않으므로 건화로도 이용한다.

아하!

꽃잎이 윤이 나고 마른 밀짚처럼 바삭바삭하므로 '밀짚꽃'이라는 이름이 붙었다.

산흰쑥 국화과

Artemisia sieversiana Willd.

섬쑥 · 흰개쑥

여러해살이풀. 산지에서 키 20~15cm 자란다. 전체에 회백색의 털이 밀생하고 줄기 윗부분에서 가지가 갈라진다. 잎은 넓은 달걀 모양이고 불규칙하게 2~3회 깃 모양으로 갈라지며, 1차 갈래는 2~3쌍이고 긴 타원형이다. 꽃은 7~9월에 연한 노란색으로 피고 반구형 두상화가 줄기와 가지 끝에서 원추상으로 아래를 향해 달린다. 열매는 편평한 수과이고 달걀 모양이며 9월에 갈색으로 익는다.

아하!

산에서 자라고 전체에 회백색의 털이 밀생하여 얼핏 흰색으로 보이므로 '산흰쑥'이라고 한다.

삼잎국화 국화과
Rudbeckia laciniata var. hortensis Bailey

여러해살이풀. 산기슭의 풀밭이나 강
가에서 무리지어 나고 키 2m 정도
자란다. 잎은 어긋나고 깃털 모양으로
갈라지며, 갈라진 조각은 가장자리에
짧은 털이 있다. 꽃은 7~9월에 노란
색으로 피고, 줄기와 가지 끝에 1송이
씩 달린다. 열매는 수과이고 관모는
짧다. 어린 순을 나물로 먹는다.

아하!
줄기에 나는 잎이 보통 3개로 갈라진
다고 하여 '삼잎국화'라는 이름이 붙
었고, 속명(laciniata)은 깊게 갈라진다
는 뜻이다.

상추 국화과
Lactuca sativa L.

한해살이풀. 유럽 원산이며 농가에서
채소로 재배하고 키 90~120cm 자
란다. 뿌리에서 나온 잎은 큰 타원형
이고 양면에 주름이 많으며 가장자리
에 톱니가 있다. 꽃은 6~7월에 노란
색으로 피고 가지 끝에 많이 모여 달
린다. 열매는 수과이고 끝에 긴 부리
가 있으며, 흰색 관모가 낙하산 모양
으로 퍼져 있다. 잎을 식용한다.

꽃

센토레아 국화과
Centaurea cyanus L.

한해살이풀. 유럽 동부와 남부 원산이며 키 30~90cm 자란다. 줄기와 잎은 약간 백록색 솜털로 덮여 있다. 잎은 마주나고 깃털 모양으로 갈라진다. 꽃은 6~7월에 노란색으로 피며 긴 꽃대 끝에 1송이씩 달린다. 꽃잎은 바늘 모양으로 무수히 많다. 열매는 7~8월에 익는다. 원예종에는 노란색 꽃을 비롯하여 다양한 색의 품종이 개발되어 있다.

산솜다리 국화과
Leontopodium coreanum Nakai

여러해살이풀. 높은 산 바위 틈에서 키 10~25cm 자라며 전체가 흰 솜털로 덮여 있다. 잎은 넓은 선형이며 회백색이다. 꽃은 8월에 연한 노란색으로 피고 줄기 끝에 6~9송이가 모여 달린다. 열매는 수과이고 긴 타원형이며 관모는 흰색이다.

아하!
전체에 흰 솜털이 다닥다닥 난다고 하여 '솜다리' 라는 이름이 붙고, 고산 지대에서 자라므로 '산솜다리' 라고 부르는 것 같다.

270

솜다리 국화과

Leontopodium coreanum Nakai

여러해살이풀. 높은 산 바위 틈에서 키 15~25cm 자라며 전체가 흰 솜털로 덮여 있다. 잎은 긴 피침형이며 잎자루가 거의 없다. 꽃은 6~8월에 노란색으로 피고 줄기 끝에 8~16송이가 모여 달린다. 열매는 수과이고 긴 타원형이며 10월에 익는데 짧은 털이 빽빽하게 난다. 어린 잎을 식용한다.

아하!
흔히 알프스 지방의 에델바이스로 잘못 알고 있는 이 풀은, 강한 바람과 추위를 피하기 위해 키가 작고 전체에 솜 같은 흰 털이 많아 '솜다리'라는 이름이 붙었다.

물솜방망이 국화과

Senecio pseudo-sonchus Vant.

여러해살이풀. 높은 산 습지 근처에서 키 60cm 정도 자란다. 잎은 어긋나고 긴 피침형이며 거미줄 같은 털이 있다. 꽃은 5~6월에 노란색으로 피고 줄기 끝에 여러 송이가 달린다. 열매는 수과이고 원뿔형이다.

아하!
주로 물기가 많은 습지에서 자라고 잎과 줄기에 솜 같은 흰색 털이 빽빽하게 나왔으므로 '물솜방망이'라는 이름이 붙여졌다.

민솜방망이 국화과
Senecio pierotii Miquel

물방망이 · 홍륜화

여러해살이풀. 산지의 습한 곳에서 키 30~50cm 자란다. 땅속줄기는 짧고 전체에 거미줄 같은 털이 약간 있다. 줄기잎은 어긋나고 넓은 피침형이며, 듬성듬성 붙고 위로 갈수록 차차 작아지며, 가장자리에 불규칙한 톱니가 있고 양면에 털이 있다. 꽃은 5~6월에 노란색으로 피고 줄기 끝에 여러 송이가 산방상으로 달린다. 열매는 원통형 수과이고 7~8월에 익는다. 어린 순을 식용한다.

솜방망이 국화과
Senecio integrifolius (L.) Clairuill ssp. *fauriei* (Lev. et Vant.) Kitamura

여러해살이풀. 산지의 양지쪽에서 키 20~65cm 자라며 원줄기에 흰색 털이 많다. 뿌리에서 난 잎은 타원형이며 줄기에 난 잎은 드물게 달린다. 꽃은 5~6월에 노란색으로 피고 원줄기 끝에 여러 송이가 달린다. 열매는 수과이고 원통형이며 6월에 익는다. 어린 잎을 나물로 먹고 꽃은 약재로 사용한다.

아하!
고산 지대에서 자라므로 추위를 막기 위해 전체가 거미줄 같은 흰 털이 솜처럼 덮여 있어 '솜방망이' 라고 부른다.

쑥갓 국화과
Chrysanthemum coronarium L.

한해살이 또는 두해살이풀. 지중해 연안 원산이며 농가에서 채소로 재배하고 키 30~60cm 자란다. 잎은 어긋나고 깃꼴겹잎이며 밑이 줄기를 감싼다. 꽃은 6~8월에 노란색 또는 흰색으로 피고 줄기나 가지 끝에 1송이씩 달린다. 열매는 수과이고 삼각기둥 모양이며 짙은 갈색으로 익는다. 전체를 식용한다.

쑥국화 국화과
Tanacetum vulgare Linne

여러해살이풀. 산과 들에서 키 60~70cm 자라며 전체에 털이 있다. 잎은 긴 타원형이고 밑부분이 줄기를 감싸며 2회 깃꼴로 갈라진다. 갈래조각은 피침형이고 가장자리에 뾰족하고 딱딱한 톱니가 있다. 꽃은 7~9월에 노란색으로 피고 두상화가 밀집하여 산방상으로 배열된다. 설상화는 두상화서 가장자리에 1줄로 배열되고 암꽃이다. 열매는 수과이고 관모는 극히 짧으며 관처럼 붙어 있다.

벌씀바귀 국화과
Ixeris polycephala Cassini

두해살이풀. 산과 들에서 키 15~50cm 자란다. 뿌리잎은 피침형이고 줄기잎은 밑부분이 원줄기를 감싼다. 꽃은 5~7월에 노란색으로 피고 줄기 끝에 여러 송이가 달린다. 열매는 수과이고 관모가 있다. 어린 잎과 줄기를 식용한다.

아하!
종소명(polycephala)은 머리가 많다는 뜻으로, 작은 꽃 여러 송이가 줄기 끝에 조밀하게 모여 달리는 '벌씀바귀'의 특징을 나타낸다.

산씀바귀 국화과
Lxeris raddeana Max. var. *raddeana*

한(두)해살이풀. 산과 들에서 키 65~150cm 자란다. 잎은 어긋나고 달걀 모양이며 끝이 깃처럼 갈라진다. 꽃은 6~10월에 노란색으로 피고 줄기 끝에 여러 송이가 달린다. 열매는 수과이고 검은색으로 익는다. 뿌리와 어린 잎을 식용한다.

아하!
잎과 뿌리에 쓴맛이 나는 나물이라는 뜻으로 '씀바귀'라 하고, 주로 산에서 자라므로 '산씀바귀'라고 부른다.

씀바귀 국화과
Ixeris dentata (Thunb.) Nakai
씸배나물

여러해살이풀. 산과 들에서 키 25~
50cm 자란다. 가지를 자르면 쓴맛이
나는 흰 즙이 나온다. 뿌리잎은 피침
형이고 줄기잎은 밑부분이 원줄기를
감싼다. 꽃은 5~7월에 노란색으로
피고 줄기 끝에 5~7송이가 달린다.
열매는 수과이고 연노란색 관모가 있
다. 뿌리와 어린 잎을 나물로 먹고 전
체를 약재로 쓴다.

!
뿌리줄기를 캐어 나물로 무쳐 먹는데
쓴맛이 강하므로 찬물에 담가 오래 우
려내야 한다. '쓴맛이 나는 나물'이라
는 뜻으로 '씀바귀'라고 한다.

좀씀바귀 국화과
Ixeris stolonifera A. Gray
둥근잎씀바귀

여러해살이풀. 고산 지대 들이나 길가
에서 키 10cm 정도 자란다. 줄기는
길게 뻗으면서 가지가 갈라져 비스듬
히 올라간다. 잎은 어긋나고 달걀 모
양이며 양끝이 둥글고 잎자루가 길다.
꽃은 4~6월에 노란색 두상화로 피고
잎겨드랑이에서 나온 꽃줄기 끝에
2~5송이씩 달린다. 열매는 좁은 방
추형 수과이고 8월에 익으며 관모는
흰색이다. 어린 순을 나물로 먹고 전
초를 약재로 쓴다.

!
씀바귀류에서 가장 키가 작고 잎도 작
으므로 '좀'자를 붙여 '좀씀바귀'라고
불린다.

여우오줌 국화과
Carpesium macrocephalum Fr. et Sav
왕담배풀

여러해살이풀. 산지 숲 속에서 키 1m 정도 자란다. 아래쪽 잎은 달걀 모양이고 밑부분이 좁아져서 잎자루의 날개로 되며 가장자리에 불규칙한 겹톱니가 있다. 가운데 잎은 긴 타원형이고 중앙 이하가 갑자기 좁아지며, 위쪽 잎은 긴 타원상 피침형이고 양끝이 좁다. 꽃은 8~9월에 노란색으로 피고 줄기와 가지 끝에 1송이씩 달린다. 열매는 수과이고 선점이 있으며 9월에 익는다. 열매를 약재로 쓴다.

원추천인국 국화과
Rudbeckia bicolor Nutt

한해살이풀. 아메리카 남부 원산이며 가로변에 많이 심으며 키 30~50cm 자란다. 전체에 털이 있어서 거칠다. 잎은 어긋나고 긴 주걱 모양이며 가장자리가 밋밋하다. 꽃은 6~8월에 노란색으로 피고 긴 꽃줄기 끝에 1송이씩 달린다. 가운데는 갈색이다. 열매는 9~10월에 익는다.

아하!
꽃의 가운데 부분인 통상화부가 원추형(圓錐形)으로 자라는 천인국(天人菊)이라는 뜻으로 '원추천인국(圓錐天人菊)'이라 부르게 되었다.

잇꽃 국화과
Carthamus tinctorius L.
홍화

두해살이풀. 이집트 원산이며 키 1m 정도 자란다. 잎은 어긋나고 넓은 피침형이며 가장자리에 가시 같은 톱니가 있다. 꽃은 7~8월에 붉은빛이 도는 노란색으로 피고, 가지 끝에 1송이씩 달린다. 열매는 수과이고 표면에 윤기가 있으며 9월에 흰색으로 익는다. 어린 잎을 식용하고 꽃은 약재로 쓴다.

아하!
꽃을 약재로 쓰므로 '사람에게 이로운 꽃'이라는 뜻으로 '잇꽃'이라 하고, 꽃이 붉은색이어서 '홍화(紅花)'라는 이름이 붙은 것 같다.

조밥나물 국화과
Hieracium umbellatum L.
버들나물

여러해살이풀. 산과 들의 숲가장자리나 습지에서 키 30~100cm 자란다. 잎은 어긋나고 끝이 뾰족한 피침형이며, 거칠고 가장자리에 뾰족한 톱니가 약간 있으며 뒷면에 맥줄에 잔털이 있다. 꽃은 7~10월에 노란색으로 피고 가지 끝에 산방상으로 달린다. 열매는 도피침형 수과이고 10개의 능선이 있으며 8~10월에 흑색으로 익는다. 어린 순은 나물로 식용하고 전초를 약재로 쓴다.

진득찰 국화과
Siegesbeckia glabrescens Makino

한해살이풀. 들이나 밭 근처에서 키 35~100cm 자라며 전체에 짧은 털이 성기게 난다. 잎은 마주나고 달걀 모양이며 가장자리에 톱니가 있다. 꽃은 8~9월에 노란색으로 피고, 가지와 줄기 끝에 많이 모여 달린다. 열매는 수과이고 달걀 모양이며 10월에 익는다. 열매를 약재로 쓴다.

아하!
열매가 다 여물면 떨어져 나가는데, 옷이나 동물의 털 등에 진드기처럼 잘 달라붙으므로 '진득찰' 이라고 부르는 것 같다.

털진득찰 국화과
Siegesbeckia pubescens Makino

한해살이풀. 들에서 키 1m 정도 자라며 전체에 털이 많이 난다. 잎은 마주나고 뾰족한 달걀 모양이며 가장자리에 톱니가 있다. 꽃은 9~10월에 노란색으로 피고, 가지와 줄기 끝에 작은 꽃이 많이 모여 달린다. 열매는 수과이고 긴 타원형이며 10~11월에 익는다. 전체를 약재로 쓴다.

아하!
진득찰의 일종이고 전체에 털이 많아 얼핏 보기에 털이 없는 것 같이 보이는 진득찰과 구분하여 '털진득찰' 이라고 부른다.

갯취 국화과
Ligularia taquetii Nakai

갯곰취 · 섬곰취

여러해살이풀. 한국특산식물. 억새밭
이나 숲덤불 속에서 키 50~100cm
자란다. 가지가 없으며 전체에 가루가
묻어 있다. 뿌리잎은 잎자루가 길고
넓은 타원형이며, 줄기잎은 잎자루가
없고 밑동은 줄기를 감싸며 가장자리
가 물결 모양이다. 꽃은 5~7월에 노
란색으로 피고 줄기 끝에 이삭화서
모양을 이룬다. 열매는 원추형 수과이
고 관모는 적갈색이다. 어린잎을 식용
한다.

꽃

아하!
뿌리잎이 취나물처럼 크고 제주도나
남쪽 지방 섬의 바닷가에서 주로 자라
므로 '갯취'라고 부른다.

곰취 국화과
Ligularia fischeri (Ledeb.) Turcz.

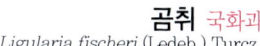
마제엽

여러해살이풀. 고원이나 깊은 산의 습
지에서 키 1~2m 자란다. 뿌리잎은
염통 모양이고 가장자리에 톱니가 있
으며 잎자루가 길다. 꽃은 7~9월에
노란색으로 피고 줄기 끝에 잔꽃이
모여 달린다. 열매는 수과이고 원통형
이며 10월에 익는다. 어린 잎을 나물
로 먹는다.

꽃

아하!
취나물 중에서 가장 큰 잎을 가지고 있
으므로 크다는 뜻으로 '곰취'라고 불
리며, 잎의 모양이 말발굽 같다고 하여
'마제엽(馬蹄葉)'이라고도 한다.

나래미역취 국화과

Solidago virgaurea Linne ssp. *gigantea* (Nak.) Kitamura

미역취 · 울릉미역취

여러해살이풀. 숲에서 키 15~70cm 자라고 줄기는 곧게 서며 윗부분에서 가지가 갈라진다. 잎은 어긋하고 긴 타원형이며 밑부분이 잎자루의 날개로 되고 가장자리에 뾰족한 톱니가 있다. 꽃은 8~9월에 등황색으로 피며 원추상두화로 달린다. 총포는 통상 종형이고 설상화는 1줄로 배열된다. 열매는 원통형 수과이고 세로로 줄이 있으며 9~10월에 익는다. 어린 순은 식용하고 전초는 약재로 쓴다.

미국미역취 국화과

Solidago serotina Aiton

여러해살이풀. 들에서 키 1m 정도 자라며 줄기 윗부분에서 가지가 갈라진다. 잎은 촘촘히 어긋나게 달리고 피침형이며 뒷면 맥 위에 짧은 털이 있다. 꽃은 7~9월에 노란색으로 피고 줄기나 가지 끝에 두상화서가 빽빽이 달린다. 꽃줄기에 퍼진 짧은 털이 있고 총포조각은 3~4줄로 배열된다. 열매는 원추형 수과이고 긴 관모는 흰색이며 10월에 익는다. 전초를 약재로 쓴다.

미역취 국화과
Solidago virgaurea L. var. *asiatica* Nakai

돼지나물

여러해살이풀. 산과 들에서 키 30~
80cm 자란다. 줄기 윗부분에서 가지
가 갈라지고 잔털이 있다. 잎은 달걀
모양이고 가장자리에 톱니가 있으며
잎자루에 날개가 있다. 꽃은 7~10월
에 노란색으로 피고 줄기 끝에 두상
화 여러 송이가 모여 달린다. 열매는
수과이고 원통형이며 10~11월에 익
는다. 어린 순을 먹는다.

아하!
어린 순을 나물로 먹는데 미역처럼 미
끈미끈하다고 하여 '미역취'라고 부르
는 것 같다.

큰방가지똥 국화과
Sonchus asper (L.) Hill

개방가지똥

두해살이풀. 길가나 빈터에서 키
40~120cm 자란다. 줄기는 골 속이
비어 있고 자르면 흰색 유액이 나온
다. 잎은 어긋나고 깃꼴로 갈라지며,
가장자리에 불규칙한 톱니가 있고 밑
부분이 원줄기를 감싼다. 꽃은 6~7월
에 노란색으로 피고 원줄기와 가지
끝에 여러 개의 꽃이 두상화로 달린
다. 열매는 편평한 수과이고 난상 타
원형이며 10~11월에 익고 관모는 약
간 흑백색이다. 어린 잎과 줄기는 식
용한다.

털머위 국화과
Farfugium japonicus (L.) Kitamura

늘푸른 여러해살이풀. 바닷가에서 키 30~50cm 정도 자란다. 잎은 콩팥 모양이고 두꺼우며 가장자리에 톱니가 있다. 꽃은 암수딴그루이며 9~10월에 노란색으로 피고 꽃줄기 끝에 여러 송이가 모여 달린다. 열매는 수과이고 11~12월에 익는다. 잎자루를 식용하고 잎은 약재로 사용한다.

아하!
잎이 머위와 비슷하고 전체에 연한 갈색 솜털이 나기 때문에 '털머위'이라는 이름을 얻은 듯하다.

해바라기 국화과
Helianthus annuus L.

한해살이풀. 아메리카 원산이며 양지바른 곳에서 키 2m 정도 자라고 전체에 억센 털이 있다. 잎은 어긋나고 잎자루가 길며, 달걀 모양이고 가장자리에 톱니가 있다. 꽃은 8~9월에 노란색으로 피고 원줄기가 가지 끝에 1송이씩 달린다. 열매는 10월에 익으며, 씨는 달걀 모양이고 회색 바탕에 검은 줄이 있다.

아하!
꽃이 항상 해가 있는 쪽을 바라보고 피며, 해가 도는 데 따라 방향을 돌린다고 하여 '해바라기'라고 불린다.

황금마가렛 국화과
Anthemis tinctoria L.

여러해살이풀. 정원에서 재배하며 높이 30~80cm 자란다. 줄기는 가늘고 길며 단단하다. 잎은 2회우상겹잎으로 어긋나고 짧은 털이 나 있으며, 갈래조각은 긴 타원형 또는 달걀 모양으로 가장자리에 톱니가 있다. 꽃은 6~9월에 노란색으로 피고 가지 끝에 두상화로 달린다. 화단이나 절화용으로 이용된다.

아하!
속명 antuemis는 본 속의 1종에 대한 그리스어로 꽃이라는 뜻을 의미하는데, 항상 꽃이 많이 피는 데서 유래되었다.

갈퀴꼭두서니 꼭두서니과
Rubia cordifolia Linne var.
pratensis Maxim.

덩굴성 여러해살이풀. 산이나 들에서 자라며 줄기는 네모지고 능선에 밑을 향한 가시가 있다. 잎은 5~10장씩 돌려나고 끝이 뾰족한 긴 타원상 난형이며 뒷면 맥과 가장자리에 잔가시가 있다. 꽃은 6~7월에 노란색으로 피고 줄기 끝이나 잎겨드랑이에 원추화서로 달리며 화관은 5갈래이다. 열매는 둥근 장과이고 검은색으로 익는다. 어린잎은 식용하고 뿌리는 약재로 쓴다.

아하!
꼭두서니라는 이름은 조선 초기에는 '고읍두송(高邑豆訟)'으로 불리다가 '꼭도손'으로 변하고 다시 '꼭두서니'가 되었다.

솔나물 꼭두서니과
Galium verum var. *asiaticum* Nakai
황우미

여러해살이풀. 산과 들의 양지에서 키 70~100cm 자란다. 줄기는 곧게 서고 윗부분에서 가지가 갈라진다. 잎은 8~10장씩 돌려나고 선형이며, 끝이 뾰족하고 뒷면에 털이 있다. 6~8월에 꽃은 노란색으로 피고 줄기 끝이나 잎겨드랑이에 원추화서로 달린다. 열매는 타원형 분열과이고 2개씩 달리며 9~10월에 익는다. 꽃에서 강한 향기가 나는 방향성 식물이다. 어린잎은 식용하고 전초를 약재로 쓴다.

아하!
가느다란 가지에 노란색(黃) 작은 꽃들이 뭉쳐서 달려 있는 것을 소의 꼬리(牛尾)로 여겨 '황우미(黃牛尾)' 라고도 부른다.

애기솔나물 꼭두서니과
Galium pusillum Nakai
바위갈퀴

여러해살이풀. 높은 산지의 물가에서 키 10~20cm 자란다. 줄기는 모여나고 가지가 많이 갈라지며 줄기에 가는 털이 있다. 잎은 선형이고 원줄기 각 마디에 정상엽 2장과 탁엽 5~9장이 돌려나며 가장자리가 젖혀진다. 꽃은 6~8월에 노란색으로 피고 작은 꽃들이 가지 끝에 모여 원추화서를 이룬다. 화관은 4개로 갈라지며 갈래조각의 끝이 뾰족하다. 열매는 소형이며 2개씩 달리고 9~10월에 익는다.

아하!
솔나물에 비해 전체가 매우 작으므로 '애기솔나물' 이라고 부른다.

참배암차즈기 꿀풀과
Salvia chanroenica Nakai

여러해살이풀. 산지 숲 속에서 키 50cm 정도 자라며 전체에 연한 갈색 털이 있다. 잎은 마주나고 넓은 타원형이며 가장자리에 둔한 톱니가 있다. 꽃은 입술 모양이며 8월에 노란색으로 피고 줄기의 각 마디에 2~6송이씩 달린다. 열매는 9~10월에 익으며 씨는 다소 편평한 달걀 모양이다. 어린 잎을 식용한다.

아하!
나물로 식용하므로 '참', 노란 꽃이 독 오른 뱀이 입을 벌리고 있는 듯하다 해서 뱀을 뜻하는 '배암'이 붙어 '참배암차즈기'가 되었다.

감자란 난초과
Oreorchis patens (Lindl.) Lindl.

여러해살이풀. 깊은 산 숲 그늘에서 키 30~40cm 자란다. 잎은 밑동에서 보통 1~2장 나오며 긴 피침형이다. 꽃은 5~6월에 황갈색으로 피고 꽃줄기에 많이 모여 총상화서로 달린다. 잎술꽃잎은 흰색이고 반점이 있다. 열매는 삭과이고 긴 타원형이며 7~8월에 익는다.

아하!
야생란의 일종이며 땅 속에서 달리는 둥근 위인경(僞鱗莖:거짓비늘줄기)이 이 감자와 비슷하다고 하여 '감자란' 이라고 한다.

꽃

금새우난초 난초과
Calanthe striata Decne.

여러해살이풀. 섬 지방 숲 속에서 키 40cm 정도 자란다. 잎은 밑동에서 2~3장 나오고 타원형이며 잎자루가 길다. 꽃은 4~5월에 노란색으로 피고 잎 사이에서 나온 꽃줄기 끝에 총 상화서로 달린다. 잎술꽃잎이 깊게 3갈래로 갈라지고 거(距)는 작다. 열매는 삭과이고 타원형이며 5~6월에 익는다.

아하!

난초의 일종이며 땅 속의 거짓덩이줄기가 등이 굽은 새우를 닮고, 꽃이 노란 금(金)색으로 피기 때문에 '금새우란(금새우난초)' 이라고 한다.

온시디움 난초과
Oncidium flexuosum Lodd.

여러해살이풀. 브라질과 파라과이 원산이며 잎은 긴 타원형으로 두껍고 뻣뻣하다. 꽃은 겨울에서 봄까지 노란색으로 피고 긴 꽃줄기에 빽빽히 달린다. 꽃 가운데에 적갈색 점무늬가 있다.

춘란 난초과
Cymbidium goeringii Reichenbach fil.
녹란 · 보춘화

꽃

늘푸른 여러해살이풀. 산과 들의 건조
한 숲 속 그늘에서 키 20~50cm 자
란다. 실내 관상초로 심으며 국수발
같은 흰 뿌리가 사방으로 뻗는다. 잎
은 밑동에서 서로 겹쳐 나오고 선형
이며 가장자리에 톱니가 있다. 꽃은
2~5월에 녹색으로 피고 연두색 엽초
에 싸여 있는 꽃줄기 끝에 1송이씩 달
리며 짙은 홍자색 반점이 있다. 열매
는 6~7월에 익는다.

아하!
이른 봄(春:춘)에 꽃이 피는 난초(蘭:란)
이므로 '춘란(春蘭)'이라 하고, 봄을 알
리는(報:보) 꽃이라 하여 '보춘화(報春
花)'라고도 부른다.

콩짜개란 난초과
Bullbophyllum drymoglossum Max.

늘푸른 여러해살이풀. 바위나 고목에
붙어 자란다. 잎은 가느다란 포복경에
듬성듬성 어긋나게 달리고 달걀 모양
이며, 잎몸은 두껍고 거의 잎자루가
없다. 꽃은 6~7월에 연한 노란색으로
피고 잎 밑동에서 나온 꽃줄기에 1송
이씩 달리며, 꽃받침은 피침형이고 곁
꽃잎은 꽃받침보다 작으며, 입술꽃잎
은 달걀 모양이고 끝이 뒤로 젖혀진
다. 꽃가루덩이는 둥글고 노란색이다.
열매는 삭과이고 달걀 모양이다.

아하!
잎이 콩나물대가리를 쪼개놓은 콩짜
개처럼 보이므로 '콩짜개란'이라고 부
른다.

꽃

잎

열매

사철나무 노박덩굴과
Euonymus japonicus Thunb.

늘푸른 떨기나무. 바닷가 산기슭이나 인가 근처에서 높이 3m 정도 자란다. 잎은 마주나고 두꺼우며 타원형이다. 꽃은 6~7월에 연녹색으로 피고 잎겨드랑이에 여러 송이가 모여 빽빽하게 달린다. 열매는 삭과이고 둥글며, 10월에 붉게 익으면 4개로 갈라져서 붉은 종피로 싸인 씨가 드러난다.

아하!
겨울에도 잎이 떨어지지 않고 푸른 빛을 그대로 유지하고 있으므로 사계절, 즉 사철 내내 변하지 않는 나무라는 뜻으로 '사철나무'라고 부른다.

줄사철나무 노박덩굴과
Euonymus fortunei var. *rodicans*
(Sieb. Et. Miq.) Rehder
덩굴사철나무

늘푸른 덩굴나무. 산기슭의 숲 속에서 길이 10m 이상 자란다. 줄기에서 뿌리가 나와서 다른 나무와 바위에 붙는다. 잎은 마주나고 타원형이며, 가죽질이고 가장자리에 얕고 둔한 톱니가 있다. 꽃은 5~6월에 연한 녹색으로 피고 잎겨드랑이에서 취산화서로 달린다. 꽃받침과 꽃잎은 각각 4개이다. 열매는 사각상 편구형 삭과이고 10월에 연홍색으로 익으며, 씨는 황적색 종의로 싸인다.

아하!
관목인 다른 사철나무와 달리 줄처럼 덩굴로 자라므로 '줄사철나무'라고 이름지었다.

화살나무 노박덩굴과
Euonymus alatus (Thunb.) Sieb.

참빗나무

갈잎 떨기나무. 산기슭과 암석지에서
높이 3m 정도 자라며, 잔가지에 화살
깃 같은 날개가 있다. 잎은 마주나고
타원형 또는 달걀 모양이며 가장자리
에 잔톱니가 있다. 꽃은 5월에 황록색
으로 피고 잎겨드랑이에 3송이씩 달
린다. 열매는 삭과이고 10월에 붉게
익으며 씨는 흰색이다. 어린 잎을 나
물로 먹는다.

열매

꽃

가지에 날개가 달린 모양이 화살과 비
슷하다고 하여 '화살나무'라 불리고,
또 참빗과 비슷하다고 하여 '참빗나
무'라고도 불린다.

생강나무 녹나무과
Lindera obtusiloba Blume

동박꽃

갈잎 떨기나무. 산기슭 양지쪽에서 높
이 3m 정도 자란다. 잎은 어긋나고
달걀 모양이며 끝이 3~5갈래로 갈라
진다. 꽃은 암수딴그루이며 잎이 나기
전인 3월에 노란색으로 피고, 작은 꽃
들이 여러 개 뭉쳐 꽃줄기 없이 달린
다. 열매는 둥글고 9월에 검은색으로
익는다. 연한 잎은 먹을 수 있다.

열매

가지를 꺾거나 잎을 손으로 비볐다가
냄새를 맡으면 좋은 향기가 오래도록
가시지 않는데, 그 향이 생강(生薑) 냄
새와 비슷하다고 하여 '생강나무'라고
부른다.

열매

느릅나무 느릅나무과
Ulmus davidiana Planchon. var. *japonica* Nakai

뚝나무 · 춘유

갈잎 큰키나무. 산골짜기에서 높이 30m 정도 자라며 작은 가지에 털이 있다. 잎은 어긋나고 긴 타원형이며, 양면에 털이 있고 가장자리에 예리한 겹톱니가 있다. 꽃은 3~5월에 녹갈색으로 피고 취산화서를 이룬다. 꽃잎은 4~5개로 갈라진다. 열매는 시과이고 타원형이며 4~6월에 익는다. 어린 잎은 나물로 먹고 속껍질을 우려내어 전병을 만드는 데 이용하고 열매와 줄기 · 뿌리의 껍질을 약재로 쓴다.

구상란풀 노루발과
Monotropa hypopithys L.

석장풀 · 수정초

여러해살이 부생식물. 구상나무와 소나무 숲 속에서 키 20cm 정도 자란다. 줄기는 모여나고 연한 황갈색의 다육질 원기둥 모양이며 잔털이 난다. 잎은 어긋나고 퇴된 비늘잎이며 비늘조각은 피침형이다. 꽃은 5~6월에 황백색으로 피고 밑을 향한다. 꽃잎은 4갈래이고 긴 타원형이며 꽃받침은 피침형이다. 열매는 타원형 삭과이고 끝에 털이 있으며 10월에 익는다.

아하!
난초와 비슷하고 높은 산의 침엽수림 특히 구상나무 숲 속에서 잘 자라므로 '구상란풀' 이라고 부른다.

산겨릅나무 단풍나무과
Acer tegmentosum Max.

산저릅 · 참겨릅나무

갈잎 중키나무. 깊은 산 계곡에서 높이 15m 정도 자란다. 녹색 수피에 흰색 세로줄이 있다. 잎은 마주나고 넓은 달걀 모양이며, 길이와 나비가 거의 비슷하고 3~5개로 얕게 갈라지며 가장자리에 겹톱니가 있다. 꽃은 5월에 노란색으로 피고 가지 끝에 길이 8cm 정도인 총상화서가 밑으로 처져 달린다. 열매는 시과이고 거의 수평으로 벌어지며 9~10월에 익는다.

중국단풍 단풍나무과
Acer buergerianum Miq.

당단풍나무 · 세뿔단풍

갈잎 큰키나무. 주로 식재하며 높이 15m 정도 자란다. 잎은 마주나고 삼각형이며, 끝이 3갈래로 갈라지고 갈래는 삼각형이며 가장자리는 밋밋하다. 꽃은 4월에 연한 노란색으로 피고 가지 끝에 다수가 모여 산방화서로 달린다. 꽃받침은 5장이고 달걀 모양이며, 꽃잎은 5장이고 피침형이다. 열매는 날개가 달린 시과이고 8월에 황갈색으로 익으며 소견과는 돌출된다.

아하!
중국 원산이므로 '중국단풍' 또는 '당단풍나무' 라 하고, 잎끝이 3갈래로 갈라진 것이 뿔 3개로 보이므로 '세뿔단풍' 이라고도 부른다.

꽃

개감수 대극과
Euphorbia sieboldiana Morr. et Decne.

여러해살이풀. 전국 산과 들의 양지바른 풀밭에서 키 30~40cm 자란다. 잎은 긴 피침형이고 어긋나며 줄기 끝에서는 5개의 잎이 돌려난다. 줄기와 잎을 자르면 흰 유액이 나온다. 꽃은 4~7월에 황록색으로 피고 암꽃 1송이와 수꽃 여러 송이가 줄기 끝에 모여 배상화서를 이룬다. 꽃잎은 없고 꽃받침이 꽃처럼 보인다. 열매는 삭과이고 구형이며 3개로 갈라진다. 뿌리를 약재로 쓴다.

아하!
약효가 비슷하여 중국산 감수의 대용품으로 쓰이며, 참된 감수가 아니라는 뜻으로 '개'자를 붙여 '개감수'라고 부른다.

암대극 대극과
Euphorbia jolkini Boiss.
갯대극

여러해살이풀. 남부 지방의 해안 암석지에서 키 40~80cm 자란다. 잎은 어긋나고 피침형이며 끝이 둥글고 가장자리는 밋밋하다. 줄기 끝에 나는 잎은 돌려난다. 꽃은 황록색이고 배상화서를 이루며 총포는 잎처럼 긴 타원형이다. 열매는 삭과이고 둥글며, 7월에 여물고 겉에 돌기가 밀생한다. 유독식물.

아하!
바닷가 암석지에서 자라므로 바위를 뜻하는 암(岩)자를 붙여 '암대극'이라 한다. 바다를 뜻하는 '갯'자를 붙여 '갯대극'이라고도 부른다.

흰대극 대극과
Euphorbia esula Linne

흰버들옻

여러해살이풀. 바닷가나 들에서 키 20~40cm 자란다. 자르면 유액이 나오고 전체가 분백색이다. 잎은 어긋나고 주걱 모양이며 가장자리는 밋밋하다. 줄기 끝의 잎은 5장이 돌려나고 도란상 피침형이며 다른 잎보다 크다. 꽃은 6~7월에 노란색으로 피고, 꽃줄기는 5개가 산형으로 2개씩 2회 갈라져 그 끝에 꽃이 달린다. 열매는 둥근 삭과이고 익으면 3개로 갈라진다. 뿌리를 약재로 쓴다.

포인세티아 대극과
Poinsettia pulcherrima Graham

멕시코불꽃풀

늘푸른 떨기나무. 관상용으로 재배하며 높이 50~90cm 정도 자란다. 고무진 같은 유액이 줄기·잎·뿌리에서 나온다. 잎은 어긋나고 넓은 피침형이며, 가장자리는 물결 모양이고 잎자루가 길다. 꽃은 7~9월에 황록색으로 피고 가지 끝에 10송이가 모여 달린다. 열매는 10월에 익는다.

열매

아주까리 대극과
Ricinus communis L.

피마자

한해살이풀. 인도와 북아프리카 원산이며 키 2m 정도 자라고, 줄기는 원기둥 모양이다. 잎은 어긋나고 큰 방패 모양이며 5~11개로 갈라진다. 꽃은 암수한그루이고 8~9월에 연노란색이나 붉은색으로 원줄기 끝에서 피며, 암꽃은 윗부분에 달리고 수꽃은 밑부분에 달린다. 열매는 삭과이고 겉에 가시가 있다. 씨는 타원형이고 짙은 갈색 점이 있다.

가는기린초 돌나물과
Sedum aizoon L.

가는꿩의비름

여러해살이풀. 산지에서 키 20~50cm 정도 자란다. 잎은 어긋나고 피침형이며, 가장자리에 둔한 톱니가 있고 육질이다. 꽃은 7~8월에 노란색으로 피고 원줄기 끝에 산방상 취산화서로 달린다. 꽃받침잎은 5개이고 넓은 선형이며, 꽃잎은 5개이고 끝이 뾰족한 피침형이며 꽃받침보다 길다. 열매는 달걀 모양이고 골돌 5개가 별처럼 배열되며, 10개 정도의 씨가 8~9월에 익는다.

아하!

종소명(aizoon)은 상록식물이라는 뜻이며 가는기린초의 잎이 두꺼운 육질이어서 오래도록 녹색을 유지하는 특성을 말한다.

기린초 돌나물과
Sedum kamtschaticum Fischer

여러해살이풀. 산지의 바위 위에서 키 5~30cm 자란다. 뿌리가 비대하며 줄기는 뭉쳐난다. 잎은 어긋나고 긴 타원형이며, 가장자리에 둔한 톱니가 있고 육질이다. 꽃은 6~7월에 노란색으로 피고 원줄기 끝에 많이 모여 달린다. 열매는 골돌과이고 9월에 익는다. 어린 잎은 식용한다.

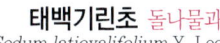
꽃

(아하)!
속명(sedum)은 라틴어 *sesere*(앉는다)에서 유래되었으며, 바위 틈에서 자라는 기린초의 모습을 보고 붙여진 이름이다.

태백기린초 돌나물과
Sedum latiovalifolium Y. Lee

여러살이풀. 산에서 키 20cm 정도 자란다. 잎은 어긋나거나 마주나고 넓은 달걀 모양이며, 줄기 끝에서 로제트 모양이 되고 가장자리에 둔한 톱니가 있다. 꽃은 6~7월에 노란색으로 피고 줄기 끝에 5~7송이가 모여 달린다. 열매는 골돌과이다.

(아하)!
기린초의 일종이며 태백산 지역에서 처음 발견되었기 때문에 '태백기린초'라고 부르는 것으로 추정된다.

광대싸리 돌나물과
Securinega suffruticosa Rehder

산과 들에서 흔히 나고 높이 10m 정도 자라며 가지가 가늘어서 끝이 아래로 처진다. 잎은 어긋나고 타원형이며 뒷면은 흰빛이 돈다. 꽃은 6~7월에 연황색으로 피고 암수딴그루이며, 수꽃은 잎겨드랑이에 밀생하고 암꽃은 잎겨드랑이에 2~5송이씩 달린다. 열매는 삭과이고 편평한 둥근 모양이며 9~10월에 여문다. 어린 순을 식용하고 잎을 약재로 쓴다.

아하!
싸리나무와 닮았지만 싸리나무가 아니다. 흉내를 잘 내는 광대처럼 싸리나무 흉내를 낸다고 하여 '광대싸리'라고 한다.

돌나물 돌나물과
Sedum sarmentosum Bunge

돈나물

여러해살이풀. 산과 들에서 키 15cm 정도 자란다. 줄기는 옆으로 뻗으며 각 마디에서 뿌리가 나온다. 잎은 보통 3장씩 돌려나고 긴 타원형이며 양 끝이 뾰족하다. 꽃은 5~6월에 노란색으로 피고 줄기 끝에 여러 송이가 모여 달린다. 열매는 골돌과이고 8월에 익는다. 어린 잎을 나물로 먹는다.

아하!
산의 돌과 바위가 많은 지대에서 자라고 어린 잎을 나물로 먹는다고 하여 '돌나물'이라 부르며, 발음이 변하여 '돈나물'이라고도 한다.

바위돌꽃 돌나물과
Rhodiola rosea L.

돌꽃

여러해살이풀. 중부 이북 지방의 높은
산 바위에서 키 7~30cm 자라며 전
체에 흰색이 돈다. 잎은 어긋나고 타
원형이며, 다육질이고 윗가장자리에
둔한 톱니가 있다. 꽃은 암수딴그루이
며 7~8월에 연한 노란색으로 피고,
원줄기 끝에 빽빽하게 모여 취산화서
로 달린다. 열매는 골돌과이고 4~5
개이며 9월에 익는다.

(아)(하)!
백두산 등 높은 산 지대의 바위 틈에서
잘 자라므로 '바위돌꽃' 이라고 부르는
것으로 추정된다.

좁은잎돌꽃 돌나물과
Rhodiola angusta Nakai

여러해살이풀. 백두산 등 높은 산에서
키 5cm 정도 자란다. 잎은 긴 타원형
이고 가장자리에 희미한 톱니가 있다.
꽃은 암수딴그루이며 7~8월에 노란
색으로 피고, 원줄기 끝에 여러 송이
가 모여 달린다. 수꽃은 꽃받침에 자
주색 반점이 있다. 열매는 골돌과이고
4개이다.

(아)(하)!
다른 바위돌꽃류에 비해 잎이 좁고 긴
선형이므로 '좁은잎돌꽃' 이라는 이름
이 붙은 것 같다.

바위채송화 돌나물과
Sedum polystichoides Hemsl.

개돌나물

여러해살이풀. 산지 바위 틈에서 키 10cm 정도 자란다. 원줄기는 밑부분이 옆으로 뻗고 윗부분이 가지와 함께 곧추선다. 잎은 어긋나고 끝이 뾰족한 선형이며, 편평한 다육질이고 밑부분은 자주색이며 가장자리는 밋밋하다. 꽃은 7~9월에 노란색으로 피고 가지 끝에 취산화서로 달린다. 꽃잎은 5개이고 피침형이다, 열매는 5개가 모인 골돌과이고 둥근 피침형이며 8월에 익는다. 지상부를 약재로 쓴다.

아하!
바위 위에서 잘 자라고 잎과 꽃이 채송화 모양이기 때문에 '바위채송화'라고 한다.

흑법사 돌나물과
Aeonium arboreum (L.) Webb. et Berth 'Atropurpureum'

아에오니움 아트로퍼푸레움

여러해살이풀. 키 1m 이상 자라는 다육질 원예식물이다. 잎은 줄기 끝에 지름 20cm 정도의 로제트 모양으로 자라고 도란형이며 암적자색이다. 꽃은 진황색으로 핀다. 열대 지방이나 아열대 지방에서는 정원 화단용으로 많이 심는다.

아하!
종소명 arboreum은 그리스어의 aionios(영구;永久)에서 유래된 것으로 「나무와 같은 」이라는 뜻이며, 나무처럼 단단한 줄기를 가진 이 식물의 특성을 나타낸다.

정선바위솔 돌나물과
Orostachys chongsunensis Y. N. Lee

여러해살이풀. 바위에 붙어 키 9cm
정도 자란다. 줄기는 가지가 없고 겨
울눈으로 월동한다. 잎은 둥근 모양이
고 끝은 가시처럼 뾰족하며 연한 자
주색 무늬가 있는 분녹색이다. 꽃은
10~11월에 연황색으로 피고 꽃줄기
에 여러 송이가 달려 길이 6cm 정도
의 꽃차례를 이룬다. 꽃받침은 5갈래
로 연녹색이고 꽃밥은 노란색이다. 열
매는 골돌이다.

아하!
강원도 정선 지방에서 처음 발견되어
'정선바위솔'이라고 이름 붙여졌다.

가시오갈피 두릅나무과
Acanthopanax senticosus (Rupr. et
Max.) Harms

갈잎 떨기나무. 깊은 산 골짜기에서
높이 2~3m 자라며 전체에 가시가
많다. 잎은 어긋나고 손바닥 모양의
겹잎이며, 작은잎은 긴 타원형이고 가
장자리에 겹톱니가 있다. 꽃은 7월에
자황색으로 피고 가지 끝에 모여 달
린다. 열매는 핵과이고 둥글며 9월에
검은색으로 익는다. 나무껍질을 약재
로 쓴다.

열매

독활 두릅나무과
Aralia cordata Thunberg

땃두릅

여러해살이풀. 산지에서 키 1.5m 정도 자라며 줄기가 굵고 전체에 털이 있다. 잎은 어긋나고 커다란 2회 깃꼴겹잎이며, 작은잎은 타원형이고 5~9장이며 잎자루가 짧다. 꽃은 7~8월에 연녹색으로 피고 가지 끝에서 산형화서를 이룬다. 열매는 둥근 장과이고 9~10월에 검은 자주색으로 익는다. 어린 순은 나물로 식용하고 뿌리를 약재로 쓴다.

아하!

대형 풀이므로 바람에 거의 움직이지 않고 홀로(獨;독) 서 있는 것(活;활)처럼 보인다고 하여 '독활(獨活)'이라는 이름이 붙었다.

엄나무 두릅나무과
Kalopanax pictus (Thunb.) Nakai

개두릅나무 · 멍구나무 · 며느리채찍나무 · 음나무

갈잎 큰키나무. 산지에서 높이 25m 정도 자라며 가지에 가시가 많다. 잎은 어긋나고 5~7갈래로 갈라진 손바닥 모양의 원형이며, 뒷면 맥겨드랑이에 털이 밀생하며 가장자리에 톱니가 있다. 꽃은 7~8월에 황록색으로 피고 햇가지 끝에 산형화서로 모여 달리며 꽃잎은 4~5장이다. 열매는 둥근 핵과이고 10월에 검은색으로 익는다. 어린 순을 식용하고 잎과 수피와 뿌리를 약재로 쓴다.

아하!

가지에 달린 가시가 크고 단단하므로 엄(嚴)하게 생겼다고 하여 '엄나무'라고 부른다.

마타리 마타리과
Patrinia scabiosaefolia Fischer

고채 · 패장

여러해살이풀. 산과 들의 양지쪽에서
키 60~150cm 자란다. 잎은 마주나
며 깃 모양으로 깊게 갈라진다. 꽃은
7~9월에 노란색으로 피고 줄기와 가
지 끝에 작은 꽃이 많이 모여 달린다.
열매는 타원형이며 9월에 익는다. 연
한 순은 나물로 먹는다.

아하!
마타리는 어린 싹을 나물로 먹을 수 있
는데 쓴맛이 있으므로 '고채(苦菜)'라
고도 부르며, 뿌리에서 된장 냄새 같은
향이 풍기는 데서 '패장(敗醬)'이라는
이름도 생겼다.

삼지구엽초 매자나무과
Epimedium koreanum Nakai

음양곽

여러해살이풀. 산지의 나무 그늘에서
키 30cm 정도 자란다. 줄기는 모여
나고 가늘다. 잎은 겹잎이고 작은잎은
끝이 뾰족한 달걀 모양이며 가장자리
에 가시 같은 톱니가 있다. 꽃은 5월
에 노란색을 띤 흰색으로 피고 줄기
끝에 여러 송이가 모여 밑을 향해 달
린다. 열매는 삭과이고 뾰족한 원기둥
모양이며 8월에 익는다. 전체를 약재
로 쓴다.

아하!
한 줄기에서 세 가지(삼지:三枝)가 나
오고 한 가지에서 잎이 각각 세 장(구
엽:九葉)씩 달리므로 '삼지구엽초(三枝
九葉草)'라 한다.

가시

매발톱나무 매자나무과
Berberis amurensis Ruprecht

갈잎 떨기나무. 산기슭이나 산 중턱에 키 2m 정도 자라며 줄기에 3개로 갈라진 가시가 있다. 잎은 구둣주걱 모양이고 긴 달걀 모양이며 가장자리에 날카로운 톱니가 있다. 꽃은 4~5월에 노란색으로 피고 잎겨드랑이에서 총상화서를 이루어 아래로 늘어지며 꽃잎 6장이다. 열매는 장과이고 긴 타원형이며 9~10월에 붉은색으로 익는다. 가지와 잎은 약재로 쓰고 염료로도 이용한다.

아하!
줄기에 턱잎이 변하여 매의 발톱같은 날카로운 가시가 3개씩 달리므로 '매발톱나무'라고 부른다.

왕매발톱나무 매자나무과
Berberis amurensis var. *latifolia* Nakai

갈잎 떨기나무. 산지에서 높이 2m 정도 자라며 줄기에 가시가 있다. 잎은 새 가지에서는 어긋나고 난상 원형이고 가장자리에 예리하고 불규칙한 침 모양의 톱니가 있으며 뒷면은 주름이 많다. 꽃은 5월에 노란색으로 피고 잎겨드랑이에 길이 10cm의 총상화서로 반쯤 처져 달린다. 열매는 장타원형 장과이고 9월에 붉게 익는다. 가지와 잎을 약재와 염료로 쓴다.

아하!
줄기에 매의 발톱처럼 3갈래진 날카로운 가시가 있어 '매발톱나무'라고 하고 개체가 더 크다고 하여 '왕'자를 붙여 부른다.

한계령풀 매자나무과
Leontice microrhyncha S. Moore

메감자

여러해살이풀. 깊은 산 경사지에서 키
30~40cm 자란다. 잎은 3장으로 된
겹잎이고 작은잎은 타원형이며 가장
자리가 밋밋하다. 꽃은 5월에 노란색
으로 피고 줄기 끝에 여러 송이가 모
여 달린다. 열매는 삭과이고 둥글며 7
월에 익는다.

아하!
섬악산 오색 계곡의 한계령 능선에서
처음 발견되었으므로 '한계령풀'이라
고 이름을 지었다.

시금치 명아주과
Spinacia oleracea L.

한해살이 또는 두해살이풀. 아시아 서
부 원산이며 채소로 재배하고 키
50cm 정도 자란다. 잎은 어긋나고
긴 달걀 모양이며 밑부분은 날개 모
양이다. 꽃은 암수딴그루이며 5월에
연한 노란색으로 피고 줄기 끝이나
잎겨드랑이에 모여 달린다. 열매는 포
과이고 작은 포에 싸인 뿔이 2개 있
다. 어린 잎을 나물로 먹는다.

꽃

일목련 목련과
Magnolia obovata Thunb.

일본목련 · 일본후박 · 황목련 · 후박나무

갈잎 큰키나무. 정원에서 심고 높이 20m 정도 자란다. 잎은 어긋나고 긴 타원형이며 뒷면은 흰빛이 돌고 털이 있다. 꽃은 5~6월에 연한 누른빛이 도는 흰색으로 피고 하늘을 향해 달리며, 지름 15cm 정도로 크고 꽃밥은 노란색이다. 열매는 긴 타원형 골돌과이고 9~10월에 홍자색으로 익는다. 뿌리껍질 · 나무껍질 · 꽃 · 씨를 약재로 쓴다.

아하!
나무껍질을 '후박(厚朴)'이라 하고 열매 말린 것은 '후박실(厚朴實)'이라 하여 약재로 쓰므로 '후박나무'라고도 부른다.

꽃

튤립나무 목련과
Liriodendron tulipifera L.

백합나무

갈잎 큰키나무. 북아메리카 원산이며 높이 13m 정도 자란다. 잎은 어긋나고 넓은 달걀 모양이다. 꽃은 튤립 모양이며 5~6월에 녹황색으로 피고 가지 끝에 1송이씩 달린다. 열매는 삭과이고 긴 타원형이며, 10~11월에 익고 씨가 1~2개씩 들어 있다.

아하!
노란색 꽃이 튤립꽃과 비슷하게 생겼으므로 '튤립나무'라고 부른다. 또 백합꽃과 닮은 것 같다고 하여 '백합나무'라고도 한다.

모감주나무 무환자나무과
Koelreuteria paniculata Laxm.

염주나무

갈잎 중키나무. 낮은 지대 양지바른
곳에서 높이 8~10m 자란다. 잎은 어
긋나고 길이 25~35cm의 짝수1회깃
꼴겹잎이며 가장자리에 불규칙하고
둔한 톱니가 있다. 꽃은 6~7월에 노
란색으로 피고 가지 끝에 원추화서로
달리며 꽃잎 4장이 뒤로 젖혀져 있다.
열매는 삭과이고 꽈리 모양이며
9~10월에 익는다. 꽃을 약재로 쓰며
씨는 염주를 만든다.

열매

아하!
경북 포항시 동해면 발산리 모감주나
무 군락은 천연기념물 제371호로 지정
되어 있다.

고추나물 물레나물과
Hypericum erectum Thunb.

여러해살이풀. 산지의 약간 습기가 있
는 곳에서 키 20~60cm 자란다. 잎
은 마주나고 피침형이며 원줄기를 감
싸고 흑색 점이 있으며 가장자리가
밋밋하다. 꽃은 7~8월에 노란색으로
피고 가지 끝에 달린다. 꽃받침과 꽃
잎은 각각 5장이다. 열매는 삭과이고
달걀 모양이며, 작은 종자가 많이 들
어 있고 10월에 익어서 터진다. 어린
순을 나물로 먹고 지상부를 약재로
쓴다.

아하!
어린 잎을 나물로 먹을 수 있고 열매가
익은 모양이 작은 고추 모양이어서 '고
추나물'이라는 이름이 붙여졌다.

물레나물 물레나물과
Hypericum ascyron L.

여러해살이풀. 산기슭이나 물가에서 키 50~80cm 자란다. 잎은 마주나고 피침형이며 밑동이 줄기를 감싼다. 꽃은 6~8월에 노란색으로 피고 가지 끝에 1송이씩 위를 향해 달린다. 꽃잎은 5장이며 낫 모양이다. 열매는 삭과이고 달걀 모양이며 9~10월에 익는다. 어린 잎을 나물로 먹는다.

아하!
노란색 꽃잎 5장이 모여 바람개비와 비슷한 모양을 만드는데, 이것이 목화에서 실을 뽑는 물레의 바퀴와 비슷하다고 하여 '물레나물'이라고 부른다.

중국금사매 물레나물과
Hyperricum chinense Linne

갈잎 작은떨기나무. 주로 관상용으로 식재하며 높이 1m 정도 자란다. 가지가 많고 붉은 갈색이다. 잎은 마주나고 길이 3~7cm의 긴 타원형이며, 선점이 흩어져 있고 뒷면은 분녹색이다. 꽃은 6월에 노란색으로 피고 줄기 끝에 1~3송이씩 달리며, 꽃잎과 꽃받침은 5장이고 수술이 많으며 암술대는 끝이 5갈래로 갈라진다.

아하!
중국 원산이고 꽃에 노란색 수술이 많은데, 이 수술이 금색 실(金絲;금사)처럼 보이므로 '중국금사매(中國金絲梅)'라 하는 것 같다.

물양귀비 물양귀비과
Hydrocleys nymphoides (Wild) Buchen.

여러해살이 물풀. 중앙 아메리카 원산
이며 물 속의 흙에 뿌리를 내리고 잎
이 물 위에 떠서 자란다. 잎은 염통
모양이며 두껍고 윤이 난다. 꽃은
7~10월에 노란색으로 피고 꽃잎은 3
장이며 꽃줄기 끝에 1송이씩 달린다.

아하!
꽃의 모양이 양귀비의 꽃과 비슷하고
물 속에서 잘 자라므로 '물양귀비' 라
고 부른다.

개나리 물푸레나무과
Forsythia koreana Nakai

갈잎 떨기나무. 산기슭 양지에서 높이
3m 정도 자란다. 가지 끝이 밑으로
처지며 잔가지는 녹색에서 점차 회갈
색으로 변한다. 잎은 마주나고 타원형
이며 가장자리에 톱니가 있다. 꽃은 4
월에 노란색으로 피고 잎겨드랑이에
1~3송이씩 달린다. 열매는 삭과이고
달걀 모양이며, 9월에 익는다. 관상
용 · 생울타리용으로 심는다.

꽃

개구리미나리 미나리아재비과
Ranunculus tachiroei Franch. & Sav.

개구리자리 · 미나리바구지

두해살이풀. 산이나 들의 습지에서 키 50~100cm 자란다. 잎은 2회3출 겹잎이고 작은잎은 2~3개씩 깊게 갈라지며 가장자리에 불규칙한 톱니가 있다. 꽃은 6~7월에 노란색으로 피고 작은꽃줄기에 1개씩 달려 전체가 취산화서로 된다. 열매는 수과로 달걀 모양이고 모여서 지름 1cm 정도의 둥근 취과가 형성된다. 줄기와 잎을 약재로 쓴다.

열매

개버무리 미나리아재비과
Clematis serratifolia Rehder

꽃버무리

갈잎 덩굴나무. 숲의 가장자리나 냇가에서 길이 2m 정도 자란다. 잎은 마주나고 깃꼴겹잎이며, 작은잎은 피침형이고 가장자리에 톱니가 있다. 꽃은 8~9월에 연노란색으로 피고, 가지 끝이나 잎겨드랑이에서 아래를 향해 달린다. 열매는 수과이고 달걀 모양이며 9월에 익는다. 유독식물이지만 어린 잎은 독을 없애고 식용할 수 있다.

아하!

무리지어 피었던 노란색 꽃들이 열매가 되면 머리를 풀어헤친 듯 긴 흰색 관모가 서로 엉킨 것을 보고 '개버무리'라고 이름지은 것 같다.

금매화 미나리아재비과
Trollius hondoensis Nakai

여러해살이풀. 높은 산 습지에서 키 40~80cm 자란다. 잎은 둥근 염통 모양이고 깃털처럼 갈라지며 가장자리에 톱니가 있다. 꽃은 7~8월에 노란색으로 피고 원줄기와 가지 끝에 1송이씩 달린다. 열매는 골돌과이고 모여 달린다.

아하!
꽃의 모양이 매화나무의 꽃과 비슷하고 꽃색이 노란 금(金)색이므로 '금매화(金梅花)' 라고 부르는 것 같다.

누른종덩굴 미나리아재비과
Clematis chiisanensis Nakai

갈잎 덩굴나무. 산의 숲 가장자리에서 자란다. 잎은 마주나고 깃꼴겹잎이며, 작은잎은 달걀 모양이고 가장자리에 드문 톱니가 있다. 꽃은 7~8월에 황록색으로 피고, 가지 끝과 잎겨드랑이에 1~2송이씩 달린다. 열매는 수과이고 9~10월에 익으며 흰색 긴 암술대가 끝에 붙는다. 어린 잎은 식용한다.

아하!
아래를 향해 달리는 꽃이 노란빛을 띤 종 모양이고 덩굴 식물이기 때문에 '누른종덩굴' 이라고 부른다.

동의나물 미나리아재비과
Caltha minor Nakai

여러해살이풀. 산지 습지에서 키 50~70cm 자란다. 뿌리에서 나온 잎은 심장 모양이며 가장자리에 무딘 톱니가 있다. 꽃은 4~5월에 노란색으로 피고, 줄기 끝에서 나온 긴 꽃대 끝에 2송이씩 달린다. 꽃잎은 없고 5~7장의 꽃받침이 꽃잎처럼 보인다. 열매는 골돌과이고 8월에 익는다. 어린 잎은 나물로 먹고 전체를 약재로 쓴다.

아하!

둥근 잎을 깔때기처럼 겹쳐 접으면 물 한 모금 담을 수 있는 작은 동이가 된다고 하여 '동이나물'이라 부르다가 '동의나물'로 변했다.

라넌큘러스 미나리아재비과
Ranumculus asiaticus L.

여러해살이풀. 유럽 남동부와 아시아 서남부 원산이며 키 15~40cm 자란다. 줄기에 잔털이 많고 덩이뿌리가 있다. 잎은 깃털 모양이다. 꽃은 4~5월에 노란색으로 피고 긴 꽃줄기 끝에 1~4송이가 달린다. 꽃잎은 5장인데 원예종은 겹꽃이 대부분이다. 분홍색·붉은색·연노란색·흰색 등 많은 품종이 있다.

맥카나스 자이안트
미나리아재비과
Aquilegia hybrida Hort. 'Mckanas Giant'

여러해살이풀. 매발톱꽃의 원예종으로 키 90cm 정도 자란다. 꽃은 4~5월에 노란색·적색·흰색 등으로 피고 각 꽃잎의 꽃뿔은 직선이며 끝으로 갈수록 가늘어진다. 꽃은 흰색이 지름 10cm 정도로 가장 크고 꽃빛깔이 진할수록 조금씩 작아진다.

미나리아재비 미나리아재비과
Ranunculus japonicus Thunb.
바구지

여러해살이풀. 산과 들의 습기가 있는 곳에서 키 50~70cm 자라며 흰색 털이 빽빽하게 난다. 잎은 깃털 모양으로 갈라지며 가장자리에 톱니가 있다. 꽃은 6월에 짙은 노란색으로 피고 줄기 끝에 여러 송이가 모여 달린다. 열매는 수과이고 여러 개가 모여 별 모양의 열매 덩이를 만든다. 전체를 약재로 쓴다.

 아하!
식물 이름에서는 성격이 비슷하지만 전혀 다른 모양일 때 '아재비'란 말을 사용한다. '미나리아재비'도 '미나리'와는 다른 식물이다.

바위미나리아재비
미나리아재비과
Ranunculus erucilobus Leveille

여러해살이풀. 한라산 높은 곳의 풀밭에서 키 10cm 정도 자라며 전체에 갈색 털이 퍼져 난다. 잎은 선형이고 3개로 갈라지며 가장자리에 거친 톱니가 있다. 뿌리에서 난 잎은 잎자루가 길다. 꽃은 5~7월에 노란색으로 피고 꽃잎과 꽃받침은 5장이며, 줄기 끝에 1송이씩 달린다. 열매는 수과이고 별사탕 같은 열매 덩이가 된다.

아하!
미나리아재비의 일종이고 한라산 높은 지대의 돌이 많은 곳에서도 잘 자라므로 '바위미나리아재비'라고 부르는 것 같다.

산미나리아재비 미나리아재비과
Ranunculus acris Linne var. *nipponicus* Hara

여러해살이풀. 고산 지대에서 키 20~35cm 자란다. 뿌리잎은 손바닥 모양으로 3~5갈래 갈라지고 갈래에 둔한 톱니가 있다. 줄기잎은 2~3갈래 갈라지고 갈래는 선형이다. 꽃은 7월에 노란색으로 피고 줄기 끝에 여러 송이가 취산화서로 드물게 붙으며, 꽃받침과 꽃잎은 각 5장씩이고 달걀 모양이다. 열매는 둥근 수과이고 9월에 익는다.

아하!
미나리아재비에 비해 키가 작고, 잎이 가늘게 갈라지며 꽃은 약간 크다.

복수초 미나리아재비과
Adonis amurensis Regel et Radde

설련화

여러해살이풀. 산지 숲 속 그늘에서
키 10~30cm 자란다. 잎은 어긋나고
깃털처럼 갈라지며 밑부분 잎은 원줄
기를 둘러싼다. 꽃은 4월 초순에 노란
색으로 피고 줄기와 가지 끝에 1송이
씩 달린다. 꽃잎은 20~30개가 수평
으로 퍼진다. 열매는 수과이고 꽃턱에
모여 달리며 6~7월에 익는다.

!
동양에서는 복(福)과 장수(壽)를 뜻하
는 노란색을 가장 귀하게 여기는데, 이
른 봄에 피는 노란 꽃이 오래 가기 때
문에 '복수초(福壽草)' 라고 불린다. 또,
이른 봄에 꽃을 피우므로 눈 속에서도
꽃을 볼 수 있기 때문에 '설련화(雪蓮
花)' 라고도 부른다.

꽃

젓가락나물 미나리아재비과
Ranunculus chinensis Bunge

두해살이풀. 들의 습지와 초원에서 키
40~80cm 자란다. 전체에 거친 털이
밀생하고 줄기 속이 비어 있다. 뿌리
잎은 3장으로 된 겹잎이고 작은잎은
3갈래로 깊게 갈라지며 다시 2~3갈
래로 갈라진다. 꽃은 6월에 노란색으
로 피고 줄기 끝에서 취산화서를 이
룬다, 열매는 타원형 수과이고, 화탁
에 모여서 별 모양의 열매덩이를 형
성하며 6월에 익는다.

큰꽃으아리 미나리아재비과
Clematis patens Morren et Decaisne

갈잎 덩굴나무. 산기슭의 양지에서 길이 2~4m 자란다. 잎은 마주나고 긴 잎자루가 있으며 3~5장으로 된 깃꼴겹잎이다. 꽃은 5~6월에 연자주색 또는 흰색으로 피고 가지 끝에 1송이씩 달린다. 열매는 수과이고 넓은 달걀 모양이며 10월에 익는다.

아하!
잎자루가 덩굴손같이 물체에 얽히는 특징을 가진 으아리속의 식물 중에서 꽃이 가장 크기 때문에 '큰꽃으아리' 라고 부른다.

회리바람꽃 미나리아재비과
Anemone reflexa Stephan & Willdenow

여러해살이풀. 산지 숲 속 그늘에서 키 20~30cm 자란다. 총포는 잎 모양으로 3개가 돌려나고 포엽은 3개로 갈라지며, 갈래는 다시 깃털처럼 갈라진다. 꽃은 5월에 노란색 또는 흰색으로 피고 총포에서 나온 꽃줄기 끝에 1송이씩 달린다. 열매는 수과이다. 유독성식물.

아하!
종소명(reflexa)은 젖혀진다는 뜻으로, 선형인 꽃받침조각 5개가 밑으로 완전히 젖혀져 있는 회리바람꽃의 특징을 나타낸다.

달맞이꽃 바늘꽃과
Oenothera odorata Jacquin

열매

여러해살이풀. 남아메리카 칠레 원산이며 산과 들의 빈터에서 키 50~90cm 자라고 전체에 짧은 털이 난다. 잎은 어긋나고 끝이 뾰족한 피침형이며 가장자리에 얕은 톱니가 있다. 꽃은 7월에 노란색으로 피고 잎겨드랑이에 1송이씩 달리는데, 밤에 피었다가 아침에 시든다. 열매는 삭과이고 긴 타원형이며 9월에 익으면 4개로 갈라져 씨가 나온다.

아하!
노란색 꽃이 저녁에 달이 뜰 때쯤 피었다가 다음 날 아침에는 시들어 버리므로 '달맞이꽃'이라고 부른다.

애기달맞이꽃 바늘꽃과
Oenothera laciniaca Hill.

두해살이풀. 제주도 바닷가에서 키 20~50cm 자란다. 줄기는 땅을 기고 전체에 털이 난다. 잎은 끝이 긴 타원형이며 약간 깃 모양으로 갈라진다. 꽃은 5~6월에 노란색으로 피고 포엽 겨드랑이에 1송이씩 달린다. 열매는 삭과이고 긴 타원형이며, 9월에 익으면 4개로 갈라져 씨가 나온다.

아하!
달맞이꽃의 일종이며 달맞이꽃에 비해 크기가 아주 작아서 '애기달맞이꽃'이라고 한다.

큰달맞이꽃 바늘꽃과
Oenothera lam.iana Seringe

두해살이풀. 북아메리카 원산이며 들에서 키 1.5m 정도 자란다. 줄기에 흰 털이 나고 붉은색 잔 돌기가 있다. 잎은 어긋나고 끝이 뾰족한 피침형이며 가장자리에 얕은 톱니가 있다. 꽃은 7월에 노란색으로 피고 가지와 줄기 끝에 달린다. 열매는 삭과이고 원기둥 모양이며 9~10월에 익는다.

아하!
달맞이꽃의 돌연변이로 달맞이꽃에 비해 크기가 훨씬 크므로 '큰달맞이꽃'이라고 이름이 붙은 것 같다.

꽃

멜론 박과
Cucumis melo L. var. *reticulatus* (Naud.) Ser.

한해살이 덩굴풀. 중앙 아시아 원산이며 농가에서 재배한다. 길이 3~5m 자라고 전체에 거센 털이 있다. 잎은 어긋나고 손바닥 모양으로 갈라지며, 덩굴손이 잎과 마주난다. 꽃은 암수한그루이며 노란색으로 핀다. 열매는 박과이고 둥글며 과육은 담록색·황등색·흰색 등이다. 열매를 먹는다.

수박 박과
Citrullus vulgaris Schrader

한해살이 덩굴풀. 아프리카 원산이며 전체에 흰 털이 있다. 잎은 어긋나고 긴 타원형이며, 깃 모양으로 깊게 갈라지고 가장자리에 불규칙한 톱니가 있다. 꽃은 암수한그루이며 5~6월에 연한 노란색으로 피고 잎겨드랑이에 1송이씩 달린다. 열매는 박과이고 공모양이며 7~8월에 익는다. 열매를 먹고 약재로도 쓴다.

열매 껍질 속의 과육에 수분이 많으므로 물 수(水)자를 붙여 이름지었다. 한자로는 '수과(水瓜)', 일본어로는 'すいか', 영어로는 'water melon'이라고 하는데, 모두 물을 뜻하는 글자가 들어 있다.

암꽃

수꽃

수세미외 박과
Luffa cylindrica Roemer

수세미오이

한해살이 덩굴풀. 열대 아시아 원산이며 길이 12m 정도 자라고 덩굴손이 잎과 마주난다. 잎은 어긋나고 손바닥 모양이다. 꽃은 암수한그루이고 8~9월에 노란색으로 피며 잎겨드랑이에 달린다. 열매는 박과이고 큰 원통형이며 밑으로 늘어지고 10월에 익는다.

큰 오이처럼 생긴 열매의 섬유질이 그물처럼 되어 있어 이것으로 설거지할 때 쓰는 수세미를 만드는데, '수세미를 만드는 오이'라는 뜻으로 '수세미외'라고 부른다.

열매

여주 박과
Momordica charantia L.
유자

한해살이 덩굴풀. 아시아 열대 원산. 줄기는 1~3m 자라고 잎과 마주나는 덩굴손으로 다른 물체를 감아서 올라간다. 잎은 어긋나고 손바닥 모양이며 가장자리에 톱니가 있다. 꽃은 암수한그루이고 노란색이며 잎겨드랑이에 1송이씩 달린다. 열매는 박과이고 긴 타원형이며, 혹 같은 돌기가 있고 황적색으로 익으면 불규칙하게 갈라져서 붉은색 육질로 싸인 씨가 나온다.

아하!
원래 중국 원산으로, 중국 이름인 '예지'에서 변화하여 '여자', '여지', '여주' 등 여러 가지 이름으로 불린다.

열매

오이 박과
Cucumis sativus L.
물외

한해살이 덩굴풀. 인도 원산이며 농가에서 재배한다. 잎겨드랑이에 덩굴손이 생기고 전체에 굵은 털이 있다. 잎은 어긋나고 손바닥 모양이며 가장자리에 톱니가 있다. 꽃은 5~6월에 노란색으로 피고 꽃자루에 1송이씩 달린다. 열매는 장과이고 원기둥 모양이며, 짙은 황갈색으로 익고 씨는 황백색이다. 열매를 식용한다.

왕과 박과
Thladiantha dubia Bunge

여러해살이 덩굴풀. 산과 들에서 길이 2~3m 자란다. 땅 속의 덩이줄기는 감자 모양이며 전체에 가시털이 있다. 잎은 어긋나고 염통 모양이다. 꽃은 긴 종 모양이며 7~8월에 노란색으로 피고, 잎겨드랑이에 1송이씩 달린다. 열매는 장과이고 긴 타원형이며 9월에 익는다.

아하!
오이 모양인 땅 속의 덩이줄기가 크다고 하여 큰(王:瓜;왕) 오이(瓜;과)라는 뜻으로 '왕과(王瓜)' 라고 부르는 것 같다.

참외 박과
Cucumis melo L. var. *makuwa* Makino

한해살이 덩굴풀. 인도 원산이며 농가에서 재배한다. 잎은 어긋나고 손바닥 모양으로 얕게 갈라지며 가장자리에 톱니가 있다. 꽃은 암수한그루이며 6~7월에 노란색으로 핀다. 열매는 장과이고 타원형이며 노란색 · 황록색 등 여러 가지 빛깔로 익는다. 열매를 먹고 약재로도 쓴다.

꽃

열매

하늘타리 박과
Trichosanthes kirilowii Max.

새박 · 쥐참외 · 하늘수박

여러해살이 덩굴풀. 들과 산기슭에서 자란다. 잎은 어긋나고 손바닥모양겹잎이며 갈래는 5~7갈래이다. 덩굴손은 잎과 마주난다. 꽃은 암수딴그루로 7~8월에 노란색으로 피고 꽃자루에 1송이씩 달린다. 끝이 실처럼 길게 갈라진 흰색 꽃받침과 화관이 꽃잎처럼 보인다. 열매는 둥근 박과이고 10월에 주황색으로 익는다. 뿌리의 녹말은 식용하고 열매와 뿌리를 약재로 쓴다.

아하!
야구공만한 열매가 덩굴에 매달린 것이 수박이 하늘에 떠 있는 것처럼 보인다고 하여 '하늘수박' 이라고도 한다.

열매

호박 박과
Cucurbita moschata Duchesne

한해살이 덩굴풀. 열대 아프리카 원산이며 덩굴손으로 다른 물체를 감으면서 벋는다. 잎은 어긋나고 염통 모양이며 가장자리가 얕게 갈라진다. 꽃은 암수한그루이며 6~10월에 노란색으로 피고 잎겨드랑이에 1송이씩 달린다. 열매는 박과이고 크며 씨가 많다. 열매와 어린 잎을 먹는다.

선밀나물 백합과
Smilax nipponica Miq.

새밀

여러해살이 덩굴풀. 산과 들에서 길이
1m 정도 자란다. 잎은 어긋나고 넓은
타원형이며 가장자리가 밋밋하고 잎
자루에 1쌍의 덩굴손이 있다. 꽃은 암
수딴그루로 5~6월에 황록색으로 피
고 잎겨드랑이에 산형화서로 달린다.
수꽃의 꽃잎은 여러 개가 산형으로
퍼지고 암꽃의 꽃잎은 배 모양이다.
열매는 장과이고 흑색으로 익으며 흰
가루로 덮인다. 어린 순을 나물로 먹
고 뿌리줄기를 약재로 쓴다.

!
밀나물처럼 덩굴손으로 물체를 감는
덩굴식물이지만 줄기가 곧게 서므로
'선밀나물' 이라고 한다.

알로에 베라 백합과
Aloe vera (L.) Webb et Berth

늘푸른 여러해살이풀. 아프리카 원산
이며 키 50~60cm 자라고 줄기는
짧다. 잎은 줄기 밑부분에서 돌려나고
두꺼우며 가장자리에 날카로운 가시
가 있다. 꽃은 통 모양이며 여름에 노
란색으로 피고, 긴 꽃줄기 끝에 무리
지어 밑을 향해 달린다. 열매는 삭과
이고 3개로 갈라진다.

꽃대

알로에 아르보레스켄스
백합과
Aloe arborescens Mill.

노희

늘푸른 여러해살이풀. 다육다즙질의 식물로 키 1~2m 자란다. 잎은 줄기 끝부분에서 사방으로 돌려나고 밑부분은 넓어서 줄기를 감싸며, 회녹색이고 가장자리에는 날카로운 톱니 모양의 가시가 있다. 꽃은 선홍색으로 피고 잎겨드랑이에서 나온 꽃줄기에 총상화서로 달린다. 화관은 원통형이고 6갈래로 갈라진다. 열매는 삭과이고 3개로 갈라진다. 잎을 약용으로 쓰는데 먹거나 즙액을 바른다.

아하!
종소명 arborescens는 나무라는 뜻으로 줄기가 곧게 서고 잎이 나무의 가지처럼 보이는 데서 유래되었다.

애기원추리 백합과
Hemerocallis minor Miller.

여러해살이풀. 산지 초원에서 키 1m 정도 자란다. 잎은 2줄로 마주나고 깊게 골이 지며 밑이 서로 감싸고 있다. 꽃은 6~7월에 연한 노란색으로 피고 줄기 끝에 3~6송이가 모여 달린다. 열매는 삭과이고 넓은 타원형이며 8~9월에 익는다. 어린 잎과 꽃은 식용한다.

아하!
모양은 원추리와 닮았으나 원추리보다 꽃이 적게 피고 키가 작다고 하여 '애기원추리'라고 부른다.

왕원추리 백합과
Hemerocallis fulva L. var. *kwanso* Regel

여러해살이풀. 중국 원산. 산과 들에서 키 1m 정도 자란다. 잎은 뿌리에서 나와 2줄로 배열되며 뒤로 휘어진다. 꽃은 7~8월에 주황색으로 피고 잎 사이에서 나온 꽃줄기에 6~8송이씩 달린다. 어린 잎을 식용하고 뿌리를 약재로 쓴다.

아하!
원추리에 비하여 꽃이 크고 색깔이 진하여 커다란 원추리라는 뜻으로 왕(王)자를 붙여 '왕원추리'라고 부르는 것 같다.

원추리 백합과
Hemerocallis fulva L.

여러해살이풀. 산지 초원에서 키 1m 정도 자란다. 잎은 2줄로 마주나고 길며 밑이 서로 감싸고 있다. 꽃은 7~8월에 노란색으로 피고 잎 사이에서 나온 꽃줄기 끝에 6~8송이가 달린다. 열매는 삭과이고 10월에 익는다. 어린 잎은 나물로 먹고 뿌리를 약재로 쓴다.

아하!
근심을 잊게 한다는 뜻으로 한자이름을 '훤초(萱草)'라고 하는데, 이것이 '훤죠리', '훤츌리'로 변하다가 '원추리'로 굳어져 이름이 되었다고 한다.

윤판나물 백합과

Disporum sessile D. Don ssp. *flavens* Kitagawa

큰가지애기나리

여러해살이풀. 산과 들의 숲 속에서 키 30~60cm 자란다. 잎은 어긋나고 긴 타원형이며 윤기가 난다. 꽃은 4~6월에 황금색과 흰색으로 피고, 가지 끝에 1~3송이씩 아래를 향해 달린다. 열매는 장과이고 둥글며 7~8월에 검은색으로 익는다. 어린 잎과 줄기를 나물로 먹는다.

아하!
잎에 윤이 나고 나물로 먹을 수 있어서 '윤판나물'이라고 하는데, 싹이 날 때는 애기나리와 비슷하므로 '큰가지애기나리'라고도 한다.

애기중의무릇 백합과

Gagea hiensis Pascher

작은애기물구지

여러해살이풀. 산과 들에서 키 10cm 정도 자란다. 잎은 뿌리에서 1개씩 나고 끝이 뾰족한 선형이며 약간 안쪽으로 말린다. 꽃은 4~5월에 노란색으로 피고 꽃줄기 윗부분에 2~5송이가 위를 향해 산형으로 달린다. 꽃잎은 6개이고 선상 타원형이다. 열매는 둥근 삭과이고 7~8월에 익는다. 비늘줄기는 약재로 쓴다.

중의무릇 백합과
Gagea lutea (L.) Ker-Gawl.
애기물구지

여러해살이풀. 산과 들에서 키 15~25cm 자란다. 뿌리에서 나는 잎은 1개이고 선형이며 밑부분이 줄기를 감싼다. 꽃은 4~5월에 노란색으로 피고 4~10송이가 산형 화서로 달리며, 꽃줄기 윗부분에 포엽이 2개 있고 꽃잎은 6개이며 선상 피침형이다. 꽃은 햇볕이 나면 피고 어두워지면 오므라든다. 열매는 둥근 삭과이고 막질이며 7월에 익는다. 둥근 비늘줄기를 약재로 쓴다.

청가시덩굴 백합과
Smilax sieboldii Miquel
청가시나무

덩굴성 갈잎 떨기나무. 산기슭 숲 속에서 길이 5m 정도 자란다. 줄기에 곧은 가시가 나고 가지에 검은 반점이 있다. 잎은 어긋나고 난상 타원형이며 광택이 나고 가장자리는 물결 모양이다. 턱잎이 1쌍의 덩굴손으로 변한다. 꽃은 6월에 황록색으로 피고 넓은 종 모양이며 잎겨드랑이에 산형 화서로 달린다. 꽃잎은 6장이고 타원형이다. 열매는 둥근 장과이고 검은색으로 익는다. 어린잎은 식용하고 전초를 약재로 쓴다.

아하!
덩굴을 이루는 청록색 줄기에 가시가 나 있으므로 '청가시덩굴'이라고 부르는 것 같다.

열매

청미래덩굴 백합과
Smilax china L.

망개나무 · 명감나무 · 산귀래

덩굴성 갈잎 떨기나무. 산기슭 양지에서 길이 3m 정도 자라고 줄기에 갈고리형 가시가 있다. 잎은 어긋나고 넓은 타원형이며, 광택이 나고 가장자리는 밋밋하다. 꽃은 암수딴그루로 5월에 황록색으로 피고 잎겨드랑이에 산형화서로 달린다. 꽃잎은 6장이고 장타원형이다. 열매는 둥근 장과이고 10월에 붉게 익으며, 황갈색 씨가 5개 있다. 연한 순과 열매는 식용하고 뿌리줄기와 잎을 약재로 쓴다.

아하!

집에 옮겨 심으면 잘 자라지 않으므로 산(山)으로 돌려 보내야(귀래;歸來) 살아난다고 하여 '산귀래(山歸來)'라고도 한다.

튤립 백합과
Tulipa gesneriana L.

여러해살이풀. 소아시아 원산이며 키 20~60cm 자라고 땅 속의 비늘줄기는 달걀 모양이다. 잎은 어긋나고 넓은 피침형이며 밑부분은 원줄기를 감싼다. 꽃은 넓은 종 모양이며 4~5월에 빨간색 · 노란색 등 여러 색으로 피고, 잎 사이에서 나온 꽃줄기 끝에 1개씩 위를 향해 달린다. 열매는 삭과이고 7월에 익는다.

수양버들 버드나무과
Salix babylonica Linne

갈잎 큰키나무. 정원수나 가로수로 식
재하며 높이 15~20m 자란다. 가지
가 밑으로 길게 처지며 햇가지는 적
갈색이다. 잎은 좁은 피침형이고 가장
자리에 가는 톱니가 있다. 꽃은 암수
딴그루로 4월에 피는데 수꽃은 노란
색이고 암꽃은 원기둥 모양의 유이화
서를 형성한다. 열매는 원추형 삭과이
고 6~8월에 익는다.

아하!
가지가 길게 늘어지는(垂:수) 버들(楊:
양)이란 뜻으로 '수양(垂楊)버들'이라
고 한다.

유가래나무 버드나무과
Salix xerophila for. *glabra* (Nakai) Kitag.

산버들 · 쨍쨍버들
갈잎 큰키(떨기)나무. 산지에서 높이
2~5m 자란다. 잎은 타원형이고 끝과
밑동이 뾰족하며 가장자리는 톱니가
약간 있다. 꽃은 암수딴그루로서 4월
에 노란색으로 피고 꽃이삭은 잎이
나기 전에 전년지 겨드랑이에 달린다.
열매는 삭과이고 6월에 익는다.

아하!
여우버들과 비슷하나 여우버들에 비
해 햇가지와 잎에 털이 없다.

가지괭이눈 범의귀과
Chrysosplenium ramosum Max.

여러해살이풀. 산지에서 키 20cm 정도 자라며 긴 털이 드문드문 나고 밑동에서 가지를 친다. 잎은 마주나고 달걀 모양이며 가장자리에 둥근 톱니가 있다. 꽃은 5~7월에 녹색 또는 녹색 바탕에 자줏빛으로 피고 줄기와 가지 끝에 1~3송이씩 달린다. 열매는 삭과이고 9월에 익으면 2개로 갈라진다. 어린 잎을 먹는다.

아하!
괭이눈과 비슷하며, 대개 가지를 치지 않는 다른 괭이눈과 달리 밑동에서 가지가 나뉘므로 '가지괭이눈'이라고 부른다.

열매

괭이눈 범의귀과
Chrysosplenium grayanum Max.

여러해살이풀. 산과 들의 습지에서 키 5~20cm 자란다. 줄기는 땅위로 벋고 마디에서 뿌리를 내린다. 잎은 마주나고 넓은 달걀 모양이며 꽃 옆의 잎은 노란색을 띤다. 꽃은 4~5월에 연한 황록색으로 피고 꽃줄기 끝에 달린다. 열매는 삭과이고 2개로 깊게 갈라지며 7월에 익으며, 씨는 다갈색이고 윤이 나며 잔 돌기가 있다. 어린 순을 나물로 먹는다.

아하!
열매는 크기가 서로 다른 2조각으로 깊게 갈라지는데, 이 모양이 햇볕에 눈을 지그시 감고 졸고 있는 고양이의 눈과 비슷하다고 하여 '괭이눈'이라고 부른다.

산괭이눈 범의귀과
Chrysosplenium japonicum (Max.) Makino

여러해살이풀. 산지 그늘에서 키 15cm 정도 자란다. 뿌리에서 난 잎은 둥글고 달걀 모양이며 가장자리에 둔한 톱니가 있다. 꽃은 4~5월에 연한 녹색으로 피고 꽃줄기 끝에 여러 송이가 달린다. 열매는 삭과이고 처음에는 2갈래였다가 4개로 갈라진다. 씨는 넓은 달걀 모양이고 갈색이며 잔돌기가 있다.

열매 모양이 고양이가 햇볕에서 눈을 지그시 감고 있는 모양과 비슷하고 주로 산에서 자라므로 '산괭이눈'이라고 부른다.

애기괭이눈 범의귀과
Chrysosplenium flagelliferum Fr. Schmidt

덩굴괭이눈

여러해살이풀. 산골짜기의 습한 바위 위에서 키 15cm 정도 자란다. 줄기는 모여나고 긴 털이 약간 있다. 잎은 어긋나고 염통 모양이며 가장자리에 둔한 톱니가 있다. 꽃은 4~5월에 연한 황록색으로 피고 줄기 끝에 여러 송이가 모여 달린다. 열매는 삭과이고 7월에 익는다. 어린 잎을 먹는다.

괭이눈보다 작은 풀이므로 '애기괭이눈'이라 하며, 가지가 땅에 닿아 뿌리를 내리고 자라면 덩굴로 보여서 '덩굴괭이눈'이라고도 한다.

도깨비부채 범의귀과
Rodgersia podophylla A. Gray
수레부채

여러해살이풀. 깊은 산 그늘에서 무리
지어 나고 키 80~130cm 자란다. 잎
은 손바닥 모양 겹잎으로 작은잎은 5
개이고 달걀 모양이며, 3~5개로 갈
라지고 가장자리에 불규칙한 톱니가
있으며, 잎자루와 뒷면 맥 위에 털이
있다. 꽃은 6~7월에 황백색으로 피고
원추화서로 달린다. 꽃잎은 없고 꽃받
침은 4~8개이다. 열매는 삭과이고
달걀 모양이며 8월에 익으며 2개로
갈라진다. 잎을 약재로 쓴다.

아하!
깊은 산의 숲 그늘 여기저기에 부채를
펼쳐 놓은 듯 커다란 잎이 불쑥 보이므
로 '도깨비부채'라고 부르는 것 같다.

벽오동 벽오동과
Firmiana simplex (L.) W. F. Wight

갈잎 큰키나무. 중국 원산이며 높이
15m 정도 자라고 나무껍질은 녹색이
다. 잎은 어긋나고 넓은 달걀 모양이
며 잎자루가 길다. 꽃은 암수한그루이
고 6~7월에 연노란색으로 피며, 가
지 끝에 여러 송이가 모여서 달린다.
열매는 분과이고 다 익기 전에 5개로
갈라져서 둥근 씨가 보이며 10월에
익는다.

아하!
잎이 오동나무와 비슷하고 줄기가 푸
른 벽색(碧色)이어서 '벽오동나무'라
고 한다. 전설에서는 봉황이 이 벽오동
나무에서 살면서 대나무 열매만 먹고
산다고 한다.

수까치깨 벽오동과
Corchoropsis tomentosa (Thunb.) Makino

한해살이풀. 경기도 이남 지방의 산이
나 들에서 키 60cm 정도 자란다. 줄
기는 곧게 서고 전체에 별 모양의 털
이 밀생한다. 잎은 어긋나고 달걀 모
양이며, 양면에 성모가 나고 가장자리
에 둔한 톱니가 있다. 꽃은 8~9월에
노란색으로 피고 잎겨드랑이에 1송
이씩 달린다. 열매는 삭과이고 여물면
다소 굽으며 3개로 벌어진다.

아하!
꽃받침이 꽃을 감싸는 까치깨와 달리
꽃받침이 뒤로 젖혀져 강한 느낌이므
로 수컷을 뜻하는 수자를 붙여 '수까치
깨'라고 한 것 같다.

보리수나무 보리수나무과
Elaeagnus umbellata Thunb.

보리똥나무

갈잎 떨기나무. 산비탈의 풀밭에서 높
이 3~4m 자라며 가지는 은흰색 또
는 갈색이다. 잎은 어긋나고 긴 타원
형이며 은백색의 비늘털로 덮인다. 꽃
은 5~6월에 피고 처음에는 흰색이다
가 연한 노란색으로 변하며, 1~7송이
가 잎겨드랑이에 달린다. 열매는 장과
이고 둥글며 10월에 붉게 익는다.

열매

노랑물봉선 봉선화과
Impatiens noli-tangere L.

한해살이풀. 산기슭의 습한 곳에서 키 60cm 정도 자란다. 전체적으로 부드럽고 연하다. 잎은 어긋나고 타원형이며 가장자리에 톱니가 있다. 꽃은 8~9월에 연노란색으로 피고 가지 끝에 2~4송이씩 모여 달린다. 열매는 삭과이고 길쭉하며, 10월에 익으면 벌어져 씨가 튀어나온다.

아하!

봉선화와 모양이 비슷하고 물가에 핀다고 해서 '물봉선' 이라 하고 꽃이 노란색으로 피기 때문에 '노랑물봉선' 이라고 부른다.

부들 부들과
Typha orientalis L.

여러해살이풀. 연못 가장자리와 습지에서 키 1~1.5m 자란다. 잎은 분백색이고 선형이며 줄기의 밑부분을 완전히 감싼다. 꽃은 6~7월에 노란색으로 피고 꽃잎이 없으며 꽃줄기 끝에 원기둥 모양으로 달린다. 열매는 긴 타원형이며 적갈색으로 익는다.

아하!

부들은 바람을 이용하여 꽃가루받이를 하는 식물이다. 꽃가루받이가 일어날 때 잎이 부들부들 떨리기 때문에 '부들' 이라는 이름이 붙었다고 한다. 또 잎이 부드러운 데서 유래되었다고도 한다.

분꽃 분꽃과
Mirabilis jalapa L.

한해살이풀. 남아메리카 원산이며 키
1m 정도 자란다. 뿌리는 굵고 흑색이
다. 잎은 마주나고 끝이 뾰족한 달걀
모양이며 가장자리가 밋밋하다. 꽃은
나팔 모양이고 6~10월에 피며 가지
끝에 달린다. 꽃빛깔은 노란색·분홍
색·흰색 등 여러 가지이다. 열매는
둥글고 검은색으로 익으며 주름살이
많다.

꽃(노란색)
열매

아하!
타원형 씨 속에 흰 가루가 들어 있는
데, 이 씨가루를 옛날에는 화장용으로
얼굴에 발랐다고 한다. 흰 분처럼 얼굴
을 희게 한다고 하여 '분꽃'이라고 불
린다.

금붓꽃 붓꽃과
Iris savatieri Nakai

노랑붓꽃

여러해살이풀. 한국특산식물. 산기슭
양지에서 키 20cm 정도 자라며 밑동
이 묵은 잎으로 둘러싸인다. 잎은 뿌
리에서 3~4장 나오고 긴 창 모양이
며 밑이 줄기를 감싼다. 꽃은 4~5월
에 노란색으로 피고 꽃줄기 끝에 1송
이가 달린다. 열매는 삭과이고 둥글며
6~7월에 익는다.

아하!
붓꽃의 일종으로 노란 금색 꽃이 피기
때문에 '금붓꽃'이라는 이름이 붙었고
'노랑붓꽃'이라고도 한다.

노랑꽃창포 붓꽃과
Iris pseudoacorus L.

여러해살이풀. 유럽 원산이며 연못가에 많이 심고 키 60~100cm 자란다. 잎은 긴 창 모양이고 2줄로 늘어선다. 꽃은 5~6월에 노란색으로 피고, 가지가 약간 갈라지는 꽃줄기 끝에 1송이씩 달린다. 열매는 삭과이고 세모진 타원형이며, 끝이 뾰족하고 익으면 3개로 갈라진다.

아하!
잎이 '창포'와 비슷하고 노란색 꽃이 피기 때문에 '노랑꽃창포'라고 한다. '꽃창포'는 홍자색 꽃이 피는 것이 다르다.

붓순나무 붓순나무과
Illicium religiosum Sieb. et Zucc.

가시목 · 말갈구

갈잎 중키나무. 산기슭의 숲 속 습윤한 땅에서 높이 3~5m 자란다. 잎은 마주나고 끝이 뾰족한 타원형이며 가죽질이고 가운데 맥이 뚜렷하다. 꽃은 3~4월에 연한 노란색으로 피고 잎겨드랑이에 달리며 꽃잎은 10~15개씩이고 선형이다. 열매는 골돌과이고 바람개비 모양이며 9월에 익는다. 씨는 노란색이며 1개씩 들어 있다. 수피와 잎과 가지를 약재로 쓴다. 특유한 향이 있는 유독성 식물이다.

아하!
봄에 새순이 나오는 모양이 붓처럼 생겨서 '붓순나무'라고 한다.

크로커스 붓꽃과
Crocus vernus L. J. Hill 'Yellow'

여러해살이풀. 중부 유럽 원산인 알뿌리 식물로 키 10cm 정도 자란다. 알뿌리는 공 모양이며 겉껍질은 그물처럼 되어 있고 연갈색이다. 잎은 알뿌리 끝에 모여나며 바늘 모양이고 세로로 흰 줄이 있다. 꽃은 1~3월에 노란색으로 피고, 잎 사이에서 나온 긴 꽃줄기 끝에 1송이씩 달린다.

맨드라미 비름과
Celosia cristata L.
계관화

한해살이풀. 열대 아시아 원산이며 높이 90cm 정도 자라고 줄기에는 붉은 빛이 돈다. 잎은 어긋나고 달걀 모양이며 잎자루가 길다. 꽃은 7~8월에 노란색·홍색·흰색 등으로 피고, 편평한 꽃줄기 끝에 작은 꽃이 빽빽하게 달린다. 열매는 달걀 모양이고 꽃받침에 싸여 있으며 익으면 갈라져 뚜껑처럼 열린다.

 !
꽃의 모양이 사람이 일부러 만들어 놓은 것 같다고 하여 '맨드라미'라는 이름이 붙었다. 또 닭의 벼슬처럼 생겼다 하여 '계관화(鷄冠花)'라고도 부른다.

꾸지뽕나무 뽕나무과
Cudrania tricuspidata (Call.) Bureau

갈잎 중키나무. 뿌리는 노란색이고 가지에는 가시가 있다. 잎은 3개로 갈라지고 표면에 털이 있다. 꽃은 암수딴그루로 수꽃이삭은 노란색 작은 꽃들이 둥글게 모이며 짧고 연한 털이 빽빽하게 난다. 암꽃은 타원형이고 꽃잎은 4장이다. 열매는 수과이고 모여서 덩어리를 이루며 9월에 검은색으로 익는다. 열매를 식용하고, 잎은 누에의 사료로 쓴다.

꽃

뽕나무 뽕나무과
Morus alba L.

오디나무

갈잎 큰키나무. 주로 누에를 치기 위해 심으며 높이 5m 정도 자란다. 잎은 달걀 모양이고 3~5갈래로 갈라지며, 가장자리에 둔한 톱니가 있고 끝이 뾰족하다. 꽃은 암수딴그루이고 6월에 피며, 열매는 둥글고 6월에 검은색으로 익는다. 열매를 오디라고 한다. 열매를 식용하고 잎을 누에의 사료로 쓴다.

아하!
열매를 많이 먹으면 방귀가 자주 나오게 되므로 '뽕나무'라는 이름이 붙었다. 또, 열매를 오디라 하기 때문에 '오디나무'라고도 부른다.

산뽕나무 뽕나무과
Morus bombycis Koidzumi

갈잎 중키나무. 산과 마을 부근에서
높이 7~8m 자라며 수피는 회갈색이
다. 잎은 어긋나고 달걀 모양이며 가
장자리에 예리한 톱니가 있고 끝이
꼬리처럼 길다. 꽃은 암수한그루로 5
월에 피는데 수꽃이삭은 햇가지에 밑
으로 처져 달리고 수꽃꽃잎은 4갈래
이며, 암꽃이삭은 타원형이고 녹색이
다. 열매는 다육질이고 둥근 열매덩어
리를 이루는 취합과이며 6월에 자흑
색으로 익는다. 열매를 먹는다.

산뽕나무에는 날개가 손바닥만한 산
누에나방이 서식한다. 옛사람들은 산
누에나방의 누에고치에서 명주실을
뽑아 비단을 짰다.

약모밀 삼백초과
Houttuynia cordata Thunberg
십자풀 · 어성초 · 취채

여러해살이풀. 들판의 습지에서 키
30~60cm 자란다. 잎은 어긋나고 염
통 모양이며 가장자리가 밋밋하다. 턱
잎은 잎자루 밑둥에 들러붙는다. 꽃은
5~6월에 노란색으로 피고 원줄기 끝
에 이삭화서로 달리며, 꽃잎과 꽃받침
은 없고 꽃차례를 싸고 있는 흰색 타
원형 총포 4장이 꽃잎처럼 보인다. 열
매는 3갈래로 갈라지는 삭과이고
8~9월에 익으며 씨는 갈색이다. 전
초를 약재로 쓴다.

메밀(모밀)의 잎과 비슷하고 약으로 쓰
므로 '약모밀'이라 하고, 물고기(魚;어)
의 비린내(腥;성)가 난다 하여 '어성초
(魚腥草)'라 한다.

댕댕이덩굴 새모래덩굴과
Cocculus trilobus (Thunb.) DC.

꾸비돗초 · 댕강덩굴 · 사엽당삼

갈잎 덩굴나무. 산기슭이나 밭둑에서 길이 3m 정도 자란다. 줄기와 잎에 털이 있다. 잎은 어긋나고 난상 원형 이지만 윗부분이 3개로 갈라지기도 한다. 꽃은 암수딴그루로 5~8월에 황백색으로 피고 잎겨드랑이에서 취산화서를 이룬다. 꽃받침과 꽃잎은 6 개씩이다. 열매는 둥근 핵과이고 10월에 푸른빛이 도는 흑색으로 익으며 흰가루로 덮인다. 어린 순을 나물로 먹고 뿌리와 잎을 약재로 쓴다.

새모래덩굴 새모래덩굴과
Menispermum dauricum Dc.

북두근

여러해살이 덩굴풀. 산기슭 양지쪽에서 길이 3m 정도 자란다. 잎은 어긋나고 방패 모양의 다각형이며 가장자리는 밋밋하고 뒷면은 흰빛이다. 꽃은 암수한그루로 6~7월에 연한 노란색으로 피고 잎겨드랑이에 원추화서로 달린다. 열매는 둥근 핵과이고 9월에 흑색으로 익는다. 씨는 콩팥 모양이다. 줄기와 뿌리를 약재로 쓴다.

생강 생강과
Zingiber officinale Roscoe

여러해살이풀. 열대 아시아 원산이며 농가에서 재배하고 키 30~50cm 자란다. 뿌리줄기는 노란색 덩어리 모양이고 매운 맛과 향긋한 냄새가 있다. 잎은 어긋나고 긴 피침형이며, 양끝이 좁고 밑부분이 잎집이 된다. 꽃은 8~9월에 담황색으로 핀다. 뿌리줄기를 식용하고 약재로도 쓴다.

뿌리

카네이션 석죽과
Dianthus caryophyllus L.

여러해살이풀. 유럽과 아시아 서부 원산이며 키 40~50cm 자라고 전체가 분처럼 흰색을 띤다. 잎은 마주나고 선형이며, 밑부분이 줄기를 감싸고 끝이 뾰족하다. 꽃은 7~8월에 여러 가지 색으로 피고 잎겨드랑이와 줄기 끝에 2~3송이씩 달린다. 열매는 삭과이고 달걀 모양이며 꽃받침에 싸여 있다.

 아하!
어머니날은 미국에서 시작되었는데, 어머니가 살아 계신 사람은 붉은 카네이션을, 어머니가 계시지 않는 사람은 흰 카네이션을 달았다.

해안부채선인장 선인장과
Opuntia littoralis Cock.

해안단선

여러해살이풀. 북아메리카 캘리포니아 원산. 높이 1.5m 정도 자란다. 줄기와 마디는 다육질로 두껍고 마디는 길이 15cm 정도로 긴 타원형이다. 줄기에는 길이 1~2cm의 가시가 있으며 가시가 난 자리에는 갈색의 털이 있다. 꽃은 노란색으로 피고 꽃의 지름은 8~12cm이다.

아하!
종소명 *littoralis*는 해안에서 자란다는 뜻이고 둥근 부채 모양인 줄기의 모습에서 '해안부채선인장' 이라는 이름이 붙었다.

소철 소철과
Cycas revoluta Thunb.

늘푸른 떨기나무. 주로 관상수로 재배하며 높이 1~4m 자란다. 원줄기는 잎자루로 덮이고 가지가 없다. 잎은 사방으로 돌려나고 깃꼴겹잎이며 작은잎은 선형이다. 꽃은 암수딴그루이고 황갈색이며 8월에 핀다. 수꽃은 많은 열매 조각으로 된 원기둥 모양이고 곧게 서며, 암꽃은 원줄기 끝에 둥글게 모여 달린다. 씨는 편평하며 식용한다.

쇠비름 쇠비름과
Portulaca oleracea L.

장명채

한해살이풀. 밭 근처에서 키 30cm 정도 자란다. 줄기는 붉은빛이 도는 갈색이고 많은 가지가 비스듬히 옆으로 퍼진다. 잎은 어긋나거나 마주나며 달걀 모양이다. 꽃은 5~8월에 노란색으로 피고 가지 끝에 달린다. 열매는 개과(蓋果)이고 타원형이며 8월에 익는데, 가운데가 옆으로 갈라져서 씨가 나온다.

아하!

이 풀을 나물(菜;채)로 많이 먹으면 '오랫동안(長;장) 건강하게 산다(命;명)' 하여 '장명채(長命菜)'라고도 한다.

채송화 쇠비름과
Portulaca grandiflora Hooker

한해살이풀. 남아메리카 원산이며 키 20cm 정도 자라고 줄기는 붉은색이다. 잎은 어긋나고 다육질의 원기둥 모양이며 잎겨드랑이에 흰 털이 난다. 꽃은 7~10월에 자주색·홍색·황색·흰색 등 여러 가지로 피고, 가지 끝에 1~2송이씩 달린다. 꽃잎은 5장이고 꽃줄기는 없다. 열매는 삭과이고 막질이며, 9~10월에 익고 씨가 많다.

오제왜개연꽃 수련과

Nuphar pumilum (Timm) De Candolle
var. *ozeense* (Miki) Hara

남개연꽃

여러해살이 수생식물. 산과 들의 개천이나 연못 등의 물 속에서 키 30cm 정도 자란다. 잎은 뿌리줄기에서 나오고 긴 잎자루가 있다. 물 속의 잎은 좁고 길며, 물 위의 잎은 긴 달걀 모양이다. 꽃은 6~9월에 노란색으로 피고 긴 꽃줄기 끝에 1송이씩 달리는데 꽃의 암술머리가 붉은색이다. 열매는 둥근 장과이고 물 속에서 10월에 초록색으로 익는다. 어린 잎은 식용하고 전초를 약재로 쓴다.

아하!
일본 중부 지방의 고산 습원인 오제 (Oze)라는 곳에서 처음 발견되었다고 하여 '오제왜개연꽃'이라고 부른다.

왜개연꽃 수련과

Nuphar subpumilum (Casp.) Mikino

물개구리연 · 천골 · 평봉초

여러해살이 수생식물. 들과 산지의 개천, 못, 늪 등의 물 속에서 키 30cm 정도 자란다. 잎은 뿌리줄기에서 나오고 긴 잎자루가 있는데, 물 속의 잎은 좁고 길며, 물 위의 잎은 긴 달걀 모양이다. 꽃은 8~9월에 노란색으로 피고 뿌리에서 나온 긴 꽃줄기 끝에 1송이씩 위를 향해 달린다. 열매는 둥근 장과이고 10월에 물 속에서 초록색으로 익는다. 어린 잎은 식용하고 뿌리와 원줄기 및 잎은 약재로 쓴다.

아하!
개연꽃과 비슷하고 꽃과 잎 등의 크기가 다소 작으므로 '왜(矮;작다)자'를 붙여 '왜개연꽃'이라고 부른다.

수선화 수선화과

Narcissus tazetta L. var. *chinensis* Roemer

금잔은대

여러해살이풀. 지중해 연안 원산이다.
잎은 늦가을에 자라기 시작하고 선형
이며 끝이 둔하고 녹색빛을 띤 흰색
이다. 꽃은 12월~이듬해 3월에 피고
긴 꽃줄기 끝에 5~6송이가 옆을 향
해 달린다. 꽃잎은 6장으로 보통 흰색
이고 가운데는 노란색이다. 원예 품종
으로 여러 가지 색과 겹꽃이 있다.

(아하)!

흰색과 노란색으로 된 꽃을 위로 향하
게 하면 하얀 은(銀;은)접시 위에 금(金;
금)으로 만들어진 술잔(盞;잔)을 올려
놓은 모양이 되므로 '금잔은대(金盞銀
臺)'라고도 부른다.

갓 십자화과

Brassica juncea Czern et Coss. var.
integrifolia Sinsk.

꽃

두해살이풀. 중국 원산이며 채소로 재
배하고 키 1m 정도 자란다. 뿌리에서
난 잎은 넓은 타원형이며 가장자리에
불규칙한 톱니가 있다. 줄기에 난 잎
은 검은 자주색이고 긴 타원형이다.
꽃은 봄에서 여름에 걸쳐 노란색으로
피고 줄기 끝에 모여 달린다. 열매는
각과이고 전체를 식용한다.

꽃다지 십자화과
Draba nemorosa L. var. *hebecarpa* Ledeb.

두해살이풀. 들이나 밭의 양지바른 곳에서 키 20cm 정도 자란다. 전체에 짧은 털이 빽빽하게 난다. 뿌리에서 난 잎은 모여나고 주걱 모양이다. 줄기에 난 잎은 어긋나고 긴 타원형이다. 꽃은 4~6월에 노란색으로 피고 줄기 끝에 모여 달린다. 열매는 각과이고 긴 타원형이며 7~8월에 익는다. 어린 잎을 나물로 먹는다.

아하!
노란 금덩이가 많은 것을 '노다지' 라고 부르는 데 대하여, 무디기로 모여나서 한꺼번에 노란 꽃이 피는 것에서 '꽃다지' 라고 한 것 같다.

꽃양배추 십자화과
Brassica oleracea var. *botrytis* L.
꽃가두배추 · 자주양배추

두해살이풀. 양배추에서 개발된 원예 품종이다. 줄기 밑부분은 길어지고 원통형이다. 기부와 아래쪽의 경생엽은 녹색으로 수가 적고 간격이 넓으며 결구쪽으로 뭉치지 않는다. 꽃은 5~6월에 노란색 · 붉은색 등 여러 가지 색으로 피고 꽃차례는 빽빽하게 만들어져 흔히 공 모양으로 되며 꽃줄기는 다육질이다. 화단용 외에 키가 큰 종들도 개발되어 꽃꽂이, 요리의 장식 등 여러 가지 목적으로 사용되고 있다.

양배추 십자화과

Brassica oleracea L. var. *capitata* L.

한(두)해살이풀. 유럽 서북부 원산이며 채소로 재배한다. 잎은 두껍고 서로 겹쳐지며, 가장 안쪽에 있는 잎은 공처럼 둥글고 단단하다. 꽃은 5~6월에 노란색으로 피고 뿌리에서 나온 꽃줄기 끝에 모여 달린다. 열매는 각과이고 짧은 원기둥 모양이며 비스듬히 선다. 잎을 식용한다.

배추 십자화과

Brassica campestris L. ssp. *napus* Hook. fil. et Anders var. *pekinensis* Makino

두해살이풀. 중국 원산이며 채소로 재배한다. 뿌리에서 난 잎은 끝이 둥근 타원형이며, 가장자리에 불규칙한 톱니가 있고 양면에 주름이 많다. 줄기에 달린 잎은 줄기를 싼다. 꽃은 4월에 노란색으로 피고 줄기 끝에 모여 달린다. 열매는 각과이고 긴 뿔처럼 생겼으며, 6월에 익으면 껍질이 쪼개져서 씨가 떨어진다. 전체를 먹는다.

아하!
잎끝을 제외한 부분이 흰색(白)이므로 백채(白菜)라고 부르던 것이 변화하여 배추가 된 것으로 추정된다.

구슬갓냉이 십자화과
Rorippa globosa (Turcz.) Thellung

여러해살이풀. 산과 들에서 키 60cm 정도 자란다. 잎은 어긋나고 긴 타원형이며, 깃털처럼 갈라진 밑부분이 긴 잎자루까지 이어져 날개 모양이 된다. 꽃은 6월에 노란색으로 피고 작은 꽃이 많이 모여 달린다.

아하!

냉이를 뜻하는 한자 제(薺)를 우리 옛 글에서는 나시·나싱·나지 등으로 발음하였는데 이것이 변하여 '냉이'라는 이름이 생겼다. 잎이 갓의 잎과 비슷하고 열매가 구슬처럼 둥글기 때문에 '구슬갓냉이'라는 이름을 붙인 것 같다.

나도냉이 십자화과
Barbarea orthoceras Ledeb.

여러해살이풀. 냇가나 들의 습기가 많은 곳에서 키 70cm 정도 자란다. 잎은 마주나고 깃 모양으로 굵게 갈라지며 잎자루가 길다. 꽃은 5~6월에 노란색으로 피고 잔꽃이 많이 모여 달린다. 열매는 각과이고 8~9월에 여문다.

아하!

냉이류와는 다른 종류지만 꽃이 냉이와 비슷하다고 하여 '나도냉이'라는 이름이 생겼다. 우리나라에는 1종뿐이다.

유채 십자화과

Brassica campestris L. ssp. *napus*
var. *nippo-oleifera* Makino

두해살이풀. 농가의 밭에서 재배하며
키 1m 정도 자란다. 잎은 깃털 모양
으로 갈라지고 밑이 원줄기를 감싸는
넓은 피침형이며 가장자리에 톱니가
있다. 꽃은 4월에 노란색으로 피고 가
지와 원줄기 끝에 여러 송이가 모여
달린다. 열매는 각과이고 원기둥 모양
이며 5~6월에 익는다. 씨는 검은 갈
색이다.

아하!

씨에서 기름을 짜내어 먹으므로, 기름
(油:유)을 내는 채소(菜蔬:채소)라는 뜻
으로 유채(油菜)라고 부른다.

꽃

목화 아욱과

Gossypium indicum Lam.

한해살이풀. 동아시아 원산이며 키
60cm 정도 자란다. 잎은 어긋나고
손바닥 모양으로 갈라지며 갈래는 끝
이 뾰족하다. 꽃은 8~9월에 노란색
또는 흰색으로 피고 잎겨드랑이에 1
송이씩 달린다. 열매는 삭과이고 달걀
모양이며 끝이 뾰족하고 씨는 긴 솜
털에 싸인다. 씨를 식용한다.

아하!

고려 말에 문익점은 중국에서 '목화'
를 들여왔고, 손자인 문래는 베짜는 기
계를 만들었는데, 사람들은 문래의 이
름을 따서 '물레'라고 불렀다.

열매

열매

수박풀 아욱과
Hibiscus trionum L.

한해살이풀. 들이나 길가에서 키 30 ~60cm 자라며 전체에 흰색 거친 털 이 있다. 잎은 어긋나고 3~5개로 깊 게 갈라지며, 갈래는 긴 타원형이고 가장자리에 톱니가 있다. 꽃은 7~8 월에 연한 노란색으로 피고 잎겨드랑 이에서 나온 작은 꽃줄기 끝에 1송이 씩 달린다. 열매는 삭과이고 9~10월 에 익으며 꽃받침으로 싸여 있다.

야하!
깃털 모양으로 갈라진 잎이 수박 잎을 닮았고, 열매를 싸고 있는 껍질의 무늬 가 수박 열매의 무늬와 비슷하므로 '수 박풀'이라는 이름이 붙었다.

꽃

어저귀 아욱과
Abutilon avicennae Gaertner

한해살이풀. 인도 원산이고 키 1.5m 정도 자라며 전체에 잔털이 빽빽하게 난다. 잎은 어긋나고 끝이 뾰족한 염 통 모양이며 가장자리에 둔한 톱니가 있다. 꽃은 7~9월에 노란색으로 피 고 잎겨드랑이에 1송이씩 달린다. 열 매는 삭과이고 10월에 익는다. 줄기 껍질을 섬유재로 쓴다.

야하!
작물로 재배했으나 들로 퍼져 야생이 되었다. 줄기에서 윤기 있는 섬유를 뽑 아 로프와 마대를 만들고 찌꺼기는 종 이의 원료로 쓴다.

좁쌀풀 앵초과

Lysimachia vulgaris L. var. *davurica*
(Ledebour) R. Knuth

여러해살이풀. 산과 들의 햇볕이 잘
드는 습지에서 키 1m 정도 자란다.
잎은 마주나거나 돌려나고 달걀 모양
이며 가장자리가 밋밋하다. 꽃은 6~
8월에 노란색으로 피고 줄기 끝에 여
러 송이가 모여 달린다. 열매는 삭과
이고 둥글며 8~9월에 익으며 꽃받침
이 남아 있다. 어린 잎을 식용한다.

아하!
노란색 작은 꽃들이 다닥다닥 붙어서
마치 좁쌀이 붙어 있는 것처럼 보이므
로 '좁쌀풀'이라고 한다.

참좁쌀풀 앵초과

Lysimachia coreana Nakai

여러해살이풀. 깊은 산과 들의 그늘진
습지에서 키 60cm 정도 자란다. 잎
은 마주나거나 3장씩 돌려나고 넓은
타원형이며 연한 털이 있다. 꽃은
6~9월에 노란색으로 피고 줄기 끝
또는 잎겨드랑이에 여러 송이가 달린
다. 꽃받침과 화관은 깊게 5갈래로 갈
라진다. 열매는 둥근 삭과이고 작으며
10월에 익는다. 전초를 약재로 쓴다.

프리뮬러 앵초과
Primula julian-hybrida Hort.

한해 또는 두해살이풀. 이른 봄의 관상용으로 재배하며 키 15~30cm 자란다. 잎은 뿌리에서 나오고 달걀 모양이며 가장자리에 톱니가 있다. 꽃은 3~5월에 피고 꽃줄기에 1송이씩 달린다. 꽃빛깔은 노란색·분홍색·빨간색·흰색 등이 있다.

당종려 야자과
Trachycarpus fortunei Wendl.
신종

관엽 식물. 정원수로 심으며 높이 8~10m 자란다. 줄기는 외대로 곧게 서고 흑갈색의 털실 같은 섬유질이 싸고 있으며 줄기 끝에서 많은 잎이 나온다. 잎은 부채살처럼 갈라져 타원형을 이루며 갈래조각은 반쯤 갈라진다. 잎자루가 길고 기부에 털이 나서 줄기를 감싼다. 꽃은 5월에 노란색으로 피고 잎겨드랑이에서 조 이삭처럼 육수화서로 달린다.

괴불주머니 양귀비과
Corydalis pallida (Thunb.) Pere. var.
tenuis Yatabe

두해살이풀. 산과 들의 습한 곳에서
키 20~50cm 자란다. 잎은 어긋나
고 깃꼴겹잎이며 작은잎은 달걀 모양
이다. 꽃은 4~7월에 노란색으로 피고
원줄기와 가지 끝에 여러 송이가 모
여 원뿔 모양을 이룬다. 열매는 삭과
이고 선형이며 8~9월에 익는다.

아하!
꽃과 열매의 모양이 괴불주머니(색 헝
겊에 솜을 넣고 수를 놓아 예쁘게 만든
조그만 민속 노리개)를 닮아서 '괴불주
머니'라고 부른다.

눈괴불주머니 양귀비과
Corydalis ochotensis Turczaninow

두해살이풀. 숲 가장자리의 습한 곳에
서 키 60cm 정도 자란다. 가지가 많
이 갈라져 엉키고 전체에 분백색이
돈다. 잎은 어긋나고 2~3회 갈라지
는 깃꼴겹잎이며, 작은잎은 3갈래로
갈라지고 갈래는 긴 타원형이다. 꽃은
7~9월에 노란색으로 피고 원줄기와
가지 끝에 여러 송이가 모여 달린다.
열매는 삭과이고 긴 달걀 모양이다.

아하!
괴불주머니의 일종으로 줄기가 연약
하고 가지가 많이 갈라져 비스듬히 누
운 것처럼 보이므로 '눈괴불주머니'라
고 부른다.

산괴불주머니 양귀비과
Corydalis speciosa Max.

두해살이풀. 산지 습한 곳에서 키 40cm 정도 자라며 전체가 흰빛을 띤다. 잎은 어긋나고 깃꼴겹잎이며 작은 잎은 끝이 뾰족한 긴 타원형이다. 꽃은 4~6월에 노란색으로 피며 원줄기와 가지 끝에 여러 송이가 모여 달린다. 열매는 삭과이고 선형이며 염주처럼 잘록잘록하다.

(야)(하)!
속명 Corydalis는 희랍어로 Cory-dallis(종달새)에서 유래하는데, 이 꽃의 거(距)가 종달새의 머리깃 모양과 비슷한 데서 붙여졌다.

두메양귀비 양귀비과
Papaver coreanum Nakai

두해살이풀. 높은 산에서 키 5~10cm 자란다. 잎은 타원형이고 깃 모양으로 갈라지며 잎자루가 길다. 꽃은 7~8월에 노란빛을 띤 녹색으로 피고 꽃줄기 끝에 1송이씩 달린다. 열매는 삭과이고 달걀 모양이며 퍼진 털이 있다.

(야)(하)!
양귀비의 일종이며 생육지가 백두산 등의 고산 지대이므로 산을 뜻하는 '두메'를 붙여 '두메양귀비'라고 부른다.

애기똥풀 양귀비과

Chelidonium majus L. var. *asiaticum*
(Hara) Ohwi

젖풀

두해살이풀. 마을 부근에서 흔히 나며
키 50cm 정도 자란다. 잎은 마주나
고 깃꼴겹잎이며, 작은잎은 긴 타원형
이고 가장자리에 톱니가 있다. 꽃은 5
~8월에 노란색으로 피고 가지 끝에
여러 송이가 모여 달린다. 열매는 삭
과이고 좁은 원기둥 모양이며 9월에
여문다. 어린 잎은 나물로 먹는다.

아하!
잎과 줄기를 꺾으면 주황색 진이 나오
는데 그 빛깔이 마치 갓난아기의 무른
똥 같다고 하여 '애기똥풀'이라 하고
'젖풀'이라고도 한다.

열매
줄기의 진액

피나물 양귀비과

Hylomecon vernale Max.

노랑매미꽃

여러해살이풀. 산에서 키 30cm 정도
자란다. 줄기를 자르면 황적색 진액이
나온다. 잎은 깃꼴겹잎이고 작은잎은
넓은 달걀 모양이며 가장자리에 톱니
가 있다. 꽃은 4~5월에 노란색으로
피고 잎겨드랑이에서 나온 꽃줄기 끝
에 1송이씩 달린다. 열매는 삭과이고
원기둥 모양이며 7월에 여문다. 전초
를 약재로 쓴다.

아하!
줄기를 꺾으면 붉은 유액이 나오는데,
이것이 피(혈액)가 나오는 것과 비슷하
다고 하여 '피나물'이라고 한다.

활짝 핀 꽃

연복초 연복초과
Adaxa moschatellina (Tourn.) Linne

여러해살이풀. 산기슭에서 키 8~17cm 자란다. 뿌리줄기는 짧고 포복지가 옆으로 뻗는다. 뿌리잎은 잎자루가 길고 3출겹잎이며 작은잎은 달걀 모양이다. 줄기잎은 1쌍이고 3갈래로 갈라진다. 꽃은 4~5월에 황록색으로 피고 줄기 끝에 5송이씩 모여 두상화서로 달린다. 꽃받침은 2개로 갈라지고 화관은 4갈래이다. 열매는 단단한 핵과이고 3~5개씩 달리며 6월에 익는다.

아하!
복수초(福壽草) 근처에서 잘 자라므로 복수초를 캘 때 같이 달려 나오기(連) 때문에 '연복초(連福草)'라고 부른다.

개옻나무 옻나무과
Rhus tricocarpa Miquel

갈잎 중키나무. 산 중턱에서 높이 7m 정도 자란다. 잎은 어긋나고 홀수1회 깃꼴겹잎이고 가지 끝에 모여 달리며, 작은잎은 7~15개이고 긴 타원형이며 가을철에 붉게 단풍이 든다. 꽃은 암수딴그루이고 5~7월에 황록색으로 피고 잎겨드랑이에 모여 원추화서로 달린다. 열매는 둥글고 납작한 핵과이며 10월에 황갈색으로 익는다. 수액은 약용, 목재는 숯을 만든다.

용설란 용설란과
Agave americana L.

세기식물

늘푸른 여러해살이풀. 멕시코 원산.
키 1~2m 자란다. 잎은 다육질이고
피침형이며 가장자리에 노란색 바늘
돌기가 늘어서 있다. 꽃은 여름에 노
란색으로 피고 꽃줄기 끝에 커다란
원추화서를 이룬다. 꽃줄기는 높이
10m 이상 자라고 꽃잎은 6개로 갈라
지며 수술은 꽃 밖으로 길게 나온다.
꽃은 좀처럼 피지 않으며 꽃이 핀 다
음에는 죽는다. 열매는 삭과이고 원주
상 긴 타원형이다.

꽃

아하!
잎이 용(龍)의 혀(舌:설)와 비슷하다고
하여 '용설란'이라 부르고, 꽃이 100
년(1세기)에 한 번 핀다고 하여 '세기
(世紀)식물'이라고도 한다.

넓은잎황벽나무 운향과
Phellodendron amurense var.
sachalinense F. Schmidt

섬황경피나무 · 화태황벽나무

갈잎 큰키나무. 깊은 산에서 높이
10m 정도 자란다. 잎은 마주나고 홀
수1회깃꼴겹잎이며, 작은잎은 달걀 모
양이고 표면은 윤채가 있으며 뒷면은
흰색이다. 꽃은 암수딴그루로 6월에
황록색으로 피고 가지 끝에 모여 원
추화서를 이룬다. 꽃차례에 잔털이 있
으며 꽃잎은 5~8개이다. 열매는 둥
근 핵과이고 7월에 흑색으로 익으며
씨가 5개 들어 있다. 줄기의 내피를
약재로 쓴다.

아하!
줄기와 가지의 속껍질(壁:벽)이 노란색
(黃:황)이고 잎이 황벽나무보다 넓어서
'넓은잎황벽(黃壁)나무'라는 이름이
붙었다.

초피나무 운향과
Zanthosylum piperitum A. P. Dc.

상초나무 · 제피나무

갈잎 떨기나무. 높이 3m 정도 자란다. 작은가지는 잎자루와 함께 붉은빛이 돌고 잎자루 밑에 가시가 마주 난다. 잎은 어긋나고 깃꼴겹잎이며 작은잎은 달걀 모양이고 가장자리는 물결 모양이다. 꽃은 암수딴그루로 5월에 황록색으로 피고 잎겨드랑이에 겹총상화서로 달린다. 열매는 삭과이고 편평한 둥근 모양이며, 9~10월에 적갈색으로 익고 씨는 검은색이다. 열매를 향신료로 이용하고 약재로도 쓴다.

아하!
향기샘이 있어 독특한 냄새가 나는 열매껍질(樹皮)을 산초(山椒)라고 하는 데서 '초피(椒皮)나무'라는 이름이 유래하였다.

암꽃

수꽃

열매

씨

은행나무 은행나무과
Ginkgo biloba L.

갈잎 큰키나무. 대개 높이 5~10m이나 40m 정도까지 자라는 것도 있다. 잎은 어긋나고 부채꼴이며 잎맥은 2개씩 갈라진다. 꽃은 암수딴그루이며 4월에 피고 짧은 가지에 달린다. 열매는 핵과이고 10월에 노란색으로 익으며, 공 모양이고 노란색으로 익으며 씨는 달걀 모양이다. 열매의 겉껍질에서는 역한 냄새가 난다. 씨를 식용하고 잎과 씨를 약재로 쓴다.

아하!
씨가 은처럼 흰색이고 노란색 열매의 겉모양이 살구와 비슷하기 때문에 '은행(銀杏)나무'라고 한다. 공룡시대부터 강한 생명력으로 살아남아 '화석나무'라고도 불린다.

넓은잎딱총나무 인동과
Sambucus latipinna Nakai

말오줌나무 · 오른재나무 · 자반나무

갈잎 떨기나무. 산기슭의 습지나 골짜
기에서 높이 5m 정도 자란다. 잎은
마주나고 작은잎 2쌍으로 된 깃꼴겹
잎이며 작은잎은 달걀 모양이고 가장
자리에 뾰족한 톱니가 있다. 꽃은 5월
에 황록색으로 피고 가지 끝에 반원
형 겹산방화서 또는 원추화서로 달리
며, 화관은 5개로 갈라진다. 꽃밥은
노란색이고 암술머리는 자주색이다.
열매는 7월에 홍색으로 익는다. 어린
잎은 식용하고 마른 가지는 약재로
쓴다.

병꽃나무 인동과
Weigela subsessilis (Nakai) Bailey

갈잎 떨기나무. 산지 숲 속에서 높이
2~3m 자라며 줄기에 얼룩 무늬가
있다. 잎은 마주나고 달걀 모양이며
가장자리에 톱니가 있다. 꽃은 병 모
양이며 5월에 노랗게 피었다가 점차
붉어지며, 잎겨드랑이에 1~2송이씩
달린다. 열매는 삭과이고 잔털이 있으
며, 9월에 익으면 2개로 갈라지고 씨
에 날개가 있다.

아하!
꽃과 열매의 기다란 모양이 병을 거꾸
로 세워 놓은 것 같아 '병꽃나무'라는
이름이 붙었다.

삼색병꽃나무 인동과
Weigela florida (Bunge) Dc. for *subtricolor* Nakai

갈잎 떨기나무. 산기슭 양지쪽에서 높이 2~3m 자란다. 잎은 마주나며 달걀 모양이며 가장자리에 잔톱니가 있다. 꽃은 5~6월에 백록색 · 붉은색 · 노랑색이 섞여 피고 잎겨드랑이에 달린다. 열매는 삭과이고 단단하며, 잔털이 있고 9월에 익는다.

섬괴불나무 인동과
Lonicera insularis Nakai

물앵도나무

갈잎 떨기나무. 바닷가의 산기슭에서 높이 5~6m 자라며 가지 속이 어 있다. 잎은 마주나고 타원형이며, 끝이 뾰족하고 뒷면에 융모가 있으며 가장자리는 밋밋하다. 꽃은 5~6월에 흰색으로 피어 노란색으로 변하고 잎겨드랑이에 2송이씩 달린다. 포는 선형이고 화관은 입술 모양이다. 열매는 둥근 장과이고 서로 떨어져 있으며 7~8월에 붉은색으로 익는다.

인동덩굴 인동과
Lonicera japonica Thunb.

겨우살이덩굴 · 금은화 · 인동초 · 통령초

갈잎 덩굴나무. 산과 들에서 길이 5m 정도 자란다. 줄기는 길게 벋어 오른쪽으로 다른 물체를 감으면서 올라간다. 잎은 마주나고 긴 타원형이다. 꽃은 5~6월에 흰색으로 피었다가 나중에 노란색으로 변하며, 잎겨드랑이에 2송이씩 달린다. 열매는 장과이고 둥글며 10~11월에 검게 익는다.

아하!
겨울에도 덩굴이 마르지 않고 푸른 잎도 살아 있어, 겨울(동:冬)을 견뎌내는 (인:忍) 덩굴이라는 뜻으로 '인동(忍冬) 덩굴' 이라고 한다.

열매

개암나무 자작나무과
Corylus heterophylla Fischer var. *thunbergii* Blume

깨금나무 · 진자 · 처낭

갈잎 떨기나무. 산과 들의 양지에서 높이 2~3m 자란다. 잎은 어긋나고 타원형이며, 자줏빛 무늬가 있고 가장자리에 불규칙한 톱니가 있다. 꽃은 암수한그루로 3월에 황록색으로 피며, 수꽃이삭은 2~5개가 가지 끝에서 축 늘어지고 암꽃은 달걀 모양이고 포편마다 2개씩 달린다. 열매는 둥근 견과이고 잎 같은 2개의 포가 감싸며 10월에 갈색으로 익는다. 열매를 먹고 약재로도 쓴다.

국수나무 장미과
Stephanandra incisa (Thunb.) Zabel

갈잎 떨기나무. 산과 들에서 높이 1~
2m 자라고 가지 끝이 밑으로 처진다.
잎은 어긋나고 넓은 달걀 모양이며
끝이 뾰족하다. 꽃은 5~6월에 연한
노란색으로 피고 새 가지 끝에 여러
송이가 모여 달린다. 열매는 골돌과이
고 달걀 모양이며 잔털이 많으며 8~
9월에 익는다.

아하!
줄기 한가운데에 수(髓)라고 하는 흰색
부분이 있는데, 이것이 국수 가닥과 비
슷하다고 하여 '국수나무'라는 이름이
붙었다.

딱지꽃 장미과
Potentilla chinensis Seringe
갯딱지

여러해살이풀. 들의 개울가와 해변에
서 키 30~60cm 자란다. 뿌리줄기가
비대하고 줄기에 융털이 있다. 잎은
깃꼴겹잎으로 어긋나고 작은잎은 피
침형이며 뒷면에 흰색 솜털이 밀생한
다. 꽃은 6~7월에 노란색으로 피고
줄기 끝에 산방상 취산화서로 달린다.
꽃받침과 꽃잎은 각 5개이다. 열매는
수과이고 넓은 달걀 모양이며 7~8월
에 익는다. 어린 잎을 식용하고 전초
를 약재로 쓴다.

물싸리 장미과
Potentilla fruticosa Linne

갈잎 떨기나무. 고산 지대 암석 위에서 높이 1.5m 정도 자라며 군락을 이룬다. 잎은 어긋나고 홀수깃꼴겹잎이며, 작은잎은 3~7개이고 긴 타원형이며 가장자리가 뒤로 말린다. 탁엽은 피침형이고 연갈색이며 털이 있다. 꽃은 6~8월에 노란색으로 피고 2~3송이가 가지 끝이나 잎겨드랑이에 달린다. 열매는 둥근 수과이고 윤기가 나며 긴 털이 있다. 꽃과 잎을 약재로 쓴다.

뱀딸기 장미과
Duchesnea chrysantha (Zoll. et Morr.) Miq.

여러해살이풀. 풀밭이나 논둑에서 자란다. 덩굴이 옆으로 벋으면서 마디에서 뿌리가 내린다. 잎은 어긋나고 달걀 모양이며 가장자리에 톱니가 있다. 꽃은 4~5월에 노란색으로 피며 잎겨드랑이에서 나온 긴 꽃줄기 끝에 1송이씩 달린다. 열매는 수과이고 둥글며 6월에 붉게 익는다. 열매를 먹는다.

열매

열매가 딸기와 비슷하고 뱀이 자주 발견되는 습기가 많은 곳에서 잘 자라므로 '뱀딸기'라고 붙여진 듯하다. 잎과 줄기는 뱀에 물린 상처를 치료하는 약재로 쓴다.

뱀무 장미과
Geum japonicum Thunberg
귀머거리풀 · 대근초

여러해살이풀. 산이나 들에서 키 25~100cm 자라며 전체에 털이 있다. 뿌리잎은 1회깃꼴겹잎으로 어긋나고 작은잎은 염통 모양이며, 줄기잎은 달걀 모양이고 가장자리에 톱니가 있으며 잎자루가 짧다. 꽃은 6~7월에 노란색으로 피고 가지 끝에 성긴 취산화서로 달린다. 꽃받침과 꽃잎은 5개씩이다. 열매는 수과이고 억센 털이 빽빽하며 9월에 익는다. 어린 잎을 식용하고 전초를 약재로 쓴다.

아하!
꽃이 사람의 귀에 들어가면 소리가 들리지 않게 된다고 하여 '귀머거리풀'이라 부르기도 한다.

열매

큰뱀무 장미과
Geum aleppicum Thunb.

여러해살이풀. 산과 들에서 키 70cm 정도 자라며 전체에 털이 있다. 뿌리잎은 깃꼴겹잎이며 작은잎은 달걀 모양이다. 줄기잎은 어긋나고 3개로 갈라지며 끝이 뾰족하다. 꽃은 6월에 노란색으로 피며 가지 끝에 1송이씩 달린다. 열매는 수과이고 둥글게 모이며 8~9월에 익는다. 어린 잎은 나물로 먹는다.

아하!
뿌리에서 난 잎이 무의 잎과 닮았다고 하여 '뱀무'라고 부르며, 뱀무보다 개체가 크기 때문에 '큰뱀무'라고 하여 구분한다.

나도양지꽃 장미과
Waldsteinia ternata (Stephan.) Fritsch

금강금매화

여러해살이풀. 깊은 산에서 키 10~20cm 자라며 털이 많다. 잎은 뿌리에 모여난 3출겹잎이며, 작은잎은 달걀 모양이고 가장자리에 톱니가 있다. 꽃은 황색이고 7~8월에 꽃줄기 끝에 달린다. 열매는 수과이고 타원형이며 10월에 여문다.

아하!
양지꽃류는 아니지만 잎과 꽃 모양 등이 '양지꽃과 닮았다'고 하여 '나도양지꽃' 이라고 부른다.

돌양지꽃 장미과
Potentilla dickinsii Franch. et Savat.

여러해살이풀. 산지의 바위 틈에서 키 20cm 정도 자란다. 전체에 누운 털이 빽빽하게 난다. 잎은 뿌리에서 모여나고 깃꼴겹잎이며, 작은잎은 달걀 모양이고 가장자리에 톱니가 있다. 꽃은 6~7월에 노란색으로 피고 줄기 끝이나 잎겨드랑이에 여러 송이가 성기게 모여 달린다. 열매는 수과이고 9월에 익는다.

아하!
햇빛이 잘 드는 양지에서 자라는 '양지꽃' 과 비슷하고 바위 틈에서 잘 자라므로 '돌양지꽃' 이라 부르는 것 같다.

물양지꽃 장미과
Potentilla cryptotaeniae Max.

여러해살이풀. 깊은 산기슭의 냇가에서 키 50~100cm 자라며 전체에 거친 털이 있다. 잎은 3장으로 된 겹잎이며 작은잎은 달걀 모양이고 가장자리에 겹톱니가 있다. 꽃은 7~8월에 노란색으로 피고 줄기 끝에 모여 달린다. 열매는 수과이고 8~9월에 익는다. 어린 잎과 줄기를 먹는다.

아하!
꽃이 양지꽃과 비슷하고 산기슭의 냇가 등 물가에서 자라므로 '물양지꽃'이라 부르는 것 같다.

세잎양지꽃 장미과
Potentilla freyniana Bornmueller

여러해살이풀. 산과 들에서 자란다. 잎은 3장으로 된 겹잎이며 작은잎은 긴 타원형이다. 뿌리잎은 잎자루가 길다. 꽃은 3~4월에 노란색으로 피고 꽃줄기 끝에 모여 달린다. 열매는 수과이고 주름살이 있다. 어린 잎을 나물로 먹는다.

아하!
양지꽃의 일종이며 잎이 작은잎 3장으로 된 겹잎이어서 '세잎양지꽃'이라고 부른다.

솜양지꽃 장미과
Potentilla discolor Bunge

여러해살이풀. 산과 들의 양지에서 자라며 전체에 솜털이 빽빽하게 난다. 잎은 뿌리에서 모여나고 깃꼴겹잎이며, 작은잎은 타원형이고 가장자리에 톱니가 있다. 꽃은 4~8월에 노란색으로 피고 줄기 끝에 여러 송이가 모여 달린다. 열매는 수과이고 8~9월에 갈색으로 익는다. 뿌리를 먹는다.

(아하)*!*
양지꽃의 일종이며 전체에 솜털이 빽빽하게 나므로 '솜양지꽃' 이라고 부르는 것 같다.

양지꽃 장미과
Potentilla fragarioides L. var. *major* Max.

여러해살이풀. 산과 들의 양지에서 키 30~50cm 자란다. 전체에 거친 털이 있다. 잎은 뿌리에서 모여나고 깃꼴겹잎이며, 작은잎은 타원형이고 가장자리에 톱니가 있다. 꽃은 4~6월에 노란색으로 피고 줄기 끝에 10송이 정도가 모여 달린다. 열매는 수과이고 달걀 모양이며 6~7월에 익는다. 어린 잎을 나물로 먹는다.

(아하)*!*
봄에 산과 들의 햇빛이 잘 드는 양지에서 잘 자라므로 '양지꽃' 이라 부르는 것 같다.

은양지꽃 장미과
Potentilla nivea Linne.

유구양지꽃 · 은빛딱지

여러해살이풀. 고산 지대에서 키 10~20cm 자란다. 잎은 3출겹잎이고 작은잎은 타원형이며, 표면은 비단털이 있고 뒷면은 흰색 솜털이 밀생하며, 가장자리에 톱니가 있고 잎자루가 길며 탁엽은 갈적색이다. 꽃은 7월에 노란색으로 피고 꽃줄기 끝에 2~4송이가 달리며, 꽃받침잎은 끝이 뾰족한 넓은 피침형이고 꽃잎은 달걀 모양이고 화탁에 짧은 털이 있다. 열매는 수과이고 달걀 모양이다.

아하!
꽃줄기와 잎에 흰색 솜털이 많이 나 있어 은빛으로 보이므로 '은양지꽃'이라고 부른다.

제주양지꽃 장미과
Potentilla stolonifera Lehm. var. *quelpaertensis* Nakai

제주소시랑개비

여러해살이풀. 한국특산식물. 산지에서 줄기를 벋어 길이 20cm 정도 퍼진다. 전체에 털이 나며 줄기는 자줏빛이 돈다. 잎은 깃꼴겹잎이며 작은잎은 타원형이고 가장자리 위쪽에 톱니가 있다. 꽃은 4~6월에 노란색으로 피고 꽃줄기 끝에 1~3송이씩 달린다. 열매는 수과이고 달걀 모양이다.

아하!
양지꽃의 일종이며 제주도에서 잘 자라므로 '제주양지꽃'이라는 이름이 붙었다.

장미 장미과
Rosa hybrida Hort.

갈잎 떨기나무. 원예용으로 재배하며 높이 2~3m 정도 자라고 가지에 날카로운 가시가 많다. 잎은 어긋나고 끝이 뾰족한 타원형이며 가장자리에 예리한 톱니가 있다. 꽃은 품종에 따라 색깔과 피는 시기가 다르고 홑꽃에서 겹꽃까지 수많은 변이가 있다. 현재 알려진 품종만도 15,000여 종이나 된다.

아하!
줄기가 덩굴성이어서 꼿꼿하게 서기 어려운 이 식물이 주로 울타리나 담장에 의지하여 자란다고 하여 '장미(薔薇)'라는 이름이 붙었다.

짚신나물 장미과
Agrimonia pilosa Ledeb.

여러해살이풀. 들이나 길가에서 키 30~100cm 자라며 전체에 거친 털이 많이 난다. 잎은 어긋나고 깃꼴겹잎이며, 작은잎은 피침형이고 가장자리에 거친 톱니가 있다. 꽃은 6~8월에 노란색으로 피고 줄기와 가지 끝에 많이 모여 달린다. 열매는 수과이고 꽃받침에 싸이며, 갈고리 같은 털 때문에 물체에 잘 붙는다. 어린 순을 나물로 먹는다.

아하!
잎에 뚜렷한 맥이 있는 것이 짚신과 비슷하고, 또 나물로 먹으면 짚신을 삶은 것처럼 아무 맛이 없다고 해서 '짚신나물'이라고 부른다.

한라개승마 장미과

Aruncus aethusifolius (Lev.) Nakai

여러해살이풀. 한국특산식물. 고산 지대에서 키 20cm 정도 자란다. 잎은 어긋나고 넓은 삼각형이며, 2회3출 깃꼴겹잎이고 갈래조각은 달걀 모양이며 결각상으로 갈라진다. 꽃은 8월에 황백색으로 피고 원줄기 끝에 원추상 총상화서가 달린다. 꽃받침은 반원형이고 끝이 5개로 갈라지며 많은 수술이 밖으로 빠져 나온다. 열매는 골돌과이고 씨가 2개씩 들어 있으며, 윤이 나고 10월에 익는다.

아하!

제주도 한라산 해발 1500m 부근에서 처음 발견되었으므로 '한라개승마' 라고 이름지어졌다.

겹황매화 장미과

Kerria japonica (L.) Dc. for. *plena* C. K. Schneid.

죽도화

갈잎 떨기나무. 습기가 있는 곳에서 높이 2m 정도 자라며 줄기는 녹색이다. 잎은 어긋나고 긴 타원형이며 가장자리에 겹톱니가 있다. 꽃은 5월에 노란색으로 피고 옆가지 끝에 달리며 겹꽃이다. 열매는 맺지 않는다.

황매화 장미과
Kerria japonica (L.) Dc.

죽단화

갈잎 떨기나무. 절이나 마을 부근에서 높이 2m 정도 무성하게 자란다. 잎은 어긋나고 긴 달걀 모양이며 가장자리에 겹톱니가 있다. 꽃은 4~5월에 노란색으로 피고 옆가지 끝에 달리며 꽃잎은 5장이다. 열매는 견과이고 달걀 모양이며 9월에 검은 갈색으로 익는다.

!
꽃 모양이 매화(梅花)를 닮았고 색깔이 노랗다(黃;황)하여 '황매화(黃梅花)'라고 부른다.

노랑제비꽃 제비꽃과
Viola orientalis W. Becker

여러해살이풀. 산지의 풀밭에서 모여나고 키 10~20cm 자란다. 잎은 뿌리에서 2~3장 나고 달걀 모양이며, 줄기잎은 염통 모양이고 가장자리에 톱니가 있으며, 표면에 윤기가 있고 잎자루가 짧다. 꽃은 4~6월에 노란색으로 피고 줄기 끝에 2~3송이씩 모여 달린다. 열매는 삭과이고 타원형이며 8~9월에 익는다. 어린 잎은 식용한다.

!
봄에 제비가 강남에서 돌아올 때 꽃이 피는 제비꽃의 일종이며 꽃이 노란색으로 피기 때문에 '노랑제비꽃'이라고 부르는 것 같다.

팬지 제비꽃과

Viola tricolor L. var. *hortensis* Dc.

삼색제비꽃

한해살이풀 또는 두해살이풀. 유럽 원산이며 키 15~30cm 자란다. 잎은 어긋나고 긴 타원형이며 가장자리에 톱니가 있다. 꽃은 4~5월에 피고 잎겨드랑이에서 나온 긴 꽃줄기 끝에 1송이씩 달린다. 꽃은 노란색·자주색·흰색의 3가지 색이나 여러 형태의 혼합색도 있다. 열매는 삭과이고 달걀 모양이다.

풍년화 조록나무과

Hamamelis japonica S. et Z.

만작

갈잎 떨기나무. 일본 원산이며 높이 6m 정도 자란다. 잎은 어긋나고 달걀 모양이며 겉에 주름이 약간 있다. 꽃은 잎이 나기 전인 4월에 노란색으로 피고 잎겨드랑이에 여러 송이가 달린다. 열매는 삭과이고 달걀 모양이며 10월에 익는데, 솜털이 빽빽하게 나며 2개로 갈라진다.

아하!
꽃이 많이 피면 그 해 농사가 풍년(豊年)이 든다고 하여 풍년화(豊年花), 꽃이 많이 달린다고 하여 만작(滿作)이라는 이름이 붙었다.

히어리 조록나무과
Corylopsis coreana Uyeki
송광납판화

갈잎 떨기나무. 한국특산식물. 산기슭에서 높이 1~2m 자란다. 잎은 어긋나고 둥글며, 밑부분은 염통 모양이고 가장자리에 뾰족한 톱니가 있다. 꽃은 3~4월에 연한 황록색으로 피고 가지 끝에 8~12송이가 모여 길이 3~4cm의 화서를 이루고 밑으로 처져 달린다. 꽃받침과 꽃잎은 각각 5장이다. 열매는 삭과이고 9월에 익으면 2개로 갈라지며 씨는 검은색이다.

열매

노랑어리연꽃 조름나물과
Nymphoides peltata (Gmelim) O. Kuntze

여러해살이 물풀. 늪이나 연못 등에서 자라며, 뿌리줄기는 물 속의 진흙 속에서 가로로 뻗는다. 잎은 마주나고 둥글며, 가장자리에 물결 모양의 톱니가 있고 끈처럼 긴 잎자루가 있어 물 위에 뜬다. 꽃은 7~8월에 밝은 노란색으로 피고 잎겨드랑이에서 물 위로 나온 꽃줄기에 2~3송이씩 달린다. 열매는 삭과이고 타원형이며 9~10월에 익는다. 씨는 달걀 모양이고 납작하며 날개가 있다.

아하!
잎이 연잎을 닮았으나 크기가 훨씬 작으므로 '노란 꽃이 피는 어린 연꽃'이라는 뜻으로 '노랑어리연꽃' 이라고 부르는 것 같다.

꽃

등칡 쥐방울덩굴과
Aristolochia manshuriensis Komarov

갈잎 덩굴나무. 산기슭에서 길이 10m 정도 자란다. 잎은 염통 모양이다. 꽃은 암수딴그루이고 5~6월에 연녹색으로 피며 잎겨드랑이에 1송이씩 달린다. 꽃받침통 가운데가 U자형으로 구부러진다. 열매는 삭과이고 긴 타원형이며 9~11월에 익는다.

아하!
잎이 칡의 잎과 비슷하고 겨울에 매달린 열매가 등불을 달아놓은 것처럼 보이기 때문에 '등칡'이라고 이름붙인 것으로 추정된다.

쥐방울덩굴 쥐방울덩굴과
Aristolochia contorta Bunge

방울풀

여러해살이 덩굴풀. 산과 들의 숲가장자리에서 길이 1.5m 정도 자란다. 줄기를 자르면 흰 유액이 나온다. 잎은 어긋나고 염통 모양이며 약간 흰빛이 난다. 꽃은 7~8월에 녹자색으로 피고 잎겨드랑이에 여러 송이가 달린다. 꽃잎은 없고 꽃받침은 통 모양이며 윗부분이 나팔처럼 된다. 열매는 삭과이고 둥글며, 10월에 익고 낙하산 모양으로 벌어진다.

열매

아하!
덩굴식물이고 열매가 작은 방울을 여러 개 모아놓은 것처럼 보여 '쥐방울덩굴'이라고 부르는 것 같다.

노랑만병초 진달래과
Rhododendron aureum Georgi

늘푸른 떨기나무. 높은 산에서 키 1m 정도 자란다. 잎은 가죽질이고 타원형이며 그물맥이 뚜렷하다. 꽃은 깔때기 모양이며 5~7월에 담황색으로 피고 줄기 끝에 3~10송이씩 달린다. 열매는 삭과이고 타원형이며 길이 2cm 정도이다.

꽃

아하!
겨울에도 잎이 말려 자신을 보호하는 강인함에 만 가지 병을 고칠 것이라고 여겨지고 노란 꽃이 피므로 '노랑만병초'라고 한 것 같다.

상수리나무 참나무과
Quercus acutissima Carruthers
참나무

갈잎 큰키나무. 산기슭에서 높이는 20~25m 자란다. 잎은 어긋나고 넓은 피침형이며 뒷면은 윤기가 있다. 꽃은 암수한그루이고 5월에 잎겨드랑이에 달리는데, 수꽃이삭은 밑으로 처지고 암꽃이삭은 곧추선다. 열매는 견과이고 둥글며 다음해 10월에 익는다. 열매는 먹을 수 있으며 약재로도 쓴다.

꽃
열매

아하!
임진왜란 때 선조 임금이 피난지에서 참나무 열매로 만든 묵을 먹은 후, 늘 임금의 수라상에 올랐다고 하여 이 열매를 '상(常)수라'라고 부르던 것이 변하여 '상수리'가 되었다.

석창포 천남성과
Acorus gramineus Soland.

수창포

여러해살이풀. 계곡의 물가 바위에 붙어서 자라는 수생식물이다. 잎은 뿌리에서 모여나고 어긋나게 배열되며, 긴 칼 모양이고 윤기가 나며 가장자리는 밋밋하다. 꽃은 6~7월에 연한 노란색으로 피고 잎과 비슷한 꽃줄기 옆에 육수화서로 달린다. 열매는 삭과이고 둥글며 9~10월에 녹색으로 익는다. 뿌리로 술을 담근다. 꽃·잎·뿌리줄기를 약재로 쓴다.

아하!
여인들이 머리를 감는 데 쓰는 창포(菖蒲)와 비슷한데 주로 물가의 바위(石)에 붙어서 자라므로 '석창포(石菖蒲)'라고 한다.

창포 천남성과
Acorus calamus L.

여러해살이풀. 호수나 연못가의 습지에서 키 60~90cm 자란다. 잎은 뿌리에서 뭉쳐나고 긴 선형이며 밑부분이 서로 감싸여서 잎집처럼 된다. 꽃은 6~7월에 노란색으로 피고 꽃잎이 없으며, 잎처럼 생긴 꽃줄기 중앙에 원기둥 모양으로 달린다. 열매는 장과이고 긴타원형이며 7~8월에 적색으로 익는다. 땅속줄기를 약재로 쓴다.

아하!
잎에는 특이한 향이 있어 옛부터 단오날에 '창포물'에 머리를 감는 풍습이 있으며, 욕실용 향수나 입욕제·화장품·비누 등에 이용한다.

토란 천남성과
Colocasia antiquorum Schott var.
esculenta Engl.

여러해살이풀. 열대 아시아 원산이며
약간 습한 곳에서 잘 자란다. 잎은 뿌
리에서 나오고 넓은 타원형이다. 드물
게 잎자루 사이에서 1~4개의 꽃줄기
가 나오는데, 꽃은 8~9월에 노란색
으로 피고 막대 모양의 꽃이삭 위쪽
에 수꽃, 아래쪽에 암꽃이 달린다. 알
줄기를 식용한다.

꽃
괴경(토란)

아하!
땅 속의 알줄기가 닭의 알처럼 둥글게
생겼으므로 땅(土:토) 속의 알(卵:란)이
라고 하여 '토란(土卵)'이라고 이름붙
인 것 같다.

향나무 측백나무과
Juniperus chinensis L.
노송나무

늘푸른 큰키나무. 높이 20m 정도 자
란다. 잎은 마주나거나 돌려나고 빽빽
하게 달린다. 꽃은 암수한그루이고 4
월에 피며, 수꽃은 노란색이고 가지
끝에서 긴 타원형을 이루며, 암꽃은
교대로 마주달린 비늘조각 안에 있다.
열매는 구과이고 다음해 9~10월에
흑자색으로 익는다.

아하!
이 식물은 목재에서 나오는 그 청정한
향 때문에 '향(香)나무'라 불리며, 제사
때 등의 분향 재료로 많이 쓰인다.

눈향나무 측백나무과

Juniperus chinensis Linne. var. *sargentii* Henry

눈상나무 · 참향나무

늘푸른 바늘잎 떨기나무. 높은 산에서 높이 75cm, 길이 5m 정도 자라며 원줄기는 땅을 긴다. 잎은 침형이고 대부분 바늘잎이며, 표면에 흰색 줄 2개가 있고 뒷면은 녹색이다. 아랫가지에는 바늘잎이 마주난다. 꽃은 암수한 그루로 4~5월에 피는데 수꽃송이는 달걀 모양이고 인편은 황록색이지만 가장자리가 노란색이며 암꽃송이는 구형이다. 열매는 둥근 구과이고 육질이며 다음해 9~10월에 흑자색으로 익는다.

아하!
가지가 땅에 누워 있듯이 옆으로 벋는다고 하여 '누운 향나무' 라는 뜻으로는 '눈향나무' 라고 부른다.

열매

산수유나무 층층나무과

Cornus officinalis S. et Z.

갈잎 큰키나무. 산지나 인가 부근에서 재배하며 높이 4~7m 자란다. 나무껍질이 불규칙하게 벗겨지고 연한 갈색이다. 잎은 마주나고 달걀 모양이며 가장자리가 밋밋하다. 꽃은 잎이 나기 전인 3~4월에 20~30송이가 무리지어 노란색으로 핀다. 열매는 핵과이고 타원형이며, 겉면이 윤이 나고 8~10월에 붉게 익는다.

골담초 콩과
Caragana sinica (Buchoz) Lam.

갈잎 떨기나무. 중국 원산이며 산지에서 높이 2m 정도 자라고, 위쪽을 향한 가지는 사방으로 퍼진다. 잎은 어긋나고 깃꼴겹잎이며, 작은잎은 4개이고 타원형이다. 꽃은 나비 모양이며 5월에 연노란색으로 피고 잎겨드랑이에 1송이씩 달려 밑으로 늘어진다. 열매는 협과이고 원기둥 모양이며 9월에 익는다. 관상용으로 정원에도 흔히 심는다.

아하!
뿌리와 꽃을 약재로 쓰는데 요통 등에 효과가 있으므로 뼈(骨;골)를 책임(擔;담)지는 풀이라는 의미로 골담초(骨擔草)라고 부른다.

구즈마니아 미니 엑소두스
파인애플과
Guzmania 'Mini Exodus'

관엽식물. 중앙아메리카, 남아메리카 원산. 잎은 암록색이며 밑동에서 로제트 모양으로 모여난다. 꽃대는 포기 가운데에서 나오는데 꽃대를 감싼 포엽은 붉은색이고 끝이 뾰족한 칼 모양이다. 꽃대 끝에 노란색 꽃이 두상화로 달린다. 새싹을 포기나누기하여 번식시킨다.

땅콩 콩과

Arachis hypogaea L.

낙화생

한해살이풀. 브라질 원산이며 모래땅에서 키 60cm 정도 자란다. 잎은 어긋나고 깃꼴겹잎이며, 작은잎은 끝이 뾰족한 타원형이다. 꽃은 7~9월에 노란색으로 피고 잎겨드랑이에 1송이씩 달린다. 씨방의 자루가 자라서 땅속으로 들어가 열매인 땅콩이 된다. 열매는 협과이고 긴 타원형이며 10월에 익는다. 열매를 먹는다.

아하!

콩과식물인데 열매가 땅 속에서 익으므로 땅 속의 콩이라는 뜻으로 '땅콩'이라고 부른다.

벌노랑이 콩과

Lotus corniculatus L. var. *japonicus* Regel

여러해살이풀. 산과 들의 양지에서 키 30cm 정도 자란다. 잎은 어긋나고 겹잎이며, 작은잎은 달걀 모양이고 가장자리가 밋밋하다. 꽃은 6~8월에 노란색 또는 연한 주황색으로 피고, 꽃줄기 끝에 1~4송이씩 달린다. 열매는 협과이고 선형이며 8월에 익는다. 뿌리를 약재로 쓴다.

아하!

풀밭에서 무리지어 나면서 유난히 진한 노란 빛깔의 꽃을 피워 '벌노랑이'라는 이름이 붙여졌다.

자귀풀 콩과

Aeschynomene indica L.

한해살이풀. 밭둑이나 습지에서 키 50~80cm 자란다. 잎은 어긋나고 깃꼴겹잎이며, 작은잎은 긴 타원형이다. 꽃은 7월에 노란색으로 피고 잎겨드랑이에 모여 달린다. 열매는 협과이고 선형이며 6~8개의 마디가 있으며 9~10월에 익는다. 전초를 차 대용으로 달여 마신다.

아하!

깃털처럼 잘게 갈라지는 잎의 모양이 자귀나무와 비슷하고 밤에 마주보는 두 잎씩 포개지는 것이 마치 잠을 자는 귀신 같다 하여 '자귀풀'이라고 한다.

전동싸리 콩과

Melilotus suaveolens Ledebour

노랑풀싸리

두해살이풀. 들과 바닷가에서 키 60~90cm 자란다. 줄기는 곧게 서고 가지가 많이 갈라진다. 잎은 어긋나고 3출겹잎이며, 작은잎은 끝이 둔한 긴 타원형이고 가장자리에 톱니가 있다. 꽃은 7~8월에 노란색으로 피고 가지 끝이나 잎겨드랑이에 총상화서로 달린다. 꽃자루는 길이 2~4cm, 열매는 협과이고 달걀 모양이며 7~9월에 검은색으로 익는다. 전초를 사료용으로 쓴다.

새팥 콩과
Phaseolus nipponensis Ohwi

돌팥

덩굴성 한해살이풀. 들의 초원에서 자라며 전체에 털이 퍼져 난다. 잎은 어긋나고 3출엽이며, 탁엽은 방패 모양이고 털이 있으며 잎자루가 길다. 작은잎은 달걀 모양이고 가장자리는 밋밋하나 때로 얕게 3개로 갈라진다. 꽃은 8월에 연한 노란색으로 피고 잎겨드랑이에 2~3송이씩 달린다. 꽃받침은 끝에 5개의 톱니가 있고 화관은 나비형이다. 열매는 원주형 협과이고 11월에 흑갈색으로 익는다.

팥 콩과
Phaseolus angularis W. F. Wight

한해살이풀. 중국 원산이며 농가에서 재배하고 키 50~90cm 자란다. 잎은 어긋나고 3장으로 된 겹잎이며 작은잎은 넓은 달걀 모양이다. 꽃은 나비 모양이며 8월에 노란색으로 피고 2~12송이씩 모여 달린다. 열매는 협과이고 원기둥 모양이며, 꼬투리 하나에 씨가 6~10개 들어 있다. 씨를 먹는다.

활량나물 콩과
Lathyrus davidii Hance

여러해살이풀. 산과 들에서 키 80~120cm 자란다. 잎은 어긋나고 깃꼴겹잎이며 끝이 갈라진 덩굴손으로 된다. 작은잎은 2~4쌍이고 타원형이며 뒷면은 분백색이고 가장자리에 톱니가 있다. 꽃은 6~8월에 노란색으로 피었다가 갈색으로 변하며 잎겨드랑이에서 총상화서로 달린다. 꽃받침은 종 모양이고 화관은 나비 모양이다. 열매는 편평한 선형 협과이고 10월에 익는다. 어린 잎은 식용한다.

땅귀개 통발과
Utricularia bifida L.

여러해살이풀. 광주 어등산·화순·대암산 용늪 등 늪 주변이나 습지에서 자란다. 잎은 땅속줄기에서 군데군데 땅 위로 모여난다. 포충낭은 흰색 실 같이 가는 땅속줄기가 땅 속으로 뻗으면서 군데군데 달린다. 꽃은 노란색 또는 흰색이고 6~8월에 15cm 정도 자라는 꽃줄기에 1송이씩 달린다. 씨는 작고 둥글며 노란색이다.

아하!
씨 모양이 귀를 청소하는 귀개를 닮았다고 하여 '귀개'라고 부르고, 다른 귀개보다 키가 훨씬 작기 때문에 '땅귀개'라고 부르는 것 같다. 환경부 지정 자생식물 137번으로 지정되어 보호되고 있다.

포충낭

통발 통발과
Utricularia japonica Makino.

여러해살이풀. 연못이나 논과 도랑의 물에서 길이 1m 정도 자란다. 잎은 어긋나고 깃털 모양으로 실같이 갈라지며, 군데군데 투명하게 보이는 렌즈 모양인 포충낭이 달려 있다. 포충낭은 물 속의 잎이 변형된 기포주머니이다. 꽃은 노란색이고 7~9월에 길이 30cm 정도인 꽃줄기에 여러 송이가 달린다. 꽃잎은 입술 모양이고 뒤쪽에 며느리발톱이라는 짧은 꼬리가 있다. 열매는 구형이고 잘 결실하지 않는다.

아하!

통발 모양의 투명한 벌레잡이주머니를 가지고 있어 물벼룩 등 물에 사는 곤충을 잡아먹으므로 '통발' 이라고 한다. 환경부 지정 자생식물 138번으로 지정되어 보호되고 있다.

극락조화 파초과
Strelitzia reginae (Banks) Ait.
천당조화

여러해살이풀. 남아프리카 원산이며 키 1m 정도 자란다. 뿌리는 크고 굵으며 줄기는 없다. 잎은 뿌리에서 나오고 긴 타원형이며, 가죽질이고 회록색이다. 꽃은 등황색 또는 오렌지색이며 잎과 비슷한 높이로 자라는 꽃줄기 끝의 포에 5~6송이가 부채꼴로 달린다.

아하!

속명 reginae은 '왕비' 라는 뜻이고, 꽃 모양이 새 머리와 비슷하여 영어명을 'Bird of Paradise' 라고 하며 이를 그대로 번역하여 '극락조화' 라고 부른다.

바나나 파초과

Musa paradisiaca L. var. *sapientum*
O. kuntze

여러해살이풀. 인도 원산이며 우리 나라에서는 주로 온실에서 재배하고 키 6m 정도 자란다. 잎은 긴 타원형이고 가운데에 굵은 맥이 있다. 꽃은 7~8월에 노란색을 띤 흰색으로 피고 각 포 겨드랑이에 2단으로 늘어서며 포가 꽃 전체를 감싼다. 열매는 장과이고 긴 타원형이며 노란색으로 익는다. 열매를 식용한다.

담쟁이덩굴 포도과

Parthenocissus tricuspidata (S.et Z.)
Planch.

갈잎 덩굴나무. 바위 또는 나무줄기에 붙어 길이 10m 이상 벋는다. 잎은 어긋나고 넓은 달걀 모양이며, 덩굴손은 잎과 마주난다. 꽃은 6~7월에 황록색으로 피며 가지 끝과 잎겨드랑이에서 나온 꽃줄기에 모여 달린다. 열매는 장과이고 둥글며, 흰 가루로 덮여 있고 8~10월에 검게 익는다.

아하!
주로 바위나 나무를 타고 오르며 자라는 덩굴식물로, 민가에서는 주로 담을 타고 기어 오르기 때문에 '담쟁이덩굴'이라고 불린다.

열매

피나무 피나무과
Tilia amurensis Rupr.

달피나무 · 벌나무

갈잎 큰키나무. 산골짜기 숲 속에서 높이 20m 정도 자란다. 잎은 어긋나고 넓은 달걀 모양이며 가장자리에 날카로운 톱니가 있다. 꽃은 6월에 연한 노란색으로 피고 잎겨드랑이에서 20~30송이씩 산방화서를 이룬다. 열매는 둥근 견과이고 9~10월에 익으며 흰색 또는 갈색 털이 밀생한다. 열매자루에 프로펠라 모양의 포가 있다. 꽃으로 차를 만들어 마시고 수피를 섬유용으로 이용한다.

아하!
나무껍질(樹皮:수피)을 섬유용으로 쓰고, 어망 · 삿자리 등 여러 가지를 만드는 데 이용하므로 '피(皮)나무'라고 이름지었다.

금어초 현삼과
Antirrhinum majus Linne

여러해살이풀. 원예화초로 재배하며 키 20~80cm 자란다. 잎은 돌려나고 피침형이며 잎자루가 짧다. 꽃은 4~7월에 여러 가지 색으로 피고 줄기 끝에 총상화서로 달린다. 화관은 두툼한 입술 모양이다. 열매는 삭과이고 찌그러진 난형이며 윗 부분에 구멍이 뚫려 씨가 나온다.

아하!
속명(Antirrhinum)은 anti(유사하다)와 rhis(코)의 합성어로 꽃 모양이 동물의 코와 비슷한 데서 붙여졌으며, 또 꽃의 모양이 금붕어를 닮았다고 하여 '금어초'라고 부른다.

해란초 현삼과
Linaria japonica Miquel

꼬리풀 · 꽁지꽃 · 운난초

여러해살이풀. 해변의 모래땅에서 키 15~40cm 자라며 전체가 분백색이다. 잎은 3~4장씩 돌려나고 윗부분은 어긋나며, 피침형이고 가장자리는 밋밋하다. 꽃은 7~8월에 연황색으로 피고 줄기 끝에 총상화서로 달린다. 화관은 가면 모양이고 윗입술꽃잎은 곧게 선다. 열매는 둥근 삭과이고 영구꽃받침에 싸이며 9월에 익는다. 종자에는 두꺼운 날개가 있다. 줄기와 잎은 약재로 쓴다.

아하!
해변의 모래땅에서 잘 자라고 꽃 모양이 난초와 비슷한 풀이라는 뜻으로 '해란초'라는 이름이 붙었다.

알라만다 협죽도과
Allamanda cathartica L.

늘푸른 떨기나무. 주로 온실에서 재배하며 높이 6m 정도 자란다. 잎은 보통 잎 4개가 돌려나는데 때로는 잎 3개가 돌려나는 것도 있고 길이 10~15cm · 폭 2~4cm의 난상피침형이며 잎의 양끝이 모두 뾰족하다. 꽃은 6~10월에 노란색으로 피고 5~8cm인 꽃줄기에 달린다. 화관은 통 모양이며 끝이 5갈래로 갈라진다.

아하!
속명의 Allamanda는 식물학자 Fr. Allamanda의 이름에서 따온 것이며 그대로 '알라만다'로 이름지어졌다.

홍초 홍초과

Canna generalis Baily

홍초과

여러해살이풀. 열대 남아시아 원산이며 키 1~2m 자란다. 줄기는 원기둥 모양이고 홍자색 또는 녹색이며 자르면 점액이 나온다. 잎은 넓은 타원형이고 밑부분이 잎집으로 되어 줄기를 감싼다. 꽃은 노란색 또는 홍색이고 여름부터 가을까지 계속 핀다. 열매는 삭과이고 둥글며, 씨는 흑색으로 딱딱하다.

회양목 회양목과

Buxus microphylla S. et Z. var. *koreana* Nakai

도장나무

늘푸른 떨기나무. 산지의 석회암지대에서 높이 7m 정도 자란다. 잎은 마주나고 타원형이며, 끝이 둥글고 뒤로 젖혀진다. 꽃은 암수한그루이고 4~5월에 노란색으로 피며, 줄기 끝이나 잎겨드랑이에 달린다. 열매는 삭과이고 타원형이며 6~7월에 갈색으로 익는다.

아하!
목재가 곱고 단단하기 때문에 예전에는 도장을 만드는 재료로 많이 쓰였기 때문에 '도장나무'라는 별명이 붙어 있다.

붉은색 꽃이 피는 식물

가지 가지과
Solanum melongena L.

한해살이풀. 인도 원산이며 농가에서 채소로 재배한다. 키 60~100cm 자라며 전체에 별 모양의 회색 털이 많이 난다. 잎은 어긋나고 달걀 모양이며 끝이 뾰족하다. 꽃은 6~9월에 연보라색으로 피고, 줄기와 가지의 마디 사이에서 나온 꽃줄기에 여러 송이가 달린다. 열매는 장과이고 흑자색으로 익는다. 열매를 식용한다.

감자 가지과
Solanum tuberosum L.

여러해살이풀. 남아메리카 원산이며 농가에서 작물로 재배하고 키 60~100cm 자란다. 잎은 어긋나고 깃꼴겹잎이며 작은잎은 달걀 모양이다. 꽃은 별 모양이며 5~6월에 엷은 자주색 또는 흰색으로 피고 잎겨드랑이에서 나온 긴 꽃줄기에 모여 달린다. 열매는 장과이고 둥글며 황록색으로 익는다. 덩이줄기를 식용한다.

담배 가지과
Nicotiana tabacum L.
연주

여러해살이풀. 남아메리카 원산이며
밭에서 재배하고 키 1.5~2m 자란다.
잎은 어긋나고 끝이 뾰족한 타원형이
다. 꽃은 7~8월에 연분홍색 또는 흰
색으로 피고 줄기 끝에 여러 송이가
모여 달린다. 열매는 삭과이고 달걀
모양이며 많은 씨가 들어 있다. 잎을
담배 원료로 쓴다.

!
잎을 가공하여 담배를 만들어 피우므
로 연기(煙汽)를 들이마시는 풀이라 하
여 '연초(煙草)'라고 한다. 또, 정신을
혼미하게 하는 것이 술과 같다고 하여
연기로 된 술(酒:주)이라는 뜻으로 '연
주(煙酒)'라고도 부른다.

낙상홍 감탕나무과
Ilex serrata var. *sieboldii* Loesm

갈잎 떨기나무. 정원에 식재하며 높이
3m 정도 자란다. 잎은 어긋나고 타원
형이며, 양면에 짧은 털이 나고 가장
자리에 톱니가 있다. 꽃은 암수딴그루
로 5~6월에 연분홍색으로 피고 새가
지에 취산화서로 달린다. 열매는 장과
이고 작은 구슬 모양이며 10월에 붉
은색으로 익는다. 씨는 흰색이고 한
열매에 6~8개씩 들어 있다. 뿌리껍
질과 잎을 약재로 쓴다.

!
다닥다닥 달린 빨간(紅) 열매가 서리
(霜)를 맞으면 떨어지기(落) 시작하므
로 '낙상홍(落霜紅)'이라는 이름이 붙
었다.

계수나무 계수나무과
Cercidphyllum japonicum Sieb. et Zucc

연향나무

갈잎 큰키나무. 높이 25~30m 자라
며 굵은 가지가 많이 갈라진다. 잎은
마주나고 넓은 달걀 모양이며, 가장자
리에 둔한 톱니가 있고 잎자루는 붉
은색이다. 꽃은 암수딴그루이고 4~5
월에 연홍색으로 피며 잎이 나기 전
에 잎겨드랑이에 1송이씩 달린다. 꽃
잎은 없고 수꽃에 수술이 많다. 열매
는 골돌과로 굽은 원기둥 모양이고 8
월에 익으며 씨는 납작하다. 목재를
건축재나 조각재, 악기재로 쓴다.

자주괭이밥 괭이밥과
Oxalis martiana Zuccarinl.

여러해살이풀. 인가 부근의 밭둑이나
길가에서 키 10~30cm 자란다. 비늘
줄기는 붉은빛을 띤 갈색이고 달걀
모양이며 무더기로 자라며 잡초같이
퍼져나간다. 잎은 어긋나고 3개로 된
겹잎이며, 잎자루가 길고 작은잎은 염
통 모양이다. 꽃은 6~8월에 연한 홍
색으로 피고 꽃줄기 끝에 모여 달린
다. 열매는 삭과이고 6월에 익는다.

아하!
잎과 꽃의 모양이 괭이밥과 비슷하고
꽃이 자주색으로 피므로 '자주괭이밥'
이라는 이름이 붙은 것으로 추정된다.

거베라 국화과
Gerbera hybrida Hort.

여러해살이풀. 주로 절화용과 화분용
으로 재배하고 키 30~60cm 자란다.
줄기와 잎에 솜털이 밀생한다. 잎은
모두 뿌리에서 나고 가장자리에 거친
물결 모양의 톱니가 있다. 꽃은 5~11
월에 노란색·붉은색·흰색 등으로
피고 잎 사이에서 나온 긴 꽃줄기 끝
에 1송이씩 달린다. 주변의 꽃은 설상
화이고 중심부는 통상화이다.

골등골나물 국화과
Eupatorium lindleyanum De Candolle

여러해살이풀. 산과 들에서 키 70cm
정도 자라며 전체에 거친 털이 있다.
잎은 마주나고 선상 피침형이며 가장
자리에 불규칙한 톱니가 있다. 때로는
잎 밑부분이 3개로 갈라져 돌려나는
것처럼 보인다. 꽃은 7~10월에 흰색
이나 연한 자주색으로 피고 줄기 끝
에서 산방화서로 달린다. 열매는 수과
이고 5각이 진 원추형이며 관모는 백
색이고 9~10월에 익는다. 어린 잎은
나물로 먹는다.

과꽃 국화과

Callistephus chinensis (L.) Nnees

한해살이풀. 고원과 산지에서 키 30 ~100cm 자란다. 줄기는 자주색을 띠고 가지를 많이 치며 풀 전체에 흰 털이 많다. 꽃은 7~9월에 남보라 색·흰색 등으로 피고 긴 꽃줄기 끝 에 1송이씩 달린다. 열매는 수과이고 납작하며, 긴 타원형이고 털이 있다.

아하!
백두산 지역에 과부(寡婦)와 관련한 전 설이 전하는데 과부를 지켜 준 꽃이라 고 해서 '과꽃'이라고 불리게 되었다.

낙동구절초 국화과

Chrysanthemum zawadskii Herb. ssp. *naktongense* (Nakai) Y. Lee stat. nov.

여러해살이풀. 산과 들에서 자라며 잎 은 원예화초로 재배하는 국화를 닮았 고 가지가 많이 갈라지지 않는다. 꽃 은 9~10월에 분홍색 또는 흰색으로 피고 줄기와 가지 끝에 1송이씩 달린 다. 열매는 10~11월에 익는다. 전체 를 약재로 쓴다.

아하!
구절초의 일종이며 낙동강 인접 지역 에서 많이 자라므로 '낙동구절초'라는 이름이 붙었다.

바위구절초 국화과

Chrysanthemum zawadskii Herb.
ssp. *acutilobum* (Dc.) Kitagawa var.
alpinum (Nakai) Y. Lee comb. nov.

여러해살이풀. 높은 산 중턱 바위 틈
에서 키 15~30cm 자라며 전체에 털
이 빽빽이 난다. 잎은 깃꼴로 깊게 갈
라지며 갈래는 피침형이다. 꽃은 8~
9월에 분홍색 또는 흰색으로 피고 줄
기 끝에 1송이씩 달린다. 열매는 수과
이고 긴 타원형이다. 전체를 약재로
쓴다.

아하!
구절초의 일종이고 산지의 바위나 돌
이 많은 지역에서도 잘 자라므로 '바위
구절초' 라고 부르는 것 같다.

국화 국화과

Chrysanthemum morifolium Ramat.

여러해살이풀. 주로 화단에서 관상용
으로 재배하며 키 1m 정도 자란다.
잎은 어긋나고 깃털 모양으로 갈라지
며 가장자리에 불규칙한 톱니가 있다.
꽃은 가을에 붉은색 · 노란색 · 흰색
등으로 피고, 줄기나 가지 끝에 1송이
씩 달린다. 꽃빛깔은 품종에 따라 다
양하고 크기나 모양도 다르다. 우리나
라에는 390여 품종이 알려져 있다.

도월 국화과
Chrysanthemum morifolium Ram.
'Dowall'

여러해살이풀. 꽃은 11월 초순에 연분
홍색으로 피고 꽃잎 안쪽은 진한 자
주색이다.

자우전 국화과
Chrysanthemum morifolium Ram.
'Chawoochun'

국화. 꽃은 11월 초순에 자주색으로
피고 꽃지름 20cm 정도로 크며 꽃잎
안쪽은 진한 자주색이다.

자을녀 국화과
Chrysanthemum morifolium Ram.
cv. 'Jaoolnyo'

국화. 꽃은 자색이고 크며 10월 하순에 핀다.

천수국 국화과
Tagetes erecta L.

아프리카금잔화

한해살이풀. 멕시코 원산이며 키 45~60cm 자라고 가지가 많이 갈라진다. 잎은 마주나거나 어긋나고 깃털 모양이며, 작은잎은 피침형이고 가장자리에 잔톱니가 있다. 전체에서 냄새가 난다. 꽃은 6~9월에 노란색·담황색·적황색 등으로 피며, 가지 끝에서 나온 굵은 꽃줄기에 1송이씩 달린다. 열매는 수과이고 길며 끝에 가시 같은 깃털이 있다.

해국 국화과
Aster spathulifolius Max.

여러해살이풀. 바닷가에서 높이 30~ 60cm 자라며 전체에 부드러운 털이 많다. 잎은 어긋나고 주걱 모양이며 가장자리에 톱니가 있다. 꽃은 7~11 월에 연자주색으로 피고 가지 끝에 1 송이씩 달린다. 열매는 수과이고 관모 는 갈색이다.

아하!
바람이 많은 바닷가(海:해)에서 잘 자 라는 국화(菊花)라고 하여 '해국(海菊)' 이라는 이름이 붙여졌다.

꽃(분홍)

달리아 국화과
Dahlia pinnata Cav.

여러해살이풀. 멕시코 원산이며 키 1.5~2m 자라고 줄기에 흰 가루가 덮 여 있다. 잎은 마주나고 깃털 모양이 며, 작은잎은 달걀 모양이고 가장자리 에 톱니가 있다. 꽃은 7~8월에 노란 색·붉은색·흰색 등으로 피고, 줄기 와 가지 끝에 1송이씩 옆을 향해 달린 다. 열매는 10월에 익는다.

데이지 국화과
Bellis perennis L.

애기국화

여러해살이풀. 유럽 원산이며 키
15cm 정도 자라고 수염뿌리가 사방
으로 퍼진다. 잎은 뿌리에서 나오고
주걱 모양이며 가장자리에 톱니가 약
간 있다. 꽃은 봄부터 가을까지 피며
연한 홍색·홍자색·흰색이다. 뿌리에
서 나온 꽃줄기가 끝에 1송이씩 달리
며, 밤에는 오므라든다.

백일홍 국화과
Zinnia elegans Jacq.

한해살이풀. 멕시코 원산이며 키 60
~90cm 자란다. 잎은 마주나고 끝이
뾰족한 달걀 모양이며, 가장자리는 밋
밋하고 거친 털이 있다. 꽃은 6~10
월에 자주색·주황색·흰색 등 다양
하게 피고, 긴 꽃줄기 끝에 1송이씩
달린다. 가운데의 관상화는 주로 노란
색과 주황색이 많다. 열매는 9월에 익
는다.

붉은색 꽃이 잘 시들지 않고 100일(百
日) 이상 오랫동안 피어 있으면서 꽃
모양이 유지되므로 '백일홍(百日紅)'이
라고 부른다.

꽃(홍자색)

뻐꾹채 국화과
Rhapontia uniflora Dc.

여러해살이풀. 산과 들에서 키 1m 정도 자란다. 잎은 어긋나고 타원형이며, 깃털처럼 갈라지고 가장자리에 톱니가 있다. 꽃은 6~9월에 홍자색으로 피고 줄기 끝에 1송이씩 달린다. 열매는 수과이고 타원형이며 9~10월에 익는다. 어린 잎을 식용하고 뿌리를 약재로 쓴다.

애해!
뻐꾸기가 날아와 노래할 때쯤 꽃이 피고, 꽃봉오리에 붙은 비늘잎이 뻐꾸기의 가슴 깃털처럼 보인다고 하여 '뻐꾹채'라고 부른다.

산비장이 국화과
Serratula coronata var. insularis Kitamura
큰산나물

여러해살이풀. 산과 들의 풀밭에서 키 30~150cm 자란다. 잎은 깃 모양이고 끝이 뾰족하며, 가장자리는 불규칙한 톱니가 있고 양면에 흰털이 약간 있다. 꽃은 8~10월에 연한 홍자색 또는 황록색으로 피고 종 모양이며 줄기와 가지 끝에 1송이씩 붙는다. 화관에 거미줄 같은 털이 있다. 열매는 원통형이고 11월에 갈색으로 익는다. 어린 순을 나물로 먹고 전초를 약재로 쓴다.

산솜방망이 국화과
Senecio flammeus Turcz. ex. Dc. ssp.
flammeus

여러해살이풀. 높은 산에서 키 10~
40cm 자라고 줄기에 거미줄 같은 털
이 있다. 잎은 타원형이고 밑부분이
줄기를 감싸고 있으며 잎자루에 날개
가 있다. 꽃은 8월에 적황색으로 피고
줄기 끝에 2~7송이가 달린다. 열매
는 수과이고 긴 타원형이며 10월에
익는다.

아하!
높은 산에서 주로 자라고 뭉툭한 줄기
에 솜 같은 흰털이 밀생하므로 '산솜방
망이'라는 이름이 붙여졌다.

시네라리아 국화과
Senecio cruentus (Masson) Dc.

여러해살이풀. 카나리아 군도 원산이
며 키 40~60cm 자라고 전체에 털
이 있다. 잎은 어긋나며 큰 염통 모양
으로 가장자리에 톱니가 있다. 꽃은
12월~이듬해 4월에 붉은색 또는 흰
색으로 피는데, 꽃줄기에 많은 꽃이
빽빽하게 달린다. 가운데는 대개 자주
색이다.

꽃

쑥 국화과

Artemisia princeps Pampan.

여러해살이풀. 들의 양지바른 풀밭에서 키 60~120cm 자라며 전체에 거미줄 같은 털이 빽빽하게 난다. 잎은 어긋나고 타원형이며 깃털 모양으로 갈라진다. 꽃은 7~9월에 연한 홍자색으로 피고 줄기 끝에 작은 꽃이 모여 달린다. 열매는 수과이고 10월에 익는다. 어린 잎을 식용하고 잎과 줄기는 약재로 쓴다.

아하!

처참하게 파괴된 것을 '쑥대밭'이라고 하는데, 이것은 농사를 짓지 않은 묵밭에 쑥이 다른 풀을 누르고 무성하게 자란 상태를 말한다.

까실쑥부쟁이 국화과

Aster ageratoides Turcz.

곰의수해 · 껄끔취

여러해살이풀. 산과 들의 비탈과 돌 많은 풀밭에서 키 60~90cm 자라고 윗부분에서 가지가 갈라지며 때로 붉은빛을 띤다. 줄기잎은 어긋나고 긴 타원상 피침형이며 잎 밑부분이 급하게 좁아져 잎자루가 된다. 꽃은 8~10월에 자주색으로 피고 원줄기 끝에 산방화서로 달린다. 열매는 수과이고 털이 나 있으며 9~10월에 익는다. 어린 잎을 식용하고 전초를 약용한다.

쑥부쟁이 국화과
Aster yomena Kitamura

권영초

여러해살이풀. 산과 들의 약간 습한 곳에서 키 30~100cm 자란다. 잎은 어긋나고 피침형이며 가장자리에 굵은 톱니가 있다. 꽃은 7~10월에 자주색으로 피고 줄기와 가지 끝에 1송이씩 달린다. 열매는 수과이고 달걀 모양이며, 잔털이 나고 10~11월에 익는다. 어린 잎을 나물로 먹는다.

! 봄에 싹이 날 때 잎이 자주색(紫朱色)을 띤다. 그래서 '자채(紫菜)'라고도 하며, 자색인 뿌리 주위가 특히 더 맛있는 봄나물이다.

고려엉겅퀴 국화과
Cirsium setidens Nakai

여러해살이풀. 산과 들에서 키 1m 정도 자라며 줄기에 가지가 많다. 잎은 어긋나고 피침형이며 끝이 뾰족하다. 꽃은 7~10월에 홍자색으로 피고 가지와 줄기 끝에 1송이씩 달린다. 열매는 수과이고 긴 타원형이며 갈색 관모가 있다. 어린 잎을 식용한다.

아하! 엉겅퀴의 일종이며 꽃이 흰 것은 '흰고려엉겅퀴(Cirsium setidens Nakai for. albiflorum Y. Lee for. nov.)'라고 한다.

도깨비엉겅퀴 국화과
Cirsium schantarense Trautv. et Meyer

여러해살이풀. 깊은 산에서 키 50~
150cm 자란다. 잎은 어긋나고 타원
형이며 깃 모양으로 갈라지고 가장자
리에 톱니가 있다. 꽃은 7~9월에 붉
은 자주색으로 피고 가지와 줄기 끝
에서 1송이씩 밑으로 처져 달린다. 열
매는 수과이고 긴 타원형이며 갈색으
로 익는다. 어린 잎은 식용한다.

아하!
'엉겅퀴'는 어린 잎을 나물이나 국거
리로 한다. 특히 연한 줄기의 껍질을
벗겨 된장이나 고추장에 박아 두었다
가 장아찌로 먹는다.

들엉겅퀴 국화과
Cirsium tanakae Matsumura

여러해살이풀. 들이나 밭에서 키 1m
정도 자란다. 꽃은 7~10월에 홍자색
으로 피고 가지와 줄기 끝에서 1송이
씩 달린다. 열매는 수과이고 11월에
익는다. 전체를 약재로 쓴다.

버들잎엉겅퀴 국화과
Cirsium lineare (Thunb.) Sch. Bip.

솔엉겅퀴

여러해살이풀. 풀밭에서 키 50cm 정도 자란다. 잎은 선형이고 끝이 길게 뾰족하며, 뒷면에 거미줄 같은 털이 있고 가장자리가 거의 밋밋하며 가시가 있다. 꽃은 8~10월에 자주색으로 피고 통꽃인 두상화가 가지 끝에 1개씩 달린다. 총포편은 6~7줄로 비늘같이 배열되며, 외포편 끝에 짧은 가시가 있고 뒷면에 점질과 더불어 거미줄 같은 털이 있다. 열매는 편평하고 긴 타원형 수과이고 관모는 갈색이다.

엉겅퀴 국화과
Cirsium maackii Max.

가시나물 · 야홍화

여러해살이풀. 산과 들에서 키 50~100cm 자라며 전체에 흰 털이 있다. 잎은 타원형이고 깃털 모양으로 갈라지며, 밑동은 줄기를 감싸고 가장자리에 톱니와 가시가 있다. 꽃은 6~8월에 붉은색 · 자주색 · 흰색으로 피고, 가지와 줄기 끝에 1송이씩 달린다. 열매는 수과이고 긴 타원형이며 9월에 익는다. 어린 잎을 식용하고 전체를 약재로 쓴다.

열매

가시가 많은 나물이라 해서 '가시나물'이라고도 부른다. 또 들판(野:야)에 피는 붉은 꽃(紅花:홍화)이라 해서 '야홍화(野紅花)'라고도 부른다.

지느러미엉겅퀴 국화과
Carduus crispus L.
엉거시

두해살이풀. 산과 들에서 키 70~
100cm 자란다. 줄기에 지느러미 모
양의 날개가 있다. 잎은 어긋나고 깃
모양이며 가장자리에 가시가 많다. 꽃
은 5~10월에 홍자색으로 피고 가지
끝에 달린다. 열매는 수과이고 11월에
익는다. 연한 줄기와 어린 잎을 먹고
전체를 약재로 쓴다.

아하!
줄기 전체에 물고기의 지느러미 같은
날개가 많이 붙어 있고 날개 가장자리
에 가시로 끝나는 이빨 모양의 톱니가
있어 '지느러미엉겅퀴'라고 부른다.

큰엉겅퀴 국화과
Cirsium pendulum Fischer
장수엉겅퀴

여러해살이풀. 숲 가에서 키 1~2m
자란다. 잎은 어긋나고 타원형이며 깃
처럼 갈라진다. 꽃은 7~10월에 홍자
색으로 피고 가지 끝에 1송이씩 달린
다. 열매는 수과이고 긴 타원형이며
10~11월에 익는다. 어린 순을 먹고
뿌리를 약재로 쓴다.

아하!
종소명(pendulum)은 시계 등의 추를
뜻하며, 긴 꽃줄기 끝에 아래를 향한
꽃이 바람에 건들거리는 '큰엉겅퀴'의
특징을 나타낸다.

우엉 국화과
Arctium lappa L.

두해살이풀. 유럽 원산이며 밭에서 지배하고 키 1.5~2m 자란다. 잎은 모여나고 큰 염통 모양이며 가장자리에 톱니가 있다. 꽃은 7월에 짙은 자주색 또는 흰색으로 피고 줄기 끝에 모여 달린다. 열매는 9월에 익는다. 뿌리와 어린 잎을 식용하고 열매는 약재로 쓴다.

뿌리

아하!
속명(Arctium)은 그리이스어 곰(arktos)에서 유래하고, 커다란 밤송이 같은 꽃의 모양에서 연유된 것이라고 한다.

조뱅이 국화과
Cephalonoplos segetum (Bunge) Kitamura

자리귀

두해살이풀. 들과 밭 가장자리에서 키 25~50cm 자란다. 잎은 어긋나고 피침형이며 끝이 둔하고 가장자리에 잔톱니와 더불어 가시 같은 털이 있다. 꽃은 암수딴그루며 5~8월에 자주색으로 피고 줄기나 가지 끝에 달린다. 열매는 수과이고 9~10월에 흰색으로 익는다. 어린 잎을 나물로 먹고 전체를 약재로 쓴다.

아하!
속명(Cephalonoplos)은 Cephalos(머리)와 hoplon(무기)의 합성어로, 꽃이 두상화이고 잎에 가시가 있는 조뱅이의 특성을 나타낸다.

지칭개 국화과
Hemistepta lyrata Bunge

두해살이풀. 밭이나 들에서 키 60~
80cm 자란다. 잎은 긴 타원형이고
깃 모양이며 가장자리에 톱니가 있다.
꽃은 5~7월에 자주색으로 피고 가지
와 줄기 끝에 1송이씩 달린다. 열매는
수과이고 긴 타원형이며 검은빛이 도
는 갈색으로 익는다. 어린 잎을 나물
로 먹고 전체를 약재로 쓴다.

아하!
종소명(lyrata)은 머리가 크고 날개가
갈라진다는 뜻으로, 꽃이 가지 끝에 1
송이씩 달리고 잎이 깃 모양인 '지칭
개'의 특성을 나타낸다.

각시취 국화과
Saussurea pulchella Fischer

두해살이풀. 산지 풀밭의 양지에서 키
30~150cm 자라며 전체에 잔털이
있다. 잎은 긴 타원형이고 깃 모양이
며 갈래는 피침형이다. 꽃은 8~10월
에 자주색으로 피고 줄기와 가지 끝
에 여러 송이가 모여 달린다. 열매는
수과이고 10월에 자주색으로 익는다.
어린 순을 나물로 먹고 전체를 약재
로 쓴다.

아하!
종소명(pulchella)은 아름답다는 뜻이
며, 줄기 끝에 모여 있는 자주색 두상
화가 예쁘다는 의미로 '각시취'라고
이름지어진 것 같다.

큰각시취 국화과
Saussurea japonica (Thunb.) Dc.

두해살이풀. 산에서 키 50~150cm
자란다. 뿌리잎은 긴 타원형이고 깃꼴
겹잎이며 잎자루가 길다. 꽃은 8~9
월에 자주색으로 피고 줄기와 가지
끝에 많이 모여 달린다. 열매는 수과
이고 납작하며, 관모는 흰색이다.

자주색 두상화가 예쁜 각시취와 비슷
하고 크기가 다소 크므로 '큰각시취'
라고 부르는 것 같다.

개미취 국화과
Aster tataricus L. fil.
자원

여러해살이풀. 산과 들에서 키
1.5m~2m 자란다. 줄기에 짧은 강모
가 드물게 난다. 잎은 타원형이며 가
장자리에 톱니가 있고 잎자루에 날개
가 있다. 꽃은 7~10월에 연한 자주색
또는 하늘색으로 피고, 줄기와 가지
끝에 모여 달린다. 열매는 수과이고
10~11월에 익는다. 어린 순을 먹고
전체를 약재로 쓴다.

꽃말은 '기억하고 그리워 함'이다. '오
래 기억하게 하는 풀'로서 '시름을 잊
게 하는 풀'인 원추리와 함께 효도에
관한 전설이 있다.

벌개미취 국화과
Aster koraiensis Nakai

고려쑥부쟁이

한국특산식물. 여러해살이풀. 산과 들의 습지에서 키 50~60cm 자란다. 줄기에 나는 잎은 어긋나고 끝이 뾰족한 타원형이며 가장자리에 잔 톱니가 있다. 꽃은 6~10월에 연보라색으로 피고 가지와 원줄기 끝에 1송이씩 달린다. 총포는 반구형이고 관상화는 노란색이다. 열매는 긴 타원형 수과이고 10~11월에 익는다. 어린 순을 나물로 먹고 전초를 약재로 쓴다.

아하!
종명 koraiensis도 한국특산임을 나타내고 있으며 영어 이름 역시 코리안 데이지(Korean Daisy)이다.

좀개미취 국화과
Aster maackii Regel

괴쑥부쟁이 · 굴개미취

여러해살이풀. 산골짜기 냇가 근처에서 키 45~85cm 자란다. 줄기에 자주색 줄이 있으며 가지가 산방상으로 갈라진다. 잎은 어긋나고 피침형이며, 양끝이 길게 뾰족하고 양면에 잔털이 있으며, 가장자리에 톱니와 잔털이 있다. 꽃은 8~10월에 자주색 두상화로 피고 가지나 줄기 끝에 달린다. 열매는 수과이고 납작한 달걀 모양이며 관모는 연한 갈색이다.

서덜취 국화과
Saussurea grandifolia Max.

여러해살이풀. 깊은 산에서 키 30~50cm 자란다. 잎은 어긋나고 달걀 모양이며 가장자리에 날카로운 톱니가 있다. 꽃은 7~10월에 연분홍색으로 피고 줄기 끝에 여러 송이가 달린다. 열매는 수과이고 갈색으로 익는다. 어린 잎을 식용한다.

!
'서덜'은 냇가와 강가의 돌이 많은 곳을 이르는 말이다. 깊은 산의 돌이 많은 지대에서 자란다고 하여 '서덜취'라고 한 것 같다.

코스모스 국화과
Cosmos bipinnatus Cav.

한해살이풀. 멕시코 원산이며 키 1~2m 자라고 줄기 윗부분에서는 가지를 많이 친다. 잎은 마주나고 깃털 모양으로 갈라지며, 갈라진 조각은 선형이고 독특한 냄새가 난다. 꽃은 6~10월에 붉은색·연분홍색·흰색 등으로 피고 가지와 줄기 끝에 1송이씩 달린다. 열매는 수과이고 끝이 새 부리 모양이며 8~11월에 익는다.

!
속명(Cosmos)은 그리스어 kosmos(질서, 조화)에서 유래하고, 질서 정연한 체계를 말한다. 코스모스의 특징 있는 잎 모양을 나타낸다.

꽃잔디 꽃고비과
Pylox subulata L.

지면패랭이

여러해살이풀. 건조한 모래땅에서 키 10cm 정도 자란다. 가지가 많이 갈라져 지면을 덮는다. 잎은 마주나고 피침형이며 가장자리는 밋밋하다. 꽃은 분홍색·붉은색·자홍색·흰색 등이 있으며, 7~8월에 줄기 끝에 여러 송이가 달린다. 열매는 9월에 익는다.

아하!
멀리서 보기에는 잔디 같고 아름다운 꽃이 피기 때문에 '꽃잔디'라고 한다. 또 패랭이꽃과 비슷하고 지면으로 퍼지므로 '지면패랭이'라고도 한다.

풀협죽도 꽃고비과
Phlox paniculata L.

여러해살이풀. 북아메리카 원산이며 줄기가 무더기로 나와서 키 1m 정도 자란다. 잎은 마주나거나 3장씩 돌려나고 피침형이며 잔털이 있다. 꽃은 6~9월에 분홍색·자주색·흰색 등으로 피고 원줄기 끝에 여러 송이가 모여 달린다. 열매는 9월에 익는다.

아하!
잎은 대나무 같고 꽃은 복숭아나무와 비슷하다는 '협죽도'를 닮은 꽃이 피는 풀이라고 하여 '풀협죽도'라고 이름지었다.

골무꽃 꿀풀과
Scutellaria indica L.

여러해살이풀. 산과 들의 숲 가장자리 그늘에서 키 30cm 정도 자라며 전체에 짧은 털이 있다. 잎은 마주나고 염통 모양이며 가장자리에 둔한 톱니가 있다. 꽃은 5~6월에 자주색으로 피고 줄기 끝부분에 한쪽으로 치우쳐 2줄로 빽빽이 달린다. 열매는 소견과이고 꽃받침에 싸여 있으며 7월에 익는다. 어린 잎을 나물로 먹는다.

아하!
골무는 바느질을 할 때 손가락에 끼우는 것이며, 이 풀의 열매가 골무를 닮았다고 하여 '골무꽃'이라는 이름이 붙었다.

광릉골무꽃 꿀풀과
Scutellaria insignis Nakai

여러해살이풀. 산지 숲 속이나 나무 그늘에서 키 40~70cm 자란다. 잎은 마주나고 타원형이며 가장자리에 거친 톱니가 있다. 꽃은 긴 통 모양이며 5~6월에 연한 하늘색으로 피고 줄기 끝에 이삭처럼 모여 달린다. 열매는 9월에 익는다. 어린 잎을 먹는다.

아하!
열매가 바느질 도구인 골무와 비슷한 골무꽃의 일종이며, 경기도 광릉 지역에서 잘 자라므로 '광릉골무꽃'이라고 부른다.

떡잎골무꽃 꿀풀과
Scutellaria indica L. var. *tsusimensis* Ohwi

여러해살이풀. 산과 들에서 키 10~30cm 자란다. 잎은 마주나고 넓은 달걀 모양이며, 두껍고 가장자리에 톱니가 있다. 꽃은 6월에 자주색으로 피고 줄기 끝에 이삭처럼 모여 달린다. 열매는 소견과이고 7~8월에 익는다. 어린 잎을 먹는다.

아하!
열매가 골무를 닮은 '골무꽃'의 일종이며, 골무꽃보다 다소 키가 크고 잎이 두껍기 때문에 '떡잎골무꽃'이라는 이름이 붙은 것 같다.

곽향 꿀풀과
Teucrium veronicoides Max.

털개곽향

여러해살이풀. 산과 들의 다소 음습한 곳에서 키 60cm 정도 자라며 전체에 퍼진 털이 있다. 잎은 달걀 모양이고 끝이 약간 둔하며 가장자리에 톱니가 있다. 꽃은 7~8월에 연한 하늘색으로 피고 성긴 총상화서에 한쪽으로 치우쳐 성기게 달리며, 포는 넓은 피침형이고 꽃받침은 긴 선모가 드문드문 있고 열매가 익을 때는 밑을 향한다. 열매는 둥근 분과이고 9월에 익는다. 전초를 약재로 쓴다.

광대나물 꿀풀과
Lamium amplexicaule L.

코딱지나물

두해살이풀. 풀밭이나 습한 길가에서
키 30cm 정도 자란다. 잎은 마주나
고 가장자리에 톱니가 있으며, 위쪽
잎은 잎자루가 없고 양쪽에서 줄기를
완전히 둘러싼다. 꽃은 4~5월에 붉
은색으로 피고 잎겨드랑이에 여러 송
이가 돌려난 것처럼 달린다. 열매는
분과이고 달걀 모양이며 전체에 흰
반점이 있고 7~8월에 익는다. 어린
잎을 나물로 먹는다.

아하!
꽃의 모양이 코를 후볐을 때 코딱지처
럼 콧물이 끈적하게 따라나오는 모양
과 비슷하다고 하여 '코딱지나물'이라
고도 부른다.

금란초 꿀풀과
Ajuga decumbens Thunb.

가지조개나물 · 금창초

여러해살이풀. 산과 들의 길가에서 자
라며, 줄기는 눕고 전체에 털이 있다.
뿌리에서 뭉쳐난 잎은 넓은 피침형이
며 가장자리에 톱니가 있고, 줄기에
난 잎은 긴 타원형이다. 꽃은 3~6월
에 자주색으로 피고 잎겨드랑이에 여
러 송이가 돌려 달린다. 열매는 소견
과이고 둥글며 8~10월에 익는다.

아하!
솜털이 많은 조개나물과 비슷하면서
가지를 치지 않는 조개나물과 달리 가
지가 많으므로 '가지조개나물'이라고
도 부른다.

내장금란초 꿀풀과
Ajuga decumbens Thunb. var. *rosa* Y. Lee

여러해살이풀. 산과 들의 길가에서 자란다. 줄기는 눕고 전체에 털이 있다. 뿌리에서 뭉쳐난 잎은 넓은 피침형이며 가장자리에 톱니가 있다. 꽃은 3~6월에 분홍색으로 피고 잎겨드랑이에 여러 송이가 돌려 달린다. 열매는 소견과이고 둥글며, 그물 무늬가 있고 8~10월에 익는다.

아하!
금란초와 비슷하고 전북 내장산에서 처음 발견되었기 때문에 '내장금란초' 라고 한다. 꽃이 분홍색인 것이 금란초와 다르다.

꽃범의꼬리 꿀풀과
Physostegia virginiana (L.) Benth.

여러해살이풀. 캐나다 원산이며 키 60~120cm 자란다. 뿌리줄기가 옆으로 벋으면서 줄기가 무더기로 나온다. 잎은 마주나고 피침형이며 가장자리에 톱니가 있다. 꽃은 7~9월에 보라색·홍색·흰색 등으로 피고 줄기윗부분에 모여 이삭 모양을 이룬다. 꽃받침은 종 모양이고 꽃잎은 입술처럼 생겼다.

아하!
줄기 윗부분에 꽃이 많이 모여 긴 꼬리처럼 된 꽃차례가 호랑이(범)의 꼬리와 비슷하다고 하여 '꽃범의꼬리' 라고 부른다.

꿀풀 꿀풀과

Prunella vulgaris L. var. *lilacina* Nakai

여러해살이풀. 산기슭의 볕이 잘 드는 풀밭에서 키 30cm 정도 자라며 전체에 짧은 흰 털이 흩어져 난다. 잎은 마주나고 긴 달걀 모양이며 끝이 뾰족하다. 꽃은 7~8월에 자주색으로 피고 원줄기 끝에 모여 빽빽하게 층을 이루며 달린다. 열매는 소견과이고 9월에 황갈색으로 익는다. 어린 잎을 식용한다.

꽃

아하!
아이들이 꽃을 따서 빨아 먹으면 꿀이 나온다고 해서 즐겨 먹을 만큼 꿀 성분을 많이 함유하고 있어서 '꿀풀'이라고 한다.

들깨풀 꿀풀과

Mosla punctulata (J. F. Gmelin) Nakai

개향유

한해살이풀. 들판에서 키 20~60cm 자라며 자주색이 돌고 가지가 많이 갈라진다. 잎은 마주나고 장타원형이며 표면에 잔털이 있고 뒷면에 선점이 밀생한다. 꽃은 8~9월에 연자주색으로 피고 가지 끝에 총상화서로 달린다. 꽃받침과 화관은 입술 모양이다. 열매는 분과로 달걀 모양이고 4개가 꽃받침으로 싸여 있으며, 그물 같은 무늬가 있고 10월에 익는다.

아하!
잎과 꽃의 모양이 들깨와 비슷하다고 하여 '들깨풀'이라고 불린다.

배암차즈기 꿀풀과
Salvia plebeia R. Brown
뱀배추

두해살이풀. 습한 계곡이나 도랑 근처에서 키 30~70cm 자란다. 줄기잎은 마주나고 넓은 피침형이며, 잔털이 드문드문 있고 가장자리에 둔한 톱니가 있다. 꽃은 5~7월에 연자색으로 피고 줄기 윗부분의 잎겨드랑이와 끝에 총상화서로 달린다. 꽃받침은 상하로 깊게 갈라지며, 화관은 입술 모양이고 아랫쪽에 자주색 반점이 있다. 열매는 4개로 된 분과이고 넓은 타원형이며 짙은 갈색으로 익는다.

배초향 꿀풀과
Agastache rugosa (F. et M.) O. Kuntze

여러해살이풀. 산과 들의 양지쪽 자갈밭에서 키 40~100cm 자란다. 잎은 마주나고 끝이 뾰족한 염통 모양이며 가장자리에 둔한 톱니가 있다. 꽃은 7~9월에 자주색으로 피고, 원줄기와 가지 끝에 많이 모여 빽빽하게 달린다. 열매는 소견과이고 납작한 타원형이며 10월에 익는다. 어린 잎을 나물로 먹는다.

아하!
전초에서 강한 향기가 나므로 차를 끓여 음용하고, 요리할 때 생선 비린내를 제거하거나 육류 냄새를 없애는 데 사용한다.

백리향 꿀풀과

Thymus quinquecostatus Celak.

산백리향 · 지초

갈잎 반떨기나무. 고산 지대나 바닷가 바위 곁에서 자라며 줄기는 옆으로 기고 가지가 많이 갈라진다. 잎은 마주나고 피침형이며, 털이 있고 향기가 진하게 난다. 꽃은 6~7월에 연한 자주색으로 피고 가지 끝부분의 잎겨드랑이에 모여 달린다. 열매는 둥글고 작은 소견과이며 9월에 암갈색으로 익는데 대부분 결실되지 않는다. 전초를 약재로 쓴다.

!
향기가 진하여 백리(百里)까지 퍼질 만큼 진하다고 해서 '백리향(百里香)'이라는 이름이 붙여졌다.

섬백리향 꿀풀과

Thymus magnus Nakai

대화백리향 · 울릉백리향

덩굴성 갈잎 반떨기나무. 한국특산식물. 해변의 암벽 지대 등에서 높이 20~30cm 자란다. 잎은 마주나고 넓은 피침형이며 가장자리에 톱니가 있다. 꽃은 6~7월에 연한 분홍색으로 피고 잎겨드랑이와 가지 끝에 모여 총상화서를 이룬다. 열매는 둥근 소견과이고 9월에 암갈색으로 익는다. 전초를 약재로 쓰며 잎과 줄기에서 정유를 뽑아내어 고급 향료로 쓴다.

!
울릉도에서 자라고 식물에서 향기가 짙어 백리까지 간다고 하여 '섬백리향'이라는 이름이 붙여졌다.

벌깨덩굴 꿀풀과
Meehania urticifolia (Miq.) Makino

여러해살이풀. 산지의 그늘진 곳에서 키 15~30cm 자라며 줄기는 옆으로 벋는다. 잎은 마주나고 염통 모양이며 가장자리에 둔한 톱니가 있다. 꽃은 5월에 보라색으로 피고 잎겨드랑이에 2~6송이씩 한쪽을 향해 달린다. 열매는 소견과이고 달걀 모양이며 7~8월에 익는다. 어린 잎을 식용한다.

아하!
줄기가 비스듬히 옆으로 벋어 덩굴식물로 보이고 잎 모양이 깻잎을 닮았다고 해서 '벌깨덩굴'이라고 부른다.

샐비어 꿀풀과
Salvia splendens L.
깨꽃 · 사르비아

한해살이풀. 남부 유럽 원산이며 키 60~90cm 자란다. 잎은 마주나고 긴 달걀 모양이며, 끝이 뾰족하고 가장자리에 뭉툭한 톱니가 있으며 흰털이 있다. 꽃은 5~10월에 붉은색으로 피고, 줄기와 가지 끝에 층층이 모여 달린다. 꽃받침은 종 모양이다.

아하!
꽃이 피기 전까지의 겉모양이 깨와 비슷하여 '깨꽃'이라고도 부른다.

개석잠 꿀풀과
Stachys riederi var. intermedia (Kudo) Kitamura

여러해살이풀. 산이나 들의 다소 습한 곳에서 키 30cm 정도 자란다. 줄기에 밑을 향한 털이 있다. 잎은 마주나고 피침형이며 가장자리에 톱니가 있다. 꽃은 6~8월에 연한 자주색으로 피고 잎겨드랑이나 줄기 끝에 모여 촘촘히 달린다. 화관은 통 모양이고 끝이 입술 모양이며, 꽃잎에 붉은색 반점이 있다. 열매는 분과이고 꽃받침 속에 들어 있다. 어린 잎을 식용한다.

석잠풀 꿀풀과
Stachys riederi Chamisso var. *japonica* Hara

여러해살이풀. 산과 들의 습지에서 키 30~60cm 자란다. 잎은 마주나고 피침형이며 가장자리에 톱니가 있다. 꽃은 6~9월에 연한 자주색으로 피고 가지와 줄기 윗부분의 마디마다 층층이 달린다. 열매는 분과이고 꽃받침 속에 들어 있으며 9~10월에 익는다. 어린 잎을 식용한다.

아하!
석잠풀속(Stachys)은 전세계에 약 300여 종, 우리나라에는 4변종(개석잠풀, 석잠풀, 우단석잠풀, 털석잠풀)이 분포한다.

소엽 꿀풀과
Perilla frutescens Britton var. *acuta* Kudo

자소·차즈기

한해살이풀. 약초로 재배하며 키는 20~80cm 자란다. 전체적으로 자색을 띠며 네모난 줄기는 향기가 난다. 잎은 마주나고 넓은 달걀 모양이며 가장자리에는 톱니가 있다. 꽃은 8~9월에 연한 자주색으로 피고 줄기 끝이나 잎겨드랑이에서 총상화서로 달린다. 화관은 짧은 통상순형이고 하순이 상순보다 약간 길다. 열매는 수과이고 10월에 익는다. 어린 잎과 열매는 식용하고 전초를 약재로 쓴다.

아하!
전체적으로 자주색(紫色:자색)을 띠고 잎이 깻잎(蘇:소)과 비슷하다고 하여 자소(紫蘇)라고도 한다.

오리방풀 꿀풀과
Isodon excisus (Max.) Kudo

여러해살이풀. 깊은 산에서 키 50~100cm 자란다. 전체에 잔털이 있고 줄기는 모가 지며 곧게 선다. 잎은 마주나고 난원형이며, 끝이 거북꼬리 모양이고 가장자리에 톱니가 있으며 잎자루에 날개가 있다. 꽃은 7~9월에 보라색으로 피고 잎겨드랑이와 원줄기 끝에 마주보는 취산화서로 달린다. 꽃받침은 5개로 갈라지고 화관의 상순은 젖혀지며 하순은 돌출한다. 열매는 소견과이고 꽃받침 속에 들어 있다.

익모초 꿀풀과
Leonurus sibiricus L.

두해살이풀. 산과 들에서 키 1m 정도
자란다. 줄기에 흰 털이 나서 흰빛을
띤 녹색으로 보인다. 잎은 마주나고
뿌리에 달린 잎은 달걀 모양이며 줄
기에 달린 잎은 3개로 갈라진다. 꽃은
7~8월에 연한 홍자색으로 피고 잎겨
드랑이에 여러 송이가 층층으로 달린
다. 열매는 소견과이고 넓은 달걀 모
양이며 9~10월에 익는다. 풀 전체를
약재로 쓴다.

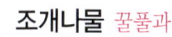
전체를 약재로 쓰는데, 산모(産母)의
임신과 출산에 따르는 부인병 치료에
적합(盆;익)하다고 하여 '익모초(盆母
草)'라고 부른다.

조개나물 꿀풀과
Ajuga multiflora Bunge

여러해살이풀. 산과 들의 양지바른 곳
에서 키 30cm 정도 자라며 긴 흰 털
이 빽빽하게 난다. 잎은 마주나고 뿌
리에 난 잎은 달걀 모양이며 줄기에
난 잎은 타원형이다. 꽃은 5~6월에
자주색으로 피고 잎겨드랑이에 빽빽
하게 모여 달린다. 열매는 소견과이고
둥글납작하며 8월에 익는다. 꽃이 달
린 원줄기와 잎을 약재로 쓴다.

긴 통 모양인 꽃의 모습이 조개와 비슷
하고, 어린 순을 나물로 먹을 수 있으
므로 '조개나물'이라고 부른다.

층층이꽃 꿀풀과

Clinopodium chinense var. *parviflorum* (Kudo) Hara

자주층꽃 · 충충꽃 · 풍윤채

여러해살이풀. 산과 들의 풀밭에서 키 15~60cm 자란다. 줄기는 네모지고 잔털이 있다. 잎은 마주나고 달걀 모양이며 가장자리에 톱니가 있다. 꽃은 7~8월에 연한 홍색으로 피고 원줄기 끝과 가지 끝에 많은 꽃이 층층으로 조밀하게 달린다. 꽃받침은 자색이며 화관은 입술 모양이다. 열매는 약간 편평한 구형 분과이고 10월에 익는다. 어린 잎과 줄기는 식용하고 전초를 약재로 쓴다.

아하!
작은 꽃이 많이 모여 층을 이루므로 '층층이꽃' 이라 부르고 꽃이 자주색이므로 '자주층꽃' 이라고도 한다.

꽃향유 꿀풀과

Elsholtzia splendens Nakai ex F. Maekawa

한해살이풀. 중부 이남 지방의 산과 들에서 키 50cm 정도 자란다. 줄기는 네모지고 가지가 많다. 잎은 마주나고 달걀 모양이며 가장자리에 톱니가 있다. 꽃은 입술 모양이고 자주색이며, 9~10월에 줄기 끝에 모여 이삭 모양으로 달린다. 열매는 소견과이고 10월에 익는다. 전체를 약용한다.

아하!
향기가 좋은 향유의 일종이며 향유에 비하여 꽃이 크고 꽃색이 뚜렷하여 아름다우므로 '꽃향유' 라고 부른다.

향유 꿀풀과
Elsholtzia ciliata (Thunb.) Hylander

노야기

한해살이풀. 산과 들에서 키 60cm
정도 자란다. 전체에 연한 털이 나고
향기가 짙다. 잎은 마주나고 달걀 모
양이며, 잎가장자리에 톱니가 있고 잎
자루가 길다. 꽃은 8~9월에 연한 홍
자색으로 피고, 원줄기나 가지 끝에
모여 한쪽으로 치우쳐서 이삭 모양으
로 달린다. 열매는 소견과이고 좁은
달걀 모양이며 10월에 익는다. 전체
를 약재로 쓴다.

풀 전체에서 강한 향기(香氣)가 나므로
'향유'라고 부른다. 옛부터 목욕탕 향
료용으로 이용해 왔다.

황금 꿀풀과
Scutellaria baicalensis Georgi

속썩은풀

여러해살이풀. 산지에서 키 60cm 정
도 자라며 농가에서 약초로 재배한다.
전체에 털이 있고 줄기는 밀생하며
가지가 많이 갈라진다. 잎은 마주나고
피침형이며 잎자루가 거의 없다. 꽃은
7~9월에 자주색으로 피고 원줄기와
가지 끝에 총상화서로 달린다. 화관은
입술 모양이고 꽃받침은 종 모양이다.
열매는 둥근 소견과이고 꽃받침 안에
들어 있으며 9월에 익는다. 어린 순을
식용하고 뿌리는 약재로 쓴다.

약재로 쓰는 뿌리의 색깔이 황금색이
어서 '황금(黃芩)'이라고 불린다.

꽃

긴잎끈끈이주걱 끈끈이주걱과
Drosera anglica Huds.

여러해살이풀. 북부 지방의 습지 초원에서 자생하며 키 10~30cm 자란다. 줄기는 짧은 편이고 잎은 중심에서 모여나고 길이 1.5~4cm의 긴 타원형이며 잎자루가 길다. 꽃은 흰색과 분홍색이고 꽃잎은 수저형이며 꽃줄기에 1~2송이씩 달린다.

아하!
끈적끈적한 주걱 모양의 잎을 가진 끈끈이주걱의 일종이며, '끈끈이주걱'보다 잎이 더 길쭉하므로 '긴잎끈끈이주걱'이라고 한다.

꽃

끈끈이주걱 끈끈이주걱과
Drosera rotundifolia Linne

여러해살이 풀. 산지의 물가나 습한 곳에서 자란다. 잎 표면에 붉은색의 긴 털이 붙어 있다. 여기에 작은 벌레가 붙으면 끈적끈적한 액체 때문에 움직이지 못하고 소화액이 흘러나와 녹여 영양분을 섭취한다. 꽃은 흰색과 연분홍색이며 꽃잎은 5장이다. 7월에 꽃이 피고 9월에 열매를 맺는다.

아하!
잎이 주걱 모양이고 잎 표면의 선모에 끈적끈적한 액체가 있어서 '끈끈이주걱'이라는 이름이 붙었다. 이 선모로 벌레를 가두어 잡는다.

드로세라 카펜시스
끈끈이주걱과
Drosera capensis Linne

꽃

여러해살이풀. 남아메리카 원산. 줄기
가 짧고 잎은 밀생한다. 잎은 길이
3.5~6cm의 가는 수저형이고 잎자루
는 길이 10cm 정도 되는 것도 있다.
꽃은 보라색이고 꽃잎은 타원형이며
길이 20~30cm의 꽃줄기에 30송이
정도까지 달린다.

아하!
속명 드로세라(Drosera)는 이슬(dew)을
의미하는 그리스어의 drosos에서 유래
하였으며, 일반명인 Sundow는 비가 안
와도 이슬이 맺히는 식물을 의미한다.
이런 식물에 맺히는 이슬은 포충용 끈
끈이 액이다.

드로세라 카펜시스 레드
끈끈이주걱과
Drosera capensis

여러해살이풀. 남아메리카 원산. 전체
가 붉은색을 띠고 있으며 줄기가 짧
고 잎은 밀생한다. 잎은 길이
3.5~6cm의 가는 수저형이고 잎자루
는 길이 10cm 정도 되는 것도 있다.
꽃은 보라색이고 꽃잎은 타원형이며
길이 20~30cm의 꽃줄기에 30송이
정도까지 달린다.

덫에 걸린 파리

무엽란 난초과
Lecanorchis japonica Blume

여러해살이풀. 산과 들의 따뜻한 곳에서 키 20~40cm 자라며 잎이 없다. 꽃은 6~7월에 연한 갈색 또는 흰색으로 피고 줄기 끝에 여러 송이가 모여 달린다. 열매는 긴 타원형으로 검은색으로 익는다.

아하!
난초의 일종이며 녹색 잎(葉:엽)이 없고(無:무) 잎처럼 보이는 막질의 초상엽이 있을 뿐이어서 '무엽란(無葉蘭)'이라고 부른 듯하다.

복주머니란 난초과
Cypripedium macranthum Swartz
개불알꽃

여러해살이풀. 산지에서 키 30~50cm 자란다. 잎은 어긋나고 넓은 달걀 모양이며 거친 털이 있다. 꽃은 5~6월에 연분홍색 또는 홍자색으로 피고 입술꽃잎은 주머니 모양이며 줄기 끝에 1송이가 달린다. 열매는 삭과이고 7~8월에 익는다.

아하!
일본 이름인 '이누(개)부구리(주머니)'를 직역하여 '개불알꽃'이라고 불렀으나, 아래쪽 꽃잎이 옛 복주머니 모양이어서 '복주머니꽃'이라고 부른다.

자란 난초과
Bletilla striata Reichb. fil.

여러해살이풀. 남부 지방에서 자라며
줄기는 단축되어 둥근 알뿌리로 되고
여기에서 나온 잎이 서로 감싸면서
줄기처럼 된다. 잎은 긴 칼 모양으로
밑부분이 좁아져서 잎집처럼 되며 세
로 주름이 많이 있다. 꽃은 5~6월에
홍자색으로 피고 꽃줄기 끝에 6~7송
이가 모여 달린다.

!
우리나라 자생 야생란의 일종이며 홍
자색(紅紫色)의 꽃을 피우므로 '자란
(紫蘭)'이라고 한다.

타래난초 난초과
Spiranthes sinensis (Pers.) Ames

여러해살이풀. 산과 들의 풀밭에서 키
10~40cm 자란다. 잎은 뿌리에서 나
고 좁은 피침형이며 끝이 뾰족하다.
꽃은 5~8월에 연홍색 또는 흰색으로
피고 투구 모양이며, 꽃줄기 끝에 모
여 나선처럼 비꼬인 모양을 만들어
수상화서를 이룬다. 열매는 삭과이고
타원형이다.

아하!
꽃줄기 끝에 길게 달린 꽃차례가 실타
래나 새끼줄 모양으로 꼬아져서 올라
가며 꽃이 피기 때문에 '타래난초'라
고 한다.

풍선난초 난초과
Calypso bulbosa (L.) Reichenbach fil

여러해살이풀. 키 10cm 가량. 잎은 일엽란으로 길이 3cm 정도이고 세로로 주름이 진다. 꽃은 6~7월에 갈색을 띤 담홍색으로 피고 입술꽃잎은 밑으로 처지며, 흰색 바탕에 연한 갈색 무늬가 있고 위쪽으로 부풀어 주머니 모양으로 된다.

아하!
입술꽃잎이 부풀어 풍선 모양이 되므로 '풍선난초' 라고 이름지었다.

호접란 난초과
Phalaenopsis schilleriana Reichb. f.

여러해살이풀. 필리핀 원산이며 관상용으로 심는다. 잎은 두껍고 긴 타원형으로 길이 45cm 정도이며 늘어진다. 꽃은 이른 봄부터 여름까지 자주색을 띤 분홍색으로 피며 꽃줄기에 100여 송이가 달린다. 꽃줄기는 가지를 쳐서 길이 1m 정도 자라며 구부러져서 늘어진다.

능소화나무 능소화과

Campsis grandiflora (Thunb.) K. Schumann

갈잎 덩굴나무. 중국 원산이며 절에서 많이 심고 길이 10m 정도 자란다. 가지에 흡착근이 있어 벽이나 다른 물체에 붙어서 올라간다. 잎은 마주나고 깃털 모양이며 작은잎은 달걀 모양이고 가장자리에는 톱니와 털이 있다. 꽃은 깔때기 모양이며 8~9월에 적황색으로 피고 가지 끝에 여러 송이가 모여 달린다. 열매는 삭과이고 2개로 갈라지며 10월에 익는다.

아하!

능소화(凌霄花)란, 업신여길 능(凌), 하늘 소(霄), 꽃 화(花), 즉 '하늘을 업신여기고 기어올라가 꽃을 피우는 덩굴나무'라는 뜻으로, 담장이나 큰 나무 등 가리지 않고 무성하게 줄기를 뻗어 덮어버리는 특징을 나타낸다.

사마귀풀 닭의장풀과

Aneilema keisak Hassk.

애기달개비 · 애기닭의밑씻개

한해살이풀. 논이나 늪에서 키 10~30cm 자란다. 잎은 어긋나고 좁은 피침형이며 밑부분이 엽초가 된다. 꽃은 8~9월에 연한 홍자색으로 피고 줄기 끝이나 잎겨드랑이에서 1개씩 달리며 선 모양의 포가 1개 있다. 꽃받침잎은 피침형이고 꽃잎은 달걀 모양이며 각각 3개씩이다. 열매는 타원형 삭과이고 꽃받침에 싸여 있으며 9~10월에 익는다. 열매 각 실에 5~6개의 씨가 들어 있고 밑으로 굽는다.

꽃기린 대극과
Euphorbia splendens Bojer

늘푸른 떨기나무. 주로 화분에 심고 높이 1~2m 자란다. 줄기는 분지가 잘 되고 회갈색이며 가시가 빽빽이 많이 난다. 잎은 어린 가지에 나오고 주걱 모양이며 선명한 녹색이다. 줄기나 잎을 자르면 우유색의 즙이 나오는데 피부나 눈에 닿으면 나쁘다. 꽃은 노란색 또는 진홍색으로 피고 잎 겨드랑이에서 나온 꽃대 끝에 여러 개가 모여 달린다. 원예품종으로 많은 변종이 있다.

아하!

마다가스카르 원산인 이 식물을 일본명 '하나(花;꽃)기린(麒麟)'을 그대로 직역하여 '꽃기린'이라고 부른다.

꿩의비름 돌나물과
Sedum erythrostichum Miq.

여러해살이풀. 산에서 키 30cm 정도 자란다. 줄기는 분처럼 흰빛을 띤다. 잎은 마주나거나 어긋나고 긴 타원형이며 다육질이다. 꽃은 8~10월에 붉은빛을 띤 흰색으로 피고 원줄기 끝에 많이 모여 달린다. 꽃잎은 5장이고 피침형이다. 열매는 골돌과이다.

둥근잎꿩의비름 돌나물과
Sedum ussuriense Kom.

여러해살이풀. 한국특산식물. 계곡 바위 틈 양지에서 키 15~25cm 자라고 줄기는 처지며 붉은빛이 돈다. 잎은 마주나고 난상타원형이며 가장자리에 불규칙하고 둔한 톱니가 있다. 꽃은 7~8월에 자홍색으로 피고 작은 꽃들이 원줄기 끝에 둥글게 모여 달린다. 꽃잎은 5개이고 배 모양이며 꽃가루는 노란색이다. 열매는 골돌과이고 5개이며 10월에 익는다.

꽃

큰꿩의비름 돌나물과
Sedum spectabile Boreau

여러해살이풀. 산지와 들판에서 키 30~70cm 자란다. 잎은 다육질이며 주걱 모양이다. 꽃은 8~10월에 홍자색으로 피고 원줄기 끝에 많이 모여 달린다. 꽃잎은 5장이고 넓은 피침형이다. 열매는 골돌과이고 곧추서며 끝이 뾰족하다.

아하!
종소명(spectabile)은 크고 볼 만하다는 뜻으로, '큰꿩의비름'이 꿩의비름 중에서 가장 크다는 것을 나타낸다.

꽃

오갈피나무 두릅나무과

Acanthopanax sessiliflorus Seem.

나무인삼

갈잎 떨기나무. 산과 들에서 키 3~4m 자라며 가지가 많아 사방으로 퍼진다. 잎은 어긋나고 손바닥 모양의 겹잎이며, 작은잎은 달걀 모양이고 가장자리에 겹톱니가 있다. 꽃은 8~9월에 자주색으로 피고 가지 끝에 모여 달린다. 열매는 장과이고 타원형이며 10월에 검은색으로 익는다. 어린잎을 식용하고 뿌리와 나무껍질을 약재로 쓴다.

아하!

손바닥을 펼친 것같이 다섯 갈래로 깊게 갈라진 특이한 모양의 잎을 가진 나무여서 '오갈피나무'라 불리며, 뛰어난 약효로 '나무인삼'이라는 별명이 붙었다.

고마리 마디풀과

Persicaria thunbergii (S. et Z.) H. Gross

돼지풀

한해살이풀. 들이나 물가에서 무리지어 나며 키 1m 정도 자란다. 줄기에 갈고리 같은 가시가 난다. 잎은 어긋나고 삼각형이다. 꽃은 8~9월에 연분홍색 또는 흰색으로 피고 가지 끝에 10여 송이가 뭉쳐 달린다. 열매는 수과이고 세모진 달걀 모양이며, 10~11월에 황갈색으로 익는다.

아하!

충청도 일부 지역에서는 땅 속의 덩이뿌리를 돼지가 잘 먹는다고 하여 '돼지풀'이라고 부르기도 한다.

닭의덩굴 마디풀과
Fallopia dumetorum (L.) Holub

산덩굴메밀 · 여뀌덩굴 · 참덩굴메밀

덩굴성 여러해살이풀. 들에서 길이 2m 정도 자란다. 잎은 어긋나고 끝은 뾰족한 화살 모양이며, 맥과 가장자리에 미세한 돌기가 있고 잎자루는 길며 엽초는 짧다. 꽃은 6~9월에 홍색으로 피고 잎겨드랑이에 모여 아래로 처져 달린다. 포는 잎 모양이고 꽃받침은 5장이며 날개가 있다. 열매는 수과이고 세모진 타원형이며, 약간 윤이 나고 10월에 흑색으로 익는다.

미꾸리낚시 마디풀과
Persicaria sagittata (L.) H. Gross ex Nakai

한해살이풀. 골짜기나 냇가 등에서 키 20~100cm 자란다. 잎은 어긋나고 끝이 뾰족한 피침형이며 가장자리는 밋밋하다. 잎 뒷면의 엽맥과 잎자루에 밑을 향한 가시가 있으며 탁엽은 엽초 모양이다. 꽃은 6~8월에 가지 끝에 두상화서로 달리는데 화서 밑부분은 흰색이고 윗부분은 홍색이다. 꽃잎은 5개로 깊게 갈라지고 꽃잎은 없다. 열매는 꽃받침으로 싸인 수과이고 능선이 3개 있으며 흑색으로 익는다.

애기수영 마디풀과

Rumex acetosella L.

애기괴싱아

여러해살이풀. 들이나 길가에서 키 20~50cm 자란다. 뿌리잎은 모여나고 창 모양이며 귀 같은 돌기가 좌우로 퍼진다. 줄기잎은 어긋나고 피침형이며 줄기를 둘러싼 턱엽이 있다. 꽃은 암수딴그루로 5~6월에 붉은 녹색으로 피고 원줄기 끝에 원추화서로 돌려 달린다. 꽃받침잎은 6장이고 꽃잎은 없다. 열매는 타원형 수과이고 9월에 갈색으로 익는다. 어린 잎을 식용하고 뿌리와 줄기를 약재로 쓴다.

가시여뀌 마디풀과

Persicaria fauriei (Leveille & Vaniot) Nakai

여러해살이풀. 산기슭에서 키 1.5m 정도 자라며 줄기에 붉은 털이 빽빽하게 난다. 잎은 어긋나고 염통 모양이며 겉에 짧은 가시털이 있다. 꽃은 7~8월에 연분홍색으로 피고 드문드문 이삭 모양으로 달린다. 열매는 수과이고 둥글며, 9~10월에 흰색으로 익는다.

아하!
여뀌의 일종이며, 줄기에 가시 같은 붉은 선모가 빽빽하게 있고 줄기와 잎에도 짧은 가시털이 많기 때문에 '가시여뀌'라고 부른다.

개여뀌 마디풀과
Persicaria longiseta (De Bruyn) Kitag.

한해살이풀. 들에서 키 60cm 정도 자라며 줄기는 적자색이다. 잎은 어긋 나고 넓은 피침형이며, 가장자리에 수 염털이 있고 엽초 모양의 턱잎은 통 모양이다. 꽃은 6~9월에 홍자색 또 는 흰색으로 피고 줄기와 가지 끝에 이삭 모양으로 달린다. 열매는 수과이 고 세모지며, 윤기가 나고 10~11월에 암갈색으로 익는다.

아하!
속명(Persicaria)은 잎이 복숭아나무와 닮았다는 뜻이고, 종소명(longiseta)은 털이 길다는 뜻이다. 잎가장자리에 수 염털이 있다.

큰개여뀌 마디풀과
Persicaria lapathifolia (L.) S. F. Gray
명아주여뀌

한해살이풀. 밭둑에서 키 1m 정도 자 라며 줄기는 붉은빛이 돌고 흑갈색 점이 있다. 잎은 어긋나고 피침형이며 가장자리에 털이 있다. 꽃은 7~9월에 홍자색으로 피고 가지 끝에 이삭 모 양으로 달린다. 열매는 수과이고 납작 한 원형이며 꽃받침에 싸인다.

아하!
매운 맛이 나는 여뀌의 일종으로 개여 뀌와 비슷하지만 키가 훨씬 크므로 '큰 개여뀌'라 부르는 것 같다.

붉은털여뀌 마디풀과
Persicaria orientalis (L.) Assenov.
노인장대

한해살이풀. 마을 부근에서 키 2m 정도 자라며 전체에 거친 털이 있다. 잎은 어긋나고 끝이 뾰족한 달걀 모양이며 잎자루가 길다. 꽃은 7~8월에 피고 줄기와 가지 끝에 이삭처럼 달린다. 열매는 수과이고 납작한 원형이며 검은색으로 익는다.

아하!
여뀌의 일종이며 전체에 거친 털이 흩어져 있고 꽃이 붉은색이기 때문에 '붉은털여뀌'라고 부른다.

여뀌 마디풀과
Persicaria hydropiper (L.) Spach
고채

한해살이풀. 습지와 냇가에서 키 40~80cm 자라며 줄기는 홍갈색을 띤다. 잎은 어긋나고 피침형이며 가장자리가 밋밋하다. 꽃은 6~9월에 피고 가지 끝에 밑으로 처지는 이삭 모양으로 달린다. 꽃잎은 없고 연녹색 꽃받침의 끝이 적색이다. 열매는 수과이고 납작하며 검은색으로 익는다.

아하!
잎에서 매운 맛이 난다고 하여 '고채(苦菜)'라고도 불린다. 이 잎을 비벼 즙을 내어 개울에서 고기를 잡을 때 이용하기도 했다.

이삭여뀌 마디풀과
Persicaria filiforme Nakai

금선초 · 모삼

꽃

여러해살이풀. 산골짜기의 냇가, 숲 가장자리나 들에서 키 50~80cm 자란다. 전체에 거친 털이 퍼져 나고 마디가 굵다. 잎은 어긋나고 타원형이며, 가장자리는 밋밋하고 표면에 검은색 반점이 있으며 턱잎은 원통형이다. 꽃은 7~8월에 적색으로 피고 줄기 끝에 이삭화서로 드문드문 달리며 꽃잎은 없다. 열매는 납작한 달걀 모양 수과이고 9월에 암갈색으로 익는다. 전초를 약재로 쓴다.

털여뀌 마디풀과
Persicaria cochinchinensis Kitagawa

한해살이풀. 마을 부근에서 키 2m 정도 자라며 전체에 거친 털이 많이 있다. 잎은 어긋나고 달걀 모양이다. 꽃은 7~8월에 붉은색으로 피고 줄기와 가지 끝에서 이삭처럼 처져 달린다. 열매는 수과이고 둥글며 검은 갈색으로 익는다.

아하!
개여뀌의 일종이며 잎이 유난히 크고 줄기가 굵다. 전체에 털이 많으므로 '털여뀌'라고 부르는 것 같다.

꽃

쥐오줌풀 마타리과
Valeriana fauriei Briquet

여러해살이풀. 산지의 그늘지고 습한 곳에서 키 40~80cm 자란다. 잎은 마주나고 깃꼴겹잎이며, 갈래는 달걀 모양이고 가장자리에 드문드문 톱니가 있다. 꽃은 5~8월에 연한 붉은빛으로 피고 가지와 줄기 끝에 많이 모여 달린다. 열매는 수과이고 피침형이며 8월에 익는다. 어린 잎을 나물로 먹고 뿌리를 약재로 쓴다.

아하!
수염뿌리에서 쥐의 오줌 냄새와 비슷한 독특한 향기가 나므로 '쥐오줌풀'이라고 부른다.

꽃

누리장나무 마편초과
Clerodendron trichotomum Thunb.
개똥나무 · 구린내나무

갈잎 떨기나무. 산기슭이나 계곡 또는 바닷가의 비옥한 땅에서 높이 2m 정도 자란다. 잎은 마주나고 끝이 뾰족한 달걀 모양이다. 꽃은 8~9월에 연홍색으로 피고 새 가지 끝에 모여 달린다. 열매는 핵과이고 둥글며 10월에 진한 남색으로 익는다. 어린 잎을 나물로 먹는다.

아하!
잎을 비롯한 식물체 전체에서 구린내 비슷한 누린내가 나기 때문에 '누리장나무'라고 한다. '구린내나무' 또는 '개똥나무'라고도 부른다.

작살나무 마편초과
Callicarpa japonica Thunb.

갈잎 떨기나무. 산기슭에서 높이 2~
4m 자란다. 잎은 마주나고 긴 타원형
이며 가장자리에는 잔 톱니가 있다.
꽃은 8월에 연한 자주색으로 피고 잎
겨드랑이에 모여 달린다. 열매는 핵과
이고 둥글며 10월에 자주색으로 익는
다. 잎을 약재로 쓴다.

꽃

아하!
가지는 어느 것이나 원줄기를 가운데
두고 양쪽으로 두 개씩 정확히 마주 보
고 갈라져 있어 고기잡이 도구인 작살
모양으로 보이므로 '작살나무'라고 부
른다.

좀작살나무 마편초과
Callicarpa dichotoma Raeusch.

갈잎 떨기나무. 산골짜기에서 높이
1.5m 정도 자란다. 잎은 마주나고 달
걀 모양이며 가장자리 윗부분에 톱니
가 있다. 꽃은 8월에 연자주색으로 피
고 잎겨드랑이에 10~20송이씩 달린
다. 열매는 핵과이고 둥글며 10월에
자주색으로 익는다.

아하!
'좀'은 '좀'이 붙지 않은 것보다 작은
식물에 붙인다. 작살나무와 비슷하고
크기가 더 작으므로 '좀작살나무'라고
한다.

털작살나무 마편초과
Callicarpa mollis S.et Z.

새비나무

갈잎 떨기나무. 섬의 숲 속에서 높이 13m 정도 자라며 전체에 털이 많다. 잎은 마주나고 타원형이며 가장자리에 예리한 톱니가 있다. 꽃은 8월에 연자주색으로 피고 잎겨드랑이에 모여 달린다. 열매는 핵과이고 둥글며 10월에 자주색으로 익는다.

층꽃나무 마편초과
Caryopteris incana (Thunb.) Miq.

난향초 · 층꽃풀

여러해살이풀. 산과 들의 양지쪽에서 키 30~60cm 자란다. 전체에 향기가 진하고 잔털이 있다. 잎은 마주나고 달걀 모양이며 가장자리에 거친 톱니가 있다. 꽃은 6~9월에 자색 또는 흰색으로 피고 줄기 끝의 잎겨드랑이에 층을 이루며 둥글게 뭉쳐 취산화서로 달린다. 꽃받침은 대롱꼴이고 꽃잎은 입술 모양이다. 열매는 삭과이고 주걱형이며 9~10월에 검게 익는다. 어린순을 식용하고 전초를 약재로 쓴다.

아하!
작은 꽃이 모여 줄기를 감싸며 층층이 달리고 나무처럼 겨울에도 줄기가 살아 있어 '층꽃나무(층꽃풀)'라는 이름이 붙었다.

깽깽이풀 매자나무과
Jeffersonia dubia (Max.) Benth. & Hook.

산련풀 · 선황련

여러해살이풀. 환경부지정 멸종위기식
물. 산지의 그늘에서 키 20~30cm
자란다. 짧막한 줄기는 땅 속에 묻혀
보이지 않는다. 잎은 땅속 줄기에서
모여나고 염통 모양이며 잎자루가 길
다. 꽃은 4~5월에 엷은 자홍색으로
피고 밑동에서 나온 긴 꽃자루 끝에 1
송이씩 달리며 꽃잎은 6~8장이다.
열매는 삭과이고 넓은 타원형이며 7
월에 익는다. 씨는 타원형이고 검은색
이다. 줄기와 뿌리를 약재로 쓴다.

!
할일없이 깽깽이(바이올린)를 켜고 노
는 한량처럼, 한창 농사일로 바쁜 봄철
에 한가로이 꽃을 피운다고 해서 '깽깽
이풀'이라고 한다.

고구마 메꽃과
Ipomoea batatas Lam.

여러해살이 덩굴풀. 열대 아메리카 원
산이며 농가에서 재배한다. 잎은 어긋
나고 염통 모양이며 잎자루가 길다.
꽃은 나팔 모양이며 7~8월에 연한
홍색으로 피고, 잎겨드랑이에서 나온
꽃줄기에 5~6송이씩 달린다. 우리나
라에서는 꽃이 잘 피지 않는다. 열매
는 삭과이고 공 모양이며 2~4개의
흑갈색 씨가 여문다. 덩이뿌리와 잎자
루를 먹는다.

꽃

덩이뿌리

!
원래 중국 이름인 '孝行藷(효행저)'를
일본에서 '고우코우이모(孝行藷)'라고
부르다가 우리나라에 전해져 '고구마'
라고 변형되었다.

나팔꽃 메꽃과
Pharbitis nil Choisy

한해살이 덩굴풀. 민가 근처에서 길이 2~3m 자란다. 전체에 털이 빽빽이 나며 줄기가 다른 물체를 왼쪽으로 감아 올라간다. 잎은 어긋나고 염통 모양이며 잎자루가 길다. 꽃은 나팔 모양이며 7~8월에 붉은색 · 자주색 · 흰색 등으로 피고, 잎겨드랑이에서 나온 꽃줄기에 1~3송이씩 달린다. 열매는 삭과이고 둥글며 9월에 익는다.

아하!
꽃의 모양이 우리나라의 전래 악기인 나발(나팔)과 비슷하기 때문에 '나팔꽃'이라는 이름이 붙었다.

둥근잎유홍초 메꽃과
Quamoclit angulata Bojer

한해살이 덩굴풀. 열대 아메리카 원산이며 길이 1~2m 자란다. 잎은 어긋나고 끝이 뾰족한 염통 모양이다. 꽃은 8~9월에 황적색으로 피고 긴 깔때기 모양이며, 잎겨드랑이에서 나온 긴 꽃줄기 끝에 3~5송이씩 달린다. 열매는 삭과이고 둥글다.

아하!
유홍초의 일종이며 '유홍초'보다 잎이 갈라지지 않고 둥근 염통 모양이기 때문에 '둥근잎유홍초'라고 부른다.

유홍초 메꽃과
Quamoclit pennata (Desr.) Bojer

한해살이 덩굴풀. 화단에서 재배하고
길이 1~2m 자란다. 잎은 어긋나고
빗살처럼 갈라지며 갈래조각은 선형
이고 좌우로 퍼진다. 꽃은 7~8월에
홍색이나 흰색으로 피고 잎겨드랑이
에서 나온 꽃줄기에 1송이씩 달린다.
꽃받침은 5개로 깊게 갈라지고 화관
통은 길다. 열매는 삭과이고 달걀 모
양이며 10월에 익는다.

갯메꽃 메꽃과
Calystegia soldanella R. Brown

여러해살이 덩굴풀. 바닷가 모래밭에
서 길이 2m 정도 자란다. 잎은 어긋
나고 염통 모양이다. 꽃은 나팔 모양
이며 5월에 연분홍색으로 피고 잎겨
드랑이에서 나온 긴 꽃줄기에 1송이
씩 달린다. 열매는 삭과이고 포와 꽃
받침으로 싸여 있으며 8~9월에 익는
다. 어린 잎과 땅속줄기를 식용한다.

아하!
메꽃과 비슷하고 바닷가의 모래땅에
서 잘 자라기 때문에 바닷가를 뜻하는
'갯' 자를 붙여 '갯메꽃' 이라고 한다.

메꽃 메꽃과
Calystegia japonica Choisy

여러해살이 덩굴풀. 산과 들의 풀밭이나 습지에서 길이 2m 정도 자란다. 잎은 어긋나고 긴 피침형이다. 꽃은 나팔 모양이며 6~8월에 연분홍색으로 피고 잎겨드랑이에 1송이씩 달린다. 열매는 삭과이고 10월에 익는다. 꽃과 뿌리를 약재로 쓴다.

아하!

땅 속의 뿌리줄기를 '메'라고 부르며, 생으로 먹거나 고구마처럼 쪄서 먹기도 한다. 기근이 들 때의 좋은 구황식품(救荒食品)이다.

자목련 목련과
Magnolia liliflora Desrduss

갈잎 큰키나무. 관상용으로 심으며 높이 15m 정도 자라고 가지가 많이 갈라진다. 잎은 마주나고 달걀 모양이며 양면에 털이 있으나 점차 없어진다. 꽃은 4월에 잎보다 먼저 피고 검은 자주색이다. 열매는 골돌과이고 타원형이며, 10월에 갈색으로 익고 빨간 씨가 실에 매달린다.

부레옥잠 물옥잠과
Eichhornia crassipes Solm.–Laub.

여러해살이풀. 열대 아메리카 원산이
고 연못에서 떠다니며 자란다. 밑둥에
수염뿌리처럼 생긴 잔뿌리들이 자라
수분과 양분을 빨아들이고 몸을 지탱
하는 구실을 한다. 잎은 많이 나고 달
걀 모양이며, 윤기가 있고 잎자루 가
운데가 부풀어 물에 뜬다. 꽃은 8~9
월에 연한 보라색으로 피고 줄기 끝
에 달린다.

부레

아하!
꽃이 옥잠화와 비슷하고 잎자루 중앙
부가 부풀어 마치 물고기의 부레처럼
되며 이것을 이용하여 수면으로 뜨기
때문에 '부레옥잠' 이라고 한다.

꽃개회나무 물푸레나무과
Syringa wolfi Schneid.
꽃정향나무

갈잎 떨기나무. 한국특산식물. 깊은
산 중턱에서 높이 4~6m 자라며 수
형은 역삼각형을 이룬다. 잎은 마주나
고 양끝이 뾰족한 타원형이며 뒷면
전체 또는 맥 위에 잔털이 있다. 꽃은
6~8월에 연한 홍자색으로 피고 새
가지 끝에 길이 20~30cm의 원추화
서로 달리며 짙은 향기가 있다. 열매
는 뾰족한 삭과이고 광택이 나며
9~10월에 익는다.

아하!
수수꽃다리와 비슷지만 잎이 긴 타원
형이고, 잎이 나온 뒤에 꽃이 피는 것
이 다르다. 미국 도입종인 '미스김라일
락은 털개회나무'를 개량한 것이다.

445

라일락 물푸레나무과
Syringa vulgaris L.

갈잎 떨기나무. 정원수로 많이 심으며 높이 5m 정도 자란다. 잎은 마주나고 달걀 모양이며 가장자리가 밋밋하다. 꽃은 4~5월에 연한 자주색 또는 흰색으로 피고, 가지 끝에 많이 모여 커다란 원추형을 이루며 달린다. 열매는 삭과이고 끝이 뾰족한 타원형이며 9월에 익는다.

아하!
정원수로 많이 심는 '미스김라일락'은 1947년 미국인이 우리나라에서 가져간 '털개회나무'를 1954년 미국에서 증식한 것으로 1970년대부터 역수입된 것이다.

금꿩의다리 미나리아재비과
Thalictrum rochebrunianum Franch. et Savat.

여러해살이풀. 산지 물가에서 키 1~2.5m 자라며 줄기는 자주색이다. 잎은 어긋나고 깃꼴겹잎이며 가장자리에 톱니가 있다. 꽃은 7~8월에 홍자색으로 피고 줄기 끝과 잎겨드랑이에 모여 달린다. 꽃잎은 없고 꽃밥이 노란색이다. 열매는 수과이고 긴 타원형이며 9~10월에 익는다.

아하!
가늘고 길어 연약해 보이는 줄기가 꿩의 가느다란 다리와 비슷하고 꽃술이 노란 금(金)빛이므로 '금꿩의다리'라고 부른다.

연잎꿩의다리 미나리아재비과
Thalictrum coreanum Lev.

연잎가락풀 · 조선당송초

여러해살이풀. 깊은 산 계곡의 습한 바위 옆에서 키 60cm 정도 자란다. 잎은 어긋나고 3출겹잎이며, 작은잎은 방패 모양이고 가장자리에 톱니가 있으며 잎자루가 길다. 꽃은 6월에 연한 자주색으로 피고 줄기 끝에 작은 꽃들이 모여 원추화서를 이룬다. 꽃잎은 없고 많은 수술이 꽃잎처럼 보인다. 열매는 수과이고 방추형이며 한쪽으로 굽는다. 어린 잎과 줄기는 식용하고 뿌리를 약재로 쓴다.

!
꿩의다리의 일종이며 잎은 둥근 방패 모양인데 그 모양이 연잎과 같아서 '연잎꿩의다리'라고 한다.

노루귀 미나리아재비과
Hepatica asiatica Nakai

여러해살이풀. 산의 나무 밑에서 자란다. 잎은 뿌리에서 모여나고 3개로 갈라지며, 갈래잎은 달걀 모양이고 뒷면에 솜털이 많다. 꽃은 잎이 나기 전인 4월에 연홍색 또는 흰색으로 피고, 꽃줄기 위에 1송이씩 달린다. 꽃잎은 없고 꽃잎 모양의 꽃받침이 6~8개 있다. 열매는 수과이고 6월에 익는다. 어린 잎을 나물로 먹는다.

!
이른 봄에 잎이 나올 때 끝이 말려서 나와 솜털이 빽빽하게 돋아 있는 모습이 마치 노루의 귀와 닮았다 하여 '노루귀'라고 한다.

놋젓가락나물 미나리아재비과
Aconitum ciliare Dc.

여러해살이 덩굴풀. 산기슭의 숲 속에서 길이 2m 정도 자란다. 덩굴로 다른 물체를 감아올라가면서 벋는다. 잎은 어긋나고 3~5개로 완전히 갈라지는데, 작은잎은 깃털 모양이며 갈래잎은 끝이 뾰족하다. 꽃은 8~9월에 보라색이나 자주색으로 피고 줄기 끝에 여러 송이가 모여 달린다. 5개의 꽃받침조각은 꽃잎처럼 생기고, 뒤쪽 꽃받침조각은 고깔 모양이다. 열매는 골돌과이다.

아하!

놋젓가락나물과 같은 초오속 식물의 뿌리는 까마귀(烏:오)의 발 모양을 하고 있기 때문에 '초오(草烏)'라고 하며, 대개 약재로 쓴다.

가는돌쩌귀 미나리아재비과
Aconitum villosum Reichenbach

여러해살이풀. 산에서 키 1m 정도 자란다. 잎은 어긋나고 깊게 3개로 갈라지며, 갈래조각은 깃털 모양이고 겉에 털이 있다. 꽃은 8~9월에 청자색으로 피고, 줄기나 가지 끝의 꽃줄기에 모여 달린다. 꽃받침 5개가 꽃잎처럼 보인다. 열매는 골돌과이고 독성이 강하다.

아하!

같은 종인 돌쩌귀와 닮았으며, 잎과 줄기가 돌쩌귀에 비해 가늘게 보이므로 '가는돌쩌귀'라고 부른다.

그늘돌쩌귀 미나리아재비과
Aconitum uchiyamai Nakai

여러해살이풀. 산에서 키 1m 정도 자라며 줄기는 비스듬이 눕는다. 잎은 어긋나고 손바닥 모양으로 갈라지며 긴 잎자루가 있다. 꽃은 투구 모양이며 7~9월에 남보라색 또는 하늘색으로 피고 줄기 끝에 모여 총상화서로 달린다. 열매는 골돌과이고 5개이며, 9~10월에 익고 독성이 강하다. 뿌리를 약재로 쓴다.

아하!

돌쩌귀의 일종이며 산지의 숲 속 나무 그늘에서 잘 자라므로 '그늘돌쩌귀'라고 부르는 것 같다.

세잎돌쩌귀 미나리아재비과
Aconitum triphyllum Nakai

여러해살이풀. 산지에서 키 1~1.2m 자란다. 잎은 어긋나고 3갈래로 갈라지며, 양쪽 갈래는 다시 2갈래로 갈라지고 가장자리에 톱니가 있다. 표면 맥 위에 굽은 털이 있고 잎자루가 길다. 꽃은 9월에 보라색으로 피고 줄기 끝 잎겨드랑이에 총상화서로 달린다. 꽃받침은 5장이고 투구 모양이며 꽃잎처럼 보인다. 열매는 3개로 된 골돌과이고 원통상 타원형이며 10월에 익는다. 유독식물. 뿌리를 약재로 쓴다.

아하!

종소명(triphyllum)은 잎이 세 개로 갈라진 것을 뜻하여 '세잎돌쩌귀'라고 이름이 지어졌다.

진돌쩌귀 미나리아재비과
Aconitum seoulense Nakai

여러해살이풀. 한국특산식물. 산지에서 키 1m 정도 자란다. 잎은 어긋나고 3~5갈래이거나 결각상으로 3갈래지며, 갈래는 마름모꼴이고 가장자리에 톱니가 있다. 꽃은 9~10월에 보라색으로 피고 원줄기 끝에 총상화서로 달리며 털이 밀생한다. 꽃받침은 5장이고 꽃잎 모양이며, 위쪽 것은 투구 모양이고 꽃잎은 2장이 꽃받침 속에 들어 있다. 열매는 골돌과이고 털이 밀생한다. 뿌리를 약재로 쓴다. 유독식물.

라넌큘러스 미나리아재비과
Ranumculus asiaticus L.

여러해살이풀. 유럽 남동부와 아시아 서남부 원산이며 키 15~40cm 자란다. 줄기에 잔털이 많고 덩이뿌리가 있다. 잎은 깃털 모양이다. 꽃은 4~5월에 노란색으로 피고 긴 꽃줄기 끝에 1~4송이가 달린다. 꽃잎은 5장이나 원예종은 겹꽃이 대부분이다. 분홍색 · 붉은색 · 연노란색 · 흰색 등 많은 품종이 있다.

매발톱꽃 미나리아재비과

Aquilegia buergariana S. et Z. var.
oxysepala (Traut. et Mey.) Kitamura

여러해살이풀. 산골짜기 양지쪽에서
키 1m 정도 자란다. 줄기의 윗부분이
조금 갈라진다. 잎은 깃꼴겹잎이고 작
은잎은 다시 깊게 갈라지며, 뒷면은
흰색이고 잎자루가 길다. 줄기에 달린
잎은 위로 올라갈수록 잎자루가 짧아
진다. 꽃은 6~7월에 자줏빛을 띤 갈
색으로 피고, 가지 끝에서 아래를 향
해 달린다. 열매는 개과이고 5개이며
8~9월에 익는다.

아하!
꽃의 윗부분인 거(距)는 꽃잎과 길이가
비슷하며 안쪽으로 구부러졌는데, 그
모습이 매의 발톱과 닮았다 하여 '매발
톱꽃' 이라고 부른다.

맥카나스 자이안트
미나리아재비과

Aquilegia hybrida Hort. 'Mckanas Giant'

여러해살이풀. 매발톱꽃의 원예종으로
키 90cm 정도 자란다. 꽃은 4~5월
에 노란색 · 적색 · 흰색 등 으로 피고
각 꽃잎의 꽃뿔은 직선이며 끝으로
갈수록 가늘어진다. 꽃은 흰색이 지름
10cm 정도로 가장 크고 꽃빛깔이 진
할수록 조금씩 작아진다.

모란 미나리아재비과
Paeonia suffruticosa
목단

갈잎 떨기나무. 중국 원산으로 원예화
초로 재배하며 높이 2m 정도 자란다.
잎은 어긋나고 깃털 모양이며, 뒷면에
잔털이 있고 가장자리에 톱니가 있다.
꽃은 붉은색 겹꽃이고 5월에 피며, 가
지 끝에 1송이씩 달린다. 열매는 골돌
과이고 9월에 익으며, 씨는 둥글고 검
은색이다. 개량종이 많아 꽃빛깔은 여
러 가지가 있다.

병조희풀 미나리아재비과
Clematis heracleifolia DC.

갈잎 떨기나무. 산기슭에서 높이 1m
정도 자란다. 잎은 마주나고 3출겹잎
이다. 작은잎은 다소 가죽질이고 넓은
달걀 모양이며, 털이 약간 있고 가장
자리에 3개의 얕은 결각이 생기며, 주
맥이 현저히 돌출하고 잎자루에 털이
있다. 꽃은 7~9월에 보라색으로 피고
잎겨드랑이에서 산형화서를 이루며
아래를 향해 달린다. 열매는 달걀 모
양 수과이고 양면에 돌출하며 9~10
월에 익는다. 뿌리를 약재로 쓴다.

아하!
끝이 네 갈래진 꽃의 모양이 호리병과
비슷하여 '병조희풀'이라고 부른다.

세잎종덩굴 미나리아재비과
Clematis koreana Komarov

갈잎 덩굴나무. 높은 산에서 길이 1
m 정도 자란다. 잎은 마주나고 깃꼴
겹잎이며 작은잎은 달걀 모양이다. 꽃
은 8월에 노란색이나 흑자색 종 모양
으로 피고 잎겨드랑이와 줄기에 1송
이씩 달린다. 열매는 수과이고 달걀
모양이며 9월에 익는다.

아하!
꽃이 종 모양인 덩굴식물이고 잎이 작
은잎 3장으로 된 겹잎이어서 '세잎종
덩굴'이라고 부른다.

아네모네 미나리아재비과
Anemone coronaria L.

여러해살이풀. 관상용으로 심으며 키
20~40cm 자란다. 잎은 알뿌리에서
모여 나고 깃털 모양이며, 작은잎은
가늘고 끝이 뾰족하다. 꽃은 4~5월
에 피고 꽃은 줄기 끝에서 1송이씩 달
리는데 노란색·분홍색·빨강색·자
주색·흰색 등 여러 가지가 있으며,
가운데에 흰색 또는 붉은색의 둥근
무늬가 있다.

작약 미나리아재비과

Paeonia lactiflora Pall. var. *hortensis* Makino

적작약 · 함박꽃

여러해살이풀. 산지에서 키 60cm 정도 자란다. 뿌리는 뾰족한 원기둥 모양으로 굵으며 줄기는 여러 개가 한 포기에서 나온다. 잎은 어긋나고 깃털 모양의 겹잎이다. 꽃은 5~6월에 붉은색 · 흰색 등으로 피고 줄기 끝에 1송이씩 달린다. 열매는 골돌과이고 달걀 모양이며 익으면 내봉선을 따라 갈라진다.

아하!

작약은 뿌리를 자르면 붉은빛이 돌기 때문에 '적작약(赤芍藥)' 이라고 불린다. 흔히 재배하는 것은 '작약' 이라고 한다.

지리바꽃 미나리아재비과

Aconitum chiisanense Nakai

여러해살이풀. 산지에서 키 1m 정도 자란다. 잎은 어긋나고 3~5개로 깊게 갈라지며, 갈래조각은 긴 타원형이고 다시 깃꼴로 갈라지며, 최종갈래조각은 끝이 뾰족한 달걀 모양이다. 꽃은 7~9월에 자주색으로 피고 줄기 끝에 총상화서로 달린다. 꽃받침잎은 5개이고 뒤쪽의 꽃받침잎이 고깔처럼 덮는다. 열매는 골돌과이고 끝에 암술대가 길게 남는다. 뿌리줄기를 약재로 쓴다.

진범 미나리아재비과
Lycoctonum loczyanum (R. Raym.) Nakai

진교

여러해살이풀. 산지 숲 속에서 키 30 ~80cm 자란다. 잎은 손바닥 모양으로 갈라지고 가장자리에 톱니가 있다. 꽃은 8월에 연한 자주색으로 피고, 잎 겨드랑이 또는 줄기 끝에 여러 송이가 모여 달린다. 열매는 골돌과이고 10월에 익으며 억센 털이 있다.

!

봄과 가을에 뿌리를 캐서 햇볕에 말린 것을 '진범(秦범)'이라고 하며, 진통제나 치풍제로 쓴다.

투구꽃 미나리아재비과
Aconitum jaluense Komarov

여러해살이풀. 깊은 산골짜기에서 키 1m 정도 자란다. 잎은 어긋나며 손바닥 모양으로 갈라지고 가장자리에 거친 톱니가 있다. 꽃은 9월에 자주색으로 피고 여러 송이가 모여 달리며, 꽃받침이 꽃잎처럼 보이고 위쪽 꽃받침이 투구처럼 전체를 위에서 덮는다. 열매는 골돌과이고 타원형이며 10월에 익는다.

아하!

보라색 꽃이 꽃잎처럼 보이는 5장의 꽃받침에 싸여 있는데, 위쪽 꽃받침의 모양이 옛날 로마의 병사들이 쓰던 투구와 비슷하다고 하여 '투구꽃'이라고 부른다.

가는잎할미꽃 미나리아재비과
Pulsatilla cernua (Thunb.) Spreng.

일본할미꽃

여러해살이풀. 산록 양지에서 키 10 ~30cm 자란다. 뿌리는 굵고, 땅속 깊이 들어가며 뿌리잎이 뭉쳐난다. 잎은 홀수깃꼴겹잎으로 가늘게 찢어져 있고 질감이 부드럽다. 꽃은 4~5월에 적자색으로 피고 종모양이며 밑쪽을 향한다. 꽃받침잎은 6개로 장타원형이고 흰 털이 빽빽이 난다. 열매는 수과로 좁은 달걀 모양이고 흰 털이 나 있다. 전초를 약재로 쓴다.

아하!
속명(Pulsatilla)은 라틴어 pulso(치다, 소리내다)의 축소형으로 종같이 생긴 꽃의 형태에서 유래한 것이다.

동강할미꽃 미나리아재비과
Pulsatilla tongkangensis Y. N. Lee & T. C. Lee

여러해살이풀. 산기슭이나 강가의 바위 틈에서 키 20cm 정도 자란다. 줄기 전체에 흰 털이 많다. 잎은 홀수깃꼴겹잎으로 뿌리에서 나오고 작은잎 7~8장으로 이루어진다. 작은잎은 할미꽃에 비해 넓다. 잎 윗면은 광채가 있고 아랫면은 진한 녹색이다. 꽃은 4월 초순에 분홍색으로 피고 처음에는 위를 향하다가 꽃자루가 길어지며 옆을 향한다. 꽃잎은 6장이고 겉에 털이 있다.

아하!
할미꽃 종류이고 동강에서 처음 발견되었다고 하여 '동강할미꽃'이라고 부른다.

분홍할미꽃 미나리아재비과
Pulsatilla davurica Spreng.

여러해살이풀. 산과 들의 양지에서 키 20cm 정도 자란다. 잎은 뿌리에서 나고 깃꼴겹잎이며 작은잎은 깊게 갈라진다. 꽃은 종 모양이며 5월에 분홍색으로 피고 꽃줄기 끝에서 1송이씩 밑을 향해 달린다. 열매는 수과이고 달걀 모양이다.

아하!
할미꽃의 일종이며 할미꽃이 붉은색인 데 비해 분홍빛이므로 '분홍할미꽃'이라고 부르는 것 같다.

할미꽃 미나리아재비과
Pulsatilla koreana Nakai
백두옹

여러해살이풀. 산과 들의 양지쪽에서 키 30~40cm 자라며 전체에 긴 털이 빽빽하다. 잎은 뿌리에서 나고 깃꼴겹잎이며 작은잎은 깊게 갈라진다. 꽃은 종 모양이며 4월에 자주색으로 피고, 꽃줄기 끝에 1송이씩 밑을 향해 달린다. 열매는 수과이고 달걀 모양이며, 6~7월에 익고 끝에 긴 암술대가 남아 있다. 뿌리를 약재로 쓴다.

아하!
꽃이 필 때 꽃대가 굽어 있으니 젊어서도 '할미꽃', 열매가 익으면 백발노인의 머리를 연상시키므로 늙어서도 '할미꽃'이라고 하며, 열매의 긴 터럭이 노인의 흰 머리를 연상시켜 '백두옹(白頭翁)'이라고도 부른다.

열매

고데티야 바늘꽃과
Godetia amoena (Lehm.) G. Don

한해살이풀. 미국과 콜롬비아 원산이며 키 20~30cm 자란다. 잎은 피침형이고 가장자리에 톱니가 있다. 꽃은 5~6월에 피고 꽃잎은 4장이며 여러 송이가 줄기 끝에 모여 달린다. 꽃빛깔은 노란색·빨간색·자주색·흰색 등 여러 가지이며 겹꽃도 있다. 열매는 원통 모양이다.

바늘꽃 바늘꽃과
Eleocharis pyrricholophum Franch et Savatier

북바늘꽃

여러해살이풀. 산이나 들, 물가에서 키 30~80cm 자란다. 잎은 마주나고 달걀 모양이며 원줄기를 다소 감싸고 가장자리에 불규칙한 톱니가 있다. 꽃은 8월에 연한 홍자색으로 피고 윗부분의 잎겨드랑이에 1송이씩 달리며, 꽃잎은 4장이며 끝이 얕게 2갈래로 갈라진다. 열매는 삭과이고 선모가 밀생하며 씨에 긴 적갈색 털이 난다. 전초는 약제로 쓴다.

아하!
열매 꼬투리가 바늘같이 긴 데서 바늘꽃이라고 한다.

분홍바늘꽃 바늘꽃과
Epilobium angustifolium L.

여러해살이풀. 산지의 개활지에서 군
락을 이루며 키 1.5m 정도 자란다.
잎은 어긋나고 피침형이며, 가장자리
에 잔톱니가 있고 뒤로 말린다. 꽃은
7~8월에 분홍색으로 피고 원줄기 끝
에 모여 달린다. 열매는 삭과이고 좁
고 긴 타원형이며 꼬부라진 털이 있
다. 전체를 약재로 쓴다.

!

꽃이 지고 나서 달리는 길쭉한 열매가
바늘을 닮아서 '바늘꽃' 이라고 하고
꽃색이 분홍색이어서 '분홍바늘꽃' 이
라고 부른다.

후크시아 바늘꽃과
Fuchsia hybrida Voss

초롱꽃나무

한해살이풀(반떨기나무). 남아메리카
원산. 관상용으로 재배하며 키 60cm
정도 자란다. 잎은 마주나고 달걀 모
양이며 가장자리에 톱니가 있다. 꽃은
7~8월에 자홍색으로 피고 가지 끝의
잎겨드랑이에서 나온 꽃줄기에 밑으
로 처져 달린다. 꽃받침은 통 모양이
고 꽃잎은 4장이다. 열매는 9월에 익
는다.

날개하늘나리 백합과
Lilium maculatum Thunb. ssp. *davuricum* (Baker) Hara

여러해살이풀. 산지 숲속에서 키 20~90cm 자란다. 잎이 어긋나고 피침형이며 잎겨드랑이에 잔 돌기가 있다. 꽃은 7~8월에 황적색으로 피고 자주색 반점이 있으며 원줄기 끝에 1~5송이씩 달린다. 열매는 삭과이고 좁은 달걀 모양이며 10월에 익는다. 땅 속의 비늘줄기를 먹는다.

아하!
꽃이 하늘을 향해 피고 꽃잎이 하늘나리보다 넓어 날개를 단 것처럼 보이므로 '날개하늘나리' 라고 부르는 것으로 추정된다.

땅나리 백합과
Lilium callosum S. et Z.

여러해살이풀. 산과 들에서 키 60cm 정도 자란다. 잎이 어긋나고 선형이며 다닥다닥 붙는다. 꽃은 7월에 황적색으로 피고 가지와 원줄기 끝에 1~8송이가 밑을 향해 달린다. 꽃잎은 6개이고 뒤로 완전히 말린다. 열매는 삭과이고 긴 타원형이며 9월에 익으면 3개로 갈라진다. 비늘줄기를 먹는다.

아하!
나리의 일종이며 다른 나리류보다 다소 키가 작고 꽃이 땅을 향해 피어 있으므로 '땅나리' 라고 부르는 것 같다.

뻐꾹나리 백합과
Tricyrtis dilatata Nakai

여러해살이풀. 중부 이남 지방의 숲 그늘에서 키 50cm 정도 자란다. 잎은 어긋나고 긴 타원형이며, 끝이 뾰족하고 밑부분이 줄기를 감싼다. 꽃은 7~8월에 자주색 반점이 있는 흰색으로 피고 줄기와 잎겨드랑이에 여러 송이가 산방화서로 달린다. 열매는 삭과이고 피침형이며 9월에 익는다. 씨는 납작한 타원형이다. 전초를 식용한다.

아하!
나리류처럼 뿌리줄기가 발달하며 뻐꾸기가 한창 울 때 꽃이 핀다고 하여 '뻐꾹나리'라고 한다.

중나리 백합과
Lilium leichtlinii Hook. fil.

여러해살이풀. 산에서 키 1.5m 정도 자란다. 잎은 어긋나고 끝이 뾰족한 선형이다. 꽃은 7~8월에 황적색으로 피고 꽃잎에 흑자색 반점이 있으며 줄기와 가지 끝에 여러 송이가 밑을 향해 달린다. 열매는 삭과이고 타원형이며 9월에 익는다. 비늘줄기와 어린 순은 먹고 비늘줄기는 약재로 쓴다.

아하!
하늘을 향하고 있는 '하늘나리', 땅을 바라보는 '땅나리'와 달리 적당히 고개를 숙여 앞을 보는 것 같으므로 '중나리'라고 하는 듯하다.

주아

참나리 백합과
Lilium lancifolium Thunb.

호피백합

여러해살이풀. 산과 들에서 키 1.5m 정도 자란다. 잎은 어긋나고 피침형이며 잎겨드랑이에 둥근 주아가 붙는다. 꽃은 7~8월에 꽃잎 안쪽에 흑자색 반점이 있는 황적색으로 피고 줄기 끝에 2~10송이가 달린다. 열매는 삭과이고 긴 달걀 모양이며 9월에 익는다. 비늘줄기를 먹고 약재로도 쓴다.

아하!
고려 때의 '대각나리(大角那里)', 조선 시대의 '산날이', '개날이' 등의 이름에서 변화하여 '나리'가 되었다고 한다. 또 붉은색 꽃잎 안쪽에 검은 자색 반점이 있는 것이 표범의 가죽(호피;虎皮)처럼 보인다 하여 '호피백합(虎皮百合)'이라고도 불린다.

털중나리 백합과
Lilium amabile Palibin

여러해살이풀. 산지 숲에서 키 50~100cm 자라며 전체에 잿빛 털이 있다. 잎은 어긋나고 피침형이다. 꽃은 6~8월에 꽃잎에 자주색 반점이 있는 황적색으로 피고 가지와 원줄기 끝에 1~5송이씩 밑을 향해 달린다. 열매는 삭과이고 타원형이며 9~10월에 익는다. 어린 싹과 비늘줄기를 식용한다.

아하!
중나리와 비슷하지만, 잎이 덜 날렵하고 전체에 잔털이 많이 난 것이 다르므로 '털중나리'라는 이름이 붙었다.

하늘나리 백합과
Lilium concolor Salisb. var. *partheneion*
Baker

여러해살이풀. 산과 들에서 키 30~
80cm 자란다. 잎은 어긋나고 넓은
선형이다. 꽃은 6~7월에 꽃잎 안쪽
에 자주색 반점이 많은 진황적색으로
피고 줄기 끝에 1~5송이가 위를 향
해 달린다. 열매는 삭과이고 긴 타원
형이며 8월에 익는다. 비늘줄기를 먹
는다.

(아하)!
나리의 일종이며, 줄기 끝에 달리는 꽃
이 하늘을 향해 피어 있기 때문에 '하
늘나리' 라는 이름이 붙었다.

하늘말나리 백합과
Lilium tsingtauense Gilg.

여러해살이풀. 산과 들에서 키 1m 정
도 자란다. 잎은 돌려나고 피침형이
다. 꽃은 7~8월에 꽃잎 안쪽에 자주
색 반점이 있는 황적색으로 피고 원
줄기와 가지 끝에 1~3송이가 위를
향해 달린다. 열매는 삭과이고 긴 달
걀 모양이며 10월에 익는다. 어린 포
기와 비늘줄기는 식용한다.

(아하)!
나리의 일종이며 잎과 줄기가 말나리
와 비슷하고 꽃이 하늘을 향해 피어 있
기 때문에 '하늘말나리'란 이름이 붙
었다.

인경(비늘줄기)

마늘 백합과
Allium sativum L. for. *pekinense* Makino

여러해살이풀. 유럽 원산이며 농가에서 재배하고 키 60cm 정도 자란다. 잎은 어긋나고 긴 피침형이며 밑부분이 잎집으로 되어 있어 서로 감싼다. 꽃은 7월에 연한 자주색이나 담홍자색으로 피고 잎겨드랑이에서 나온 꽃줄기 끝에 잔꽃이 많이 모여 달린다. 열매는 삭과이고 비늘줄기를 먹고 약재로도 쓴다.

열매

뿌리

맥문동 백합과
Liriope platyphylla Wang et Tang

여러해살이풀. 산지의 그늘진 곳에서 키 20~50cm 자란다. 굵은 뿌리줄기에서 잎이 모여 나와서 포기를 형성한다. 잎은 짙은 녹색을 띠고 선형이며 밑부분이 잎집처럼 된다. 꽃은 5~6월에 연분홍색으로 피고 꽃줄기 1마디에 3~5송이씩 달린다. 열매는 삭과이고 둥글며 10~11월에 검은색으로 익는다. 뿌리를 약재로 쓴다.

아하!
뿌리에 덩어리처럼 달린 것이 보리(맥;麥)와 비슷하고, 겨울(동;冬)에도 죽지 않는다고 하여 '맥문동(麥門冬)'이라는 이름이 붙었다.

무릇 백합과
Scilla scilloides (Lindl.) Durce

여러해살이풀. 약간 습기가 있는 들판에서 키 20~50cm 자란다. 잎은 선형이며 봄과 가을에 2개씩 마주난다. 꽃은 7~9월에 진한 분홍색으로 피고 긴 꽃줄기 끝에 잔꽃이 많이 모여 달린다. 열매는 삭과이고 달걀 모양이며 9~10월에 익는다. 비늘줄기와 어린잎을 먹고 뿌리를 약재로 사용한다.

아하!
알뿌리는 옛날 기근 때 식량으로 쓰였던 소중한 구황(救荒)식품이며 '물굿'이라고 하는데, 이것이 변하여 '무릇'이 된 것으로 추정된다.

두메부추 백합과
Allium senescens L.

여러해살이풀. 산에서 키 20~30cm 자란다. 전체에 퍼진 털이 있으며 뿌리에서 잎과 꽃줄기가 뭉쳐나고 잎은 긴 선형이다. 꽃은 8~9월에 홍자색으로 피고 꽃잎은 6장이며, 꽃줄기 끝에 작은 꽃이 많이 모여 달린다. 열매는 삭과이고 둥글다.

아하!
부추의 일종이며 산지에서 잘 자라므로, 산을 뜻하는 '두메'를 붙여 '두메부추'라고 부른다.

산부추 백합과
Allium thunbergii G. Don

여러해살이풀. 산지나 들에서 키 30
~60cm 자란다. 잎은 뿌리에서 모여
나고 길쭉하며 단면은 둔한 삼각형이
다. 꽃은 8~11월에 홍자색으로 피고
꽃줄기 끝에 많이 모여 달린다. 열매
는 삭과이다. 비늘줄기와 어린 순을
식용한다.

아하!
부추의 일종이며 주로 산지 숲 속에서
잘 자라기 때문에 '산부추' 라고 부르
는 것 같다.

한라부추 백합과
Allium taquetii Leveille Vaniot
섬산파

여러해살이풀. 산지의 바위 틈에서 키
30cm 정도 자란다. 전체에서 특이한
냄새가 나고 비늘줄기는 좁은 달걀
모양이며 겉비늘은 검은빛을 띤 노란
색 섬유로 둘러싸인다. 잎은 밑동에서
3~4개 나고 선형이며 편평한 육질이
다. 꽃은 8~9월에 적자색으로 피고
잎보다 긴 꽃줄기 끝에 많은 소형 꽃
들이 산형으로 뭉쳐 달린다. 열매는
둥근 삭과이고 씨는 흑색이다.

비비추 백합과
Hosta longipes (Franch. et Savat.) Matsumura
장병옥잠

여러해살이풀. 산골짜기에서 키 30~40cm 자란다. 잎은 모두 뿌리에서 나와 비스듬히 자라고 끝이 뾰족한 타원형이며 잎자루가 길다. 꽃은 종 모양이며 7~8월에 연한 자주색으로 피고, 곧게 선 꽃줄기 끝에 여러 송이가 달린다. 열매는 삭과이고 긴 타원형이며 9월에 익는다. 씨는 검은색이고 가장자리에 날개가 있다. 연한 순을 식용하며 관상용으로 심는다.

아하!
속명(longipes)은 긴 꽃차례라는 뜻이고, 꽃봉오리가 머리에 꽂는 옥비녀(옥잠:玉簪) 같다고 하여 '장병옥잠(長柄玉簪)' 이라고도 한다.

산옥잠화 백합과
Hosta lancifolia Engler

여러해살이풀. 냇가의 바위 틈에서 키 20~70cm 자란다. 잎은 모두 뿌리에서 나오고 끝이 뾰족한 타원형이며 윤이 난다. 꽃은 깔때기 모양이며 7~8월에 자주색으로 피고, 곧게 선 꽃줄기 끝에 여러 송이가 한쪽으로 치우쳐서 달린다. 열매는 삭과이고 긴 타원형이며 3개로 갈라진다. 봄에 연한 잎을 나물로 먹는다.

아하!
꽃봉오리가 옥으로 만든 비녀처럼 생긴 옥잠화와 비슷하고 산에서도 잘 자라므로 '산옥잠화' 라고 부른다.

아가판서스 백합과
Agapanthus africanus (L.) Hoffmanns

여러해살이풀. 주로 화단에서 관상용
으로 재배하며 키 40~80cm 자란다.
잎은 모두 뿌리에서 나오고 긴 선형
이며 두껍다. 꽃은 종 모양이며 6~7
월에 보라색·하늘색·흰색 등으로
피고, 긴 꽃줄기 끝에 많은 꽃들이 모
여 달린다.

얼레지 백합과
Erythronium japonicum Decne
미역추나물

여러해살이풀. 산지의 숲 그늘에서 키
25~30cm 자란다. 잎은 밑동에서 2
장이 마주나고 긴 타원형이며 자주색
무늬가 있다. 꽃은 4~5월에 홍자색
으로 피고 잎 사이에서 나온 꽃줄기
끝에 1송이씩 달린다. 꽃잎은 6장이고
밑부분에 W형의 무늬가 있다. 열매는
삭과이고 넓은 타원형이며 7~8월에
익는다. 잎을 먹고 비늘줄기는 약재로
쓴다.

아하!
잎에 얼룩무늬 반점이 있다 하여 '얼레
지'라고 붙여진 것 같다. 잎으로 국을
끓이면 미역국 맛이 난다고 하여 '미역
추나물'이라고도 부른다.

처녀치마 백합과
Heloniopsis orientalis (Thunb.) C. Tanaka

여러해살이풀. 산지의 습기 많은 곳에서 키 20~50cm 자란다. 잎은 밑동에서 무더기로 나와서 방석같이 퍼지고 피침형이며 윤기가 있다. 꽃은 3~5월에 연보라색 또는 흰색으로 피고 꽃줄기 끝에 모여 달린다. 열매는 삭과이고 8~9월에 익는다.

아하!
많은 잎이 땅 위에 넓게 퍼진 모양이 일본 전통 옷 중의 여자애(처녀)들이 입는 주름치마와 비슷하다고 하여 일본에서 '처녀치마' 라고 부르는 것을 그대로 번역한 것이다.

튤립 백합과
Tulipa gesneriana L.

여러해살이풀. 소아시아 원산이며 키 20~60cm 자라고 땅 속의 비늘줄기는 달걀 모양이다. 잎은 어긋나고 넓은 피침형이며 밑부분은 원줄기를 감싼다. 꽃은 넓은 종 모양이며 4~5월에 빨간색·노란색 등 여러 색으로 피고, 잎 사이에서 나온 꽃줄기 끝에 1개씩 위를 향해 달린다. 열매는 삭과이고 7월에 익는다.

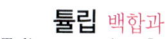

꽃(적색)

히야신스 백합과
Hyacinthus orientalis L.

여러해살이풀. 소아시아 원산이며 땅속의 비늘줄기는 달걀 모양이고 흑갈색이다. 잎은 뿌리에서 모여 나고 선형이며 안쪽으로 굽는다. 꽃은 깔때기 모양이며 4~5월에 남보라색으로 피고, 잎 사이에서 나온 꽃줄기 윗부분에 모여 달린다. 꽃빛깔은 원예 품종이 많이 개발되어 여러 가지가 있다. 열매는 삭과이고 달걀 모양이다.

갯버들 버드나무과
Salix gracilistyla Miq.

갈잎 떨기나무. 계곡이나 강 등 물가에서 높이 1~2m 자란다. 잎은 넓은 피침형이고 양끝이 뾰족하며 가장자리에 톱니가 있다. 꽃은 잎이 나기 전인 4월에 잎겨드랑이에서 어두운 자주색으로 핀다. 열매는 삭과이고 긴 타원형이며, 털이 있고 4~5월에 익는다.

노루오줌 범의귀과
Astilbe chinensis (Max.) Franch. et
Savat. var. *chinensis*

여러해살이풀. 산지의 냇가나 습한 곳
에서 키 70cm 정도 자라고 줄기에
긴 갈색 털이 있다. 잎은 어긋나고 깃
꼴겹잎이다. 꽃은 7~8월에 적자색으
로 피고 줄기 끝에 많이 모여 달린다.
열매는 삭과이고 9~10월에 익으며
끝이 2개로 갈라진다. 어린 잎을 나물
로 먹고 전체를 약재로 쓴다.

아하!
땅 속의 굵은 뿌리줄기에서 역한 누린
내가 나는데 이것이 노루의 오줌 냄새
같다고 하여 '노루오줌'이라고 한다.

숙은노루오줌 범의귀과
Astilbe koreana (Komarov) Nakai

여러해살이풀. 산에서 키 60cm 정도
자라며 줄기에 긴 갈색 털이 있다. 잎
은 어긋나고 깃꼴겹잎이며 잎자루가
길다. 작은잎은 넓은 타원형이고 가장
자리에 톱니가 있다. 꽃은 6~7월에
연한 붉은색으로 피고 줄기 끝에 많
이 모여 원추형으로 달리는데 약간
옆으로 기운다. 열매는 삭과이고 2개
로 갈라진다.

아하!
뿌리에서 노루의 오줌 냄새 같은 누린
내가 나기 때문에 '노루오줌'이라고
부른다. 꽃이 연한 붉은색이고 꽃차례
가 옆으로 처진 것은 '숙은노루오줌'
이라고 한다.

수국 범의귀과
Hydrangea macrophylla (Thunb.) Seringe
for. *otaksa* (S. et Z.) Wilson

갈잎 떨기나무. 관상용으로 심으며 키
1m 정도 자란다. 잎은 마주나고 달걀
모양이며, 두껍고 가장자리에 톱니가
있다. 꽃은 6∼10월에 피며 가지 끝
에 무리지어 달리는데 꽃잎이 아주
작다. 꽃잎처럼 보이는 꽃받침잎은 4
∼5개이며 연한 자주색에서 하늘색으
로, 다시 연한 홍색이 된다.

아하!
꽃의 가장자리에 있는 무성화가 국화
의 설상화와 비슷하고 습기가 많은 곳
에서 잘 자라므로 '물을 좋아하는 국
화'라고 하여 '수국(水菊)'이라 불리는
것으로 추정된다.

베고니아 센퍼훌로렌스
베고니아과
Begonia semperflorens Link et Otto

사계추해당
여러해살이풀. 브라질 원산. 키 15∼
45cm 자라며 가지가 많이 갈라진다.
잎은 어긋나고 달걀 모양이며 가장자
리에 톱니가 있다. 꽃은 5∼9월에 연
한 적색이나 흰색으로 피고 줄기 끝
부분에서 나온 꽃줄기에 여러 송이가
달린다. 수꽃은 4잎이고 암꽃은 수꽃
보다 작으며 5잎이다.

아하!
베고니아는 프랑스 식물학자 베공
(Michel Begon)의 이름에서 비롯되었
으며 종소명 semperflorens는 늘 꽃이
핀다는 뜻이다.

베고니아 핏자즈레드 베고니아과
Begonia semperflorens Link et Otto
'Pizzazz Red'

여러해살이풀. 화분이나 화단에서 재
배하고 키 20cm 정도 자라며 둥근
공 모양으로 분지하여 개화한다. 꽃은
7~9월에 주홍색으로 피는데 온실에
서는 사계절 내내 꽃을 볼 수 있다.

꽃

물봉선 봉선화과
Impatiens textori Miq.

한해살이풀. 산골짜기의 물가나 습지
에서 무리지어 나며 키 40~80cm
자란다. 잎은 어긋나고 넓은 피침형이
며 끝이 뾰족하고 가장자리에 예리한
톱니가 있다. 꽃은 8~9월에 홍자색
으로 피고 가지 윗부분에 모여 달린
다. 열매는 삭과이고 피침형이며, 10
월에 익으면 껍질이 터지면서 씨가
튀어나온다.

아하!
꽃이 봉선화와 비슷하고 산골짜기의
물가나 습지에서 잘 자라므로 '물봉
선'이라고 부른다.

봉숭아 봉선화과
Impatiens balsamina L.

봉선화

한해살이풀. 인도와 중국 원산이며 키 60cm 정도 자란다. 잎은 어긋나고 피침형이며, 양끝이 좁고 가장자리에 톱니가 있다. 꽃은 7~8월에 피며 2~3송이씩 잎겨드랑이에 달린다. 꽃 빛깔은 보라색·분홍색·빨간색·주홍색·흰색 등 다양하다. 열매는 삭과이고 타원형이며, 익으면 저절로 벌어져 황갈색 씨가 튀어나온다.

아하!
꽃 모양에서 머리와 날개꼬리와 발이 우뚝 서 있어 흡사 펄떡이는 봉황과 같다 하여 '봉선화(鳳仙花)'라고도 한다. 봉선화·봉새·봉숭아 등 여러 이름 중 '봉숭아'가 표준어이다.

배롱나무 부처꽃과
Lagerstroemia indica L.

백일홍나무

갈잎 중키나무. 중국 원산이며 높이 5m 정도 자란다. 나무껍질은 연한 홍자색이고 껍질이 떨어진 자리에 흰색 무늬가 생긴다. 잎은 마주나고 타원형이며 겉면에 윤이 난다. 꽃은 7~9월에 붉은색으로 피고 꽃잎은 6장이며 가지 끝에 무리지어 달린다. 열매는 삭과이고 넓은 타원형이며 10월에 익는다.

아하!
붉은색 꽃이 연달아 피어 100일 동안이나 꽃이 계속 피는 것 같다고 하여 '백일홍(百日紅)나무'라고 하는데 이것이 변하여 '배롱나무'가 되었다.

부처꽃 부처꽃과
Lythrum anceps (Koehne) Makino

여러해살이풀. 산과 들의 습지에서 키 1m 정도 자란다. 잎은 마주나고 피침형이며 잎자루가 없다. 꽃은 5~8월에 홍자색으로 피고 잎겨드랑이에 3~5송이가 층층이 달린다. 열매는 삭과이고 긴 타원형이며 꽃받침통 안에 들어 있고 9월에 익으면 2개로 쪼개져 씨가 나온다. 전체를 약재로 쓴다.

아하!
넓은 들판에서 큰 키로 우뚝 자라서 꽃이 피기 때문에 '부처꽃' 이라고 한다. 또 옛날부터 이 꽃을 부처님 앞에 많이 올렸으므로 '부처꽃' 이라는 이름이 붙었다고도 한다.

부게인빌리아 카르멘시티
분꽃과
Bougainvillea spectabillis Willd. 'Carmencita'

부겐빌리아
덩굴성 관화식물. 브라질 원산. 길이 4~5m 자라고 다른 물체를 타고 올라간다. 줄기에 곧은 가시가 있다. 잎은 어긋나고 긴 타원상 피침형이며 연녹색이다. 꽃은 진분홍색으로 반 겹꽃이고 가지 끝에 연중 계속해서 (4~11월) 피며 포는 심장상 달걀 모양이다. 품종은 13종 정도가 알려져 있다.

아하!
종소명(Bougainvillea)는 프랑스의 항해가 De Bougainvillea씨의 이름에서 따온 것이다.

열매

분꽃 분꽃과
Mirabilis jalapa L.

한해살이풀. 남아메리카 원산이며 키 1m 정도 자란다. 뿌리는 굵고 흑색이다. 잎은 마주나고 끝이 뾰족한 달걀 모양이며 가장자리가 밋밋하다. 꽃은 나팔 모양이고 6~10월에 피며 가지 끝에 달린다. 꽃빛깔은 노란색·분홍색·흰색 등 여러 가지이다. 열매는 둥글고 검은색으로 익으며 주름살이 많다.

아하!

타원형 씨 속에 흰 가루가 들어 있는데, 이 씨가루를 옛날에는 화장용으로 얼굴에 발랐다고 한다. 흰 분처럼 얼굴을 희게 한다고 하여 '분꽃'이라고 불린다.

글라디올러스 붓꽃과
Gladiolus gandavensis Van Houtte
층층붓꽃

여러해살이풀. 남아프리카 원산이며 키 80~100cm 자란다. 알뿌리는 납작하고 둥글다. 잎은 줄기 밑부분에서 모여나고 창 모양이며 2줄로 곧게 선다. 꽃은 6~7월에 여러 가지 색으로 피고, 줄기 끝에 여러 송이가 한쪽을 향해 달리며 아래쪽에서부터 피어 올라간다.

꽃창포 붓꽃과

Iris ensata Thunb. var. *spontanea*
(Makino) Nakai

여러해살이풀. 산과 들에서 키 60~
120cm 자란다. 잎은 어긋나고 창 모
양이며 2줄로 늘어선다. 꽃은 6~7월
에 홍자색으로 피고 줄기나 가지 끝
에 달린다. 꽃의 밑부분은 잎집 모양
의 녹색 포 2개가 둘러싼다. 열매는
삭과이고 긴 타원형이며 8~9월에 갈
색으로 익는다.

잎의 중간맥이 뚜렷한 것이 창포와 비
슷하지만 꽃잎이 없어 꽃처럼 보이지
않는 창포와 달리 꽃이 화려하게 피어
'꽃창포'라고 한다.

범부채 붓꽃과

Belamcanda chinensis (L.) Dc.

여러해살이풀. 산과 들에서 키 50~
100cm 자란다. 잎은 어긋나고 칼 모
양이며, 납작하고 2줄로 늘어선다. 꽃
은 7~8월에 황적색으로 피고 가지
끝에 여러 송이가 달린다. 꽃잎은 6장
이며 흑자색 반점이 있다. 열매는 삭
과이고 달걀 모양이며 9~10월에 익
는다. 씨는 공 모양이고 검은빛이며
윤이 난다. 뿌리줄기는 약재로 쓴다.

합죽선(부채)처럼 시원하게 펼쳐진 초
록색 잎과 주황색 꽃잎에 검붉게 찍힌
점이 표범 가죽처럼 보이므로 '범부
채'라는 이름이 붙은 것 같다.

애기범부채 붓꽃과
Tritonia crocosmaeflora Lemoine

여러해살이풀. 바닷가에서 군락으로
나며 키 50~80cm 자란다. 밑동에서
여러 개의 줄기가 모여난다. 잎은 어
긋나고 창 모양이며 2줄로 늘어선다.
꽃은 7~10월에 주황색으로 피고 이
삭화서를 이루는데, 밑동에서 나온 긴
꽃대 위에 가지가 2~4개 나뉘고 한
쪽으로 치우쳐 달린다. 꽃자루는 짧고
포엽은 2개이며, 꽃잎은 6개이고 긴
타원형이며 아래쪽에는 2개의 진한
반점이 있다. 열매는 삭과이다.

각시붓꽃 붓꽃과
Iris rossii Baker

여러해살이풀. 산지의 풀밭에서 키
10~30cm 자란다. 잎은 길이 30cm
정도의 기다란 칼 모양이고 가장자리
윗부분에 잔돌기가 있으며, 뒤로 약간
휘어지며 뒷면은 분백색이다. 꽃은 4
~5월에 자주색으로 피고, 포엽 위로
솟은 꽃줄기 끝에 1송이씩 달린다. 열
매는 삭과이고 긴 달걀 모양이며
6~7월에 익는다.

야하!
붓꽃 종류들 가운데 키가 가장 작기 때
문에, 갓 시집온 새색시(각시)처럼 귀
엽고 예쁘다는 의미로 '각시붓꽃' 라는
이름이 붙었다.

등심붓꽃 붓꽃과
Sisyrinchium angustifolium Miller

여러해살이풀. 북아메리카 원산. 제주
도에서 키 10~20cm 자란다. 줄기에
날개가 있다. 잎은 선형이고 가장자리
에 잔톱니가 있다. 꽃은 5~6월에 청
자색으로 피고 꽃줄기 끝에 달린다.
열매는 삭과이고 둥글며 6~7월에 자
갈색으로 익는다.

아하!
속이 노란 작은 꽃이 등잔불 같고, 줄
기에 좁은 날개가 붙은 것이 등잔불의
심지처럼 보이므로 '등심붓꽃'이라고
부르는 것 같다.

붓꽃 붓꽃과
Iris nertschinskia (Loddiges)

여러해살이풀. 산과 들의 건조한 곳에
서 키 60cm 자란다. 잎은 긴 창 모
양이며 줄기에 2줄로 붙는다. 꽃은 5
~6월에 보라색으로 피고 잎 사이에
서 나온 긴 꽃줄기 끝에 2~3송이씩
달린다. 열매는 삭과이고 세모지며
7~8월에 익는다. 뿌리줄기를 약재로
쓴다.

아하!
꽃이 활짝 피기 전 꽃봉오리의 모양이
먹물을 묻힌 붓 모양이어서 '붓꽃'이
라는 이름이 붙었다.

솔붓꽃 붓꽃과
Iris ruthenica KerGawl.

가는붓꽃 · 애기붓꽃

여러해살이풀. 한국특산식물. 산지에서 키 10~30cm 자란다. 잎은 비스듬히 서며 칼모양이고 꽃이 핀 후 길이 30cm 정도로 자란다. 꽃은 4~5월에 보라색으로 피고 짧은 꽃줄기 끝에 1~2개의 꽃이 달린다. 외화피는 3개이고 흰색의 그물무늬가 있으며, 내화피는 좁은 피침형이고 곧추선다. 암술대는 3개로 갈라지며 꽃잎처럼 보인다. 열매는 둥근 삭과이고 익으면 곧 터지며 종자는 둥글다.

알아!
옛날에는 이 식물의 뿌리로 솔을 만들어 사용하였으므로 '솔붓꽃'이라는 이름이 붙었다.

제비붓꽃 붓꽃과
Iris laevigata Fischer
푸른붓꽃

여러해살이풀. 양지쪽 습지에서 키 50~90cm 자란다. 잎은 긴 창 모양이고 밑동에서 2줄로 나와 부채처럼 양쪽으로 퍼지며 아래쪽에서 서로 감싼다. 꽃은 5~6월에 짙은 자주색이나 보라색으로 피고 꽃줄기 끝에서 3송이가 차례로 핀다. 안쪽 꽃잎이 꽃 위로 솟고 꽃밥은 흰색이다. 열매는 삭과이고 3개로 갈라지며 씨는 갈색이고 반원형이며 광택이 난다.

맨드라미 비름과
Celosia cristata L.

계관화

한해살이풀. 열대 아시아 원산이며 키 90cm 정도 자라고 줄기에는 붉은빛이 돈다. 잎은 어긋나고 달걀 모양이며 잎자루가 길다. 꽃은 7~8월에 노란색·홍색·흰색 등으로 피고, 편평한 꽃줄기 끝에 작은 꽃이 빽빽하게 달린다. 열매는 달걀 모양이고 꽃받침에 싸여 있으며 익으면 갈라져 뚜껑처럼 열린다.

꽃(닭벼슬형)

(아하)!
꽃의 모양이 사람이 일부러 만들어 놓은 것 같다고 하여 '맨드라미'라는 이름이 붙었다. 또 닭의 벼슬처럼 생겼다 하여 '계관화(鷄冠花)'라고도 부른다.

천일홍 비름과
Gomphrena globosa L.

한해살이풀. 원예화초로 재배되며 키 40~50cm 자란다. 전초에 짧은 털이 밀생하고 줄기는 직립한다. 잎은 마주나고 긴 타원형이며 잎나루가 짧다. 꽃은 흰색·분홍색·진홍색 등으로 피고 6월부터 서리가 올 때까지 가지나 줄기 끝에 1~2송이씩 달린다. 꽃잎과 꽃받침은 각 5개씩이다. 꽃이 잘 떨어지지 않아 건화로 이용된다.

(아하)!
붉은색(紅:홍) 꽃이 초여름부터 늦가을까지 계속해서 피어 있으므로 꽃이 오래(千日:천일) 핀다는 뜻으로 '천일홍(千日紅)'이라고 불리는 것같다.

비브리스 리니프로라
비브리스과
Byblis liniflora Salisb

여러해살이풀. 벌레잡이식물. 오스트레일리아 원산. 모래땅에서 땅 위를 기거나 다른 식물에 기대어 90cm 정도 자란다. 잎은 선형이고 길이 10~15cm이며 어린 잎은 소용돌이치는 상태로 감고 있다. 꽃은 적자색이고 우기에 줄기에서 나온 꽃줄기에 달린다. 끝부분이 우산 모양인 선모의 점액이 반짝이는 것으로 벌레를 유인한다.

닥나무 뽕나무과
Broussonetia kazinoki Siebold
꾸지닥나무 · 딱나무 · 저목

갈잎 떨기나무. 산지 숲에서 높이 3m 정도 자란다. 잎은 어긋나고 달걀 모양이며 가장자리에 톱니가 있다. 꽃은 암수한그루로 4~6월에 적자색으로 피고 유이화서로 달리며, 새 가지에 달리는 수꽃이삭은 타원형이고 꽃잎은 4장이며, 잎겨드랑이에 달리는 암꽃이삭은 둥글고 꽃잎은 통 모양이다. 열매는 둥근 핵과이고 9월에 주홍색으로 익는다. 어린 순을 식용 또는 약용하고 수피로 종이를 만든다.

아하!
나무를 꺾을 때 딱 소리가 난다고 해서 딱나무라고 하다가 변하여 '닥나무'가 되었다고 한다.

붉은참반디 산형과
Sanicula rubriflora Fr. Schmidt

여러해살이풀. 깊은 산지에서 키 20~50cm 자란다. 뿌리잎은 3개로 갈라지고 양쪽 갈래가 다시 2개로 갈라지며, 조각은 끝이 둥근 달걀 모양이고 가장자리에 겹톱니가 있다. 줄기잎은 2개가 마주나서 3개로 갈라진다. 꽃은 6월에 흑자색으로 피고 줄기 끝의 마주 난 잎 위에 산형으로 빽빽히 달린다. 열매는 난원형 분과이고 6~7월에 익는다. 어린 순을 식용하고 뿌리줄기는 약재로 쓴다.

참당귀 산형과
Angelica gigas Nakai

여러해살이풀. 산골짜기 냇가 근처에서 키 1~2m 자라며 전체에 자주색이 돈다. 뿌리잎과 밑부분의 잎은 깃꼴겹잎이며, 작은잎은 타원형이고 가장자리에 톱니가 있으며 잎집이 넓다. 꽃은 8~9월에 자주색으로 피고 꽃잎은 5장이며 줄기 끝에 많이 모여 달린다. 열매는 분과이고 타원형이며, 10월에 익고 가장자리에 날개가 있다. 어린 잎을 나물로 먹고 뿌리를 약재로 쓴다.

!
부인이 이 풀을 먹고 기다리면 전쟁에 출정한 남편도 건강한 모습(當;당)으로 돌아온다(歸;귀)는 전설에서 유래하여 '당귀(當歸)'라고 한다.

열매

석류나무 석류나무과
Punica granatum L.

갈잎 중키나무. 소아시아 원산이며 과
수로 식재하고 키 5~7m 자란다. 잎
은 마주나고 긴 타원형이다. 꽃은 5~
6월에 붉은색으로 피고 꽃잎은 6장이
며 가지 끝에 1~5송이씩 달린다. 열
매는 둥글고 9~10월에 노란색 또는
황적색으로 익는다. 씨는 먹는다.

사철채송화 석류풀과
Lampranthus spectabilis (Haw.) N. E. Br.
송엽국·양채송화

늘푸른 여러해살이풀. 줄기는 목질화
되어 단단하고 줄기 밑에서 분지하여
옆으로 퍼진다. 잎은 마주나고 길쭉하
며 약간 두툼한 다육질이고 밀생한다.
꽃은 4~6월에 자홍색으로 피고 긴
꽃대 끝에 1송이씩 달린다. 원예품종
으로 여러 가지가 있다.

아하!
겨울에도 잎이 죽지 않고 사철 녹색을
유지하고 꽃이 채송화와 닮았으므로
'사철채송화'라고 부른다.

동자꽃 석죽과
Lychnis cognata Max.

여러해살이풀. 산지에서 키 1m 정도
자라며 마디가 뚜렷하다. 잎은 마주나
고 끝이 뾰족한 달걀 모양이다. 꽃은
6~7월에 주홍색으로 피고, 줄기 끝
과 잎겨드랑이에서 나온 짧은 꽃줄기
끝에 1송이씩 달린다. 열매는 삭과이
고 8~9월에 익으며 꽃받침통 속에
들어 있다.

아하!
꽃이 어린 동자승의 얼굴과 같다 하여
'동자꽃' 이라 부른다. 깊은 산 속 암자
에서 눈 속에 묻힌 동자승에 얽힌 전설
도 있다.

제비동자꽃 석죽과
Lychnis wilfordii Max.

여러해살이풀. 산에서 키 50~80cm
자란다. 잎은 마주나고 끝이 뾰족한
피침형이며 가는 털이 있다. 꽃은 7~
8월에 주홍색으로 피고 줄기 끝에 모
여 달린다. 꽃잎은 5장이며 끝이 깊게
갈라진다. 열매는 삭과이고 9월에 익
는다.

아하!
동자꽃의 한 종류이며 꽃잎 끝이 깊게
갈라져 제비의 꼬리처럼 보이기 때문
에 '제비동자꽃' 이라고 한다.

갯장구채 석죽과
Melandryum oldhamianum Rohrbach
var. *roseum* Nakai

두해살이풀. 바닷가에서 키 50cm 정도 자라며 전체에 잔털이 퍼져 난다. 잎은 마주나고 피침형이며 가장자리는 밋밋하다. 꽃은 5~6월에 분홍색으로 피고 줄기 끝에 모여 달린다. 꽃잎은 5장이고 끝이 갈라진다. 열매는 삭과이고 달걀 모양이며 익으면 6개로 갈라지며, 씨는 갈색으로 잔돌기가 있다.

아하!
꽃과 열매가 장구를 닮은 장구채의 일종이며 해변에서 잘 자라므로 바닷가를 뜻하는 '갯'자를 붙여 '갯장구채'라고 한다.

분홍장구채 석죽과
Melandryum capidatum (Kom.) Nakai

여러해살이풀. 산에서 키 30cm 정도 자라며 전체에 잔털이 퍼져 있다. 잎은 마주나고 긴 피침형이며 밑부분은 엽초 모양이다. 꽃은 8~11월에 분홍색으로 피고 가지 끝에 빽빽하게 달린다. 꽃잎은 5장이고 깊게 갈라진다. 열매는 삭과이고 꽃받침에 싸이며, 씨는 검은색이고 잔돌기가 있다.

아하!
꽃과 열매가 장구를 닮은 장구채의 일종이고 꽃이 분홍색이어서 '분홍장구채'라고 한다.

카네이션 석죽과
Dianthus caryophyllus L.

여러해살이풀. 유럽과 아시아 서부 원
산이며 키 40~50cm 자라고 전체가
분처럼 흰색을 띤다. 잎은 마주나고
선형이며, 밑부분이 줄기를 감싸고 끝
이 뾰족하다. 꽃은 7~8월에 붉은
색·흰색 등 여러 가지 색으로 피고
잎겨드랑이와 줄기 끝에 2~3송이씩
달린다. 열매는 삭과이고 달걀 모양이
며 꽃받침에 싸여 있다.

아하!
어머니날은 미국에서 시작되었다. 어
머니가 살아 계신 사람은 붉은 카네이
션을, 어머니가 계시지 않는 사람은 흰
카네이션을 달았다.

술패랭이꽃 석죽과
Dianthus superbus L. var. *longicalycinus*
(Max.) Williams

여러해살이풀. 산과 들에서 키 1m 정
도 자란다. 여러 줄기가 한 포기에서
모여나며 전체에 분백색이 돈다. 잎은
마주나고 긴 피침형이며, 양끝이 뾰족
하고 밑부분은 합쳐져서 줄기를 감싼
다. 꽃은 7~8월에 연한 홍자색으로
피고, 줄기와 가지 끝에 여러 송이가
달리며, 꽃잎이 잘게 갈라진다. 열매
는 삭과이고 원기둥 모양이며, 9~10
월에 익으면 4갈래로 갈라진다.

아하!
패랭이꽃의 일종이며 꽃잎이 가늘고
깊게 갈라져 꽃술처럼 되기 때문에 '술
패랭이꽃'이라고 한다.

패랭이꽃 석죽과
Dianthus chinensis L.

여러해살이풀. 들에서 키 30cm 정도
자란다. 잎은 마주나고 끝이 뾰족한
피침형이며 밑부분이 합쳐져 원줄기
를 둘러싼다. 꽃은 6~8월에 진분홍
색으로 피고 가지 끝에 1송이씩 달린
다. 열매는 삭과이고 꽃받침으로 싸여
있으며, 9~10월에 익으면 4개로 갈
라진다.

아하!
꽃받침과 꽃잎으로 된 꽃의 모양이 옛
날 서민들이 쓰고 다니던 패랭이모자
를 거꾸로 한 것과 흡사하기 때문에
'패랭이꽃'이라 부른다.

게발선인장 선인장과
Schlumbergera truncactus (How.) Moran
크리스마스선인장

늘푸른 다육식물. 브라질 원산으로 길
이 30cm 정도 자라고 가지가 많다.
마디가 짧고 상부는 납작하며 늘어진
다. 각 마디 줄기의 가장자리는 육질
로 된 톱니 모양의 돌기가 2~4개
나 있다. 꽃은 9~12월에 분홍색·적
색·주홍색 등으로 피고 줄기 끝 부
분에 1~2송이가 달린다. 많은 원예
변종이 있다.

아하!
날카로운 돌기가 달린 줄기의 마디가
게의 다리처럼 보이므로 '게발선인장'
이라고 부른다.

비모란 선인장과

Gymnocalycium mihanovichii (F. & G.) Br. & R. Rubra

늘푸른 다육식물. 파라과이 원산. 지름 5cm 정도의 납작한 구형이다. 육질은 홍적색이고 능선은 8~12개이며 능선 위에 가시가 난다. 스스로 광합성을 하지 못해 녹색 선인장 대목에 접붙여서 재배한다.

석무 선인장과

Mammillaria microhelia Werd.

늘푸른 다육식물. 멕시코 원산이며 육질은 원통형이고 키 15cm 정도 자란다. 꼭대기 부분에도 가시가 있다. 바깥쪽 가시는 바늘 모양이며 굵고 흰빛을 띤 황록색이다. 가운데 가시는 흑갈색이다. 꽃은 연한 분홍색이며 봄에 핀다.

여광전 선인장과
Krainzia guelzowiana (Werd.) Backbg.

크라인지아

늘푸른 다육식물. 멕시코 원산이며 새
끼를 쳐서 무리지어 자란다. 육질은
공 모양이고 가장자리는 부드러운 흰
색 가시로 덮이며, 가시 뭉치의 가운
데에 나는 가시는 길이 1cm 정도이
며 적갈색이다. 꽃은 봄에 진분홍색으
로 피며 지름 약 6cm이다.

채송화 쇠비름과
Portulaca grandiflora Hooker

한해살이풀. 남아메리카 원산이며 키
20cm 정도 자라고 줄기는 붉은색이
다. 잎은 어긋나고 다육질의 원기둥
모양이며 잎겨드랑이에 흰 털이 있다.
꽃은 7~10월에 자주색·홍색·황
색·흰색 등 여러 가지로 피고, 가지
끝에 1~2송이씩 달린다. 꽃잎은 5장
이고 꽃줄기는 없다. 열매는 삭과이고
막질이며, 9~10월에 익고 씨가 많다.

가시연꽃 수련과
Euryale ferox Salisbury

방석연꽃

한해살이 물풀. 연못이나 늪에서 자라
고 전체에 가시가 퍼져 난다. 잎은 뿌
리에서 나오고 큰 방패 모양이며, 겉
면이 주름지고 윤기가 나며 양면 맥
위에 가시가 있다. 꽃은 7~8월에 자
색으로 피고, 긴 꽃자루 끝에 1송이씩
달린다. 열매는 액과이고 둥글며, 열
매껍질이 단단하고 흑색으로 익는다.
씨를 약재로 쓴다.

야하!
잎과 줄기, 꽃 등에 억센 가시가 많으
므로 '가시연꽃'이라고 하고, 잎이 큰
방석처럼 넓어서 '방석연꽃'이라고도
부른다.

수련 수련과
Nymphaea tetragona Georgi

여러해살이 물풀. 굵고 짧은 땅속줄기
에서 많은 잎자루가 자라서 물 위에
서 잎을 편다. 잎은 뚜꺼운 말발굽 모
양이고 윤기가 있으며 질이 두껍다.
꽃은 5~9월에 홍색이나 흰색으로 피
고 긴 꽃줄기 끝에 1송이씩 달린다.
열매는 삭과이고 달걀 모양이며
9~10월에 익는다.

야하!
꽃이 정오쯤 피기 시작하여 밤에는 오
므라들므로 잠을 잔다(睡:수)고 하여
'수련(睡蓮)'이라는 이름이 붙었다.

열매

연꽃 수련과
Nelumbo nucifera Gaertn

여러해살이 물풀. 연못에 자란다. 잎은 뿌리줄기에서 나와 물 위에 높이 솟고 둥글며 백록색이다. 꽃은 7~8월에 분홍색이나 흰색으로 피고 꽃자루 끝에 1송이씩 달린다. 열매는 견과이고 타원형이며 9월에 검은색으로 익는다. 잎과 땅속줄기와 열매는 식용하고 약재로도 사용한다.

아하!

연꽃은 늪지 등 더러운 흙탕물에서 자라면서도 꽃과 잎이 오염되지 않고 깨끗하며 아름다운 꽃이 피므로 불교를 상징하게 되었다.

군자란 수선화과
Clivia miniata Regel

여러해살이풀. 남아프리카 원산이며 실내에서 주로 기른다. 잎은 뿌리에서 모여나고 좌우로 2장씩 갈라져서 가지런하며 길이 45cm 정도 자란다. 꽃은 넓은 깔때기 모양이며 1~3월에 주황색으로 피고, 굵고 단단한 꽃줄기 끝에 여러 송이가 모여 위를 향해 달린다. 열매는 8월에 밝은 홍색으로 익는다.

꽃무릇 수선화과
Lycoris radiata (L' Herit) Herb.

동설란 · 석산

여러해살이풀. 산기슭 습한 풀밭에서
무리지어 자란다. 잎은 뿌리에서 나오
고 넓은 선형이며 꽃이 피기 전에 말
라버린다. 꽃은 9~10월에 붉은색으
로 피고 키 50cm 정도인 꽃줄기 끝
에 여러 송이가 달린다.

아하!
꽃무릇은 꽃이 지고 난 자리에 씨가 맺
혀 11월경 떨어지면 꽃대가 쓰러지고
난초처럼 생긴 잎이 올라오는데, 눈
(雪)이 내리는 겨울(冬)에 난다고 하여
'동설란(冬雪蘭)' 이라고도 한다.

상사화 수선화과
Lycoris squamigera Max.

이별초

여러해살이풀. 땅 속의 비늘줄기는 넓
은 달걀 모양이고 겉이 짙은 갈색이
다. 잎은 봄에 비늘줄기 끝에서 뭉쳐
나오고 넓은 선형이며 6~7월에 말라
버린다. 꽃은 8월에 연보라색으로 피
고 키 60cm 정도의 꽃줄기 끝에 4~
8송이가 한쪽을 향해서 달린다. 꽃이
필 때는 잎이 없어진다.

아하!
꽃이 필 때는 잎이 없어지고, 잎이 나
올 때는 꽃이 피지 않으므로 잎과 꽃이
만나지 못하고 서로 그리워하며 생각
한다(相思)는 뜻에서 '상사화(相思花)'
라고 부른다.

시로미 시로미과
Empetrum nigrum Linne var. *japonicum* K. Koch

암고란

늘푸른 중키나무. 고산 지대의 바위 틈에 높이 10~20cm 자란다. 잎은 모여나고 넓은 선형이며, 두껍고 윤채가 있으며 가장자리가 뒤로 말려서 뒷면을 덮는다. 꽃은 6~7월에 자주색으로 피고 가지 끝의 잎겨드랑이에 달리며, 꽃잎은 3장이고 꽃밥은 홍색이다. 열매는 둥근 핵과이고 8~9월에 검은색으로 익는다. 과일은 잼과 술을 담그거나 청량 음료수용으로 이용하고 열매를 약재로 쓴다.

아하!

시로미의 한자명은 오리(烏李)로 '까마귀의 자두'라는 뜻이고, 영어명도 Crowberry로 역시 '까마귀의 열매'라는 뜻을 나타낸다.

무 십자화과
Raphanus sativus L. var. *acanthiformis* Makino

한해살이풀 또는 두해살이풀. 채소로 재배하며 뿌리는 원기둥 모양으로 크다. 잎은 밑동에서 모여나고 긴 타원형이며 깃 모양으로 갈라진다. 꽃은 4~6월에 엷은 홍자색으로 피고, 줄기 끝에 모여 달린다. 열매는 각과이고 기둥 모양이며 6~7월에 익는다. 전체를 식용한다.

목화 아욱과
Gossypium indicum Lam.

한해살이풀. 동아시아 원산이며 키 60cm 정도 자란다. 잎은 어긋나고 손바닥 모양으로 갈라지며 갈래는 끝이 뾰족하다. 꽃은 8~9월에 연한 붉은색·노란색·흰색 등으로 피고 잎겨드랑이에 1송이씩 달린다. 열매는 삭과이고 달걀 모양이며 끝이 뾰족하고 씨는 긴 솜털에 싸인다. 씨를 식용한다.

열매

고려 말에 문익점은 중국에서 '목화'를 들여왔고, 손자인 문래는 베짜는 기계를 만들었는데, 사람들은 문래의 이름을 따서 '물레'라고 불렀다.

무궁화 아욱과
Hibiscus syriacus L.

갈잎 떨기나무. 우리나라 국화로서 높이 2~4m 자란다. 가지를 많이 치며 줄기는 회색을 띤다. 잎은 어긋나며 달걀 모양이고 가장자리에 거친 톱니가 있다. 꽃은 7~10월에 보통 흰색과 분홍색으로 피고 안쪽에 진한 자홍색 무늬가 있으며 잎겨드랑이에 1송이씩 달린다. 열매는 삭과이고 타원형이며 10월에 익는다. 많은 원예 품종이 개발되어 있다.

원래 중국 원산으로 한자 이름인 '목근(木槿)'에서 변화하여 '목근화'라고 부르다가, 이것이 다시 변화하여 '무궁화'라고 부르게 되었다고 한다.

열매

계월향 아욱과
Hibiscus syriacus L.

무궁화-자단심계. 전국 각지에서 자라는 재래종 중에서 선발되었다. 꽃은 종 모양이고 보라빛을 띤 연분홍색 홑꽃이며 단심이 작다. 꽃이 작고 활짝 피지 않는다.

아하!
꽃이 아름답고 야무지다고 하여 임진왜란 때의 왜장과 함께 순사한 애국 기생 '계월향'의 이름을 딴 것이다. 1983년 서울대학교 농과대학에서 이름지었다.

고주몽 아욱과
Hibiscus syriacus L.

무궁화-자단심계. 자연교잡 육성묘목 중에서 선발되었다. 꽃은 연한 자줏빛이 감도는 진분홍색 홑꽃이고 꽃의 지름 9.7cm 정도이며, 단심이 작고 단심선은 미약하다.

아하!
붉은색이 짙고 꽃이 커다란 데서 고구려 시조인 '주몽'을 연상하여 1970년 한국무궁화연구회에서 이름지었다.

내사랑 아욱과
Hibiscus syriacus L.

무궁화-자단심계. 재래종과 도입종의
혼식포장에서 씨를 채취하여 선발하
였으며 1983년 서울대학교 농과대학
에서 이름지었다. 꽃은 보라빛을 띤
붉은색 겹꽃이며 단심은 잘 보이지
않으나 꽃 전체가 하나의 붉은 덩어
리를 이룬다.

루시 아욱과
Hibiscus syriacus L.

무궁화-적단심계. 미국 도입종으로
꽃은 진홍색 겹꽃이며 꽃지름
9~10cm이고 단심과 단심선은 암적
색이다. 수술은 물론 암술도 변하여
기본꽃잎이 뚜렷하지 않을 정도로 속
꽃잎이 발달한다. 잎은 작은 편이고
가장자리에 톱니가 있다.

블루버드 아욱과
Hibiscus syriacus L. 'Blue Bird'

오션블루

무궁화-청단심계. 미국도입종으로 1739년도 미국식물특허가 있다. 청단심계 무궁화의 대표적인 꽃으로 높이 1.2m정도 자란다. 잎의 크기는 중간 정도이며 결각이 심하다. 꽃은 홑꽃으로 꽃지름 11cm 정도로 큰 편이고 활짝 벌어진다. 꽃빛깔은 엷은 청색이나 계절에 따라 자주색에 가깝게 된다. 짙은 암적색 단심은 작고 단심선은 보통이다.

산처녀 아욱과
Hibiscus syriacus L.

무궁화-자단심계. 꽃은 진한 적색을 띤 반겹꽃이며 단심은 암적색이다. 기본꽃잎이 크고 뚜렷하며 수술이 전부 변하여 속꽃잎이 잘 발달되고 암술은 온전하다.

아하!

일본도입종인 '광화립'을 1990년 한국무궁화연구회에서 국내육성종인 '산처녀'와 동일 품종으로 확인하고 이름지었다.

새아침 아욱과
Hibiscus syriacus L.

무궁화-자단심계. 재래종 중에서 선발하여 1972년 서울대학교 농과대학에서 이름지었다. 아침을 상징할 만큼 청신하다는 뜻이다. 꽃은 분홍색 홑꽃이며 꽃지름 8.5cm 정도이고 단심과 단심선은 보통이다. 꽃잎은 둥글고 오므라든다.

아하!
기본꽃잎이 뚜렷하고 분홍색 꽃색이 밝아오는 새아침을 상징할만큼 맑고 깨끗하다고 하여 붙은 이름이다.

순지화립 아욱과
Hibiscus syriacus L.
수치하나가사

무궁화-자단심계. 일본 도입종으로 꽃은 연분홍색 반겹꽃이다. 기본꽃잎은 크고 둥근 편이며 활짝 핀다. 수술이 모두 변하여 작은 속꽃잎이 잘 발달한다. 잎은 중간 크기이고 가장자리의 톱니는 약하다.

싱글레드 아욱과
Hibiscus syriacus L.

무궁화–적단심계. 미국 도입종으로 분홍색 홑꽃이다. 단심은 암적색으로 크며 단심선은 길고 강하다. 꽃이 활짝 피며 꽃잎이 젖혀지기도 한다. 잎은 작은 편이고 가장자리가 물결 모양이다.

아사달 아욱과
Hibiscus syriacus L.

무궁화–아사달계. 경상 남도 지방에서 선발하여 1972년 서울대학교 농과대학에서 이름지었다. 꽃은 홑꽃으로 연분홍빛이 감도는 흰색 바탕에 분홍색 아사달무늬가 뚜렷하며 강한 단심과 단심선이 있다. 속꽃잎이 약간 발달한다.

에밀레 아욱과
Hibiscus syriacus L.

무궁화-배달계. 재래종 중에서 선발
되었다. 꽃은 연분홍색 홑꽃이고 종
모양이다. 단심은 크고 강하며 단심선
은 회전감이 있다.

아하!
꽃의 모양이 신라 시대에 만든 '에밀레
종'을 연상시킨다고 하여 1983년 서울
대학교 농과대학에서 이름지었다.

충무 아욱과
Hibiscus syriacus L.

무궁화-자단심계. 국내 육성종으로
1983년 원예시험장에서 이름지었다.
꽃은 흰색이 감도는 연분홍색 홑꽃이
고 강한 단심과 시원하게 뻗은 단심
선이 있으며 꽃잎맥이 발달한다.

칠보 아욱과
Hibiscus syriacus L.

무궁화-자단심계. 자연교잡육성종이다. 꽃은 분홍색 홑꽃이고 꽃지름 10cm 정도이며 강한 단심에 단심선이 길게 퍼진다.

아하!
경기도 칠보산 기슭에서 기본종을 선발하고 '칠보산'의 지명을 딴 것이다. 1990년 한국무궁화연구회에서 이름지었다.

핑크자이안트 아욱과
Hibiscus syriacus L.

무궁화-홍단심계. 외국 도입종으로 꽃은 분홍색 홑꽃이며, 단심은 강하나 단심선은 보통이고 아담하다.

하와이무궁화 아욱과
Hibiscus rosa-sisensis L.

갈잎 떨기나무. 동부 아시아와 중국 남부 원산이며 높이 2~3m 자란다. 잎은 난상 피침형으로 가장자리에 거친 톱니가 있다. 꽃은 넓은 깔때기 모양으로 7~8월에 피고 햇가지 윗부분의 잎겨드랑이에 1송이씩 달린다. 꽃색은 적색을 비롯하여 여러 가지가 있다. 열매는 10월에 익는다.

향단심 아욱과
Hibiscus syriacus L.

무궁화-자단심계. 전라도 지역에서 채취한 종자를 파종하여 선발하고 1979년 서울대학교 농과대학에서 이름지었다. 꽃은 연분홍색 홑꽃이며 격렬한 적색의 단심과 단심선이 발달한다. 꽃잎은 둥글고 속꽃잎이 다소 발달한다.

홍순 아욱과
Hibiscus syriacus L.

무궁화-적단심계. 전라남도 지역에서 선발하여 1972년 서울대학교 농과대학에서 이름지었다. 꽃은 홍색 무늬가 있는 연자주색 반겹꽃이며 연적색 아사달 무늬가 있고 단심이 뚜렷하다. 기본꽃잎이 크고 뚜렷하고 작은 속꽃잎이 발달한다.

미국부용 아욱과
Hibiscus oculiroseus Briton

갈잎 반목본 떨기나무. 정원에 식재하며 높이 2m 정도 자란다. 잎은 어긋나고 염통 모양이며, 별 모양의 털이 많고 가장자리에 둔한 톱니가 있다. 꽃은 7~9월에 가지 윗부분의 잎겨드랑이에 달리고 꽃색은 빨강, 흰색, 분홍, 짙은 분홍 등이 있다. 꽃받침은 5갈래이고 별 모양의 털이 섞여 있다. 열매는 삭과이고 9~10월에 익으며, 씨는 다수이고 콩팥 모양이며 흰색 털이 있다.

부용 아욱과
Hibiscus mutabilis L.

갈잎 떨기나무. 산과 들에서 키 2m
정도 자란다. 잎은 어긋나고 3~7개
로 얕게 갈라지며 가장자리에 둔한
톱니가 있다. 꽃은 8~10월에 연홍색
으로 피고 윗부분의 잎겨드랑이에 1
송이씩 달린다. 열매는 삭과이고 둥글
며, 퍼진 털이 있고 10~11월에 익는
다. 씨는 콩팥 모양이며 뒷면에 흰색
의 긴 털이 있다.

아하!
연꽃을 부용이라고 부르기도 하므로,
이 둘을 구분하기 위해 연꽃은 수부용
(水芙蓉), 부용은 목부용(木芙蓉)으로
구분하기도 한다.

접시꽃 아욱과
Althaea rosea Cavanil

두해살이풀. 아시아 원산이며 키 2m
정도 자란다. 잎은 어긋나고 손바닥
모양이며, 가장자리가 5~7개로 갈라
지고 톱니가 있다. 꽃은 6월에 피고
잎겨드랑이에 달린다. 꽃잎은 5개가
나선상으로 붙는다. 꽃 빛깔은 노란
색 · 붉은색 · 연홍색 · 흰색 등 다양하
고 겹꽃도 있다. 열매는 삭과이고 접
시 모양이며 9월에 익는다.

아하!
활짝 벌어진 꽃잎이 이름 그대로 커다
란 접시 모양이므로 '접시꽃'이라고
이름지어졌다.

아욱 아욱과

Malva verticillata L.

한해살이풀. 유럽 북부 원산이며 습기 있는 밭에서 재배하고 키 60~90cm 자란다. 잎은 어긋나고 둥글며 가장자리에 뭉툭한 톱니가 있다. 꽃은 6~7월에 연분홍색으로 피고 꽃잎은 5장이며 잎겨드랑이에 모여 달린다. 열매는 삭과이고 전체를 식용한다.

당아욱 아욱과

Malva sylvestris Linne var. *mauritiana* Mill.

두해살이풀. 유럽과 아시아 원산. 울릉도의 바닷가에서 키 60~90cm 자란다. 잎은 어긋나고 원형이며, 얕게 손바닥처럼 갈라지고 가장자리에 잔톱니가 있다. 꽃은 5월~가을까지 대개 연한 자주색으로 피고 진한 맥이 있으며 잎겨드랑이에 여러 송이가 모여 달린다. 여러 가지 색으로 핀다. 열매는 삭과이고 가을에 여문다.

아하!

속명(Malva)은 라틴어의 malachos(부드럽다)에서 유래한 것으로, 이 식물의 점액에 완화제로 쓰이는 성분이 들어 있음을 나타낸다.

보라별꽃 앵초과
Anagallis arvensis L.

뚜껑별꽃 · 별봄맞이꽃

한(두)해살이풀. 산과 들에서 키 10~30cm 자라고 줄기는 옆으로 뻗다가 비스듬히 선다. 잎은 마주나고 잎자루가 없으며, 좁은 피침형이고 끝이 뾰족하며 가장자리는 밋밋하다. 꽃은 4~5월에 청자색으로 피고 잎겨드랑이에 1송이씩 달린다. 꽃받침잎은 피침상 선형이고 화관은 5개로 갈라져 수평으로 퍼진다. 열매는 둥근 삭과이고 밑부분에 꽃받침이 남아 있으며 7~8월에 익는다.

 !
열매가 익으면 중앙부에서 옆으로 갈라져 뚜껑처럼 열리고 씨가 보이므로 '뚜껑별꽃' 이라고도 부른다.

시클라멘 앵초과
Cyclamen persicum Mill.

여러해살이풀. 지중해 연안 원산이며 키 15cm 정도 자란다. 잎은 굵은 잎자루 끝에 달리고 끝이 뾰족한 염통 모양이며, 가장자리에 부드러운 톱니가 있다. 꽃은 12월~이듬해 3월에 피고 긴 꽃줄기 끝에 1송이씩 아래를 향해 달린다. 꽃빛깔은 분홍색 · 빨간색 · 흰색 등이 있다. 열매는 삭과이고 공 모양이며 6월에 익는다.

설앵초 앵초과
Primula modesta Bisset et Morren

여러해살이풀. 높은 산 바위 틈에서 키 15cm 정도 자란다. 잎은 뿌리에서 돋아 비스듬히 퍼지고 넓은 달걀 모양이며 가장자리에 둔한 톱니가 있다. 꽃은 5~6월에 연자주색으로 피고 뿌리에서 자란 긴 꽃줄기 끝에 모여 우산 모양으로 달린다. 열매는 삭과이고 원기둥 모양이며 8월에 익는다.

아하!
야생종은 고산 식물로 히말라야 고원에서도 봄에 가장 먼저 꽃이 핀다. 우리나라에서는 해발 1000m 이상의 높은 산에서 볼 수 있다.

앵초 앵초과
Primula sieboldii Morren

여러해살이풀. 산의 습지에서 자라며 전체에 꼬부라진 털이 많다. 잎은 뿌리에서 모여나고 달걀 모양이며 가장자리가 얕게 갈라진다. 꽃은 깔때기 모양이며 4~5월에 적자색으로 피고 잎 사이에서 나온 긴 꽃줄기 끝에 5~20송이가 모여 달린다. 열매는 삭과이고 둥글며 8월에 익는다. 어린 잎을 먹는다.

아하!
붉은색 꽃 모양이 앵두나무(櫻桃) 꽃과 비슷하다고 하여 '앵초(櫻草)'라는 이름으로 불린다.

큰앵초 앵초과
Primula jesoana Miq.

여러해살이풀. 깊은 산 숲 속 또는 냇가 습지에서 키 30cm 정도 자라며 전체에 잔털이 있다. 잎은 모두 뿌리에서 나오고 가장자리가 얕게 갈라진 넓은 염통 모양이며 가장자리에 굵은 톱니가 있다. 꽃은 5~6월에 홍자색 통꽃으로 피고 잎 사이에서 나온 꽃줄기 끝에 1~4층으로 5~6송이씩 달린다. 열매는 삭과이고 긴 타원형이며 8월에 익는다. 어린 잎을 식용한다.

프리뮬러 앵초과
Primula julian–hybrida Hort.

한해 또는 두해살이풀. 이른 봄의 관상용으로 널리 재배하며 키 15~30cm 자란다. 잎은 뿌리에서 나오고 달걀 모양이며 가장자리에 톱니가 있다. 꽃은 3~5월에 피고 꽃줄기에 1송이씩 달린다. 꽃빛깔은 노란색·분홍색·빨간색·흰색 등이 있다.

금낭화 양귀비과

Dicentra spectabilis (L.) Lemaire

며느리주머니 · 며늘취

여러해살이풀. 깊은 산 계곡에서 키 60cm 정도 자란다. 잎은 어긋나고 깃꼴겹잎이며 작은잎은 끝이 뾰족한 달걀 모양이다. 꽃은 5~6월에 담홍색으로 피고 줄기 끝에 여러 송이가 주렁주렁 달린다. 꽃받침잎은 2개로 가늘고 작은 비늘 모양이며 일찍 떨어진다. 열매는 삭과이고 긴 타원형이며 9~10월에 여문다. 어린 잎을 나물로 먹는다.

아하!

심장 모양의 빨간색 꽃이 예쁜 복주머니(囊;낭)처럼 생기고, 그 안의 암술과 수술이 노란 금화(金貨)가 들어 있는 것 같다고 하여 '금낭화(金囊花)'라고 부른다.

들현호색 양귀비과

Corydalis ternata Nakai

여러해살이풀. 산기슭이나 논과 밭 근처에서 키 15cm 정도 자란다. 잎은 어긋나고 깃꼴겹잎이며, 작은잎은 달걀 모양이고 가장자리에 톱니가 있다. 꽃은 4월에 붉은자주색으로 피고 줄기 끝에 많이 모여 달린다. 열매는 삭과이고 긴 타원형이며, 끝이 뾰족하고 6~7월에 익는다. 덩이줄기를 약재로 쓴다.

아하!

현호색의 일종이며 들에서 잘 자라므로 '들현호색'이라고 부른다. 종소명 (temata)은 3개의 작은잎으로 나뉘는 잎의 특징을 뜻한다.

개양귀비 양귀비과
Papaver rhoeas L.
애기아편꽃

두해살이풀. 유럽 원산이며 키 50~80cm 자라고 전체에 털이 난다. 잎은 어긋나고 깃꼴로 갈라지며, 갈래조각은 피침형이고 가장자리에 톱니가 있다. 꽃은 5~6월에 보통 붉은색으로 피고 가지 끝에 1송이씩 위를 향해 달린다. 열매는 삭과이고 넓은 달걀 모양이다.

양귀비의 일종으로 열매에서 나오는 유액을 말려서 아편을 만들며, 양귀비보다 크기가 작으므로 '애기아편꽃' 이라고도 부른다.

양귀비 양귀비과
Papaver somniferum L.
앵속

두해살이풀. 유럽 동부 원산이며 키 50~150cm 자란다. 잎은 어긋나고 긴 달걀 모양이며, 끝이 뾰족하고 가장자리에 톱니가 있으며, 밑부분이 줄기를 반 정도 감싼다. 꽃은 5~6월에 붉은색 · 자주색 · 흰색 등으로 피고, 줄기 끝에 1송이씩 위를 향해 달린다. 열매는 삭과이고 둥근 달걀 모양이며, 다 익으면 윗부분의 구멍에서 씨가 나온다. 열매를 약재로 쓴다.

열매가 항아리(罌;앵)같이 생기고 그 속에 좁쌀(粟;속) 같은 씨가 들어 있다고 해서 '앵속(罌粟)' 이라고 한다.

자주괴불주머니 양귀비과
Corydalis incisa (Thunb.) Pers.

두해살이풀. 산과 들의 습지에서 키 20~50cm 자란다. 잎은 어긋나고 깃 꼴겹잎이며, 작은잎은 삼각형이고 가장자리에 톱니가 있다. 꽃은 2~5월에 적자색으로 피며 원줄기 끝에 여러 송이가 모여 달린다. 열매는 삭과이고 긴 원통 모양이며 6~7월에 익는다. 씨는 검은색으로 윤기가 난다.

(야하)**!**
괴불주머니의 일종이며 꽃이 자주색이기 때문에 '자주괴불주머니'라는 이름이 붙었다.

구슬봉이 용담과
Gentiana squarrosa Ledebour

두해살이풀. 양지바른 들에서 키 5~10cm 자란다. 뿌리에서 난 잎은 큰 달걀 모양이고 줄기에서 마주난 잎은 피침형이며 밑부분이 잎집이 되어 줄기를 감싼다. 꽃은 종 모양이며 5~6월에 연한 자주색으로 피고 줄기 끝에 달린다. 열매는 삭과이고 8~9월에 익는다.

(야하)**!**
밑동에서부터 가지가 갈라져 포기를 이루며 구슬처럼 작은 꽃이 동글동글하게 모여 있어 '구슬봉이'라고 이름을 붙인 것 같다.

봄구슬붕이 용담과
Gentiana thunbergii (G. Don) Griseb.

두해살이풀. 양지바른 습지에서 키 5~15cm 자라며 줄기 밑동에서 갈라져 뭉쳐난다. 줄기에 난 잎은 피침형이고 밑부분이 잎집이 되어 줄기를 감싼다. 꽃은 4~5월에 연한 자주색으로 피고 가지 끝에 1송이씩 달린다. 열매는 삭과이고 7월에 익으면 2개로 갈라진다. 뿌리를 약재로 쓴다.

아하!
구슬붕이와 매우 비슷하지만, 봄구슬붕이는 줄기에 1송이씩 꽃이 달리고 부화관에는 작은 톱니가 있어서 구슬붕이와 구별할 수 있다.

큰구슬붕이 용담과
Gentiana zollingeri Fawcett

두해살이풀. 산과 들의 숲 속에서 키 5~10cm 자란다. 잎은 마주나고 달걀 모양이다. 꽃은 5~6월에 자주색으로 피고 줄기와 가지 끝에 몇 송이씩 모여 달린다. 열매는 삭과이고 긴 자루가 있으며, 8~9월에 익으면 2개로 갈라진다. 씨는 양끝이 뾰족한 원기둥 모양이다.

아하!
큰구슬붕이는 5갈래로 나누어진 꽃받침갈래가 뒤로 젖혀지지 않아 꽃받침갈래가 뒤로 젖혀지는 구슬붕이와 쉽게 구분된다.

리시언서스 용담과
Lisianthus russellianus Hook.

꽃도라지

한해 또는 두해살이풀. 미국 원산이며
키 1m 정도 자란다. 잎은 마주나고
긴 타원형이다. 꽃은 종 모양이며
8~9월에 연한 분홍색 또는 흰색으로
피고 꽃줄기 끝에 달린다. 꽃잎은 5장
으로 달걀 모양이며 가장자리는 물결
처럼 되어 있다. 열매는 삭과이고 긴
타원형이다.

멧용담 용담과
Gentiana niponica Max.

여러해살이풀. 한라산에서 키
10~15cm 자란다. 잎은 마주나고 넓
은 피침형이며 밑은 줄기를 감싼다.
꽃은 종 모양이며 9월에 보라색으로
피고 줄기 끝에 달린다. 열매는 삭과
이고 길쭉하며 좁다. 뿌리를 약재로
쓴다.

아하!
약재로 쓰는 뿌리가 쓴 용담의 일종이
며 높은 산에서 잘 자라기 때문에 산을
뜻하는 '멧' 자를 붙여 '멧용담' 이라고
한다.

비로용담 용담과

Gentiana jamesii Hemsley

여러해살이풀. 높은 산의 중턱에서 키
5~12cm 자란다. 잎은 마주나고 긴
타원형이며 잎자루가 없다. 꽃은 7~
9월에 짙은 벽자색으로 피고 가지 끝
에 1송이씩 달린다. 열매는 삭과이고
양 끝이 뾰족한 원기둥 모양이며 11월
경에 익는다. 어린 잎을 먹고 뿌리를
약재로 쓴다.

아하!
용담의 일종이며, 금강산 비로봉에서
처음 발견하여 '비로용담'이라 불린
다. 북한에서는 천연기념물로 지정하
여 보호하고 있다.

용담 용담과

Gentiana scabra Bunge var. *buergeri*
(Miq.) Max.

웅담

여러해살이풀. 산지의 풀밭에서 키
60cm 정도 자란다. 잎은 마주나고
피침형이며, 가장자리가 깔깔하고 밑
동은 줄기를 감싼다. 꽃은 종 모양이
며 8~10월에 자주색으로 피고 잎겨
드랑이와 줄기 끝에 달린다. 열매는
삭과이고 길쭉하며 10~11월에 익는
다. 어린 잎을 식용하고 뿌리를 약재
로 쓴다.

아하!
약재로 이용하는 뿌리에서 강한 쓴맛
이 나는데 그 쓴맛이 용(龍)의 쓸개(膽)
보다 더 쓰다고 하여 '용담(龍膽)'이라
고 한다. '웅담(熊膽)'이라고도 부른다.

진퍼리용담 용담과

Gentiana scabra Bunge var. *buergeri*
(Miq.) Max. for. *stenophylla* Ohwi

여러해살이풀. 들의 습지에서 키
15~80cm 자라며 줄기는 자주색이
다. 잎은 마주나고 피침형이며 가장자
리에 잔 돌기가 있다. 꽃은 8~10월
에 보라색으로 피고 줄기 끝이나 잎
겨드랑이에 달린다. 열매는 삭과이고
길쭉하며 좁다.

아하!
용담과 비슷하지만 진창이 있는 습지
에서 잘 자라므로 '진퍼리용담' 이라고
부르는 것 같다.

자주쓴풀 용담과

Swertia pseudochinensis (Bunge) Hara

털쓴풀
두해살이풀. 산지에서 키 15~30cm
자란다. 뿌리는 굵은 수염 모양이고
쓴맛이 강하며, 줄기는 곧게 서고 검
은 자색이다. 잎은 마주나고 피침형이
며 잎자루가 거의 없다. 꽃은 9~10
월에 자주색으로 피고 원추형 취산화
서를 이룬다. 꽃받침은 넓은 선형이고
꽃밥은 흑자색이다. 열매는 삭과이고
넓은 피침형이며 11월에 익는다. 씨는
둥글고 밋밋하다. 전초를 약용한다.

아하!
약재로 쓰는 잎이 강한 쓴맛을 지니고
있고 자주색 꽃이 피는 데서 '자주(紫
朱)쓴풀' 이란 이름이 붙은 것 같다.

애기풀 원지과
Polygala japonica Houtt.

영신초

여러해살이풀. 산에서 키 20cm 정도
자란다. 전체에 잔털이 나고 줄기는
밑동에서 모여난다. 잎은 어긋나고 타
원형이며 잎자루가 매우 짧다. 꽃은
4~6월에 자주색으로 피고 꽃줄기에
여러 송이가 모여 달린다. 열매는 삭
과이고 둥글며 8~9월에 익는다. 전
초를 약재로 쓴다.

(아하)!
풀이 키가 작고 줄기가 약하므로 어린
아기 같다고 하여 '애기풀'이라는 이
름을 붙인 것으로 추정된다.

으름덩굴 으름덩굴과
Akebia quinata (Thunb.) Decaisne

임하부인

갈잎 덩굴나무. 산과 들에서 길이 5m
정도 자란다. 잎은 어긋나고 손바닥
모양으로 갈라진 겹잎이며 작은잎은
타원형이다. 꽃은 암수한그루이고 4
~5월에 암자색으로 피며, 잎겨드랑
이에 여러 송이가 모여 달린다. 꽃잎
은 없고 꽃받침 3개가 꽃잎처럼 보인
다. 열매는 장과이고 긴 타원형이며
10월에 자줏빛을 띤 갈색으로 익는
다. 열매를 식용하고 뿌리와 가지는
약재로 쓴다.

(아하)!
열매가 익어 벌어진 모양이 여자의 생
식기와 닮았다고 해서 '나무 밑(林下)
의 여인'이라는 뜻으로 '임하부인(林
下婦人)'이라는 별명이 있다.

열매

붉은병꽃나무 인동과
Weigela florida (Bunge) Dc.

갈잎 떨기나무. 산기슭 양지쪽에서 높이 2~3m 자란다. 잎은 마주나며 달걀 모양이며 가장자리에 잔톱니가 있다. 꽃은 5~6월에 붉은색으로 피고 잎겨드랑이에 모여 달린다. 열매는 삭과이고 단단하며, 잔털이 있고 9월에 익는다.

올괴불나무 인동과
Lonicera praeflorens Batalin

조화인동

갈잎 떨기나무. 산지의 숲에서 키 1m 정도 자라며 줄기의 골속은 흰색이다. 잎은 마주나고 타원형이며, 끝은 뾰족하고 양면에 비단같은 털이 밀생하며 분백색이다. 꽃은 3~5월에 연한 붉은색으로 피고 잎겨드랑이에서 잎보다 먼저 달린다. 화관은 5갈래이고 꽃밥은 자주색이다. 열매는 둥근 장과이고 5~10월에 붉은색으로 익는다.

아하!
열매가 색 헝겊에 솜을 넣어 만든 어린 아이의 노리개(괴불주머니)와 비슷하고 이른 봄에 꽃이 피므로 '올괴불나무'라고 한다.

잔털인동 인동과
Lonicera japonica for. *chinensis* Hara

버들잎인동덩굴

덩굴성 갈잎 떨기나무. 산과 들의 양
지에서 길이 5m 정도 자란다. 잎은
마주나고 긴 타원형이며 가장자리는
밋밋하다. 꽃은 5~7월에 피고 처음에
흰색에서 노란색으로 변하며 잎겨드
랑이에 1~2송이씩 달린다. 윗입술꽃
잎이 반 이상 갈라지며 겉에 홍색이
돈다. 열매는 장과이고 둥글며 10월
에 검게 익는다. 줄기와 꽃과 잎을 약
재로 쓴다.

!
인동덩굴처럼 겨울까지 잎이 붙어 있
고 잎가장자리에는 잔털이 나기 때문
에 '잔털인동덩굴'이라는 이름이 붙은
것 같다.

열매

꽃사과 장미과
Malus prunifolia Borkh

갈잎 큰키나무. 정원에 심고 높이
5~8m 자라며 줄기에 가시가 많다.
잎은 어긋나는데 모여나는 것처럼 보
이고 긴 타원형이며 가장자리에 톱니
가 있다. 꽃은 4~5월에 피고 꽃색은
흰색, 적색 등 다양하며, 꽃잎도 홑꽃,
겹꽃, 만첩 등 여러 가지이다. 열매는
이과로서 사과보다는 훨씬 작고 더
딱딱하며 9~11월에 붉은색으로 익는
다. 열매를 식용하고 잎과 열매를 약
재로 쓴다.

아하!
사과나무와 비슷한데 꽃이 피면 화려
한 꽃이 온 나무를 뒤덮어 장관을 이루
므로 '꽃사과'라는 이름을 얻었다.

멍석딸기 장미과
Rubus parvifolius L.

갈잎 떨기나무. 산기슭이나 논밭 둑에서 흔히 자란다. 잎은 깃꼴겹잎이며 작은잎은 달걀 모양이고 가장자리에 톱니가 있다. 꽃은 5월에 적색으로 피고 가지 끝에 모여 달린다. 열매는 복과로서 둥글고 7~8월에 적색으로 익는다. 열매를 먹는다.

아하!
산딸기 중에서 열매가 가장 크고 멍석에 널어 놓은 듯 많이 열리기 때문에 먹기 좋으므로 '멍석딸기'라고 부른 듯하다.

붉은가시딸기 장미과
Rubus phoenicolasius Max.
곰딸기

갈잎 떨기나무. 그늘진 습지에서 높이 2~3m 자라며 전체에 붉은 털이 빽빽하게 난다. 잎은 어긋나고 깃꼴겹잎이며 작은잎은 둥글고 가장자리에 톱니가 있다. 꽃은 6~7월에 연분홍색으로 피고 가지 끝에 모여 달린다. 열매는 핵과이고 둥글며 7월에 붉게 익는다. 열매를 먹거나 약재로 쓴다.

꽃

아하!
줄기와 잎자루 및 꽃받침 등에 가시같이 억센 붉은 선모가 빽빽하게 나는 것이 특징인데, 이 때문에 '붉은가시딸기'라고 한다.

명자나무 장미과

Chaenomeles lagenaria (Loisel) Koidz

산당화

갈잎 떨기나무. 관상용으로 심으며 높
이 2~3m 자란다. 잎은 어긋나고 타
원형이며 가장자리에 톱니가 있다. 꽃
은 4월에 적색으로 피고 짧은 가지
끝에 여러 송이가 모여 달린다. 열매
는 이과이고 타원형이며 7~8월에 누
렇게 익는다. 여러 가지 원예 품종이
있다.

열매

모과나무 장미과

Chaenomeles sinensis Koehne

갈잎 중키나무. 과수로 재배하며 높이
10m 정도 자라고 나무껍질이 벗겨져
서 흰 얼룩무늬가 된다. 잎은 어긋나
고 달걀 모양이며, 가장자리에 뾰족한
잔톱니가 있다. 꽃은 5월에 연한 홍
색으로 피고 가지 끝에 1송이씩 달린
다. 열매는 이과이고 타원형이며, 9월
에 노란색으로 익으며 목질이 발달해
있다. 열매를 약재로 쓴다.

열매

열매

벚나무 장미과
Prunus serrulata Lindley var. *spontanea* (Max.) Wils.

갈잎 큰키나무. 산과 마을 부근에서 높이 20m 정도 자란다. 나무껍질은 검은 자갈색이고 옆으로 벗겨진다. 잎은 어긋나고 달걀 모양이며 가장자리에 바늘 같은 겹톱니가 있다. 꽃은 4~5월에 분홍색 또는 흰색으로 피며 2~5송이씩 달린다. 열매는 핵과이고 둥글며, 6~7월에 적색에서 흑색으로 익으며 버찌라고 부른다.

붉은인가목 장미과
Rasa marretii Leveille

갈잎 떨기나무. 산기슭에서 높이 1m 정도 자란다. 작은 가지에 털이 없고 자갈색이며 줄기에는 가시가 드문드문 있다. 잎은 5~9장의 작은잎으로 된 깃꼴겹잎으로 작은잎은 긴 타원형이고 가장자리에 잔톱니가 있다. 턱잎은 막질이고 갈색이며 가장자리는 밋밋하다. 꽃은 5~6월에 붉은색으로 피고 햇가지 끝에 1~3송이씩 달린다. 열매는 구형 또는 달걀 모양이고 9~10월에 붉은색으로 익는다.

복숭아나무 장미과
Prunus persica (L.) Batsch

복사나무

갈잎 중키나무. 과수로 재배하며 높이 3m 정도 자란다. 잎은 어긋나고 피침형이며 가장자리에 톱니가 있다. 꽃은 잎이 나기 전인 4~5월에 옅은 홍색 또는 흰색으로 피고, 꽃잎은 5장이며 잎겨드랑이에 1~2송이씩 달린다. 열매는 핵과이고 7~8월에 익으며 잔털이 많이 붙는다. 열매를 식용하고 씨는 약재로 사용한다.

열매

살구나무 장미과
Prunus armeniaca L.

갈잎 중키나무. 과수로 재배하며 높이 5m 정도 자란다. 잎은 어긋나고 넓은 타원형이며 가장자리에 겹톱니가 있다. 꽃은 잎이 나기 전인 4월에 연한 붉은색으로 피고 묵은 가지에 달린다. 열매는 핵과이고 둥글며, 7월에 노란색 또는 노란빛을 띤 붉은색으로 익고 털이 많다. 열매를 식용하고 씨는 약재로 쓴다.

열매

열매

생열귀나무 장미과
Rosa davurica Pallas

까마귀밥나무 · 뱀의찔레

갈잎 떨기나무. 산골짜기와 논밭의 둑에서 높이 1~1.5m 자란다. 원줄기는 적갈색이고 턱잎 밑에 가시가 있다. 잎은 어긋나고 깃꼴겹잎이며, 작은잎은 끝이 뾰족한 타원형이고 뒷면은 회록색이며, 작은 선점이 밀생하고 가장자리에 잔톱니가 있다. 꽃은 5월에 장미색으로 피고 햇가지 끝에 1~3송이씩 달린다. 꽃받침통은 단지 모양이고 꽃잎은 5개이다. 열매는 둥글고 6~9월에 붉은색으로 익는다.

산오이풀 장미과
Sanguisorba hakusanensis Makino

여러해살이풀. 높은 산의 습기가 많은 곳에서 키 40~80cm 자란다. 잎은 어긋나고 깃꼴겹잎이며 작은잎은 타원형이고 가장자리에 톱니가 있다. 꽃은 8~9월에 붉은 자줏빛으로 피고 가지 끝에 다닥다닥 모여 달린다. 열매는 수과이고 10월에 익는다. 어린잎을 식용하고 뿌리는 약재로 쓴다.

아하!
잎과 줄기에서 오이 냄새가 나는 오이풀의 일종이며 고산 지대에서 자라므로 '산오이풀'이라고 부른다.

오이풀 장미과

Sanguisorba officinalis L.

여러해살이풀. 산이나 들에서 1m 정
도 자란다. 뿌리잎은 깃꼴겹잎이며 작
은잎은 타원형이고 가장자리에 톱니
가 있다. 줄기잎은 어긋나고 작다. 꽃
은 6~9월에 검붉은색으로 피고 줄기
끝에 모여 달리는데 꽃잎이 없다. 열
매는 수과이고 10월에 익는다. 뿌리
를 약재로 쓴다.

아하!
어린 줄기와 잎을 꺾거나 손바닥으로
비벼 보면 상큼한 오이 냄새가 나므로
'오이풀'이라고 한다.

덩굴장미 장미과

Rosa multiflora var. *platyphylla* Thory

갈잎 덩굴나무. 민가에서 흔히 울타리
에 심으며 길이 5m 정도 자라고 전
체에 밑을 향한 가시가 드문드문 있
다. 잎은 어긋나고 깃털 모양이며 작
은잎은 달걀 모양이며 가장자리에 톱
니가 있다. 꽃은 5~6월에 흔히 붉은
색으로 핀다. 열매는 9월에 익으며 약
재로 쓴다.

슈퍼스타 장미과
Rosa hybrida Hort. 'Super Star'

갈잎 떨기나무. 장미의 일종. 북반구
의 온대와 아한대 원산종 장미의 교
잡종이다. 꽃지름이 12cm 정도이며
꽃잎 수는 35장이다. 줄기는 크고 잘
자라며 분지성이 좋다.

겹꽃

장미 장미과
Rosa hybrida Hort.

갈잎 떨기나무. 원예용으로 재배하며
높이 2~3m 정도 자라고 가지에 날
카로운 가시가 많다. 잎은 어긋나고
끝이 뾰족한 타원형이며 가장자리에
예리한 톱니가 있다. 꽃은 품종에 따
라 색깔과 피는 시기가 다르고 홑꽃
에서 겹꽃까지 수많은 변이가 있다.
현재 알려진 품종만도 15,000여 종이
나 된다.

아하!
줄기가 덩굴성이어서 꼿꼿하게 서기
어려운 이 식물이 주로 울타리나 담장
에 의지하여 자란다고 하여 '장미(薔
薇)'라는 이름이 붙었다.

파파 메이란드 장미과
Rosa hybrida Hort. 'Papa Meilland'

갈잎 떨기나무. 장미의 일종. 북반구
의 온대와 아한대 원산종의 교잡종이
다. 꽃은 검붉은 홍색이고 꽃잎 표면
이 광택이 난다. 꽃의 지름이 14cm
정도로 크며 꽃잎은 30~40장이다.
잎은 크고 구리빛을 띤 녹색이다.

프린세스마가렛 장미과
Rosa hybrida Hort. 'Princess Magaret
of England'

갈잎 떨기나무. 장미의 일종. 북반구
의 온대와 아한대 원산종의 교잡종으
로 화단에서 재배하며 높이 1m 정도
자란다. 줄기는 길고 굵으며 곧게 자
란다. 꽃은 자주색 계통의 진분홍색으
로 많이 피고 꽃잎에 광택이 난다. 꽃
지름이 14cm 정도이며 꽃잎 수는 35
장 정도이다.

꼬리조팝나무 장미과
Spiraea salicifolia L.

갈잎 떨기나무. 산골짜기 습지에서 높이 1~1.5m 자란다. 잎은 어긋나고 양끝이 뾰족한 피침형이며 가장자리에 날카로운 톱니가 있다. 꽃은 6~8월에 연홍색으로 피고 줄기 끝에 많이 모여 원뿔을 이룬다. 열매는 골돌과이고 9월에 익으며 털이 난다. 어린잎을 먹고 뿌리를 약재로 쓴다.

일본조팝나무 장미과
Spiraea japonica L. fil

갈잎 떨기나무. 일본 원산이며 높이 1m 정도 자란다. 잎은 어긋나고 끝이 달걀 모양이며 가장자리에 톱니가 있다. 꽃은 6~8월에 연한 분홍색으로 피고 가지 끝에 많이 모여 달린다. 열매는 골돌과이고 5개씩이며 8~9월에 익는다.

해당화 장미과
Rosa rugosa Thunb.

갈잎 떨기나무. 바닷가의 모래 땅과 산기슭에서 높이 1~1.5m 자라며 갈색 가시와 억센 털이 빽빽이 난다. 잎은 어긋나고 깃꼴겹잎이며 작은잎은 타원형이다. 꽃은 5~7월에 홍색이나 흰색으로 피고, 가지 끝에 1~3송이씩 달린다. 열매는 수과이고 둥글며 8월에 붉게 익는다. 꽃과 열매를 약재로 쓴다.

고깔제비꽃 제비꽃과
Viola rossii Hemsley

여러해살이풀. 산에서 키 15cm 정도 자란다. 잎은 뿌리에서 모여나고 염통 모양이며 가장자리에 톱니가 있다. 꽃은 4~5월에 붉은 자주색으로 피고 잎 사이에서 나온 가는 꽃줄기 끝에 1송이씩 달린다. 열매는 삭과이고 타원형이며, 7월에 익고 희미한 반점이 있다. 어린 잎을 나물로 먹고 전체를 약재로 쓴다.

제비꽃의 일종이며 꽃이 필 무렵에 잎의 밑부분이 안쪽으로 말려서 고깔 모양이 되기 때문에 '고깔제비꽃'이라고 한다.

광릉제비꽃 제비꽃과
Viola kamibayashii Nakai

여러해살이풀. 산에서 자라며 원줄기가 없다. 잎은 뿌리에서 모여나고 끝이 뾰족한 염통 모양이며, 잎자루가 길고 가장자리에 잔톱니가 드문드문 있다. 꽃은 5~6월에 보라색 또는 연보라색으로 피고 잎 사이에서 나온 꽃줄기 끝에 1송이씩 달린다. 열매는 삭과이고 세모진 타원형이며 익으면 3갈래로 나뉜다.

아하!

봄에 제비가 올 때쯤 꽃이 핀다고 해서 '제비꽃'이라 하며, 경기도 광릉 지역에서 잘 자라므로 '광릉제비꽃'이라고 부른다.

낚시제비꽃 제비꽃과
Viola grypoceras A. Gray

여러해살이풀. 들이나 길가에서 키 20cm 정도 자라며 원줄기는 여러 개가 비스듬히 선다. 잎은 끝이 뾰족한 염통 모양이며 잎자루가 길고 가장자리에 얕은 톱니가 있다. 꽃은 4~5월에 연보라색이나 연자주색으로 피고 잎겨드랑이에 1송이씩 달린다.

아하!

긴 꽃줄기 끝에서 비스듬히 아래를 향하고 있는 꽃봉오리의 모습이 낚시바늘을 연상하게 하여 '낚시제비꽃'이라 한 듯하다.

둥근털제비꽃 제비꽃과
Viola collina Besser

여러해살이풀. 산에서 자라며 전체에
털이 빽빽하게 난다. 잎은 염통 모양
이고 가장자리에 얕고 둔한 톱니가
있다. 꽃은 4~5월에 연한 자주색으
로 피고 꽃줄기에 1송이씩 달린다. 열
매는 삭과이고 둥글며 짧은 털이 빽
빽하다.

아하!
제비꽃의 일종이며 잎의 모양이 둥글
고 전체에 털이 많이 난다고 하여 '둥
근털제비꽃' 이라고 부른다.

뫼제비꽃 제비꽃과
Viola orientalis W. Becker

여러해살이풀. 산의 풀밭에서 키
6cm 정도 자라며 땅속줄기가 옆으로
뻗는다. 잎은 밑동에서 모여나고 염통
모양이며 잎자루가 길다. 꽃은 4~6
월에 보라색으로 피고 잎 사이에서
나온 꽃줄기에 1송이씩 달린다. 입술
꽃잎에 자색 줄이 있다. 열매는 삭과
이고 달걀 모양이며 6~7월에 익는다.

아하!
제비꽃의 일종이며 산지의 숲 밑에서
잘 자라기 때문에 산을 뜻하는 '뫼'자
를 붙여 '뫼제비꽃' 이라고 부르는 것
같다.

서울제비꽃 제비꽃과
Viola seoulensis Nakai

여러해살이풀. 볕이 잘 드는 들판에서 자란다. 잎은 뿌리에서 모여나고 긴 타원형이며 가장자리에 톱니가 있다. 꽃은 4~5월에 보라색으로 피고 잎 사이에서 나온 꽃줄기 끝에 1송이씩 달린다. 열매는 삭과이고 타원형이며 6~7월에 익는다.

아하!
제비꽃의 일종이며, 경기도와 서울 지방에서 많이 볼 수 있기 때문에 '서울제비꽃' 이라고 부르는 것 같다.

알록제비꽃 제비꽃과
Viola variegata Fischer

여러해살이풀. 산지의 양지쪽에서 자란다. 잎은 뿌리에서 뭉쳐나고 넓은 타원형이며 겉에 흰색 얼룩 반점이 있다. 꽃은 5~6월에 자주색으로 피고 잎 사이에서 나온 꽃줄기 끝에 1송이씩 달린다. 열매는 삭과이고 타원형이며 8~9월에 익는다.

아하!
제비꽃의 일종이며 녹색인 잎의 겉면에 잎맥을 따라 흰색 무늬가 있으므로 얼룩이 있다고 하여 '알록제비꽃' 이라고 한다.

제비꽃 제비꽃과
Viola mandshurica W. Becker

씨름꽃 · 앉은뱅이꽃 · 오랑캐꽃

여러해살이풀. 산과 들에서 흔히 나며 키 10cm 정도 자란다. 잎은 밑동에서 뭉쳐나고 피침형이며, 끝이 둔하고 가장자리에 톱니가 있다. 잎자루가 길고 날개가 있다. 꽃은 4~5월에 보라색으로 피고 잎 사이에서 나온 꽃줄기가 끝에 1송이씩 옆을 향해 달린다. 열매는 삭과이고 넓은 타원형이며 6~7월에 익는다. 어린 잎은 나물로 먹는다.

!
봄에 제비가 올 때 꽃이 핀다고 해서 '제비꽃'이라고 불린다. 또 매년 이 꽃이 필 때면 식량이 부족해진 오랑캐들이 북쪽에서 쳐들어온다고 해서 '오랑캐꽃'이라고도 한다.

열매

졸방제비꽃 제비꽃과
Viola acuminata Ledebour

여러해살이풀. 산에서 키 30cm 정도 자란다. 잎은 어긋나고 달걀 모양이며 가장자리에 둔한 톱니가 있다. 꽃은 5~6월에 담자색 또는 흰색으로 피고 잎겨드랑이에서 나온 긴 꽃줄기가 끝에 1송이씩 달린다. 열매는 삭과이고 세모지며 7~8월에 익는다. 어린 잎과 줄기는 나물로 먹는다.

!
종소명(acuminata)은 잎끝이 둔하게 뾰족한 졸방제비꽃의 특징을 의미한다. 풀 전체에 털이 없는 것은 '민졸방제비꽃'이라고 한다.

청알록제비꽃 제비꽃과
Viola variegata Fischer var. *ircutiana* Regel

여러해살이풀. 산지의 양지쪽에서 자란다. 잎은 뿌리에서 뭉쳐나고 넓은 타원형이며, 겉에 흰색 얼룩 반점이 있고 두꺼우며 가장자리에 둔한 톱니가 있다. 꽃은 5~6월에 자주색으로 피고 잎 사이에서 나온 꽃줄기 끝에 1송이씩 달린다. 열매는 삭과이고 타원형이며 8~9월에 익는다.

아하!

잎에 얼룩무늬가 있어 알록제비꽃과 비슷하나 잎 뒷면이 알록제비꽃처럼 자줏빛이 돌지 않고 녹색이므로 '청알록제비꽃'이라고 부른다.

자주색 꽃

팬지 제비꽃과
Viola tricolor L. var. *hortensis* Dc.

삼색제비꽃

한해살이풀 또는 두해살이풀. 유럽 원산이며 키 15~30cm 자란다. 잎은 어긋나고 긴 타원형이며 가장자리에 톱니가 있다. 꽃은 4~5월에 피고 잎 겨드랑이에서 나온 긴 꽃줄기 끝에 1송이씩 달린다. 꽃은 노란색·자주색·흰색의 3가지 색이나 여러 가지 문양의 혼합색도 있다. 열매는 삭과이고 달걀 모양이다.

바이올렛 제스네리아과
Saintpaulia pendula B. L. Burtt

제비꽃

여러해살이풀. 아프리카 열대 지방 원산이며 키 15cm 정도 자란다. 잎은 두껍고 염통 모양이며, 가장자리에 무딘 톱니가 있고 긴 잎자루가 있다. 꽃은 6~10월에 피고 꽃줄기 끝에 1송이씩 달린다. 꽃빛깔은 많은 품종이 개발되어 노란색·분홍색·주황색·진자주색·흰색 등 다양하다.

이질풀 쥐손이풀과
Geranium nepalense ssp. *thunbergii* (S. et Z.) Hara

여러해살이풀. 산과 들에서 키 50~100cm 자라며 전체에 긴 털이 퍼져 난다. 잎은 마주나고 손바닥 모양으로 갈라지며 가장자리 윗부분에 톱니가 있다. 꽃은 8~9월에 분홍색으로 피며 잎겨드랑이에서 나온 꽃줄기 끝에 1송이씩 달린다. 열매는 삭과이고 곧게 서며, 9~10월에 익으면 5개로 갈라진다. 전초를 약재로 쓴다.

아하!
열매를 맺기 시작할 때 채취하여 풀 전체를 약재로 쓰는데 이질병의 치료에 특효가 있다고 하여 '이질풀' 이라고 한다.

제라늄 쥐손이풀과
Pelargonium inquinans Ait.

양아욱

여러해살이풀. 관상용으로 재배하며 키 30~50cm 자란다. 잎은 잎자루가 길고 염통 모양이며 가장자리에 둔한 톱니가 있다. 꽃은 7~8월에 피고 잎보다 긴 꽃줄기 끝에 모여 달린다. 처음에는 꽃봉오리가 밑으로 처졌다가 위를 향한다. 꽃빛깔은 품종에 따라 여러 가지이다.

꽃쥐손이 쥐손이풀과
Geranium eriostemon Fischer var. *megalanthum* Nakai

여러해살이풀. 높은 산 숲에서 키 30~80cm 자라며 전체에 털이 많이 난다. 잎은 손바닥처럼 갈라지고 잎자루가 길며, 작은잎은 달걀 모양이고 가장자리에 톱니가 있다. 꽃은 7~8월에 홍자색으로 피고 원줄기 끝에 모여 달린다. 열매는 삭과이다. 전초를 약재로 쓴다.

아하!

쥐손이풀의 일종이며 쥐손이풀보다 꽃이 현저하게 크고 화려하므로 '꽃쥐손이'라고 부르는 것 같다.

털쥐손이 쥐손이풀과

Geranium eriostemon Fischer var.
reinii (Franch. et Savat.) Max.

여러해살이풀. 높은 산에서 키 50cm
정도 자라며 전체에 거친 털이 많다.
잎은 손바닥 모양으로 깊게 갈라지고
작은잎은 가장자리에 불규칙한 톱니
가 있다. 꽃은 7~8월에 홍자색으로
피고 줄기 끝에 여러 송이가 달린다.
열매는 삭과이고 9~10월에 익는다.

아하!

쥐손이풀의 일종이며 쥐손이풀보다
거센 털이 현저하게 많으므로 '털쥐손
이'라고 한다.

가솔송 진달래과

Phyllodoce coerulea (L.) Babington

갈잎 떨기나무. 높은 산 꼭대기에서
높이 10~25cm 자란다. 잎은 빽빽하
게 나고 끝이 약간 둥근 선형이며 가
장자리에 잔톱니가 있다. 꽃은 단지
모양이며 7월에 자홍색으로 피고, 가
지 끝에 2~6송이씩 달린다. 열매는
삭과이고 둥글며 9월에 익는다. 북한
에서는 천연기념물로 지정하여 보호
하고 있다.

산앵도나무 진달래과
Vaccinium koreanum Nakai

물앵두나무

갈잎 떨기나무. 한국특산식물. 산지의 높은 곳에서 높이 1m 정도 자란다. 잎은 어긋나고 타원형이며 가장자리에 구부러진 가는 톱니가 있고 뒷면 맥에 털이 있다. 꽃은 5~6월에 연분홍색으로 피고 종 모양이며 전년도 줄기 끝에 총상화서로 밑으로 처져 달린다. 꽃받침이 5개로 갈라진다. 열매는 절구 모양인 타원형 장과이고 9월에 붉은색으로 익는다. 열매를 식용·약용한다.

아하!
열매가 앵두나무와 비슷하고 깊은 산에서 자란다는 뜻으로 산(山)자를 붙여 '산앵도나무'라고 한다.

어제일리아 레드포피 진달래과
Azalea indica L. 'Red Poppy'

늘푸른 떨기나무. 정원에서 재배하는 원예식물로 높이 1.5m 정도 자라며 줄기는 곧게 선다. 잎은 모여나고 타원상피침형이며, 잎맥이 잘 나타나 있고 약간 가죽질이며 양면에 털이 나 있다. 꽃은 이른 봄에 홍적색 종 모양으로 피고 홑꽃 또는 겹꽃이다. 온실에서 재배할 때도 일찍 개화한다.

월귤 진달래과
Vaccinium vitis-idaea Linne.

땃들쭉

늘푸른 작은 떨기나무. 높은 산지의
정상 부근에서 높이 20~30cm 자란
다. 잎은 어긋나고 달걀 모양이며, 가
장자리에 가는 톱니가 있고 표면은
광택이 나며 뒷면은 흑색 점이 많다.
꽃은 5~6월에 연홍색으로 피고 가지
윗부분의 잎겨드랑이에 총상화서로
달린다. 화관은 종 모양이고 밑으로
처진다. 열매는 둥근 장과이고 8~9
월에 적색으로 익으며 신맛이 강하다.
열매를 식용하고 잎은 약재로 쓴다.

진달래 진달래과
Rhododendron mucronulatum Turcz.
var. *mucronulatum*

참꽃

갈잎 떨기나무. 산지의 양지쪽에서 높
이 2~3m 자란다. 잎은 어긋나고 양
끝이 뾰족한 피침형이다. 꽃은 깔때기
모양이며 잎이 나기 전인 4월에 연분
홍색으로 피고, 가지 끝 부분에서 1송
이씩 나오지만 2~5송이가 모여 달리
기도 한다. 열매는 삭과이고 타원형이
며 10월에 익는다. 꽃을 식용하며 약
재로도 쓴다.

아하!
꽃 빛깔이 달래꽃보다 진하다 하여 '진
달래'라고 한다. 진달래는 먹을 수 있
다고 하여 '참꽃'이라 불리고, 철쭉은
독성이 있어 먹을 수 없다고 하여 '개
꽃'이라고 불린다.

털진달래 진달래과

Rhododendron mucronulatum var.
ciliatum Nakai

갈잎 떨기나무. 산지에서 높이 2~3m
자라며 줄기에 털이 있다. 잎은 어긋
나고 긴 타원상 피침형이며, 털이 나
고 뒷면에 비늘조각이 밀생한다. 꽃은
잎이 나기 전 5~6월에 자홍색 또는
연한 홍색으로 피고 가지 끝에서 1개
씩 나오지만 2~5개가 모여 달리기도
하며, 화관은 벌어진 깔때기 모양이고
겉에 잔털이 있다. 열매는 삭과이고
원통형이다.

아하!
줄기 · 잎 · 꽃 등에 털이 많이 나 있어
'털진달래'라고 부른다.

산철쭉 진달래과

Rhododendron yedoense Max. var.
poukhanense Nakai

갈잎 떨기나무. 산지에서 높이 1~2m
자란다. 잎은 어긋나고 달걀 모양이며
거센 갈색 털이 있다. 꽃은 5월에 연
홍색으로 피고 가지 끝에 2~3송이씩
달린다. 꽃잎 안쪽에 짙은 자주색 반
점이 있다. 열매는 삭과이고 계란 모
양이며 10월에 익는다.

철쭉나무 진달래과
Rhododendron schlippenbachii Max.

개꽃

갈잎 떨기나무. 산지에서 높이 2~
5m 자란다. 잎은 어긋나고 달걀 모양
이며 가장자리가 밋밋하다. 꽃은 5월
에 잎이 나면서 연분홍색으로 피고
가지 끝에 3~7송이씩 모여 달린다.
꽃잎 안쪽에 자갈색 반점이 있다. 열
매는 삭과이고 타원형이며, 긴 털이
있고 10월에 익는다.

아하!
철쭉꽃은 독성이 있어 먹을 수 없다고
하여 '개꽃'이라고 부른다. 여기에 대
하여 진달래꽃은 먹을 수 있는 꽃이라
고 하여 '참꽃'이라고 한다.

칼미아 진달래과
Kalmia latifolia L.

늘푸른 떨기나무. 북아메리카 동부 원
산이며 높이 1~3m 정도 자란다. 잎
은 어긋나고 양끝이 뾰족한 타원형이
다. 꽃은 종지 모양이며 5~6월에 연
분홍색 또는 흰색으로 피고 가지 끝
에 여러 송이가 모여 달린다. 꽃잎 안
쪽에 자색 점 무늬가 있다.

참깨 참깨과
Sesamum indicum L.

한해살이풀. 인도와 이집트 원산이며 농가에서 재배하고 키 1m 정도 자란다. 줄기는 단면이 네모지고 흰색 털이 빽빽이 난다. 잎은 마주나고 끝이 뾰족한 긴 타원형이다. 꽃은 7~8월에 연분홍색으로 피고, 줄기 윗부분에 있는 잎겨드랑이에 1송이씩 밑을 향해 달린다. 열매는 삭과이고 원기둥 모양이며 씨는 검은색·노란색·흰색이다.

열매

동백나무 차나무과
Camellia japonica L.

해홍화

늘푸른 큰키나무. 산지와 마을 부근에서 키 7m 정도 자란다. 잎은 어긋나고 타원형이며 가죽질이다. 잎가장자리에 물결 모양의 잔톱니가 있고 표면에 윤기가 있다. 꽃은 2~4월에 붉은색으로 피고 가지 끝에 1송이씩 달린다. 열매는 삭과이고 둥글며, 열매 껍질이 두꺼우며 10월에 다 익으면 저절로 벌어져 검은 갈색 씨가 튀어나온다.

야하!
겨울에 꽃이 핀다 하여 '동백(冬柏)'이라고 이름이 붙었다. 또 주로 바닷가에서 자라고 붉은색 꽃이 피기 때문에 '해홍화(海紅花)'라고도 한다.

안슈리움 천남성과
Anthurium scherzerianum Schott
var. *rothschildianum* Bergman

여러해살이풀. 중앙아메리카 원산이며 관상용으로 재배한다. 잎은 끝이 뾰족하고 긴 타원형이다. 길이 30cm 정도의 꽃줄기 끝에 넓은 염통 모양의 홍색 불염포가 생기며, 꽃은 불염포 위에 적색 육수화서로 달리는데 나선형으로 꼬인다.

아하!
속 명 Anthurium은 anthos(꽃)와 oura(꼬리)의 합성어로 쥐꼬리처럼 생긴 육수화서의 특징을 나타낸다.

플라밍고 안슈리움 천남성과
Anthurium scherzerianum Schott

여러해살이풀. 코스타리카 원산으로 25~30cm 정도 자란다. 잎은 진녹색으로 좁고 길쭉하다. 긴 꽃대 끝에 심장 모양의 홍색 불염포가 1개씩 달린다. 꽃은 적색 또는 등색(橙色)이며 불염포에 육수화서로 핀다. 육수화서는 10cm 정도이고 나선형으로 꼬인다.

뿌리

더덕 초롱꽃과
Codonopis lanceolata (S. et Z.) Trautv

사엽당삼

여러해살이 덩굴풀. 산에서 길이 2m 정도 자란다. 잎은 어긋나고 피침형이며 가지 끝에서는 모여 달린 것처럼 보인다. 꽃은 종 모양이며 8~9월에 자주색으로 피고 가지 끝에 달린다. 열매는 삭과이고 원추형이며 9월에 익는다. 어린 잎과 뿌리를 먹고, 뿌리는 약재로도 쓴다.

아하!
뿌리가 인삼의 뿌리와 비슷하고 잎이 4장씩 모여 달려 있으므로 '사엽당삼(四葉黨蔘)'이라고도 부른다.

도라지모싯대 초롱꽃과
Adenophora grandiflora Nakai

대화사삼 · 큰잔대

여러해살이풀. 한국특산식물. 깊은 산 숲 가장자리에서 키 70cm 정도 자란다. 잎은 어긋나고 끝이 뾰족한 난상 피침형이며, 가장자리에 불규칙한 톱니가 있고 털이 난다. 꽃은 8월에 하늘색으로 피고 줄기 끝에 총상화서로 밑을 향해 달리며, 포와 갈래조각은 피침형이고 화관은 넓은 종형이며 윗부분이 젖혀진다. 열매는 9월에 익는다. 어린 싹은 산나물로 이용하고 큰 뿌리는 먹거나 약재로 쓴다.

모싯대 초롱꽃과
Adenophora remotiflora (S.et Z.) Miq.

여러해살이풀. 산지의 약간 그늘진 곳에서 키 40~100cm 자란다. 잎은 어긋나고 달걀 모양이며 가장자리에 뾰족한 톱니가 있다. 꽃은 종 모양이며 8~9월에 보라색으로 피고 원줄기 끝에 달린다. 열매는 삭과이고 10월에 익는다. 연한 부분과 뿌리를 식용하고, 뿌리를 약재로도 쓴다.

!
뿌리를 제니(薺尼)라 하여 해독제로 쓰며, 멧돼지가 독화살에 맞으면 '모싯대' 뿌리를 파먹고 스스로 해독한다는 이야기도 전해진다.

자주꽃방망이 초롱꽃과
Campanula glomerata L. var. *dahurica* Fischer

여러해살이풀. 산과 들의 풀밭에서 키 40~100cm 자라며 전체에 털이 많다. 잎은 피침형이며 뿌리에서 난 잎은 잎자루가 길다. 꽃은 종 모양이며 7~8월에 보라색으로 피고, 줄기 끝과 잎겨드랑이에 여러 송이가 모여 달린다. 열매는 삭과이고 10~11월에 익는다. 뿌리를 약재로 쓴다.

아하!
연약한 줄기 끝에 커다란 도라지꽃 모양의 자주색 꽃이 한군데에 여러 개가 모여진 것이 꽃방망이 같다고 하여 '자주꽃방망이'라고 불린다.

가는층층잔대 초롱꽃과
Adenophora radiatifolia Nakai var. *angustifolia* Nakai

여러해살이풀. 산에서 키 80cm 정도 자란다. 잎은 돌려나고 피침형이며 양 끝이 날카롭다. 꽃은 종 모양이고 8~9월에 보라색으로 피며, 줄기에 여러 층으로 모여 달린다. 열매는 삭과이고 10월에 익는다. 뿌리를 식용하고 약재로도 쓴다.

아하!
유사종인 층층잔대에 비하여 잎이 가늘고 연약해 보이기 때문에 '가는층층잔대' 라고 불린다.

당잔대 초롱꽃과
Adenophora stricta Miq.

여러해살이풀. 산에서 키 1m 정도 자란다. 잎은 어긋나고 달걀 모양이며 가장자리에 거친 톱니가 있다. 꽃은 7~8월에 보라색 종 모양으로 피고 줄기 끝에 여러 송이가 달린다. 열매는 삭과이고 9~10월에 익는다. 어린 잎과 뿌리를 먹는다.

아하!
'잔대' 는 독이 없으므로 어린 싹은 살짝 데쳐 산나물로 식용하고, 거대한 뿌리는 생식하거나 더덕처럼 양념을 하여 먹기도 한다.

잔대 초롱꽃과
Adenophora triphylla (Thunb.) A. Dc.
var. *japonica* (Regel) Hara

여러해살이풀. 산지 숲에서 키 40~
120cm 자라며 전체적으로 잔털이 있
다. 잎은 어긋나거나 돌려나고 타원형
이며 가장자리에 겹톱니가 있다. 꽃은
종 모양이며 7~9월에 하늘색으로 피
고, 원줄기 끝에 여러 송이가 달린다.
열매는 삭과이고 10월에 익는다. 어
린 잎과 뿌리를 식용하고, 뿌리는 약
재로도 쓴다.

아하!
꽃받침잎이 달린 채 덜 익은 열매 모습
이 술잔과 비슷하다고 하여 '잔대'라
고 부르는 것 같다.

진퍼리잔대 초롱꽃과
Adenophora palustris Komarov

여러해살이풀. 깊은 산 습지에서 키
70cm 정도 자란다. 잎은 어긋나고
긴 타원형이며 가장자리에 희미한 톱
니가 있다. 꽃은 넓은 종 모양이며 8
월에 보라색으로 피고 줄기 끝에 여
러 송이가 달린다. 열매는 삭과이다.
어린 잎과 뿌리를 먹는다.

아하!
잔대의 일종이고 진창이 있는 습지에
서 잘 자라므로 '진퍼리잔대'라고 부
르는 것 같다.

층층잔대 초롱꽃과
Adenophora radiatifolia Nakai

여러해살이풀. 산에서 키 1m 정도 자란다. 잎은 돌려나고 긴 타원형이며 가장자리에 거친 톱니가 있다. 꽃은 7~9월에 연보라색 종 모양으로 피고 줄기에 여러 층으로 모여 달린다. 열매는 삭과이다.

아하!
잔대의 일종이며 작은 꽃들이 줄기에서 층을 이루며 달리므로 '층층잔대' 라고 부른다.

톱잔대 초롱꽃과
Adenophora curvidens Nakai

여러해살이풀. 산지에서 키 50cm 정도 자란다. 잎은 어긋나고 피침형이며 가장자리에 굵은 톱니가 있다. 꽃은 긴 종 모양이고 8월에 연보라색으로 피며, 줄기 끝에 여러 송이가 달린다. 열매는 삭과이다.

아하!
잔대의 일종이고 잎의 가장자리가 톱날과 비슷하다고 하여 '톱잔대' 라고 부르는 것 같다.

섬초롱꽃 초롱꽃과
Campanula takesimana Nakai

여러해살이풀. 한국특산식물. 울릉도에서 키 30~100cm 자란다. 굵은 뿌리가 옆으로 뻗으면서 새싹이 돋아나고 자줏빛이 도는 줄기가 자라 몇 개의 가지가 갈라진다. 잎은 심장형이고 가장자리에 톱니가 있다. 꽃은 6~9월에 피고 연한 자주색 바탕에 짙은색 반점이 있으며, 종 모양이며 가지와 원줄기에서 밑을 향해 달린다. 열매는 삭과이고 난상 타원형이다.

종 모양의 꽃이 청사초롱처럼 매달리는 초롱꽃과 비슷하며, 울릉도에서 처음 발견된 것이어서 '섬초롱꽃'이라고 불린다.

갈퀴나물 콩과
Vicia amoena Fisch.

녹두두미 · 말굴레풀 · 산아완두

여러해살이 덩굴풀. 들에서 길이 80~180cm 자란다. 잎은 어긋나고 10~16개의 작은잎으로 된 짝수깃꼴겹잎이며 엽축 끝에 2~3개로 갈라진 덩굴손이 있다. 작은잎은 긴 타원형이고 끝에 돌기가 약간 있다. 꽃은 6~9월에 홍자색으로 피고 여러 송이가 한쪽으로 몰려서 달린다. 열매는 협과이고 긴 타원형이며 8~10월에 익는다. 어린순을 나물로 먹고 지상부를 약재로 쓴다.

덩굴손의 모양이 농기구인 갈퀴와 닮은 것에서 '갈퀴나물'이라고 부른다.

등갈퀴나물 콩과
Vicia cracca L.

등말굴레풀

덩굴성 여러해살이풀. 산기슭과 들의
풀밭에서 길이 80~150cm 자란다.
잎은 어긋나고 8~12쌍의 작은잎으로
이루어진 깃꼴겹잎으로 끝에 여러 갈
래의 덩굴손이 있다. 작은잎은 선형이
다. 꽃은 5~6월에 남자색으로 피고
잎겨드랑이에 한쪽으로 치우친 총상
화서로 달린다. 꽃받침은 통형이고 화
관은 나비 모양이다. 열매는 협과이고
장타원형이며 8월에 익는다. 어린 잎
은 식용하고 열매를 약재로 쓴다.

열매

낭아초 콩과
Indigofera pseudotinctoria Matsumura

물깜싸리

갈잎 반떨기나무. 낮은 지대와 해안
지대에서 높이 2m 정도 자라며 작은
가지에 털이 난다. 잎은 어긋나고 깃
꼴겹잎이며, 작은잎은 5~11개이고 타
원상 달걀 모양이며, 끝에 작은돌기가
있고 양면에 털이 있다. 꽃은 7~9월
에 연한 홍색 또는 흰색으로 피고 잎
겨드랑이에 총상화서로 달리며 화관
은 나비 모양이다. 열매는 협과이고
원기둥 모양이며, 9~10월 익고 씨는
5~6개이다. 전체를 약재로 쓴다.

달구지풀 콩과
Trifolium lupinaster L.

여러해살이풀. 풀밭에서 키 30cm 정도 자라며 줄기는 모여난다. 잎은 어긋나고 손바닥 모양의 겹잎이며, 작은잎은 피침형이고 잎맥이 뚜렷하다. 꽃은 6~9월에 짙은 붉은색으로 피고 잎겨드랑이에서 나온 꽃줄기 끝에 10~20송이가 부챗살처럼 달린다. 열매는 협과이고 10월에 익으며, 꼬투리에 4~6개의 씨가 들어 있다.

아하!
길가에 흔하게 나서 말이나 소가 끄는 달구지(우마차)에 깔려도 죽지 않고 살아간다고 하여 '달구지풀'이라는 이름이 붙었다.

두메자운 콩과
Oxytropis anertii Nakai

여러해살이풀. 높은 산에서 7~12cm 자라며 전체에 비단털이 있다. 잎은 뿌리에서 모여 나고 깃꼴겹잎이며, 작은잎은 피침형이고 잎자루가 길다. 꽃은 7~8월에 홍자색으로 피고 긴 꽃줄기 끝에 1~5송이가 달린다. 열매는 협과이고 달걀 모양이며, 크게 부풀고 겉에 긴 털이 있다.

아하!
꽃이 자운영과 비슷하고 주로 북부 지방의 높은 산에서 잘 자라므로 산을 뜻하는 '두메'를 붙여 '두메자운'이라는 이름이 붙었다.

등 콩과
Wistaria floribunda (Willd.) Dc.

참등

갈잎 덩굴나무. 줄기는 갈색으로 10m 정도 자라며 다른 물체를 오른쪽으로 감으면서 올라간다. 잎은 어긋나고 깃꼴겹잎이며, 작은잎은 끝이 뾰족한 타원형이고 가장자리가 밋밋하다. 꽃은 5월에 보라색 또는 흰색으로 피고 잎겨드랑이에 많이 모여 밑으로 처져 달린다. 열매는 협과이고 원기둥 모양이며 9월에 익는다.

매듭풀 콩과
Kummerowia striata (Thunb.) Schindl.

계안초

한해살이풀. 산과 들의 풀밭에서 키 10~30cm 자란다. 줄기는 밑부분에서 가지가 많이 갈라지며 밑을 향한 짧은 털이 있다. 잎은 어긋나고 3출겹잎이며, 작은잎은 긴 달걀 모양이고 끝이 둥글거나 다소 파지며 잎자루가 짧다. 꽃은 8~9월에 연한 홍색으로 피고 잎겨드랑이에 1~2송이씩 달린다. 열매는 협과이고 둥글며 씨가 1개 들어 있다. 전초를 약재로 쓴다.

아하!
곱상한 연분홍색 꽃과 빗살 무늬 잎맥이 있는 잎의 모양이 옛 매듭 장식과 닮아서 '매듭풀'이라는 이름이 붙은 것 같다.

미모사 콩과
Mimosa pudica L.

민감풀 · 신경초

한해살이풀. 브라질 원산이며 키
30cm 정도 자라고 전체에 잔털과 가
시가 있다. 잎은 어긋나고 긴 잎자루
가 있으며 깃꼴겹잎이 손바닥 모양으
로 배열한다. 꽃은 7~8월에 연한 붉
은색으로 피고 꽃줄기 끝에 빽빽하게
모여 공처럼 달린다. 열매는 협과이고
마디가 있으며 겉에 털이 있고 씨가
3개 들어 있다. 뿌리를 제외하고 약재
로 쓴다.

열매

아하!
잎을 건드리면 곧 잎줄기가 밑으로 처
지고 작은잎이 오므라들므로 신경이
민감하다고 하여 '신경초'라고 하며
'민감풀'이라고도 한다.

박태기나무 콩과
Cercis chinensis Bunge

갈잎 떨기나무. 중국 원산이며 높이 3
~5m 자란다. 잎은 어긋나고 심장형
이며 가죽질이다. 잎 표면에 윤기가
있으며 가장자리는 밋밋하다. 꽃은 잎
이 나기 전인 4월에 자홍색으로 피고
잎겨드랑이에 여러 송이가 모여 달린
다. 열매는 협과이고 편평한 선형이
며, 8~9월에 익고 씨가 2~5개 들어
있다.

꽃

붉은토끼풀 콩과
Trifolium pratense L.

레드클로버

여러해살이풀. 유럽 원산이며 풀밭에서 키 30~60cm 자란다. 잎은 어긋나고 3장으로 된 겹잎이며, 작은잎은 긴 타원형이고 표면 중앙에 흰 무늬가 있다. 꽃은 6~7월에 붉은색으로 피고 잎겨드랑이에 둥글게 모여 달린다. 열매는 협과이다.

아하!
토끼풀의 일종이며 꽃이 붉은색이어서 '붉은토끼풀'이란 이름이 붙었다. 영어 이름 그대로 '레드클로버'라고 부르기도 한다.

꽃싸리 콩과
Lespedeza macrocarpa Bunge.

갈잎 떨기나무. 산지에서 높이 1m 정도 자란다. 잎은 어긋나고 3장으로 된 겹잎이며, 작은잎은 타원형이고 끝이 오목하게 들어간다. 꽃은 7~9월에 진한 자주색으로 피고, 잎겨드랑에 모여 짧은 총상화서를 이룬다. 열매는 협과이고 타원형이며 10월에 익는다.

아하!
싸리나무의 일종이며, 꽃자루가 길고 꽃과 꽃자루 사이에 마디가 있는 것이 '참싸리'와 다르므로 이를 구별하여 '꽃싸리'라고 한 것 같다.

땅비싸리 콩과
Indigofera kirilowi Max.

논싸리

갈잎 떨기나무. 산 중턱과 산기슭 양지에서 높이 1m 정도 자란다. 잎은 깃꼴겹잎이고 작은잎은 끝이 뭉툭한 타원형이다. 꽃은 5~6월에 옅은 홍색으로 피고 잎겨드랑에 모여 달린다. 열매는 협과이고 선형이며 10월에 익는다.

싸리나무 콩과
Lespedeza bicolor Turczaninow var. *japonica* Nakai

갈잎 떨기나무. 산과 들에서 높이 2~3m 자란다. 잎은 어긋나고 3장으로 된 겹잎이며, 작은잎은 넓은 타원형이고 뒷면에 누운 털이 있다. 꽃은 7~8월에 붉은 자주색으로 피고 잎겨드랑이에 모여 달린다. 열매는 협과이고 10월에 익는다. 꼬투리는 넓은 타원형이고 끝이 부리처럼 길다.

꽃

싸리나무는 옛날부터 아이들 교육용 회초릿감으로 많이 쓰였다. 다른 나무는 옹이가 있어 상처나기 쉬워서 위험하지만 줄기의 굵기가 일정한 싸리나무 가지는 회초리로 아주 그만이었다.

족제비싸리 콩과
Amorpha fruticosa L.

왜싸리

갈잎 떨기나무. 북아메리카 원산이며 높이 3m 정도 자란다. 잎은 어긋나고 깃꼴겹잎이며 작은잎은 달걀 모양이다. 꽃은 5~6월에 자줏빛을 띤 하늘색으로 피고 가지 끝에 모여 이삭처럼 달린다. 열매는 협과이고 약간 구부러지며 9월에 익는다.

아하!
열매가 모여 있는 것이 족제비의 꼬리처럼 보인다고 하여 '족제비싸리' 라고 부른다.

풀싸리 콩과
Lespedeza intermedia Nakai

갈잎 떨기나무. 산기슭에서 높이 1~2m 자란다. 잎은 3장으로 된 겹잎으로 작은잎은 끝이 둔한 타원형이고 뒷면은 연한 회색이다. 꽃은 8~9월에 홍자색으로 피고 잎보다 길며 잎겨드랑이에 총상화서로 달린다. 꽃받침은 긴 털이 있고 깊게 4갈래로 갈라진다. 열매는 협과이고 타원형이며 10월에 익는다. 잎은 가축의 사료용으로 쓰고 나무껍질은 섬유용으로 이용한다.

아하!
싸리나무와 비슷한데 겨울에 지상부가 대부분 풀처럼 말라 죽는다고 하여 '풀싸리' 라고 부른다.

연리초 콩과
Lathyrus quinquenervius (Miq.) Litv.

갈귀완두

여러해살이풀. 냇가 근처 양지쪽 풀밭에서 다른 풀에 기대어 키 60cm 정도 자란다. 잎은 어긋나고 1~3쌍의 소엽으로 된 깃꼴겹잎이며 끝에 덩굴손이 있다. 작은잎은 양끝이 날카로운 피침형이며 가장자리가 밋밋하다. 꽃은 5~6월에 자주색으로 피고 나비 모양이며 잎겨드랑이에서 나온 긴 꽃대 끝에 3~8송이씩 총상화서로 달린다. 열매는 협과이고 선형이며 7월에 익는다. 전초를 약재로 쓴다.

자귀나무 콩과
Albizzia julibrissin Duraz.

야합수 · 합환수

갈잎 중키나무. 산기슭 양지에서 높이 3~5m 자란다. 잎은 어긋나고 깃꼴겹잎이며 작은잎은 낫 모양이다. 꽃은 6~7월에 연분홍색으로 피고 작은 가지 끝에 15~20송이씩 달린다. 25개 정도인 붉은 수술이 꽃처럼 보인다. 열매는 협과이고 9~10월에 익으며, 편평한 꼬투리이고 씨가 5~6개 들어 있다.

아하!

밤이면 잎이 서로 포개어지므로 금실 좋은 부부를 연상하여 '합환수(合歡樹)'라고 부르고, 잎이 오므라드는 것이 잠자는 것처럼 보이므로 잠자는 것이 귀신 같다고 하여 '자귀나무'라고 한다.

자운영 콩과
Astragalus sinicus L.

홍화채

두해살이풀. 중국 원산이며 논과 밭에서 키 10~25cm 자란다. 잎은 깃꼴 겹잎이고 작은잎은 타원형이며 9~11장 달린다. 꽃은 4~5월에 홍자색 또는 흰색으로 피고 긴 꽃줄기 끝에 7~10송이가 달린다. 열매는 협과이고 긴 타원형이며, 꼭지가 짧고 6월에 익는다. 어린 잎을 나물로 먹는다.

아하!

붉은색 꽃이 피고 어린 잎을 나물로 먹을 수 있으므로 '붉은 꽃이 피는 채소'라는 뜻으로 '홍화채(紅花菜)'라고도 부른다.

칡 콩과
Pueraria thunbergiana (S. et Z.) Benth.

새갈퀴

갈잎 덩굴나무. 산기슭의 양지에서 자라며 전체에 갈색 또는 흰색 털이 있다. 잎은 어긋나고 3장으로 된 겹잎이며, 작은잎은 넓은 달걀 모양이고 가장자리가 얕게 갈라지며 잎자루가 길다. 꽃은 8월에 붉은빛을 띤 자주색으로 피고 잎겨드랑이에 모여 달린다. 열매는 협과이고 넓은 선형이며, 굵은 털이 있고 9~10월에 익는다.

아하!

옛날 중국에서 갈(葛)씨 자손이 이 식물의 뿌리를 약초로 써서 병을 고치고 자기 성을 따서 갈근(葛根)이라 이름지은 데서 한자 이름(葛;칡)이 되었다고 한다.

녹두 콩과
Phaseolus radiatus L.

한해살이풀. 인도 원산이며 농가에서
재배하고 키 30~80cm 자란다. 잎
은 어긋나고 3출겹잎이며 작은잎은
넓은 피침형이다. 꽃은 8월에 노란색
으로 피고 잎겨드랑이에 여러 송이가
모여 달린다. 열매는 협과이고 억센
털이 있으며 검은색으로 익는다. 씨를
먹고 약재로도 쓴다.

아하!
녹색으로 익은 열매가 말라도 색이 변
하지 않으므로 녹색(綠) 콩(豆;두)이라
는 뜻으로 '녹두(綠豆)'라고 한다.

동부 콩과
Vigna sinensis King

한해살이 덩굴풀. 중국 원산이며 농가
에서 재배한다. 잎은 3장으로 된 겹잎
이며 작은잎은 끝이 뾰족한 달걀 모
양이다. 꽃은 8월에 연노란색으로 피
고 잎겨드랑이에 모여 달린다. 열매는
협과이고 원기둥 모양이며 꼬투리는
약간 구부러진다. 씨를 먹는다.

씨

갯완두 콩과
Lathyrus japonica Willd.

여러해살이풀. 바닷가의 모래땅에서 키 60cm 정도 자란다. 땅위줄기는 모가지고 비스듬히 눕는 성질이 있다. 잎은 어긋나고 깃꼴겹잎이며, 잎자루가 짧고 끝에 덩굴손이 있다. 작은잎은 3~6쌍으로 넓은 타원형이고 가장자리는 밋밋하며 턱잎이 크다. 꽃은 5~6월에 적자색 나비 모양으로 피고 잎겨드랑이에 3~5송이씩 총상화서로 달린다. 열매는 협과이고 8~9월에 익으며 씨는 5개 정도이다. 씨를 약재로 쓴다.

얼치기완두 콩과
Vicia tetrasperma (L.) Schreb.

새갈퀴

덩굴성 두해살이풀. 산과 들의 풀밭에서 길이 30~60cm 자란다. 잎은 짝수깃꼴겹잎으로 작은잎은 3~6쌍이고 긴 타원형이며 끝의 것은 덩굴손으로 변한다. 턱잎은 긴 타원형이다. 꽃은 5~6월에 연한 홍자색으로 피고 잎겨드랑이에 총상화서로 달린다. 포는 작으며 기판은 넓고 뒤로 젖혀지며 익판과 용골판이 작다. 열매는 협과이고 타원형이며 씨가 3~6개 들어 있다.

아하!
새완두와 살갈퀴의 중간형이므로 '얼치기완두'라고 이름지어졌고 '새갈퀴'라고도 부른다.

새콩 콩과

Amphicarpaea edgeworthii Benth.
var. *trisperma* (Miq.) Ohwi

한해살이 덩굴풀. 들에서 길이 1~2m
자란다. 긴 잎자루 끝에 달리는 잎은
어긋나고 겹잎이며 작은잎은 달걀 모
양이다. 꽃은 8~9월에 자주색으로
피고 잎겨드랑이에 6송이씩 모여 달
린다. 열매는 협과이고 납작한 타원형
이며 구부러진다.

아하!
잎은 콩잎과 매우 비슷하지만 전체적
으로 콩보다 현저하게 작으며 들판에
서 야생으로 자라므로 콩과 구분하여
'새콩'이라고 부른다.

콩 콩과

Glycine max Merr.

풋베기콩

한해살이풀. 중국 원산이며 농가에서
재배하고 키 60~100cm 자란다. 잎
은 어긋나고 3장으로 된 겹잎이며 작
은잎은 달걀 모양이다. 꽃은 7~8월
에 자줏빛이 도는 붉은색 또는 흰색
으로 피고 잎겨드랑이에서 나온 짧은
꽃줄기에 모여 달린다. 열매는 협과이
고 편평한 타원형이며 꼬투리에 씨가
1~7개 들어 있다. 씨를 먹는다.

씨

적색 꽃

벌레잡이제비꽃 통발과
Pinguicula vulgaris var. macroceras Herd.

여러해살이풀. 남아메리카 원산. 축축한 환경에서 자란다. 잎은 뿌리에서 모여나고 타원형이며 가장자리가 안쪽으로 약간 말려 있다. 꽃은 자주색·보라색·파란색·노란색 등이며, 6~8월에 15cm 정도 자라는 꽃줄기에 1송이씩 달린다. 곰팡이 냄새로 벌레를 유인하며 점액으로 덮인 잎의 표면이 덫이 된다.

잎의 점액에 붙은 모기

아하!
꽃이 제비꽃과 비슷하고 벌레를 잡는 덫이 있으므로 '벌레잡이제비꽃'이라고 부른다.

자주땅귀개 통발과
Utricularia yakusimensis Masam.

한해살이풀. 습지에서 키 8cm 정도 자란다. 잎은 밑동에서 나오고 긴 달걀 모양이며 녹색이다. 꽃은 8~10월에 연분홍색으로 피고 소형이며, 가늘고 긴 꽃줄기 끝에 총상화서로 달린다. 화관은 끝이 입술 모양이고 아랫입술꽃잎은 달걀 모양이며 뾰족한 거가 아래로 향한다. 포충낭은 흰색 실같이 가는 땅속줄기가 땅 속으로 뻗으면서 군데군데 달린다. 열매는 11월에 익는다.

아하!
꽃이 자주색(분홍)이고 열매를 덮고 있는 영구꽃받침조각이 귀개를 닮은 모양이어서 '자주땅귀개'라고 부른다.

파리풀 파리풀과
Phryma leptostachya var. asiatica Hara.
꼬리창풀

여러해살이풀. 산과 들에서 키 50~70cm 자란다. 전체에 잔털이 나고 마디 바로 윗부분이 두드러지게 굵다. 잎은 마주나고 난상 타원형이며 가장자리에 톱니가 있고 잎자루가 길다. 꽃은 7~9월 자색으로 피고 원줄기 끝과 가지 끝에 수상화서로 달리며, 꽃받침은 통상이고 화관은 입술모양이다. 열매는 삭과이고 10월에 익으며 씨가 1개 들어 있다. 뿌리를 약재로 쓴다.

뿌리를 찧어 즙을 종이에 먹인 다음 파리를 잡는 약으로 쓰기 때문에 '파리풀'이라고 한다.

서향나무 팥꽃나무과
Daphne odora Thunb.
천리향

늘푸른 떨기나무. 중국 원산이며 높이 1~2m 자라고 가지가 많이 갈라진다. 잎은 어긋나고 타원형이며 윤기가 난다. 꽃은 암수딴그루이며 3~4월에 홍자색으로 피고 묵은 가지 끝에 여러 송이가 모여 달린다. 열매는 장과이고 5~6월에 붉은색으로 익는다. 뿌리껍질과 나무껍질은 약재로 쓴다.

서향나무는 꽃이 피면 독특하고 진한 향기가 나므로 밤길에서도 곧 서향나무임을 알 수 있고, 그 향이 멀리까지 간다고 하여 '천리향'으로도 불린다.

피뿌리풀 팥꽃나무과
Stellera chamaejasme L.

여러해살이풀. 제주도 들판의 풀밭에서 키 30~40cm 자라며 뿌리는 선홍색이다. 잎은 어긋나고 피침형이며 잎자루가 거의 없이 다닥다닥 달린다. 꽃은 5~7월에 홍색으로 피고 원줄기 끝에 여러 송이가 모여 달린다. 열매는 수과이고 타원형이며 꽃받침통 안에 들어 있다.

아하!
뿌리의 색이 선홍색인 것이 피(혈액)의 빛깔과 같다고 하여 '피뿌리풀'이라고 부른다.

풍접초 풍접초과
Cleome spinosa L.

한해살이풀. 열대아메리카 원산. 키 1m 정도 자라며 긴 털과 잔가시가 흩어져 난다. 잎은 어긋나고 손바닥 모양으로 갈라진 겹잎이다. 작은잎은 긴 피침형이며 가장자리가 밋밋하다. 꽃은 8~9월에 홍자색 또는 흰색으로 피며 원줄기 끝에 모여 달린다. 열매는 선형이고 익으면 저절로 벌어지며, 씨는 콩팥 모양이다.

아하!
바람(風:풍)에 흔들리는 꽃의 모양이 날개를 퍼덕이는 나비(蝶:접)와 닮은 풀(草:초)이라는 뜻으로 '풍접초(風蝶草)'라고 부른다.

한련화 한련과
Tropaeolum majus Linne

금련화

덩굴성 한해살이풀. 원예용으로 식재
하며 길이 1.5m 정도 자란다. 잎은
어긋나고 둥근 방패 모양이며 잎자루
가 길다. 꽃은 6월에 노란색, 붉은색
등 여러 가지 색으로 피고 잎겨드랑
이에서 나온 긴 꽃자루에 1송이씩 옆
을 향해 달린다. 꽃받침과 꽃잎은 5장
씩이고 뒤쪽은 길게 자라 거가 된다.
열매는 삭과이고 7월에 익으며 다 익
은 뒤에도 벌어지지 않는다. 씨는 1
개. 잎과 줄기를 조미료로 이용한다.

속명 Tropaeolum은 그리스어
Tropaion(전승기념품)에서 유래한 것
으로 잎이 방패 모양이고 꽃은 투구 같
다는 데서 붙여졌다.

고산해란초 현삼과
Linaria miller

여러해살이풀. 전세계에 약 150종, 우
리 나라에 2종 분포한다. 밑부분의 잎
은 마주나거나 3~4장씩 돌려나고,
윗부분의 잎은 어긋나며 가장자리는
밋밋하거나 톱니가 있다. 꽃은 흰색·
노란색·홍자색 등 여러 가지이고 잎
겨드랑이에 1송이씩 달리거나 위쪽에
서 이삭화서나 총상화서를 이룬다. 화
관통에 거가 있고 상순꽃잎은 곧게
서며 하순꽃잎은 퍼진다. 열매는 삭과
이고 난상원형이며 씨는 날개가 있다.

금어초 현삼과
Antirrhinum majus Linne

여러해살이풀. 원예화초로 재배하며 키 20~80cm 자란다. 잎은 돌려나고 피침형이며 잎자루가 짧다. 꽃은 4~7월에 흰색·적색 등 여러 가지 색으로 피고 줄기 끝에 총상화서로 달린다. 화관은 두툼한 입술 모양이다. 열매는 삭과이고 찌그러진 난형이며 윗부분에 구멍이 뚫려 씨가 나온다.

아하!

속명의 Antirrhinum은 anti(우사하다)와 rhis(코)의 합성어로 꽃 모양이 동물의 코와 비슷한 데서 붙여졌으며, 또 꽃의 모양이 금붕어를 닮았다고 하여 '금어초'라고 부른다.

냉초 현삼과
Veronicastrum sibiricum (L.) Pennell

숨위나물

여러해살이풀. 산지의 습한 곳에서 키 50~90cm 자라고 줄기가 모여난다. 잎은 돌려나고 층을 이루며, 끝이 뾰족한 타원형이며 가장자리에 톱니가 있다. 꽃은 7~8월에 홍자색으로 피고 줄기 끝부분에 모여 총상화서로 달린다. 꽃받침은 5개이고 화관은 통형이다. 열매는 삭과이고 뾰족한 달걀 모양이며 9~10월에 익는다. 어린 순은 식용하고 뿌리는 약재로 쓴다.

디기탈리스 현삼과
Digitalis purpurea L.

여러해살이풀. 유럽 원산이며 관상용
으로 재배한다. 키 1m 정도 자라고
전체에 짧은 털이 있다. 잎은 어긋나
고 달걀 모양이며, 양면에 주름이 있
고 가장자리에 물결 모양의 톱니가
있다. 꽃은 종 모양이며 7~8월에 홍
자색 또는 흰색으로 피고 줄기 끝에
이삭처럼 달린다. 꽃잎 안쪽에 짙은
반점이 있다. 열매는 삭과이고 원뿔
모양이며 꽃받침이 남아 있다.

적색 꽃

꽃며느리밥풀 현삼과
Melampyrum roseum Max.

한해살이풀. 산지의 볕이 잘 드는 숲
가장자리에서 키 30~50cm 자라는
반기생 식물이다. 잎은 마주나고 좁은
달걀 모양이다. 꽃은 입술 모양이며 7
~8월에 홍자색으로 피고 가지 끝에
모여 달린다. 아래쪽 꽃잎에 흰색 큰
점이 2개 있다. 열매는 삭과이고 납작
한 달걀 모양이며 10월에 익는다. 씨
는 타원형이고 검은색이다.

붉은 꽃잎에 있는 흰 점 2개와 모진 시
집살이를 견뎌내야 했던 옛 며느리들
의 전설이 연관되어 '꽃며느리밥풀'이
라고 한다.

새며느리밥풀 현삼과
Melampyrum setaceum (Max.) Nakai
var. *nakaianum* Yamazaki

한해살이풀. 산의 양지에서 키 50cm
정도 자란다. 가지가 많이 갈라지고
꼬불꼬불한 짧은 털이 있다. 잎은 마
주나고 넓은 피침형이며 끝이 길게
뾰족하다. 꽃은 입술 모양이며 8~9
월에 붉은빛이 도는 자주색으로 피고
줄기나 가지 끝에 모여 달린다. 아래
쪽 꽃잎에 흰색 큰 점이 2개 있다. 열
매는 삭과이고 납작한 달걀 모양이다.

아하!
붉은 입술 모양 꽃잎의 중앙에 있는 갈
래에 밥풀 모양의 돌기가 흰색이 아닌
것이 '꽃며느리밥풀'과 다르다.

애기며느리밥풀 현삼과
Melampyrum setaceum (Max.) Nakai

한해살이풀. 산지의 건조한 곳에서 키
30~60cm 자라는 반기생 식물이다.
잎은 마주나고 넓은 선형이다. 꽃은
입술 모양이며 8~9월에 짙은 붉은색
으로 피고 줄기나 가지 끝에 모여 달
린다. 열매는 삭과이고 납작한 달걀
모양이다.

아하!
며느리밥풀꽃의 일종이며 며느리밥풀
꽃보다 크기가 작다고 하여 '애기며느
리밥풀'이라고 부르는 것 같다.

구름송이풀 현삼과
Pedicularis verticillata L.

여러해살이풀. 높은 산에서 키 5~
15cm 자라며 원줄기에 부드러운 털
이 있다. 잎은 돌려나고 깃꼴겹잎이며
가장자리에 톱니가 있다. 꽃은 7~8
월에 적자색으로 피고 줄기 끝에 모
여 달린다. 열매는 삭과이고 10월에
익으며, 끝이 길고 뾰족하다. 어린 잎
을 먹는다.

아하!
송이풀의 일종이며 백두산이나 한라
산처럼 높은 산의 구름과 닿을 듯한 정
상 부근에서 잘 자라므로 '구름송이
풀'이라고 부른다.

나도송이풀 현삼과
Phtheirospermum japonicum (Thunb.)
Kanitz

한해살이풀. 산과 들에서 키 30~
60cm 자라는 반기생 식물이다. 잎은
마주나고 깃꼴이며 갈래조각은 가장
자리에 톱니가 있다. 꽃은 8~9월에
분홍색으로 피고 잎겨드랑이에 1송이
씩 달린다. 열매는 삭과이고 달걀 모
양이며 10월에 익는다.

아하!
송이풀류는 아니지만 잎과 꽃과 모양
등이 송이풀과 닮았다고 하여 '나도송
이풀'이라고 부른다.

누운주름잎 현삼과

Mazus miquelii Makino

여러해살이풀. 습기가 약간 있는 밭둑에서 키 5~10cm 자란다. 밑에서 기는 가지가 사방으로 벋어 번식한다. 잎은 밑에서 모여나고 달걀 모양이며, 가장자리에 물결 모양의 톱니가 있다. 꽃은 5~8월에 자줏빛으로 피고 줄기 끝에 여러 송이가 모여 총상화서로 달린다. 열매는 삭과이고 약간 둥근 모양이다.

아하!
잎 가장자리에 주름처럼 보이는 결각이 있어 '주름잎' 이라고 부른다. 또, 줄기가 기울어 땅에 누운 듯 자라는 것은 '누운주름잎' 이라고 한다.

주름잎 현삼과

Mazus japonicus Burm. fil. Van Steenis

한해 또는 두해살이풀. 밭둑 등 다소 습한 곳에서 키 5~20cm 자라며 전체에 털이 있다. 잎은 마주나고 달걀 모양이며 겉에 주름이 있다. 꽃은 통 모양이며 5~8월에 연한 자주색으로 피고 줄기 끝에 여러 송이가 달린다. 열매는 삭과이고 둥글며 꽃받침으로 싸여 있다. 어린 잎을 나물로 먹는다.

아하!
잎에 주름이 많이 있어 '주름잎' 이라고 한다. 줄기가 곧게 서고 밑동에서 가지가 뻗지 않으므로 '누운주름잎' 과 구별된다.

참오동나무 현삼과
Paulownia tomentosa (Thunb.) Steudel

갈잎 큰키나무. 인가 부근에서 심으며
높이 15m 정도 자라고 어린 가지에
털이 밀생한다. 잎은 마주나고 넓은
달걀 모양이며, 가장자리가 3~5개로
얕게 갈라지기도 한다. 꽃은 종 모양
이며 5~6월에 연한 자주색으로 피
고, 가지 끝에 여러 송이가 모여 달린
다. 열매는 삭과이고 둥글며 10월에
익는다.

아하!
오동나무 꽃의 화관에 자주색 선이 없
는 데 비해 참오동나무의 꽃에는 화관
에 자주색 선이 있다.

열매

흰자주괴불주머니 현호색과
Corydalis incisa for. *albiflora* Y. N. Lee

두해살이풀. 산과 들의 습지에서 키
20~50cm 자란다. 뿌리잎은 삼각상
난원형이고 3개씩 2회 갈라지며 작은
잎은 깃 모양으로 갈라지고 갈래조각
은 쐐기형이며 가장자리에 결각이 있
다. 꽃은 2~5월에 홍자색으로 피고
원줄기 끝에 총상으로 달리며, 화관은
한쪽이 입술 모양으로 넓게 퍼지고
다른 한쪽은 거로 된다. 열매는 긴 타
원형 삭과이고 밑으로 처지며 6~7월
에 녹색으로 익는다.

협죽도 협죽도과
Nerium indicum Mill.

늘푸른 떨기나무. 관상용으로 심으며 높이 2m 이상 자란다. 잎은 돌려나고 긴 피침형이며 두껍다. 꽃은 7~8월에 붉은색 또는 흰색으로 피고 가지 끝에 여러 송이가 모여 달린다. 열매는 골돌과이고 갈색으로 익으며 세로로 갈라진다. 씨는 양끝에 연한 갈색 털이 많다.

아하!
좁은 잎은 대나무(竹;죽)와 비슷하고, 꽃은 복숭아나무(桃;도)와 비슷하다 하여 '협죽도(夾竹桃)'라고 부른다.

홍초 홍초과
Canna generalis Baily
칸나

여러해살이풀. 열대 남아시아 원산이며 키 1~2m 자란다. 줄기는 원기둥 모양이고 홍자색 또는 녹색이며 자르면 점액이 나온다. 잎은 넓은 타원형이고 밑부분이 잎집으로 되어 줄기를 감싼다. 꽃은 홍색 또는 노란색으로 피고 여름부터 가을까지 계속 달린다. 열매는 삭과이고 둥글며, 씨는 흑색으로 딱딱하다.

푸른색 꽃이 피는 식물

구기자나무 가지과
Lycium chinense Miller
선인장

갈잎 떨기나무. 마을 근처의 둑이나 냇가에서 높이 1~2m 자란다. 줄기는 비스듬히 자라고 끝이 밑으로 처진다. 꽃은 종 모양이며 6~9월에 자주색으로 피고 잎겨드랑이에 1~4송이 달린다. 열매는 장과이고 타원형이며, 8~9월에 붉게 익는다. 어린 순을 먹고 열매는 약재로 쓴다.

아하!
예로부터 오래된 줄기로 지팡이를 만들어 즐겨 짚고 다니면 늙지 않고 오래 산다고 믿어, 신선의 지팡이라는 뜻으로 '선인장(仙人杖)'이라고도 부른다.

절굿대 국화과
Echinops setifer Iljin.
개수리취 · 남자두 · 분취아재비

여러해살이풀. 약간 건조한 산지 풀밭에서 키 1m 정도 자란다. 뿌리잎은 깃처럼 깊게 갈라지고 뒷면은 흰색 솜털로 덮이며, 줄기잎은 어긋나고 장타원형이다. 꽃은 7~8월에 남자색으로 피고 원줄기 끝과 가지 끝에 두상화서로 달린다. 열매는 수과이고 원통형이며 9~10월에 익으며 황갈색 털이 밀생한다. 뿌리와 꽃차례를 약재로 쓴다.

아하!
가늘고 긴 꽃이 모인 둥근 두상화서의 모양이 절굿대와 비슷하다고 하여 '절굿대'라고 부른다.

푸른마가렛 국화과
Felicia amelloides Voss 'Variegata'

늘푸른 떨기나무. 높이 30~90cm 정도 자란다. 잎은 마주나고 대부분 잎자루가 없다. 잎은 짧은 털이 빽빽하게 나고 난원형 또는 달걀 모양이며 가장자리에 톱니가 없으며, 표면은 녹색 바탕이고 잎가장자리에 유백색 무늬가 있다. 개화기는 온실 내에서 겨울부터 봄까지 개화한다. 설상화는 청색이며 관상화는 노란색이다. 꽃의 지름은 2cm 정도로 긴 꽃대가 나와 그 끝에 단생한다.

종명 Felicia는 독일인 일꾼인 Herr Felix씨의 이름에서 유래되었다.

소문초 꿀풀과
Coleus pumilus Blanc.

여러해살이풀. 관상용으로 화단에 식재하며 키 15~20cm 자란다. 줄기는 약간 옆으로 퍼지며 늘어지는 성질이 있다. 잎은 마주나고 삼각상의 원형이며 잎자루는 잎보다 길다. 잎 표면은 붉은 갈색이고 가장자리에 연녹색 테두리가 있다. 잎가장자리에는 치아상의 톱니가 있다. 꽃은 가을에 푸른색으로 피고 꽃줄기 끝에 원추화서로 달린다.

키가 작은(小) 풀이고 적갈색 바탕에 연두색 테두리가 있는 잎의 무늬(紋; 문)가 예쁘므로 '소문초(小紋草)'라고 이름지었다.

용머리 꿀풀과
Dracocephalum arguncnse Fischer ex Link.

청란

여러해살이풀. 들이나 산기슭에서 키 20~40cm 자라고 원줄기에 밑으로 굽은 흰털이 있다. 잎은 마주나고 선형이며, 표면이 윤이 나고 가장자리가 밋밋하며 뒤로 말린다. 꽃은 6~8월에 보라색으로 피고 원줄기 끝에 이삭처럼 모여 달린다. 꽃받침은 5개로 갈라지고 꽃잎은 입술 모양이다. 열매는 소견과이고 달걀 모양이며 9~10월에 익는다. 어린 잎을 나물로 먹고 전초를 약재로 쓴다.

아하!
꽃 모양이 용의 머리와 비슷하여 '용머리'라 이름지어졌다.

닭의장풀 닭의장풀과
Commelina communis L.

달개비 · 압각초

한해살이풀. 길가나 풀밭, 냇가의 습지에서 키 15~50cm 자란다. 잎은 어긋나고 피침형이며 밑은 잎집이 있다. 꽃은 7~8월에 하늘색으로 피고 꽃잎은 3장이며 잎겨드랑이에서 나온 꽃줄기 끝에 달린다. 열매는 삭과이고 타원형이며 9~10월에 익는다. 어린 잎을 식용한다.

아하!
닭장 밑에서 잘 자라는 풀이라 하여 '닭의장풀'이라고 불린다. 또 꽃잎이 오리발(鴨脚:압각) 같다고 하여 '압각초(鴨脚草)'라고도 하고 '닭개비(달개비)'라고도 했다.

자주달개비 닭의장풀과
Tradescantia reflexa Rafin.

양달개비

여러해살이풀. 북아메리카 원산이며
키 50cm 정도 자라고 줄기는 무더기
로 난다. 잎은 어긋나고 넓은 선형이
며, 밑부분은 넓어져서 줄기를 감싸고
윗부분은 뒤로 젖혀진다. 꽃은 5월에
피고 자줏빛이 돌며, 가지 끝의 가는
꽃줄기에 모여 달린다. 열매는 9월에
익는다.

아하!
'달개비'라고 불리는 닭의장풀과 비슷
하지만 꽃이 자주색이므로 '자주달개
비'라고 부른다.

누린내풀 마편초과
Coryopteris divaricata (S. et z.) Max.

여러해살이풀. 산과 들에서 키 1m 정
도 자라며 전체에 짧은 털이 나 있다.
잎은 마주나고 넓은 달걀 모양이며
역한 냄새가 난다. 꽃은 7~8월에 푸
른빛을 띤 자주색으로 피고 줄기와
가지 끝에 여러 송이가 드문드문 달
린다. 열매는 삭과이고 9~10월에 익
으면 4개로 갈라진다. 전체를 약재로
쓴다.

아하!
식물체 전체에서 비릿하고 역한 누린
내가 난다고 하여 '누린내풀'이라는
이름이 붙었다.

물달개비 물옥잠과

Monochoria vaginalis (L.) Presl var. *plantaginea* (Roxb.) Solms-Laubach

한해살이풀. 논이나 못의 물가에서 키 20cm 정도 자란다. 잎은 줄기에 1장씩 달리고 세모진 달걀 모양이며 잎자루가 길다. 꽃은 9월에 푸른 자주색으로 피고 줄기 끝에 달린다. 열매는 삭과이고 끝이 날카로운 타원형이며, 9월에 익고 씨가 많이 들어 있다.

아하!
꽃과 잎의 모양이 달개비(닭의장풀)와 비슷하고 물가에서 자라기 때문에 '물달개비' 라고 부른다.

물옥잠 물옥잠과

Monochoria korsakowi Regel et Maack

한해살이풀. 논과 늪의 물 속에서 키 20~40cm 자란다. 잎은 염통 모양이고 두꺼우며, 윤이 나고 잎자루 밑부분이 넓어져서 줄기를 감싼다. 꽃은 7~9월에 푸른빛을 띤 자주색으로 피고 줄기 끝에 여러 송이가 모여 달린다. 열매는 삭과이고 긴 타원형이며 9월에 익는다.

아하!
잎이 옥잠화의 잎과 비슷하고 물에서 자라므로 '물옥잠' 이라고 부르는 것으로 추정된다.

산매발톱 미나리아재비과
Aquilegia flabellata S. et Z. var. *pumila*
Kudo

하늘매발톱

여러해살이풀. 높은 산 암석지에서 키
30m 정도 자란다. 잎은 마주나고 깃
꼴겹잎이며, 작은잎은 삼각형이고 다
시 얕게 갈라지며 잎줄기가 길다. 꽃
은 7~8월에 보라색이나 짙은 하늘색
으로 피고 원줄기 끝에 1~3송이씩
밑을 향해 달린다. 열매는 골돌과이고
꼬투리가 5개씩이다.

매발톱꽃의 일종이며 백두산 등지의
고산 지대에서 자라므로 '산매발톱'이
라는 이름이 붙었고, 또 하늘과 가까운
곳에서 자란다는 뜻으로 '하늘매발톱'
이라고도 부른다.

무스카리 백합과
Muscari armeniacum Leichtlin. ex Baker

여러해살이풀. 유럽 원산이며 관상용
으로 심는다. 알뿌리는 공 모양이며
작은 것이 4~5cm, 큰 것은 10cm
정도이다. 잎은 뿌리에서 모여 나고
긴 선형이며 안쪽으로 골이 져 있다.
꽃은 단지 모양이며 4~5월에 보라색
으로 피고, 긴 꽃줄기 끝에 작은 꽃
수십 송이가 아래로 늘어져 달린다.

열매

산수국 범의귀과

Hydrangea serrata for. *acuminata* (S. et Z.) Wils.

갈잎 떨기나무. 산골짜기나 자갈밭에서 높이 1m 정도 자라며 작은 가지에 털이 있다. 잎은 어긋나고 긴 타원형이며 가장자리에 뾰족한 톱니가 있다. 꽃은 7~8월에 하늘색과 흰색으로 피고 가지 끝에 모여 달린다. 열매는 삭과이고 달걀 모양이며, 9~10월에 익는다.

아하!
꽃 가장자리의 무성화가 국화(菊)의 설상화와 비슷하고 이 식물이 물(水;수)을 좋아하며 산(山)에서 자라므로 '산수국(山水菊)'이라 부르는 것 같다.

구름체꽃 산토끼꽃과

Scabiosa mansenensis for. *alpina* Nakai

두해살이풀. 고산에서 키 50~90cm 자라며 줄기와 잎에 흰색 털이 밀생한다. 줄기잎은 마주나고 긴 타원형이며, 가장자리에 결각상의 큰 톱니가 있고 위로 올라가면서 깃꼴로 갈라지며 잎자루 밑부분이 원줄기를 감싼다. 꽃은 8월에 하늘색으로 피고 긴 꽃줄기 끝에 두상화서로 달린다. 가장자리의 꽃은 5개로 갈라지고 바깥갈래조각이 가장 크며, 중앙부의 꽃은 통상화로서 4개로 갈라진다.

솔체꽃 산토끼꽃과
Scabiosa mansenensis Nakai

화북남분화

두해살이풀. 깊은 산지에서 키 50~90cm 자란다. 뿌리잎은 피침형이고 잎자루가 길다. 줄기잎은 마주나고 깃 모양으로 깊이 갈라지며, 갈래조각은 피침형으로 끝이 뾰족하고 가장자리에 결각상의 큰 톱니가 있다. 꽃은 8월에 하늘색으로 피고 가장자리의 꽃은 겉에 털이 밀생하며 5개로 갈라진다. 중심부의 꽃은 통상화로 4개로 갈라진다. 열매는 수과이고 선형이다. 꽃을 약재로 쓴다.

체꽃 산토끼꽃과
Scabiosa mansenensis for. *pinnate* Nak.

고려국화

두해살이풀. 한국특산식물. 깊은 산지대에서 키 60~90cm 자란다. 잎은 마주나고 긴 타원형이며, 가장자리에 큰 톱니가 있고 깃털 모양으로 갈라지며 잎자루에 날개가 있다. 꽃은 8~9월에 하늘색으로 피고 줄기 끝에 두상화서로 달리며, 가장자리의 꽃은 겉에 털이 밀생하고 5개로 갈라지며 중앙부의 꽃은 통상화이고 4개로 갈라진다. 열매는 10월에 익는다. 꽃을 약재로 쓴다.

갈퀴현호색 현호색과
Corydalis grandicalyx B.U.Oh & Y.S. Kim

여러해살이풀. 한국특산식물. 고산지대에서 키 10~20cm 자라며 밑동에서 줄기가 포기를 이룬다. 줄기잎은 2장이고 2회3출겹잎이며 작은잎은 타원형이다. 꽃은 4월에 진한 청색으로 피며 5~13개가 총상화서를 이룬다. 포는 타원형이고 끝에 잔톱니가 있으며 꽃받침은 갈퀴형으로 갈라져 화통을 감싼다. 열매는 납작한 방추형 삭과이고 씨가 2열로 배열된다. 땅 속의 덩이줄기를 약재로 쓴다.

아하!
타원형인 포의 끝이 갈퀴의 날처럼 얕게 갈라져 있으므로 '갈퀴현호색'이라고 이름 지어졌다.

댓잎현호색 양귀비과
Corydalis turtschaninovii Besser var. *linearis* (Regel) Nakai

여러해살이풀. 산과 들의 습지에서 키 20cm 정도 자란다. 잎은 어긋나고 깃 모양으로 갈라지며 갈래조각은 끝이 뾰족한 타원형이다. 꽃은 4~5월에 연자주색으로 피고 줄기 끝에 5~10송이가 모여 달린다. 열매는 삭과이고 7~8월에 익는다. 씨는 둥글고 검은색이다. 덩이줄기를 약재로 쓴다.

아하!
현호색의 일종이며 가늘게 갈라진 잎이 대나무 잎과 비슷하다고 하여 '댓잎현호색'이라고 부른다.

빗살현호색 양귀비과

Corydalis turtschaninovii var. *pectinata* Nakai

여러해살이풀. 중부 이북 지방의 산지 숲 속 그늘에서 키 20cm 정도 자란다. 잎은 어긋나고 3출엽이며, 구둣주걱 모양이고 끝은 가늘게 갈라져 빗살 모양이다. 꽃은 4월에 연한 홍색으로 피고 줄기 끝에 여러 송이가 총상화서로 달린다. 화관은 통형이고 끝이 입술처럼 벌어진다. 열매는 삭과이고 끝이 뾰족하다. 땅 속의 덩이줄기를 약재로 쓴다.

아하!
잎 가장자리의 톱니가 머리빗의 빗살 모양으로 잘게 갈라지기 때문에 '빗살현호색'이라고 부른다.

애기현호색 양귀비과

Corydalis turtschaninovii var. *fumariaefolia* (Max.) T. Lee

여러해살이풀. 산에서 키 25cm 정도 자란다. 잎은 어긋나고 깃털 모양으로 갈라지며, 갈래조각은 선형이고 잎자루가 길다. 꽃은 4월에 자주색이나 하늘색으로 피고 줄기 끝에 여러 송이가 모여 달린다. 열매는 삭과이고 긴 타원형이다. 덩이줄기를 약재로 쓴다.

아하!
현호색의 일종이며 현호색보다 잎이 더 잘게 갈라지고 꽃색이 약하므로 '애기현호색'이라는 이름이 붙은 것 같다.

점현호색 양귀비과
Corydalis maculata B. Oh et Y. Kim

큰현호색

여러해살이풀. 산에서 키 20cm 정도 자란다. 잎은 어긋나고 깃털 모양으로 갈라지며 작은잎은 손바닥 모양이다. 잎에 흰색 반점이 흩어져 있다. 꽃은 4월에 진한 청색으로 피고 줄기 끝에 여러 송이가 모여 달린다. 열매는 삭과이다. 덩이줄기를 약재로 쓴다.

아하!
잎 표면에 불규칙한 백색 반점이 많으므로 '점현호색' 이라고 하는데, 현호색 중에서 개체가 가장 크므로 '큰현호색' 이라고도 한다.

좀현호색 양귀비과
Corydalis decumbens Pers.

여러해살이풀. 산기슭에서 키 10cm 정도 자란다. 잎은 밑동에서 모여나고 깃꼴겹잎이며 잎자루가 길다. 꽃은 4월에 하늘색 또는 홍자색으로 피고 원줄기 끝에 여러 송이가 모여 달린다. 열매는 삭과이고 선형이다. 덩이줄기를 약재로 쓴다.

아하!
보통 '좀'은 '좀'이 붙지 않은 것보다 작은 식물에 붙인다. 현호색의 일종이며 현호색보다 크기가 작으므로 '좀현호색' 이라고 한다.

현호색 양귀비과

Corydalis turtschaninovii Besser

여러해살이풀. 산과 들의 그늘지고 습한 곳에서 키 20cm 정도 자란다. 잎은 어긋나고 잎자루가 길며 깃털처럼 갈라진다. 꽃은 4월에 연한 홍자색으로 피고 줄기와 가지 끝에 5~10송이가 모여 달린다. 열매는 삭과이고 긴 타원형이며 6~7월에 익는다. 덩이줄기를 약재로 쓴다.

아하!
꽃잎은 입술 모양이고 기부에 꿀주머니인 거(距)가 있다. 현호색의 꽃말이 '보물주머니'인 것은 여기에서 유래된 것 같다.

과남풀 용담과

Gentiana triflora var. *japonica* (Kusn.) H. Hara

긴잎용담

여러해살이풀. 산지의 습지에서 키 30~80cm 자란다. 줄기는 곧추 서고 전체가 분백색을 띤다. 잎은 마주나고 피침형이고 위로 갈수록 점차 커진다. 꽃은 7~8월에 하늘색으로 피며 줄기 위쪽에 1~5개 달린다. 꽃받침은 통형이고 갈래조각은 선상 피침형이며 화관은 5개로 갈라져 수평으로 퍼진다. 열매는 삭과이다. 뿌리를 약재로 쓴다. 밀원식물.

쓴풀 용담과

Swertia japonica (Schult.) Makino

한해(두)해살이풀. 산과 들에서 키 5~20cm 자라며 줄기에 자줏빛이 돈다. 잎은 마주나고 선형이며 끝이 뾰족하다. 꽃은 9~10월에 자주색으로 피고 줄기나 가지 끝에 3~5송이씩 달린다. 열매는 삭과이고 피침형이며 11월에 익는다. 전체를 약재로 쓴다.

아하!

한방에서는 잎을 채취하여 그늘에서 말린 것을 약재로 쓰는데, 매우 쓴맛을 지니고 있다. 그래서 '쓴풀'이라는 이름이 붙은 것 같다.

꽃마리 지치과

Trigonotis peduncularis (Trevir.) Benth.

두해살이풀. 산과 들에서 키 10~30cm 자라며 전체에 짧은 털이 있다. 뿌리에서 난 잎은 뭉쳐나고 달걀 모양이며 잎자루가 길다. 줄기에 난 잎은 어긋나고 긴 달걀 모양이다. 꽃은 4~7월에 연한 하늘색으로 피고 줄기 끝에 모여 달린다. 열매는 분열과이고 짧은 자루가 있으며 7~8월에 익는다. 어린 잎을 나물로 먹고 전체를 약재로 쓴다.

아하!

작은 꽃들이 많이 모인 꽃차례가 둥글게 말려 있다가 점차 풀리면서 차례로 꽃이 피므로 '꽃말이'라고 하다가 '꽃마리'가 되었다.

참꽃마리 지치과
Trigonotis nakaii Hara
며느리장종지

여러해살이풀. 산과 들의 습지에서 키
10~15cm 자란다. 잎은 어긋나고 달
걀 모양이며 잎자루가 길다. 꽃은 5~
7월에 연자주색으로 피고 줄기 윗부
분의 잎겨드랑이에 달린다. 열매는 소
견과이고 잔털이 있으며 9월에 갈색
으로 익는다. 어린 잎을 나물로 먹고
잎과 줄기를 약재로 사용한다.

아하!
며느리가 먹는 건 장도 아까워서 며느
리에게 어린 참꽃마리의 작은 잎에 장
을 담아 먹게 했다고 하여 '며느리장종
지'라고도 부른다.

당개지치 지치과
Brachybotrys paridiformis Max. ex Oliber

여러해살이풀. 산지의 그늘진 습지에
서 키 40cm 정도 자란다. 잎은 어긋
나고 넓은 타원형이며 겉과 가장자리
에 흰 털이 있다. 꽃은 5~6월에 자주
색으로 피고 줄기 끝에 여러 송이가
달린다. 열매는 분과이고 8~9월에
검은색으로 익는다.

아하!
속명(Brachybotrys)은 희랍어인
Brachys(짧다)와 botrys(포도)의 합성어
로, 꽃이 포도처럼 달리는 '당개지치'
의 특성을 나타낸다.

반디지치 지치과
Lithospermum zollingeri A. Dc.

여러해살이풀. 남부 지방 산과 들의 양지쪽 건조한 곳에서 키 15~25cm 자란다. 줄기는 옆으로 뻗으며 전체에 억센 털이 있다. 잎은 어긋나고 끝이 뾰족한 타원형이다. 꽃은 4~6월에 벽자색으로 피고 줄기 위쪽 잎겨드랑이에 여러 송이가 달린다. 화관은 종 모양이고 꽃잎갈래는 타원형이다. 열매는 소견과이고 둥글며 흰색으로 익는다.

아하!
5갈래로 갈라진 통꽃의 자주색 꽃잎 가운데에서 흰색이 퍼져나오는 것이 반딧불과 비슷하다고 하여 '반디지치'라고 한 것 같다.

왜지치 지치과
Myosotis sylvatica (Eurh.) Hoffm.

여러해살이풀. 북부 지방의 깊은 산 숲 속에서 키 20~40cm 자라며 전체에 억센 털이 있다. 뿌리에 난 잎은 주걱 모양이며 밑부분이 잎자루처럼 길어진다. 줄기에 난 잎은 어긋나고 피침형이며 잎자루가 없다. 꽃은 7~8월에 연한 하늘색으로 피고 줄기와 가지 끝에 2갈래로 나뉘어 총상화서를 이룬다. 열매는 소견과이고 달걀 모양이며 짙은 갈색으로 익는다.

아하!
지치의 일종이며 크기가 지치보다 다소 작기 때문에 왜(矮 ; 작을 왜)자를 붙여 '왜지치'라고 부르는 것 같다.

컴프리 지치과
Symphytum officinale L.

여러해살이풀. 주로 약초로 재배하며 키 60~90cm 자라고 전체에 거친 흰색 털이 빽빽하게 난다. 잎은 어긋나고 피침형이며 끝이 뾰족하다. 꽃은 종 모양이며 6~7월에 자주색·분홍색·흰색으로 피고, 끝이 고리처럼 둥글게 말린 꽃줄기에 달린다. 열매는 소견과이고 달걀 모양이며 9~10월에 익는다.

아하!
'컴프리'란 영어 이름(comfrey)이다. 약재로 이용하고 사료작물로 심기도 하며, 분포 중심지는 지중해 연안으로 17종이 있다.

금강초롱 초롱꽃과
Hanabusaya asiatica Nakai

여러해살이풀. 한국특산식물. 높은 산지에서 키 30~90cm 자란다. 잎은 어긋나고 긴 달걀 모양이며, 윤이 나고 가장자리에 날카로운 톱니가 있다. 꽃은 종 모양이며 8~9월에 보라색·분홍색·자색 등으로 피고 줄기와 짧은 가지 끝에 1~2송이씩 달린다. 열매는 삭과이고 9~10월에 익는다.

아하!
꽃 모양이 청사초롱을 닮았고 강원도 금강산에서 처음으로 발견되었다고 해서 '금강초롱'이라고 부른다.

뿌리

도라지 초롱꽃과
Platycodon grandiflorum (Jacq.) A. Dc.

여러해살이풀. 산과 들에서 키 40~
100cm 자란다. 잎은 어긋나고 긴 달
걀 모양이며 가장자리에 톱니가 있다.
꽃은 끝이 벌어진 종 모양이며 7~8
월에 하늘색 또는 흰색으로 피고, 줄
기와 가지 끝에 1송이씩 위를 향해 달
린다. 열매는 삭과이고 달걀 모양이며
9~10월에 꽃받침조각이 달린 채로
익는다. 뿌리를 먹고 약재로도 쓴다.

아하!
오래 헤어졌던 오빠가 돌아와 뒤에서
부르는 소리에 돌아보다가 죽었다는
도라지 소녀의 전설이 얽혀 '도라지'
라고 부른다고 한다.

숫잔대 초롱꽃과
Lobelia sessilifolia Lambert

산경채·잔대아재비·진들도라지

여러해살이풀. 햇볕이 드는 계곡의 습
지나 냇가 근처에서 키 50~100cm
자란다. 잎은 어긋나고 피침형이며,
다소 밀생하고 가장자리에 잔톱니가
있으며 잎자루가 없다. 꽃은 7~8월에
벽자색으로 피고 줄기 끝에 총상화서
로 달린다. 화관은 깊게 갈라진 입술
모양이고 꽃받침은 종 모양이다. 열매
는 삭과이고 긴 타원형이며 9~10월
에 익는다. 전초를 약재로 쓴다.

아하!
종명 *sessilifolia*는 '대가 없는 잎'의 뜻
으로 잎에 잎자루가 없음을 나타낸다.

염아자 초롱꽃과
Phyteuma japonicum Miq.

여러해살이풀. 산골짜기 낮은 지대 숲
에서 키 50~100cm 자란다. 잎은 어
긋나고 긴 달걀 모양이며 가장자리에
톱니가 있다. 꽃은 7~9월에 보라색
으로 피고 잎겨드랑이에 여러 송이가
달린다. 꽃잎은 깊게 5개로 갈라져 젖
혀지며 갈래꽃같이 보인다. 열매는 삭
과이고 납작한 공 모양이며 10~11월
에 익는다. 어린 잎을 나물로 먹는다.

아하!
염아자는 어린 잎을 데쳐서 말렸다가
물에 불려 나물로 먹는다. 각종 무기질
과 단백질·비타민 등이 풍부한 청정
산채(淸淨山菜)다.

활나물 콩과
Crotalaria sessiliflora L.

한해살이풀. 들에서 키 40cm 정도
자란다. 전체에 털이 나고 줄기는 곧
게 선다. 잎은 어긋나고 피침형이며
잎자루가 없다. 꽃은 7~9월에 청자색
으로 피고 나비 모양이며 여러 송이
가 줄기 끝에서 총상화서를 이룬다.
꽃받침은 크고 입술 모양이며 적갈색
긴 털이 있다. 열매는 협과이고 매끄
러우며 9~10월에 여물고 꽃받침 속
에 숨는다. 연한 순을 나물로 먹는다.

꽃

아하!
활나물은 전국의 들판에 흔히 자라지
만 아침 나절에는 꽃이 피지 않고 태양
이 따가운 오후에 잠깐 꽃이 피므로 무
심히 지나치기 쉽다.

선개불알풀 현삼과
Veronica arvensis L.

두해살이풀. 유럽 원산이며 길가 풀밭에서 키 10~30cm 자란다. 잎은 마주나고 달걀 모양이며 가장자리에 둔한 톱니가 있다. 꽃은 5~6월에 연한 자줏빛을 띤 남색으로 피고 줄기 윗부분의 잎겨드랑이에 1송이씩 달린다. 열매는 삭과이고 염통 모양이며 끝이 패여 있다.

아하!
열매가 개의 불알 같다 하여 '개불알풀' 이라는 이름이 붙고, 개불알풀에 비해 곧추서서 자라므로 '선개불알풀' 이라고 부른다.

큰개불알풀 현삼과
Veronica persica Poir.
봄까치꽃

두해살이풀. 유럽 원산이며 길가나 빈터의 약간 습한 곳에서 키 10~30cm 자란다. 잎은 마주나거나 어긋나고 삼각형이다. 꽃은 5~6월에 하늘색으로 피고 꽃잎은 4장이며 잎겨드랑이에 1송이씩 달린다. 열매는 삭과이고 납작한 염통 모양이다.

아하!
원래 일본 이름(오오이누부꾸리)을 직역하여 '큰개불알풀' 이라고 불렀으나, 어감이 좋지 않아서 '봄까치꽃' 이라고 고쳐서 부른다.

긴산꼬리풀 현삼과
Pseudolysimachion kiusianum (Furumi)
Holub var. *japonica* (Miq.) Yamazaki

여러해살이풀. 산에서 키 1m 정도 자
란다. 잎은 마주나거나 3~4개씩 돌
려나고 긴 타원형이며, 가장자리에 톱
니가 있고 잎자루가 짧다. 꽃은 7~8
월에 벽자색으로 피고 원줄기 끝에
잔꽃이 촘촘하게 모여 총상화서를 이
룬다. 열매는 납작한 삭과이고 9월에
익는다. 전초를 약재로 쓴다.

아하!
산꼬리풀과 비슷하지만 잔꽃이 모인
꽃차례와 잎이 길쭉하고 크므로 '긴산
꼬리풀'이라고 부른다.

꼬리풀 현삼과
Pseudolysimachion linariaefolium
(Pallas) Holub

가는잎꼬리풀

여러해살이풀. 산과 들에서 키
40~70cm 정도 자라며 줄기는 곧게
선다. 잎은 마주나고 피침형이며 가장
자리에 톱니가 있다. 꽃은 7~8월에
벽자색으로 피고 줄기 끝의 가지에
총상화서로 촘촘히 붙는다. 꽃받침은
4갈래이고 포엽은 선형이다. 열매는
삭과이고 납작한 원형이며 9~10월에
익는다. 줄기와 잎을 약재로 쓴다.

산꼬리풀 현삼과

Pseudolysimachion rotundum (Nak.) Holub
var. subintegrum (Nak.) Yamazaki

여러해살이풀. 산지의 초원에서 키
40~80cm 자라며 포기 전체에 짧은
털이 난다. 잎은 마주나고 타원형이며
가장자리에 뾰족한 톱니가 있다. 꽃은
8월에 보라색으로 피고 가지와 원줄
기 끝에 잔꽃이 모여 촘촘하게 달린
다. 열매는 삭과이고 납작한 공 모양
이다.

아하!
길게 뻗은 꽃차례가 꼬리풀과 비슷하
고 산에서 잘 자라기 때문에 '산꼬리
풀'이라고 한다.

좁은잎빈카 협죽도과

Vinca minor L.

빈카마이너

덩굴성 늘푸른 떨기나무. 중부유럽 원
산으로 길이 60cm 정도까지 자란다.
줄기는 밑동에서 모여나고 땅에 닿으
면 뿌리가 발생한다. 꽃이 달리는 줄
기는 짧고 직립하며 잎은 가죽질 타
원형이고 잎자루가 짧으며 앞면은 암
록색으로 광택이 있다. 꽃은 4~7월에
남청색으로 피고 줄기 윗부분 잎겨드
랑이에서 1개씩 달린다. 꽃받침은 꽃
통보다 짧다. 변종이 많다.

아하!
종소명(minor)은 보다 작다는 뜻으로
빈카보다 잎이 좁고 전체 크기가 작은
것을 뜻한다.

여러 가지 색으로
꽃이 피는 식물

가래나무 가래나무과
Juglans mandshurica Max.

갈잎 큰키나무. 산기슭의 양지쪽에서 높이 20m 정도 자란다. 잎은 깃털 모양이고 작은잎은 긴 타원형이며 가장자리에 잔톱니가 있다. 꽃은 암수한그루이고 4월에 핀다. 열매는 핵과이고 달걀 모양이며 9월에 익는다. 열매와 어린 잎을 식용한다.

호두나무 가래나무과
Juglans sinensis Dode

갈잎 큰키나무. 중국 원산이며 높이 20m 정도 자란다. 잎은 어긋나고 깃꼴겹잎이며, 작은잎은 타원형이고 가장자리는 밋밋하다. 꽃은 암수한그루이며 4~5월에 핀다. 열매는 핵과이고 둥글며, 9~10월에 익는다. 씨는 달걀 모양이다. 열매를 식용한다.

열매　　　　씨

596

미치광이풀 가지과
Scopolia japonica (Dunn) Nakai

여러해살이풀. 깊은 산골짜기의 그늘에서 키 30~60cm 자란다. 잎은 어긋나고 긴 타원형이며 끝이 뾰족하다. 꽃은 4~5월에 짙은 보라색으로 피고 잎겨드랑이에 1송이씩 밑으로 처져 달린다. 열매는 삭과이고 둥글며 꽃받침에 싸이고 7~8월에 익으면 뚜껑이 열리듯이 갈라져서 씨가 나온다. 뿌리와 잎을 약재로 쓴다.

식물체 내에 독성이 있어 사람이나 동물이 먹으면 고통에 시달려 미친듯이 날뛰다 죽는다고 하여 '미치광이풀'이라고 한다.

개구리밥 개구리밥과
Spirodela polyrhiza (L.) Schleiden
부평초

여러해살이풀. 논이나 연못의 물 위에 떠서 자란다. 가을에 작은 겨울눈이 물 속에 가라앉아서 겨울을 나고 이듬해 봄에 물 위로 나와 번식한다. 엽상체는 달걀 모양이며 앞면은 녹색이고 뒷면은 자주색이다. 꽃은 7~8월에 흰색으로 간혹 피는 것이 있으나 매우 작아서 찾아보기 어렵다. 열매는 포과로서 10월에 익는다.

물 속에서 자라면서 오염된 물을 맑게 해주는 정수(淨水)식물이며, 논이나 연못의 물 위에 떠다니므로(浮·부) '부평초(浮萍草)'라고도 부른다.

좀개구리밥 개구리밥과
Lemna paucicostata Torrey

여러해살이풀. 논이나 연못의 물 위에 떠서 자란다. 엽상체는 넓은 타원형이며 표면 한쪽 중앙에 돌기가 있으며 3개의 맥이 있다. 꽃은 8월에 흰색으로 피고 꽃잎은 없으며 포 안에 수꽃 2송이와 암꽃 1송이가 들어 있다. 전체를 약재로 쓴다.

아하!
'좀'은 '좀'이 붙지 않은 것보다 작은 식물에 붙인다. 개구리밥의 일종이며 개구리밥보다 크기가 작으므로 '좀개구리밥'이라고 한다.

골풀 골풀과
Juncus effusus var. *decipiens* Buchen
등심초

여러해살이풀. 들의 습지에서 키 1m 정도 자란다. 뿌리줄기는 옆으로 뻗고 수염뿌리가 많이 뻗는다. 원줄기는 원기둥 모양이며 마디가 없고 뚜렷하지 않은 세로선이 있다. 잎은 줄기 밑부분에 비늘 모양으로 붙어 있다. 꽃은 5~8월에 녹갈색으로 피고 원줄기 끝에 성기게 달린다. 열매는 삭과이고 달걀 모양이며 7~8월에 갈색으로 익는다. 줄기를 약용·세공용으로 쓴다.

아하!
옛날 등잔(燈盞)불을 밝힐 때 이 풀의 속골을 심지(芯紙)로 썼기 때문에 '등심초(燈芯草)'라는 이름이 붙었다.

꿩의밥 골풀과
Luzula capitata (Miq.) Miq.

열매

여러해살이풀. 산기슭이나 들의 볕이 잘 드는 풀밭에서 키 7~15cm 자란다. 뿌리잎은 넓은 선형이고 가장자리에 흰색의 긴 털이 있으며 꽃줄기에 나는 잎은 줄기를 감싼다. 꽃은 4~5월에 적갈색 또는 흑갈색으로 피고 조밀하게 붙어 두상화서를 이룬다. 열매는 화피와 거의 같은 길이이며 6~7월에 갈색 또는 적갈색으로 익는다. 열매와 줄기를 약재로 쓴다.

아하!
갈색 열매는 산새들의 먹이가 되는데 특히 꿩이 좋아하므로 '꿩의밥'이라는 이름이 붙었다.

개사철쑥 국화과
Artemisia apiacea Hance

두해살이풀. 개울가의 모래땅에서 흔하게 나며 키 100~150cm 자란다. 잎은 길이 6cm로서 긴 타원형이고 2회 깃꼴로 깊게 갈라지며 작은갈래조각은 결각상의 톱니가 있다. 꽃은 7~9월에 녹황색으로 피고 줄기나 가지 끝에 두상화가 원추상으로 배열하고 한쪽으로 치우쳐서 총상으로 달린다. 열매는 긴 타원형 수과이고 10월에 익는다. 어린 잎은 식용하고 약재로도 쓴다.

돼지풀 국화과

Ambrosia artemisiifolia var. *elatior*
Descourtil

두드러기쑥

한해살이풀. 북미 원산. 1968년에 보고되어 거의 전국에 분포하며 들판에서 키 1m 정도 자란다. 잎은 마주나고 깃꼴겹잎이며 뒷면은 흰색이다. 꽃은 암수한그루로 8~9월에 녹황색으로 피며, 통 모양의 두화는 수꽃이고 암꽃은 수꽃 밑의 겨드랑이에 붙는다. 열매는 9~10월에 익는다. 꽃가루가 알지의 원인이 되며 고초열(枯草熱)을 일으키는 풀이다.

야하!
영어명 hogweed(hog=돼지, weed=잡초)를 그대로 번역하여 '돼지풀'이라고 부른다.

풀솜나물 국화과

Gnaphalium japonicum Thunberg
창떡쑥

여러해살이풀. 산과 들의 양지쪽에서 키 8~25cm 자란다. 전체에 흰 솜털이 나고 줄기는 모여난다. 뿌리잎은 밀생하고 선상 피침형이며 뒷면은 흰색이다, 줄기잎은 어긋나고 선형이며 꽃차례 밑에서는 3~5장이 돌려난다. 꽃은 5~7월에 갈색으로 피고 줄기 끝에 두상화서로 모여 달리며 총포는 종 모양이 검붉은 자주색이다. 열매는 수과이고 7월에 익으며 관모는 흰색이다. 어린 순을 식용한다.

야하!
외줄기가 곧은 솜나물에 비해 여린 줄기가 뭉쳐나고 작은 꽃들이 뭉쳐 있으므로 연약하다는 의미로 '풀솜나물'이라고 한다.

옥잠난초 난초과
Liparis kumokiri F. Maekawa

여러해살이풀. 전국의 숲 속에서 키 20cm 정도 자란다. 잎은 밑동에서 2장 나고 타원형이며 밑동은 잎집이 된다. 꽃은 6~8월에 피고 연한 녹색이지만 자줏빛이 나며, 잎 사이에서 나온 꽃줄기에 10여 송이가 드물게 달린다. 꽃받침은 좁은 타원형이고 곁꽃잎은 좁은 선형이며 입술꽃잎은 넓은 사각상 난형이고 윗부분이 젖혀진다. 열매는 삭과이다.

아하!
전년도 줄기 밑동에서 나오는 긴 타원형인 이 풀의 잎이 옥잠화의 잎과 비슷하다고 하여 '옥잠난초' 라고 부른다.

천마 난초과
Gastrodia elata Blume

수자해좆

여러해살이풀. 한국특산식물. 깊은 산 숲 속에서 다른 식물의 뿌리에 활물기생하며 키 60~100cm 자란다. 잎이 없고 인편엽은 성기게 나며 초상엽은 막질이고 밑부분이 원줄기를 둘러싼다. 꽃은 6~7월에 황갈색으로 피고 줄기 끝에 작은 꽃들이 많이 모여 총상화서를 이룬다. 열매는 삭과이고 타원형이며 8~9월에 익으며 겉에 꽃잎이 남아 있다. 전초를 약재로 쓴다.

아하!
이 식물이 갑자기 하늘(천;天)에서 떨어져 마비(麻痺)되는 병을 치료하였다는 전설에서 유래하여 '천마(天麻)' 라고 불린다.

네펜데스 벤틀라타의 포충낭

네펜데스 네펜데스과
Nepenthes

주로 동남아시아의 열대 지역에서 자라는 덩굴성 여러해살이풀. 잎 끝에 덩굴이 생겨 주변의 물체를 감아 몸체를 지탱하며, 덩굴손의 끝은 포충낭이다. 포충낭의 크기와 모양은 여러 가지가 있고, 대개 뿌리 쪽의 것은 원통형이며 줄기 끝쪽의 것은 깔대기 모양이다. 꽃은 암수딴그루이고 덫(포충낭)은 식충식물 중 가장 크다. 식물체 전체에 꿀샘이 있어 그 향과 색깔로 벌레를 모은다. 흔히 벌레잡이통풀이라고 부른다.

네펜데스 라플레시아
네펜데스과
Nepenthes raffiesiana Jack.

여러해살이풀. 인도네시아·보르네오 원산. 산지 낮은 곳에서 길이 4~15m 정도 자란다. 잎은 긴 타원형이고 잎자루가 뚜렷하다. 포충낭은 소형이고 윗부분이 깔대기 모양으로 날개가 2개 있으며, 아랫부분은 병 모양이다. 포충낭의 색깔은 여러 가지이다.

네펜데스 막시마 네펜데스과
Nepenthes maxima Nees.

여러해살이풀. 인도네시아 · 뉴기니아 원산. 산지 높은 곳의 습지에서 길이 3m 정도 자라며 줄기는 다른 나무를 감고 올라간다. 잎은 타원형이고 잎자루가 뚜렷하다. 포충낭은 가운데가 부푼 관 모양이고 가는 날개가 2개 있으며 표면에 적갈색 반점이 있다.

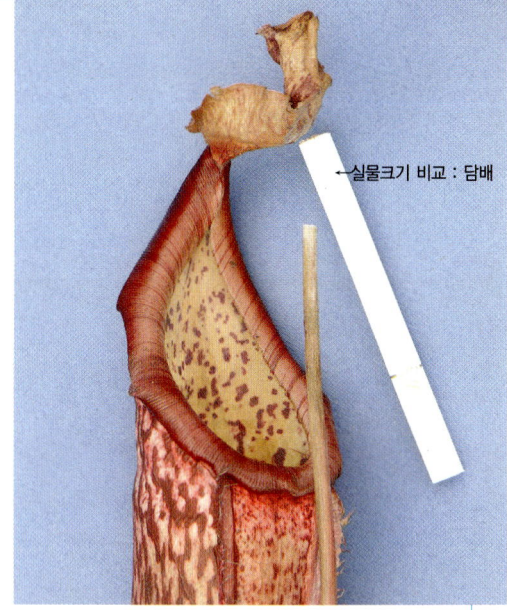

←실물크기 비교 : 담배

네펜데스 벤트리코사 네펜데스과
Nepenthes bentricosa

덩굴성 여러해살이풀. 필리핀 원산. Nepenthes alata와의 자연잡종이다. 줄기는 4m 정도 자란다. 잎은 긴 타원형이고 기부가 좁다. 포충낭은 길이가 짧고 통 하부가 통통하며, 덮개는 바가지 모양이고 배 부분에 돌기가 있으며 통깃은 자갈색이 난다.

네펜데스 알라타 네펜데스과
Nepenthes alata Blanco

덩굴성 여러해살이풀. 수마트라·보르네오·필리핀 원산. 줄기는 4m 정도 자란다. 잎은 기부가 좁은 긴 타원형이다. 포충낭은 하부가 넓은 원통형이고 길이 8~16cm이며 중간 부위는 약간 잘록하며, 덮개는 볼록한 바가지 모양이고 배 부분에 돌기가 있다. 잎과 포충낭을 연결하는 줄기는 말려져 있고 날개는 뚜렷하지 않지만 약간의 거치와 털이 있다.

아하!
종소명 alata는 '날개를 가지다'라는 뜻으로 배 부분에 거치와 털이 있는 이 식물의 특징을 나타낸다.

네펜데스 암플라리아
네펜데스과
Nepenthes ampullaria Jack.

여러해살이풀. 인도네시아·보르네오 원산. 산지 높은 곳에서 길이 6m 정도 자라며, 줄기는 지면을 기지만 다른 나무를 감고 올라가는 것도 있다. 잎은 긴 숟가락 모양이고 잎자루가 없으며 줄기를 감싼다. 포충낭은 밀생하고 색깔은 여러 가지다. 아래쪽 포충낭은 짧은 병 모양이고 위쪽 포충낭은 깔대기 모양이다.

아하!
종소명 ampullaria는 '병 모양'이라는 뜻으로 이 식물의 벌레잡이통의 특징을 나타낸다.

노박덩굴 노박덩굴과

Celastrus orbiculatus Thunb.

갈잎 덩굴나무. 산과 들의 숲속에서 길이 10m 정도 자란다. 잎은 어긋나고 끝이 뾰족한 타원형이며 가장자리에 톱니가 있다. 꽃은 암수딴그루이며 5~6월에 연두색으로 피고, 잎겨드랑이에 여러 송이가 모여 달린다. 열매는 둥근 삭과이고 10월에 노란색으로 익으며 3개로 갈라진다. 어린잎을 나물로 먹는다.

(아하!)
빨간색 씨를 싸고 있는 열매껍질이 노란색이고 줄기가 덩굴성이어서 노란색 '박'과 비슷하다고 하여 '노박덩굴'이라고 불리는 것 같다.

느티나무 느릅나무과

Zelkova serrata (Thunb.) Makino

정자나무

갈잎 큰키나무. 산기슭이나 마을 부근에서 높이 25m 정도 자란다. 잎은 어긋나고 긴 타원형이며 가장자리에 톱니가 있다. 꽃은 암수한그루이고 4~5월에 피며, 수꽃은 새 가지 밑에 모이고 암꽃은 새 가지 위에 1송이씩 달린다. 열매는 핵과이고 납작한 공 모양이며 10월에 익는다. 어린 잎을 떡에 섞어 쪄서 먹는다.

(아하!)
예로부터 마을 입구에 많이 심어 여름에 시원한 그늘을 만들어 정자와 같은 역할을 하므로 '정자나무'라 하며, 전국적으로 노거수(老巨樹)가 가장 많은 나무이다.

암꽃 / 수꽃

꽃

열매

단풍나무 단풍나무과
Acer palmatum Thunb.

갈잎 큰키나무. 산지의 계곡에서 높이
10m 정도 자란다. 잎은 마주나고 손
바닥 모양으로 깊게 갈라지며, 갈래조
각은 넓은 피침형이고 끝이 뾰족하며
가장자리에 겹톱니가 있다. 꽃은 암수
한그루이며 4~5월에 검붉은색으로
피고 가지 끝에 모여 달린다. 열매는
시과이고 9~10월에 익는다. 뿌리 껍
질과 가지를 약재로 쓴다.

은단풍 단풍나무과
Acer saccharinum Linne

사탕단풍나무 · 양단풍나무

갈잎 큰키나무. 원산지에서는 높이
40m 정도 자라며 수피는 회갈색이
다. 잎은 마주나고 원형이며, 5갈래로
깊게 갈라지고 끝이 뾰족하며, 가장자
리에 겹톱니가 있고 뒷면은 은백색이
다. 꽃은 4~5월에 황록색으로 피고
잎이 나오기 전에 달린다. 꽃잎이 없
으며 적갈색 수술이 꽃잎으로 보인다.
열매는 시과이고 9~10월에 익으며,
날개는 달걀 모양이고 거의 직각으로
벌어진다.

아하!
잎 뒷면이 은백색(銀白色)인 단풍나무
라는 의미로 '은단풍(銀丹楓)'이라고
부른다.

신나무 단풍나무과
Acer ginnala Max.

사다기나무 · 시닥나무

갈잎 중키나무. 하천 유역 및 습원에서 높이 5~8m 자란다. 잎은 마주나고 난상 타원형이며, 표면은 광택이 나고 잎가에 불규칙한 톱니가 있으며 잎자루는 연홍색이다. 꽃은 5~7월에 연두색으로 피고 가지 끝에 겹산방화서로 달리며 꽃잎과 꽃받침은 각각 5개이다. 열매는 시과이고 날개는 거의 합쳐져서 V자형을 이루고 9~10월에 익는다. 잎은 염료용으로 이용한다.

굴거리나무 대극과
Daphniphyllum macropodum Miquel

만병초 · 산황수

늘푸른 중키나무. 바닷가 숲 속에서 높이 10m 정도 자라며 어린 가지는 붉은빛이 돈다. 잎은 가지 끝에 모여서 어긋나고 긴 타원형이며, 가죽질이고 뒷면은 분백색이다. 잎자루는 붉은빛이다. 꽃은 암수한그루로 4~6월에 피는데 녹색이 돌고 꽃잎과 꽃받침이 없으며 잎겨드랑이에 총상화서로 달린다. 열매는 핵과이고 긴 타원형이며 10~11월에 암벽색으로 익는다. 잎과 수피를 약재로 사용한다.

깨풀 대극과
Acalypha australis L.

한해살이풀. 밭이나 들의 길가에서 키 30~50cm 자란다. 잎은 어긋나고 넓은 피침형이며, 털이 나고 가장자리에 둔한 톱니가 있다. 7~8월에 잎겨드랑이에서 나온 꽃줄기 윗부분에 수꽃이 수상화서로 달리고 삼각상 갈색 포엽이 화서 기부에 달리는 암꽃 2송이를 둘러싼다. 열매는 둥근 삭과이고 털이 있으며 8~9월에 익는다. 씨는 넓은 달걀 모양이고 흑갈색이며 윤이 난다. 어린 잎을 식용한다.

아하!
잎과 흑갈색 씨앗이 들깨와 비슷하여 '깨풀'이라고 부르는 것 같다.

엑살란트 크로톤 대극과
Codiaeum variegatum Blume var. *pictum* muell. Arg. 'Exalant'

삼엽광엽계

늘푸른 중키나무. 말레이시아 및 태평양 제도 원산 원예품종. 새로 난 잎은 잎맥이 연황색이고 아래에 달린 오래된 잎은 붉은색으로 변한다. 잎끝 2/5 부분에서 잘록해져서 좁아지고 끝은 뾰족하다. 흔히 croton이라고 부르는데 원래 크로톤은 동남아시아 원산인 Croton tiglium L.(영명 : Croton-Oil Plant)를 말한다.

아하!
속명 Codiaeum은 그리스어 kodeia(머리)에서 따온 것으로 잎을 경기 승자의 머리에 얹는 화환으로 사용한 데서 유래되었다.

유포르비아 트리고나 대극과
Euphorbia trigona Haw.

채운각

상록성 떨기나무. 마다가스카르, 카나
리아 군도 원산. 줄기는 다육질이고
진녹색 바탕에 백록색 무늬가 가로로
약간 섞여 있으며, 2~3개의 모서리
가 날개 모양 삼각형을 이룬다. 새로
자라는 부위에는 달걀 모양의 잎이
나며 저온 시에는 낙엽이 된다. 변종
에는 잎이 붉은 홍색으로 나는 홍채
운각(紅彩雲閣)도 있다.

인삼 두릅나무과
Panax ginseng Nees

산삼 · 삼

여러해살이풀. 주로 약초로 재배하며
키 60cm 정도 자란다. 잎은 돌려나
고 손바닥 모양의 겹잎이며, 작은잎은
달걀 모양이고 가장자리에 톱니가 있
다. 꽃은 암수한그루이며 4월에 연한
녹색으로 피고, 잎 가운데서 나온 긴
꽃줄기 끝에 작은 꽃이 모여 달린다.
열매는 핵과이고 선홍색으로 익는다.
뿌리를 약재로 쓴다.

아하!
뿌리의 모양이 사람의 모습과 비슷한
데서 '인삼(人蔘)'이라 하고, 산 속에서
오래 자란 것을 '산삼(山蔘)'이라고 부
른다.

꽃

열매

산삼

인삼

잉글리쉬 아이비 두릅나무과

Hedera helix L.

상춘등

늘푸른 덩굴나무. 유럽, 아시아, 북아
프리카 원산. 길이 30m 정도 자란다.
잎은 3~5갈래로 결각이 져 있고 잎
맥은 황록색 줄무늬가 뚜렷하게 나타
난다. 꽃은 10월에 피고 꽃받침 가장
자리에 가는 톱니가 있다. 열매는 다
음해 7월에 검정색 또는 노란색으로
익는다.

아하!
줄기가 등나무(藤)처럼 덩굴성이고 잎
이 늘 녹색이므로 항상(常) 봄(春)이라
는 뜻으로 '상춘등(常春藤)'이라고 한
것 같다.

칼라데아 마코야나 마란타과

Calathea makoyana (Nichols.) E. Morr.

늘푸른 여러해살이풀. 잎은 밑동에서
모여나고 난상 피침형이며 황백색 또
는 회황백색 바탕에 주맥 양쪽으로
긴 타원형의 작은 진녹색 점 무늬가
나란히 병행되어 있다. 칼라데아류 가
운데 잎이 가장 억세고 질겨 보이며
점 무늬가 선명하게 보인다. 잎 표면
의 무늬가 진녹색인데 비해 잎 뒷면
은 붉은 갈색의 무늬가 뚜렷하다. 실
내원예에서 많이 이용된다.

아하!
속명의 Calathea는 그리스어의
kalothes(손바구니)가 변한 것으로 꽃
잎이 손바구니같이 생겼다고 하여 붙
여진 것이다.

댑싸리 명아주과
Kochia scoparia Schrad.

공쟁이 · 비싸리

한해살이풀. 민간에서 재배하며 키
1m 정도 자란다. 잎은 어긋나고 피침
형이며, 3맥이 뚜렷하고 가장자리는
밋밋하다. 꽃은 암수딴그루로 7~8월
에 연녹색이나 붉은색으로 피고 잎겨
드랑이에 모여 수상화서로 달린다. 꽃
받침은 5갈래이고 꽃잎은 없으며 꽃
밥은 노란색이다. 열매는 원반형 포과
이고 9월에 익으며 씨는 1개이다. 어
린 잎은 식용하고 씨는 약재로 쓴다.

아하!
가지는 빗자루를 만들 때 사용하므로
'비싸리'라고 부른다.

명아주 명아주과
Chenopodium album L. var. *centrorubrum*
Makino

한해살이풀. 들에서 키 1m 정도 자라
며 줄기에 녹색 줄이 있다. 잎은 어긋
나고 달걀 모양이며 가장자리에 물결
모양의 톱니가 있다. 꽃은 6~7월에
황록색으로 피고 줄기 끝에 많이 모
여 달린다. 열매는 포과이고 꽃잎에
싸인 납작한 원형이며, 8~9월에 익
고 검은색 씨가 들어 있다.

아하!
명아주는 한해살이풀이지만 다 자란
줄기는 나무처럼 단단하고 가벼우므
로 노인들의 장수를 기원하는 지팡이
재료로 많이 쓰인다.

무궁화종덩굴 미나리아재비과

Clematis fusca Turcz. var. *mandshurica* Kitagawa

검종덩굴

갈잎 덩굴풀. 산에서 자란다. 잎은 마주나고 깃꼴겹잎이며 작은잎은 달걀 모양이고 가장자리는 밋밋하다. 꽃은 종 모양이며 6~8월에 암자색으로 피고 잎겨드랑이에 1송이씩 달린다. 열매는 수과이고 타원형이며 9~10월에 익으며 깃털 같은 긴 암술대가 끝에 붙는다.

아하!

종 모양인 꽃이 암자색 털로 덮여 있어 무궁화의 열매처럼 보이므로 '무궁화종덩굴'이라고 부르는 것 같다.

열매

종덩굴 미나리아재비과

Clematis fusca Turcz. var. *violacea* Max.

갈잎 덩굴나무. 그늘지고 습한 숲 속에서 자란다. 잎은 마주나고 5~7장으로 된 겹잎이며, 작은잎은 달걀 모양이고 뒷면에 잔털이 약간 있다. 꽃은 종 모양이며 7~8월에 검은 자주색으로 피고, 잎겨드랑이에 밑으로 처져 달린다. 열매는 수과이고 편평한 타원형이며 9~10월에 익는다. 어린 잎은 식용한다.

아하!

덩굴식물이며 아래를 향해 피는 자주색 꽃이 종처럼 생겼다고 하여 '종덩굴'이라는 이름이 붙었다.

네잎삿갓나물 백합과
Paris tetraphylla A.Gray

여러해살이풀. 들과 산지에서 키 30cm 정도 자라며 뿌리줄기는 가늘다. 잎은 4개가 돌려나고 타원형 또는 넓은 피침형이며 3개의 맥이 있다. 꽃은 6~8월에 녹색으로 피고 삿갓나물과 달리 화사가 꽃밥 위로 솟지 않으며 화주는 4개로 깊게 갈라진다. 열매는 장과이다.

아하!
삿갓나물처럼 잎이 돌려나는데 4개뿐이므로 '네잎삿갓나물' 이라는 이름이 붙었다.

삿갓나물 백합과
Paris verticillata M. v. Bieberst.

여러해살이풀. 산지 숲 속 그늘에서 키 20~40cm 자란다. 잎은 줄기 끝에 돌려나고 피침형이며 양끝이 뾰족하다. 꽃은 5~7월에 옅은 황록색으로 피고 잎 가운데에서 나온 꽃줄기 끝에 1송이씩 달린다. 열매는 삭과이고 둥글며 9~10월에 익는다. 어린 잎을 식용한다.

아하!
줄기에 돌려나는 잎이 삿갓을 뒤집어 놓은 것처럼 보이므로 '삿갓나물' 이라고 부른다.

퉁둥굴레 백합과
Polygonatum inflatum Komarov

여러해살이풀. 산지 숲 밑에서 키 30~70cm 자란다. 잎은 어긋나고 긴 타원형이며 2줄로 배열된다. 꽃은 5~6월에 백록색으로 피고 잎겨드랑이에 3~7송이씩 달린다. 열매는 장과이고 둥글며 검은 자색으로 익는다. 어린 순과 뿌리를 식용한다.

아하!
종소명(inflatum)은 주머니처럼 부푼 상태를 뜻하며, 막질의 포가 꽃을 싸고 있는 퉁둥굴레의 특징을 나타낸다.

미류나무 버드나무과
Populus deltoides Marsh.

갈잎 떨기나무. 북아메리카 원산이고 가로수로 많이 심으며 높이 30m 정도 자란다. 나무껍질이 터져서 검은빛이 도는 짙은 갈색이 된다. 잎은 세모진 달걀 모양이고 가장자리에 톱니가 있으며, 밑부분에 2~3개의 꿀샘이 있다. 꽃은 3~4월에 핀다. 열매는 삭과이고 5월에 익으며 씨에 털이 많다.

버드나무 버드나무과
Salix koreensis Anderss.

갈잎 큰키나무. 들이나 냇가에서 높이 20m 정도 자란다. 잎은 어긋나고 긴 타원형이며, 끝이 뾰족하고 가장자리에 안으로 굽은 톱니가 있다. 꽃은 암수딴그루이고 흑자색이며 4월에 잎이 나기 전에 핀다. 열매는 삭과이고 5월에 익으며 흰 털이 달린 씨가 들어 있다. 가로수와 풍치목으로 심는다.

버즘나무 버즘나무과
Platanus orientalis L.
방울나무·플라타나스

갈잎 큰키나무. 아시아 서부 원산이며 높이 30m 정도 자란다. 나무껍질이 큰 조각으로 떨어지고 회백색으로 얼룩진다. 잎은 어긋나고 넓은 달걀 모양이며 5~7개로 깊게 갈라진다. 꽃은 암수한그루이고 수꽃은 검붉은색이며 잎겨드랑이에 달리고, 암꽃은 연두색이고 가지 끝에 달린다. 열매는 구과이고 공 모양이며, 긴 자루가 있고 9~10월에 익는다.

아하!
하얗게 벗겨진 나무껍질이 마치 사람의 피부에 난 버즘 같아서 '버즘나무'라고 한다. 북한에서는 방울처럼 귀여운 열매가 달린다고 하여 '방울나무'라고 부른다.

열매

갈대 벼과

Phragmites communis Trin.

여러해살이풀. 습지나 강가의 모래땅에 군락을 이루고 키 3m 정도 자란다. 잎은 가늘고 길며 끝이 뾰족하다. 잎집은 줄기를 둘러싸고 털이 있다. 꽃은 8~9월에 피고 처음에는 자주색이었다가 옅은 노란색으로 변한다. 열매는 영과로서 10월에 익으며 씨에 갓털이 있어 바람에 쉽게 날려 멀리 퍼진다. 어린순은 식용하고 뿌리줄기는 약재로 쓴다.

아하!

어린이들이 갈대잎을 말아서 풀피리를 만들어 즐겨 불었는데, 이것을 '초적(草笛)', '초금(草琴)' 또는 '호뜨기'라고 한다.

갈풀 벼과

Phalaris arundinacea Linne

달

여러해살이풀. 습한 풀밭에서 키 70~180cm 자란다. 뿌리줄기가 땅 속에서 옆으로 뻗으면서 번식하여 군락을 형성한다. 잎은 길이 15~30cm의 선상 피침형이고 앞뒷면이 껄껄하며 엽설은 막질이다. 꽃은 6월에 가지 끝에서 길쭉하고 곧추 선 원추화서를 이루는데, 길이 15cm 정도의 이삭화서 모양이고 작은 이삭은 짧은 가지에 조밀하게 배열된다. 소의 먹이로 쓰인다.

강아지풀 벼과
Setaria viridis (L.) Beauv.

한해살이풀. 길가나 들에서 키 20~
70cm 자란다. 줄기는 모여나고 마디
가 다소 길며 작은가지는 가시 같다.
잎은 긴 선형이며 밑부분은 잎집이
된다. 꽃은 연한 녹색 또는 자주색이
며, 7~8월에 원기둥 모양의 꽃이삭을
이루고 자주색 털에 싸여 있다. 씨를
식용하고 뿌리를 약재로 쓴다.

아하!
꽃이삭이 자주색 털에 싸여 있어 강아
지 꼬리처럼 보인다고 하여 '강아지
풀'이라고 한다. 이삭을 쥐고 가볍게
쥐었다 놓았다 하면 살아 있는 것처럼
손 밖으로 솟아오른다.

달뿌리풀 벼과
Phragmites japonica Steud.

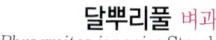
덩굴달

여러해살이풀. 산의 계곡과 강가에서
키 2m 정도 자란다. 뿌리줄기는 땅
위로 뻗으며 마디에서 뿌리가 내리고
줄기가 곧게 선다. 잎은 어긋나고 끝
이 뾰족한 선형이다. 엽초는 윗부분에
자줏빛이 돌고 줄기를 감싸며 마디에
흰 털이 있다. 꽃은 8~9월에 자주색
으로 피고 원추화서를 이루며, 가지가
돌려나고 긴 털이 있으며 작은이삭에
3~4개의 작은꽃이 있다. 포영은 뾰
족한 피침형이고 3맥이 있다.

맹종죽 벼과
Phyllostachys pubescens Mazel
죽순대

늘푸른 큰키나무. 중국 원산으로 인가
부근에서 재배하며 높이 10~20m 자
란다. 가지는 2~3개씩 나오며 죽순
은 5월에 나온다. 잎은 피침형으로 작
은 가지 끝에 5~6개씩 달린다. 잎조
각 속에 꽃이삭이 들어 있다. 꽃은 드
물게 7~10월에 피며 열매는 11월에
익는다.

오죽 벼과
Phyllostachys nigra Munro
검정대·흑죽

늘푸른 큰키나무. 중국 원산이며 마을
에서 재배하고 키 10m 정도 자란다.
줄기가 첫해에는 녹색이지만 2년째부
터 검은색으로 된다. 잎은 가지 끝에
달리고 피침형이며 가장자리에 잔톱
니가 있다. 꽃은 60년 주기로 6~7월
에 녹자색으로 피고 열매는 가을에
익는다. 꽃이 핀 후에 말라 죽는다.

아하!
오죽은 줄기와 가지가 검은 점이 특이
하다. 검은 까마귀를 뜻하는 오(烏)자
를 붙여 '오죽(烏竹)'이라 부른다. '검
정대' 또는 '흑죽'이라고도 불린다.

왕대 벼과

Phyllostachys bambusoides S. et Z.

늘푸른 큰키나무. 중국 원산이며 높이 20m 정도 자란다. 줄기는 원기둥 모양이고 마디 사이의 속은 비어 있다. 잎은 가지 끝에 달리며 피침형이고 가장자리에 잔톱니가 있다. 꽃은 60년 주기로 6~7월에 피고, 2~5송이로 된 작은 꽃이삭이 달린다. 열매는 영과이고 가을에 익는다.

밀 벼과

Triticum aestivum L.

소맥

한해살이풀. 농가의 밭에서 재배하며 키 60~120cm 자란다. 잎은 넓고 긴 피침형이고 끝이 점점 좁아지고 뒤로 처진다. 잎집은 위쪽 가장자리에 흰색 부속물이 있어 줄기를 감싼다. 꽃은 5월에 아침부터 피기 시작하지만 오후에 가장 많이 핀다. 열매는 영과이고 넓은 타원형이며 갈색이다. 씨는 타원형이고 깊은 골이 있다.

바랭이 벼과

Digitaria sanguinalis (L.) Scop.

털바랭이

한해살이풀. 들 또는 경작지나 길가에서 키 40~70cm 자란다. 줄기 밑부분이 땅을 기면서 마디에서 뿌리가 난다. 잎은 어긋나고 피침형이며, 가장자리는 두껍고 껄끄러우며 엽초에 털이 난다. 엽설은 막질이고 황갈색이다. 꽃은 7~8월에 3~8개의 가지가 있는 이삭화서로 달린다. 첫째 포영은 삼각형, 둘째 포영은 피침형이다. 열매는 영과이고 9월에 익는다. 뿌리를 제외한 지상부를 약재로 쓴다.

씨

보리 벼과

Hordeum vulgare var. *hexastichon* Aschers.

두해살이풀. 농가에서 밭에서 재배하며 키 1m 정도 자란다. 잎은 어긋나고 넓은 피침형이며 밑동이 잎집으로 되어 원줄기를 완전히 감싼다. 꽃은 4~5월에 피고 이삭은 6줄로 늘어서며 긴 까락이 달려 있다. 열매를 식용하고 싹이 튼 맥아는 약재로 쓴다.

산조풀 벼과
Calamagrostis epigeios (L.) Roth.

돌서숙 · 돌조풀 · 산서숙

여러해살이풀. 산지의 습지에서 키 60~150cm 자란다. 짧은 땅속줄기가 발달하여 군락을 형성한다. 잎은 표면이 거칠고 납작하며, 안쪽으로 말리고 가장자리에 잔톱니가 있다. 꽃은 6~8월에 노란색이 도는 연한 녹색으로 피고 줄기 끝에 길이 15~20cm의 원주형 이삭화서로 달린다. 작은이삭은 길이 5mm 정도이고 호영은 선형이며 위에 꼿꼿한 까락이 붙으며 10월에 익는다.

아하!
산에서 자라고 꽃 모양이 곡식으로 재배하는 조와 비슷하므로 '산조풀'이라는 이름이 붙었다.

새 벼과
Arundinella hirta (Thunb.) C. Tanaka

애기새 · 야고초 · 털새

여러해살이풀. 산과 들에 흔히 나고 키 50~120cm 자란다. 뿌리줄기는 옆으로 뻗고, 잎은 긴 선형이고 편평하나 약간 말리며, 엽설은 매우 짧고 긴 털이 난다. 꽃은 8~9월에 피고 원추화서로 달리며, 작은이삭은 2개의 꽃으로 되고 밑의 꽃이 수꽃이며 위의 것은 종종 암자색을 띤다. 제1호영은 작은이삭보다 짧으며 보통 3맥이다. 제2호영은 가장 길고 대개 5맥이며 9~10월에 결실한다.

둑새풀 벼과
Alopecurus aequalis Sobol.

뚝새풀

한해살이풀. 논밭 같은 습지에서 무리
지어 나며 키 20~40cm 자란다. 잎
은 편평하고 긴 칼 모양이며 흰색이
도는 녹색이다. 꽃은 5~6월에 피고
꽃이삭은 원기둥 모양으로 연한 녹색
이다. 작은 이삭은 납작하며 털이 있
다. 어린 싹은 식용하고 씨를 약재로
쓴다.

꽃

아하!
봄에 어린 줄기를 뜯어 속에 있는 솜털
같은 것을 씹으면 단맛이 난다. 전체를
소의 먹이로도 쓰는데 꽃이 핀 것은 소
가 먹지 않는다.

억새 벼과
Miscanthus sinensis Andersson

참억새

여러해살이풀. 산이나 들에서 키 1~
2m 자란다. 잎은 모여나고 선형이며,
가장자리에 딱딱한 잔톱니가 있어 날
카롭고 밑부분이 원줄기를 완전히 감
싼다. 꽃은 9월에 피고 꽃이삭은 줄기
끝에서 부채 모양을 이룬다. 작은이삭
은 각 마디에 1쌍씩 달리고 털이 다발
로 나 있다. 뿌리를 약재로 사용한다.

아하!
물기 없이 메마르고 파팍한 땅에서도
억척스럽게 자라는 습성 그대로 '억센
새풀' 이라는 뜻으로 '억새' 라고 부른
다. 줄기와 잎이 가늘고 질기므로 이
엉을 엮어 옛날에는 지붕을 덮는 데 쓰
였다.

수수 벼과
Sorghum bicolor Moench

한해살이풀. 흔히 밭에서 재배하며 키
1.5~3m 자란다. 잎은 어긋나고 긴
타원형이며 끝이 뾰족하다. 처음에는
잎과 줄기가 녹색이지만 차츰 붉은
갈색으로 변한다. 원줄기 끝에 많은
꽃이 빽빽하게 모인 이삭이 달린다.
열매를 식용한다.

열매

옥수수 벼과
Zea mays L.

한해살이풀. 열대 아메리카 원산이며
농가에서 재배하고 키 1.5~2.5m 자
란다. 잎은 어긋나고 끝이 뾰족한 긴
타원형이며 밑은 줄기를 감싼다. 꽃은
7~8월에 피고 수꽃이삭은 줄기 끝에
달리고 암꽃이삭은 줄기의 잎겨드랑
이에 달린다. 열매는 둥글고 많으며
노란색으로 익는다. 열매를 식용하고
마른 암술대는 약재로 쓴다.

암꽃

열매

수크령 벼과
Pennisetum alopecuroides (L.) Spreng.
낭미초

여러해살이풀. 들의 양지쪽 길가에서 키 30~80cm 자란다. 잎은 긴 칼 모양이며 짧은 털이 약간 있다. 꽃은 8~9월에 검은 자주색으로 피고, 꽃줄기 끝에 꽃이삭이 원기둥 모양으로 달린다. 작은이삭은 피침형이고 자주색 털이 빽빽이 난다. 9~10월에 결실한다.

아하!
검은 자주색 털이 빽빽하게 난 꽃이삭이 늑대(狼;낭)의 꼬리(尾;미)와 같다고 하여 '낭미초(狼尾草)' 라고도 부른다.

율무 벼과
Coix lachryma-jobi var. *mayuen* (Roman.) Stapf

한해살이풀. 농가에서 재배하며 키 1.5m 정도 자란다. 잎은 단엽이고 피침형이며 엽초가 있다. 꽃은 암수한그루로 7~8월에 피고 외영과 내영은 투명하며 수술은 3개이다.열매는 10월 성숙한다. 열매는 곡물로 식용하고 차의 대용으로도 이용하며 전초를 약재로 쓴다. 줄기는 바구니 등의 세공재로 쓴다.

조 _{벼과}

Setaria italica (L.) Beauv.

한해살이풀. 농가의 밭에서 재배하며
키 1~1.5m 자란다. 잎은 피침형이고
가장자리에 잔톱니가 있으며 밑부분
이 잎집으로 된다. 꽃은 7~8월에 피
고 이삭은 원기둥 모양이며 한쪽으로
구부러진다. 열매는 영과이고 둥글며
9~10월에 노란색으로 익는다. 열매
를 식용한다.

씨

문수조릿대 _{벼과}

Arundinaria munsuensis Y. N. Lee

여러해살이풀. 산 골짜기에서 키
50~60cm 자란다. 줄기는 곧게 서고
땅속줄기는 기어서 길게 뻗어 나간다.
잎은 피침형이고 잎귀에는 곧은 강모
가 있으며, 엽설은 짧고 막질이다. 엽
초 가장자리에 털이 많다. 줄기 끝에
있는 작은이삭은 납작하고 3~5개의
낱꽃이 있고 꽃밥은 노란색이다.

아하!
지리산 문수골에서 처음 발견되어 '문
수조릿대' 라고 이름지어졌다.

꽃

조릿대 벼과
Sasa borealis (Hackel) Makino
사사 · 산죽 · 속

늘푸른 관엽 식물. 산 중턱 이하의 개방지에서 키 1~2m 자란다. 잎은 가지 끝에서 2~3매씩 나고 긴 타원상 피침형이며, 광택이 나고 가장자리에 가시 같은 톱니가 있다. 꽃은 5년마다 4월에 피고 2~5개의 작은이삭으로 된 원추화서이며 털과 흰 가루로 덮여 있다. 꽃이 핀 다음 지상부는 죽는다. 씨는 5~6월에 익는다. 줄기는 죽세공의 재료가 되며, 잎은 약재로 쓰고 열매는 식용한다.

아하!
조리를 만드는 데 쓰는 대나무이므로 '조릿대'라 부르고 산(山)에서 많이 나는 대나무(竹)라고 하여 '산죽(山竹)'이라고도 한다.

꽃

주름조개풀 벼과
Oplismenus undulatifolius (Ard.)
Roemer et Schultes
명들내 · 털주름풀

한해살이풀. 산지의 응달이나 냇가에서 무리지어 나고 키 10~30cm 자란다. 줄기는 기고 밑동에서 가지를 친다. 잎은 편평한 피침형이고 강모가 있으며 가장자리는 물결 모양으로 주름진다. 꽃은 8~10월에 피고 원추화서는 짧은 가지가 있으며, 낱꽃은 2송이로 이삭자루와 화축에 긴 털이 있다. 열매는 약간 딱딱하고 밋밋하면서 광택이 나며 10월에 익는다. 소와 양의 먹이로 쓰인다.

아하!
잎과 화축 등에 털이 많고 잎가장자리가 물결 모양으로 주름지므로 '털주름풀'이라고도 부른다.

큰꾸러미풀 벼과
Poa nipponica Koidz.

질긴포아풀

한해살이풀. 저지대에서 키 높이 40~50cm 자란다. 잎은 편평하고 끝이 뾰족하며 엽설은 흰색 막질이다. 꽃은 5~6월에 피고 줄기 끝에 이삭화서를 이룬다. 화서는 달걀 모양 또는 타원형이고 가지마다 잔이삭이 조밀하게 달린다. 잔이삭은 밝은 녹색이지만 흔히 자줏빛이 돌고 호영은 피침형이며, 화서의 가지에 잔돌기가 있고 포영에 잔톱니가 있다. 열매는 8월에 익는다.

개미피 벼과
Glyceria acutiflora Torrey

육절보리풀

여러해살이풀. 들의 습지 근처에서 키 70cm 정도 자란다. 잎은 길이 10~30cm이고 편평하며 꺼칠꺼칠하다. 엽설은 흰색 막질이고 좁은 삼각형이다. 꽃은 4~5월에 녹황색으로 피고 이삭화서는 선형으로서 밑부분이 엽초로 싸이며 길이 10~30cm이고 가지는 2개씩 달리며 원줄기와 평행하다. 작은이삭은 연한 녹색이고 선상 피침형이며 8~15개의 작은꽃이 들어 있다. 열매는 타원형 영과이고 8월에 익는다.

참새피 벼과
Paspalum thunbergii Kunth

납작피 · 털피

여러해살이풀. 들의 양지바른 풀밭에서 키 40~90cm 자란다. 줄기는 모여나고 잎몸과 엽초에 긴 솜털이 있다. 꽃은 7~8월에 피고 중축에 총상화서가 이삭화서처럼 3~5개 달리며, 작은이삭은 둥글고 2줄로 배열된다. 결실성 외영은 단단하고 3맥이며 안으로 말린다. 내영은 납작하고 단단하며, 밑의 가장자리가 안으로 구부러지고 꽃밥은 노란색이며 인피는 2개로서 쐐기형이다.

피 벼과
Echinochloa crusgalli (L.) Beauv. var. *frumentacea* (Roxb.) Wight

한해살이풀. 산과 들에서 키 1~2m 자란다. 잎은 긴 칼 모양이며 잎집이 길고 가장자리에 잔톱니가 있다. 꽃은 8~9월에 피고 가지에 이삭처럼 달린다. 씨는 노란색 또는 어두운 갈색으로 익는다. 열매를 식용한다.

아하!
옛날 흉년일 때는 피죽으로 연명하기도 했다. 피의 열매를 넣어 죽을 끓인 것이 피죽인데, '피'는 곡식을 대신하는 대표적인 구황(救荒)식물이다.

붕어마름 붕어마름과
Ceratophyllum demersum L.

솔잎말

여러해살이 물풀. 연못 등 물 속에서 길이 20~40cm 자란다. 뿌리가 없고 가지가 변한 헛뿌리가 있다. 잎은 돌려나고 바늘 모양이며 깃털처럼 가늘게 갈라진다. 꽃은 암수한그루이며 8~9월에 피고 꽃잎이 없이 잎겨드랑이에 1송이씩 달린다. 열매는 수과이고 긴 달걀 모양이며 밑에 긴 가시가 2개 있다.

꽃

개비름 비름과
Amaranthus lividus L.

한해살이풀. 길가장자리나 밭에서 키 30~80cm 자라며 줄기가 연하다. 잎은 어긋나고 네모난 달걀 모양이고 끝이 오목하게 들어간다. 꽃은 6~7월에 피고 줄기 끝과 잎겨드랑이에 모여 이삭처럼 달린다. 열매는 포과이고 둥글다. 어린 잎은 나물을 만들어 먹는다.

아하!
속명(Amaranthus)은 희랍어로 꽃받침과 포가 말라도 색이 변하지 않는다는 뜻이며, 종소명(lividus)은 푸른빛이 돈다는 뜻이다.

비름 비름과
Amaranthus mangostanus L.

비름과

참비름

한해살이풀. 인도 원산이며 길가나 밭에서 키 1m 정도 자란다. 잎은 어긋나고 넓은 달걀 모양이며 잎자루가 길다. 꽃은 7월에 피고 줄기 끝과 잎겨드랑이에 모여 이삭처럼 달린다. 열매는 개과이고 타원형이며, 윤기가 나는 흑갈색 씨가 1개씩 들어 있다. 어린 잎은 나물을 만들어 먹는다.

아하!
봄과 여름에 연한 잎과 줄기를 데쳐서 나물로 먹는데 '참비름'이라고 하여 먹지 않는 '개비름' 등과 구분한다.

쇠무릎 비름과
Achyranthes japonica (Miq.) Nakai

우슬

여러해살이풀. 산지의 숲 속이나 들에서 50~100cm 자란다. 줄기는 네모지고 곧게 서며 마디가 두드러진다. 잎은 마주나고 양끝이 좁은 장타원형이며 털이 약간 있다. 꽃은 8~9월에 녹색으로 피고 수상화서로 달린다. 화피는 5장이고 선상 피침형이다. 열매는 장타원형 포과이고 9월에 익으며 씨는 1개이다. 어린 잎을 나물로 먹고 뿌리와 잎을 약재로 쓴다.

아하!
줄기의 마디가 두드러져서 소(牛;우)의 무릎(膝;슬)같이 보인다 하여 '쇠무릎 (우슬;牛膝)'이라고 한다.

무화과나무 뽕나무과
Ficus carica L.

갈잎 떨기나무. 주로 관상용으로 재배하며 높이 2~4m 자란다. 잎은 어긋나고 넓은 달걀 모양이며 3~5갈래로 갈라진다. 꽃은 암수한그루이며 잎겨드랑이에서 6~7월에 피는데, 꽃턱에 묻혀 꽃이 보이지 않는다. 열매는 꽃턱이 자란 것이며 달걀 모양이고 8~10월에 흑자색 또는 황록색으로 익는다. 열매를 먹고 잎은 약재로 쓴다.

열매 속의 꽃

꽃이 꽃주머니 속에 생겨 겉으로는 보이지 않고 그대로 열매가 되기 때문에, 꽃이 없이 바로 열매가 생기는 나무라고 하여 '무화과(無花果)'라는 이름이 붙여졌다.

벤자민고무나무 뽕나무과
Ficus benjamina L.

늘푸른 떨기나무. 화단과 정원에 식재하고 높이 4~5m 자라며 고무나무에 비해 작은 편이다. 분지가 잘 되고 가지는 아래로 늘어지며 수피는 회갈색이다. 잎은 좁고 길쭉한 피침형이고 가죽질이며 표면은 광택이 나고 가장자리는 물결 모양이다. 열매는 열매자루가 없이 잎겨드랑이에 쌍으로 달리는데 지름 8cm 정도로 크고 둥글며 붉게 익는다.

종소명 benjamina는 동양에서 서양으로 전해진 수지(樹脂)나무로서 Benzoin에서 유래된 것으로 이름붙여진 것으로 추측된다.

달링토니아 사라세니아과
Darlingtonia californica Green.

코브라릴리 · 코브라플랜트

여러해살이풀. 아메리카 원산. 산악지
대의 경사진 습지에서 큰 군락을 이
룬다. 잎은 곧게 자라며 길이 90cm
정도의 속이 빈 포충낭을 만든다. 포
충낭 윗부분은 앞으로 굽어져 있고
위쪽 덮개는 넓게 퍼진다. 꽃은 황록
색이고 꽃줄기 끝에 달린다. 꽃잎은 5
개이고 꽃잎 안쪽은 보라색이다.

아하!

포충낭의 모양이 코브라의 뱀과 닮았
다고 하여 '코브라플랜트'라고도 불린
다. 코브라를 닮은 백합이라는 뜻으로
'코브라릴리'라고도 한다.

물고랭이 사초과
Scirpus nipponicus Makino

물돗자리골

여러해살이풀. 연못이나 개울가에서
키 40~90cm 자란다. 줄기는 세모지
고 밑부분에 3~5개의 잎이 달린다.
잎은 녹색이며 삼각형이다. 꽃은
7~10월에 피고 꽃차례는 옆에 달리
며 2개로 갈라져서 산방상으로 되어
5~9개의 작은이삭이 달린다. 작은이
삭은 긴 타원형이고 황갈색으로 익는
다. 열매는 수과이고 좁은 달걀 모양
이며, 양쪽이 볼록한 렌즈형이고 끝이
부리처럼 길다.

방울고랭이 사초과

Scirpus wichurae var. *asiaticus*
(Beetle) T. Koyama

개왕골 · 왕골아재비

여러해살이풀. 연못이나 늪지 등에서 키 1~1.5m 자란다. 줄기는 빽빽이 모여나고 세모지며 곧게 선다. 잎은 편평하며 길이 30~40cm이고 엽초가 헐겁게 둘러싼다. 꽃은 8~10월에 이삭화서로 핀다. 포는 2~3개이고 가지는 백색이며 깔깔하다. 작은이삭은 2~5개씩 모여 달리고 긴 타원형이며 적갈색으로 된다. 열매는 편평한 수과이고 볏짚색이며 끝이 뾰족하다.

큰고랭이 사초과

Scirpus tabernaemontani Gmelon

돗자리골 · 큰골

여러해살이풀. 연못가에서 무리지어 나며 키 1~2m 정도 자란다. 땅속줄기의 마디에서 굵은 원통형 줄기가 1개씩 돋고 산방상으로 가지가 생긴다. 잎은 가시 모양이고 줄기 끝에 붙는다. 꽃은 5~10월에 적갈색으로 피고 가지 끝에 이삭화서가 산방상으로 달린다. 열매는 타원형이고 반들반들하며 8~9월에 흑갈색으로 익는다. 줄기로 돗자리를 만들고 약재로도 쓴다.

꽃

참바늘골 사초과

Eleocharis attenuata (Franch. et Sav.)
Pallas var. *laevseta* (Nak.) Hara

뽀족바늘골

여러해살이풀. 습지에 모여나고 키
30cm 정도 자란다. 줄기는 원기둥
모양이고 잎은 퇴화하여 엽초로 되어
줄기의 기부를 싸고 윗부분은 적갈색
이다. 꽃은 5~7월에 피고 작은이삭 1
개가 줄기 끝에 달리며, 화피조각은
침형이고 6장이다. 작은이삭은 계란
모양이고 다갈색이며, 비늘조각은 난
상 타원형이고 가장자리는 흰색이다.
열매는 수과이고 난상 타원형이며 황
갈색으로 익는다.

도루박이 사초과

Scirpus radicans Schx.

여러해살이풀. 경기도 이북의 습지에
서 키 1~1.5m 자란다. 잎은 길이
20~35cm · 폭 7~10mm이다. 짧은
꽃자루에 1개씩 달린 작은 이삭이 꽃
줄기 끝에 많이 모여 큰 꽃차례를 만
든다. 열매는 수과이고 끝이 뾰족한
달걀 모양이다.

아하!

종소명(radicans)은 뿌리를 낸다는 뜻으
로, 줄기가 자라 끝이 땅에 닿으면 뿌
리가 나고 새순이 나는 '도루박이'의
특징을 나타낸다.

매자기 사초과

Scirpus fluviatilis (Torr.) A. Gray

여러해살이풀. 연못가 또는 물 속에서 키 80~150cm 자란다. 잎은 꽃줄기에 달리며 꽃줄기보다 길다. 잎은 어긋나고 끝이 날카로운 선형이며 하부는 통 모양의 엽초가 되어 줄기를 싼다. 꽃은 6~10월에 피고 꽃줄기 끝에 산방화서를 이루며 3~8개의 가지에 작은이삭이 달린다. 열매는 수과이고 세모진 긴 타원형이며 10월에 회갈색으로 익는다. 덩이줄기를 약재로 쓴다.

방동사니 사초과

Cyperus amuricus Steudel

한해살이풀. 들이나 밭에서 키 20~60cm 자란다. 잎은 뿌리에서 나오고 꽃줄기에서는 어긋나며 선형이다. 꽃은 8~10월에 피고 잎 사이에서 나온 꽃줄기 끝에 잔꽃이 많이 모여 이삭 모양으로 달린다. 열매는 수과이고 달걀 모양이며 10~11월에 익는다. 줄기와 잎을 약재로 쓴다.

방동사니속은 전세계에 약 700종, 우리 나라에는 방동사니, 물방동사니, 병아리방동사니, 알방동사니 등 약 16종이 있다.

알방동사니 사초과
Cyperus difformis Linne

한해살이풀. 들판의 습지에서 키 20~50cm 자라며 줄기는 모여난다. 잎은 밑동에서 나오고 납작한 선형이며, 연하고 가장자리는 껄끄럽다. 엽초는 빽빽하게 줄기를 감싸고 황갈색이다. 꽃은 8~9월에 산방화서로 피는데 작은이삭은 밀착하고 선형이며 암적갈색이다. 포는 2~3개로 잎 모양이고 화서보다 길며 비늘조각은 고리 모양이다. 열매는 수과이고 세모진 달걀 모양이며 끝이 3개로 갈라진다.

동강고랭이 사초과
Scirpus dioicus Y. Lee & Y. Oh. sp. nov.

여러해살이풀. 강원도 동강 주변에서 키 20~50cm 자란다. 줄기는 서고 밀생하며, 밑동은 여러 장의 연한 갈색 엽초에 싸이고 엽초 끝은 바늘 모양의 돌기가 있다. 3~4월에 갈색 작은이삭 1개가 줄기 끝에 달리고, 꽃은 암수딴그루로 3~4개의 낱꽃으로 된다. 열매는 수과이고 삼각상 긴 타원형이며 5~6월에 여문다.

괭이사초 사초과
Carex neurocarpa Max.

여러해살이풀. 밭이나 들의 습지에서
키 30~70cm 자라며 줄기 단면은
삼각형이다. 잎은 납작하고 연하다.
작은이삭이 **빽빽**하게 모여 5~7월에
꽃이 피는데 암꽃은 아래쪽에, 짧은
까락이 있는 수꽃은 위쪽에 달린다.
과낭에는 날개와 부리가 있다.

아하!
속명(Carex)은 잎가장자리가 예리하
다. 종소명(neurocarpa)은 맥이 있는 열
매라는 뜻이며, 열매를 싸고 있는 과포
에 세로로 맥이 많다.

산괭이사초 사초과
Carex leiorhyncha C. A. Meyer

살괭이사초

여러해살이풀. 습지에서 키 50cm 정
도 자란다. 줄기는 모여나고 둔하게
모가 난다. 잎은 어긋나고 편평하며
선형이다. 꽃은 줄기 끝에 원기둥 모
양으로 모여 달리고, 처음은 녹색이나
다갈색으로 변한다. 작은이삭은 여러
꽃으로 되며 줄기 끝에는 수꽃이삭이,
밑에는 암꽃이삭이 달린다. 과포는 좁
은 달걀 모양이고 연한 황록색이다.
열매는 수과이고 헐겁게 싸여 있으며
양쪽이 볼록하다.

애괭이사초 사초과

Carex laevissma Nakai

여러해살이풀. 산록이나 밭과 들의 습지에서 키 15~40cm 자라며, 줄기 단면은 날카로운 삼각형이다. 잎은 납작하고 검은 반점이 있다. 작은이삭이 빽빽하게 모여 원기둥 모양을 이루고 5~6월에 꽃이 피는데, 수꽃은 위쪽에, 암꽃은 아래쪽에 달린다. 과낭은 좁은 난형이고 긴 부리가 있다.

(야하)!
괭이사초와 닮았으나 크기가 작다고 하여 아기를 뜻하는 '애'자를 붙여 '애괭이사초'라고 부른다.

나도별사초 사초과

Carex gibba Wahlenb.

쇠메기사초

여러해살이풀. 길가에 흔히 나고 키 30~70cm 자라며 줄기는 빽빽하게 난다. 잎은 줄기에 모여나고 납작하며 검은빛을 띤 녹색이다. 작은이삭은 5~6월에 줄기 위쪽에 달리고 긴 타원형이며 연한 녹색이다. 암꽃이삭은 수꽃이삭 밑에 달리고 타원형이며, 수꽃의 비늘조각은 염통 모양이고 흰색이다. 열매는 수과이고 난상 타원형이며, 과낭은 달걀 모양이고 날개가 있으며 끝은 짧은 부리 모양이다.

(야하)!
길가에 흔히 자라고 있어 소가 잘 뜯어 먹으므로 '소먹이풀'이라는 뜻으로 '쇠메기사초'라고도 부른다.

도깨비사초 사초과
Carex dickinsii Franch. et Savat.

여러해살이풀. 전국의 밭과 들의 습지
에서 키 20~40cm 자란다. 근경은
옆으로 길게 뻗고 세모지며 꽃줄기는
단단하다. 잎은 납작하고 단단하며,
줄기 밑의 엽초는 잎몸이 짧고 황갈
색이다. 꽃은 5~7월에 이삭화서로 달
린다. 수꽃이삭은 줄기 끝에 붙고 자
루가 길며, 선형이고 황갈색이다. 암
꽃이삭은 줄기 옆에 붙고 원형이며
녹색이다. 과낭은 비늘조각보다 길며
긴 부리가 있다. 열매는 수과이고 엉
성하게 들어 있다.

아하!
긴 열매자루 끝에 달린 열매이삭이 도
깨비의 방망이나 뿔과 비슷하다고 하
여 '도깨비사초'라고 부르는 것 같다.

바늘사초 사초과
Carex onoei Franch. et Savat.

음알바늘사초
여러해살이풀. 산지의 습한 그늘에서
키 15~30cm 자란다. 줄기는 연하고
세모지며 거칠다. 잎은 납작하고 연하
며 실처럼 가늘다. 5~7월에 공 모양
의 작은이삭이 줄기 끝에 1개씩 달리
는데, 한 이삭에서 수꽃은 위쪽에, 암
꽃은 밑에 달린다. 수꽃의 비늘조각은
좁고 길며, 암꽃의 비늘조각은 난상타
원형이고 다갈색 막질이다. 과낭은 뭉
뚝하고 부리가 매우 짧은 타원형이며
9월에 황록색으로 익는다.

아하!
가느다란 줄기 끝에 뾰족한 이삭이 달
린 모습이 바늘을 닮았다고 하여 '바늘
사초'라고 부른다.

산꼬리사초 사초과
Carex shimidzensis Franch.
색시사초 · 섬방울사초 · 참뚝사초

여러해살이풀. 산지 숲 속의 습지에서 키 40~80cm 자란다. 잎은 편평하며 3맥이 뚜렷하다. 꽃은 4~6월에 황록색으로 피고 작은이삭 3~6개가 꽃줄기 끝에 아래로 처지며 끝부분에 암꽃, 밑부분에 수꽃이 달린다. 1~3개의 포는 꽃줄기보다 길고 잎처럼 보인다. 열매는 수과이고 과포는 좁은 난상 렌즈형이고 포영보다 길며, 비스듬히 달리고 녹갈색 바탕에 갈색 반점이 있다.

이삭사초 사초과
Carex dimorpholepis Steuder

여러해살이풀. 들의 습지에서 키 50~80cm 자란다. 줄기는 모여나고 삼각형이다. 꽃은 5~6월에 이삭화서로 달리며, 원통형이고 밑으로 처진다. 줄기 끝의 이삭 윗부분이 암꽃이고 밑부분이 수꽃이며, 다른 이삭은 모두 암꽃이다. 열매는 수과이고 헐겁게 들어 있으며 8~9월에 익는다.

아하!
사초의 일종이며 기다란 꽃차례가 곡식의 이삭처럼 생겼기 때문에 '이삭사초'라고 부르는 것 같다.

피사초 사초과
Carex longerostrata C. A. Mey.

여러해살이풀. 높은 산 초원에서 키 20~40cm 자란다. 잎은 납작하고 밑부분의 엽초는 볏짚색이며 섬유처럼 갈라진다. 이삭화서는 5~6월에 나오고 작은이삭은 2개로 곧게 서며, 윗부분은 수꽃이고 밑부분은 암꽃이 된다. 수꽃이삭은 곤봉형이고 갈색이다. 포는 바늘 모양이고 밑부분이 통 모양이다. 과포는 황록색이고 난상 원형이며 겉에 짧은 털이 드문드문 있다. 열매는 수과이고 8월에 익는다.

애기흰사초 사초과
Carex mollicula Boott

자리사초

여러해살이풀. 숲 속 습지에서 키 30cm 가량 자란다. 잎은 어긋나고 넓은 선형이며 줄기보다 길게 나오고 주름지며 털이 있다. 작은이삭은 5~6월에 4~5개가 모여 난다. 수꽃이삭은 줄기 끝에 1개가 달리고 곧게 서며, 암꽃이삭은 줄기 옆에 1~3개가 달리고 기둥 모양이다. 과낭은 긴 달걀 모양이고 황록색이며, 열매는 수과로 삼각상 넓은 달걀 모양이고 9월에 익는다.

올방개 사초과
Eleocharis kuroguwai Ohwi.

여러해살이풀. 연못에서 무리지어 키 40~90cm 자라며, 줄기 속은 비어 있고 땅 속에 덩이줄기가 있다. 꽃은 7~10월에 황록색 또는 볏짚색으로 피고 꽃잎은 바늘 모양이며 원기둥 모양의 꽃차례를 만든다. 열매는 수과 이고 달걀 모양이며 황갈색이다. 덩이줄기를 식용하고 약재로도 쓴다.

아하!
올방개의 뿌리에 달린 검은 덩이줄기를 '오우'라고 하며, 가루를 내거나 삶아서 먹는다. 흉년에 식량을 대신하는 구황(救荒)식품이다.

파슬리 산형과
Petroselinum sativum

두해살이풀. 유럽 남동부 원산이며 키 20~50cm 자라고 가지가 많이 갈라 진다. 잎은 3장으로 된 깃꼴겹잎이고 작은 잎은 윤이 나며 가장자리가 꼬불꼬불하다. 꽃은 4월에 황록색으로 피고 꽃줄기 끝에 작은 꽃이 많이 모여 달린다. 전체를 식용한다.

대마 삼과
Cannabis sativa Linne
대마초 · 삼

한해살이풀. 농가에서 재배하고 키 1~2.5m 자라며 줄기는 사각형이다. 잎은 손바닥 모양 겹잎으로 밑부분은 마주나고 윗부분은 어긋난다. 작은잎은 피침형이고 뒷면에 잔털이 많으며 가장자리에 톱니가 있다. 꽃은 암수딴그루로 7~8월에 연녹색으로 피는데 수꽃은 원추화서이고 암꽃은 수상화서로 달린다. 열매는 납작한 수과이고 단단하며 10월에 회색으로 익는다. 수피로 베를 짜고 전초를 약용한다.

한삼덩굴 삼과
Humulus japonicus S. et Z.
껄껄이풀 · 환삼덩굴

한해살이 덩굴풀. 들에서 자라는 잡초이며 전체에 잔가시가 있다. 잎은 마주나고 손바닥 모양으로 깊게 5~7개로 갈라지며 가장자리에 톱니가 있다. 꽃은 암수딴그루로 7~8월에 피고 수꽃은 잔꽃들이 모여 달리며 암꽃은 이삭 모양으로 달린다. 열매는 수과이고 달걀 모양이며 9~10월에 황갈색으로 익는다. 전초를 약재로 쓴다.

아하!
잎과 줄기를 가릴 것 없이 전체에 밑을 향한 잔가시가 있어 살갗을 스치면 몹시 껄끄럽기 때문에 '껄껄이풀'이라고도 부른다.

암꽃

낙우송 삼나무과
Taxodium distichum (L.) Rich.

아메리카수송

늘푸른 바늘잎 큰키나무. 산지나 늪지에서 높이 50m 정도 자라고 줄기에서 맹아가 발생한다. 수피는 적갈색이고 세로로 벗겨진다. 잎은 깃털 모양이고 작은잎은 어긋나며 선형이다. 꽃은 암수한그루이고 4~5월에 피며, 수꽃송이는 자주색 원추화서이고 밑으로 처지며 암꽃송이는 둥글다. 열매는 구과이고 둥글며, 9월에 갈색으로 익는다. 씨는 삼각형이고 각 귀퉁이에 날개가 있다. 미국에서 1920년경에 도입되었다.

아하!
새의 깃(羽;우)을 닮은 잎이 겨울이면 떨어져(落;낙) 낙엽이 진다 하여 낙우송(落羽松)이라는 이름이 붙여졌다.

다람쥐꼬리 석송과
Lycopodium chinense H. Christ

북솔석송 · 탐라쥐꼬리

늘푸른 여러해살이풀. 깊은 산 숲에서 키 5~15cm 자란다. 밑부분이 옆으로 자라면서 2개씩 갈라지며 가지는 곧게 선다. 잎은 침상 피침형이고 밑에서부터 점차 좁아져서 끝이 뾰족해진다. 포자낭은 윗부분의 잎겨드랑이에 1개씩 달리며 포자낭수를 형성하지 않는다. 가지 끝부분에 생기는 부정아는 대가 없고 녹색이며, 좌우에 날개가 있고 끝이 패여 있으며 땅에 떨어지면 싹이 돋아서 새로운 개체로 된다.

아하!
솔처럼 생긴 줄기가 곧게 선 것이 다람쥐의 꼬리와 비슷하다고 하여 '다람쥐꼬리'라는 이름이 붙었다.

개잎갈나무 소나무과
Cedrus deodara (Roxb.) Loudon

설송 · 히말라야시다

늘푸른 바늘잎 큰키나무. 수피는 회갈색이며, 잎은 세모진 침형이고 햇가지에는 산재하고 짧은가지에는 총생한다. 꽃은 암수한그루로 10월에 황갈색으로 피며, 수꽃송이는 원통형이고 암꽃송이는 달걀 모양이다. 열매는 구과이고 타원형이며 짧은 가지 위에 곧게 서고 다음 해 9~10월에 익는다. 열매 조각은 부채 모양이고 겉에 잔털이 있으며 씨가 2개씩 들어 있다. 씨에는 넓은 막질의 날개가 있다.

구상나무 소나무과
Abies koreana Wilson

늘푸른 큰키나무. 산지의 서늘한 숲속에서 높이 18m 정도 자라며 나무껍질은 잿빛을 띤 흰색이다. 잎은 선형이고 끝이 2갈래이다. 꽃은 암수한그루이고 4~5월에 핀다. 열매는 구과이고 원통 모양이며, 10월에 갈색으로 익는다. 씨는 달걀 모양이고 날개가 있다.

낙엽송 소나무과
Larix leptolepis (S. et Z.) Gordon
일본잎갈나무

갈잎 큰키나무. 일본 원산이며 높이 30m 정도 자라고 가지가 수평으로 퍼진다. 잎은 바늘잎이고 긴 가지에는 드물며 짧은 가지에는 모여난다. 꽃은 암수한그루이고 5월에 피며, 짧은 가지 끝에 1송이씩 달리는데, 수꽃은 달걀 모양이고 암꽃은 타원형이다. 열매는 구과이고 달걀 모양이며 9월에 익는다.

백송 소나무과
Pinus bungeana Zucc. et Endlicher
흰소나무

늘푸른 바늘잎 큰키나무. 정원수로 식재하며 높이 15m 정도 자란다. 수피는 회백색이고 밋밋하며 넓적한 비늘처럼 벗겨진다. 잎은 짧은 가지 위에 3개씩 붙고 수지도는 5개이다. 꽃은 암수한그루로 5월에 피는데 수꽃송이는 긴 타원형이고 암꽃송이는 달걀 모양이다. 열매는 구과이고 실편은 50~60개이며 다음해 9월에 익는다. 씨는 달걀 모양이고 흑갈색이며 날개가 달린다. 종자유를 식용하고 씨를 약재로 쓴다.

아하!
거의 흰빛(白:백)으로 얼룩얼룩한 수피를 갖는 소나무(松:송)라고 하여 '백송(白松)'이라고 부른다.

분비나무 소나무과

Abies nephrolepis (Trautv.) Max.

전나무

늘푸른 바늘잎 큰키나무. 깊은 산 한
랭한 곳에서 높이 25m 정도 자란다.
잎은 선형이고 끝이 갈라지며 뒷면에
흰색 기공선이 2줄 있다. 꽃은 암수한
그루로 5월에 피고 가지 끝에 원통형
으로 달린다. 열매는 원통형 구과이고
9월에 익으며, 씨는 삼각형이고 날개
가 있다. 열매가 푸른색인 것을 청분
비라 하고 검은색인 것을 검은분비라
고 한다.

아하!
회갈색 수피(樹皮)가 흰색 가루(白粉)
로 덮인 것같이 보여 분피(粉皮)나무로
부르다가 '분비나무'로 되었다.

구주소나무 소나무과

Pinus sylvestris Linne

늘푸른 바늘잎 큰키나무. 유럽 원산으
로 높이 25~40m 자란다. 수피는 적
색 또는 적갈색이다. 잎은 2개씩 달리
고 뒤틀려 있으며, 회청색이고 수지도
는 바깥쪽에 있다. 꽃은 4~5월에 피
며 수분한 뒤에 3~5년이 지나야 열
매가 된다. 열매는 긴 타원형 구과이
고 흑황색이며, 작은 가시가 있고
1~3개씩 모여 아래를 향해 달리며,
씨에는 긴 날개가 있다.

아하!
유럽(歐洲;구주)에서 들어온 나무이므
로 '구주(歐洲)소나무'라고 부른다.

열매

씨

소나무 소나무과
Pinus densiflora S. et Z.

솔나무 · 적송

늘푸른 큰키나무. 산에서 높이 35m
정도 자라며 나무껍질은 적갈색이다.
잎은 바늘잎이며 짧은 가지에 2개씩
뭉쳐난다. 꽃은 암수한그루이고 5월
에 피며, 수꽃은 노란색 타원형이고
새 가지의 밑부분에 달리며, 암꽃은
자주색 달걀 모양이고 새 가지 끝에
달린다. 열매는 달걀 모양이고 다음해
9~10월에 황갈색으로 익는다. 씨는
타원형이고 날개가 있다.

솔송나무 소나무과
Tsuga sieboldii Carriere

늘푸른 바늘잎 큰키나무. 산지에서 높
이 30m 정도 자란다. 잎은 선형이고
거의 2줄로 배열되며, 윤기가 나고 뒷
면에 흰색 기공선이 2개 있다. 꽃은
암수한그루로 4~5월에 피는데 수꽃
송이는 위를 향하며, 암꽃송이는 자갈
색이고 가지 끝에서 아래를 향해 달
린다. 열매는 황갈색 구과이고 타원형
이며, 가지 끝에 1개씩 매달려서 아래
로 드리워지며 10월에 익는다. 씨는
황갈색이고 한쪽에 날개가 붙는다.

잣나무 소나무과
Pinus koraiensis S. et Z.

오엽송·홍송

늘푸른 큰키나무. 산지에서 높이 20
~30m 자라며 나무껍질은 암갈색이
다. 잎은 바늘잎이고 5개씩 뭉쳐나며
가장자리에 잔톱니가 있다. 꽃은 암수
한그루로 5월에 피며, 수꽃이삭은 새
가지 밑에 달리고 암꽃이삭은 가지
끝에 달린다. 열매는 구과이고 긴 달
걀 모양이며 다음해 10월에 익는다.

아하!
소나무는 잎이 2개씩 나는 데 비하여
잣나무는 잎이 5개씩 나므로 '오엽송
(五葉松)'이라고 부르며, 목재의 색깔
이 붉은 빛을 띠므로 '홍송(紅松)'이라
고도 한다.

싹 꽃 씨

전나무 소나무과
Abies holophylla Max.

젓나무

늘푸른 큰키나무. 산지에서 높이
40m 정도 자란다. 잎은 바늘잎이고
끝이 뾰족하다. 꽃은 암수한그루이고
4월에 피며, 수꽃은 황록색 원통 모양
이고 암꽃은 타원형이며 2~3개씩 달
린다. 열매는 구과이고 원통 모양이며
10월에 익는다. 씨는 달걀 모양의 삼
각형이고 연한 갈색이다.

포자낭
이삭

속새 속새과
Equisetum hyemale L.

목적

늘푸른 여러해살이풀. 숲 속 습지에서 키 30~60cm 자란다. 땅속줄기는 옆으로 뻗으며 가까운 곳에서 여러 개로 갈라져 나오기 때문에 줄기가 모여나는 것처럼 보이며 뚜렷한 마디와 마디 사이에는 10~18개의 능선이 있다. 잎은 비늘 같은 작은잎이 마디를 둘러싼다. 4~5월에 원추형 포자낭 이삭이 줄기 끝에 달리고 후에 노란 색으로 변한다. 전초를 약재로 쓴다.

아하!

원줄기에 규산염이 축적되어 딱딱하기 때문에 나무를 가는 데 사용했으며 '나무도둑' 이라 하여 '목적(木賊)' 이라는 이름이 붙었다.

뱀밥

쇠뜨기 속새과
Equisetum arvense L.

여러해살이풀. 풀밭에서 자라며 땅속줄기가 길게 뻗는다. 이른 봄에 나오는 생식줄기 끝에 타원형인 포자낭 이삭이 달린다. 마디에 비늘 같은 연한 갈색 잎이 돌려난다. 영양줄기는 생식줄기가 스러질 무렵에 나오는데, 마디에 가지와 비늘 같은 잎이 돌려난다.

아하!

이 풀을 소가 잘 먹는 데서 '소가 뜯는 풀' 이라는 뜻으로 '쇠뜨기' 라는 이름이 붙었다. 봄에 나오는 생식줄기는 모양이 붓의 머리 같아서 '필두채(筆頭菜)' 라고 하고 뱀의 머리와 비슷하다고 하여 '뱀밥' 으로도 불린다.

거북꼬리 쐐기풀과
Boehmeria tricuspis Makino

여러해살이풀. 산지의 그늘에서 키
1m 정도 자란다. 줄기는 모여나고 단
면은 사각형이며 붉은빛이 돈다. 잎은
마주나고 달걀 모양이며, 가장자리에
큰 톱니가 있고 끝이 길게 뾰족하다.
꽃은 암수한그루로 7~8월에 녹색으
로 피며 잎겨드랑이에 이삭화서로 달
린다. 수꽃이삭은 줄기 밑부분에, 암
꽃이삭은 윗부분에 달린다. 열매는 수
과이고 10월에 연녹색으로 익는다.
어린 잎은 먹고 나무껍질을 섬유로
쓴다.

아하!
잎끝이 길게 뾰족한 것이 거북이의 꼬
리와 비슷하다고 하여 '거북꼬리' 라는
이름이 붙었다.

물통이 쐐기풀과
Pilea peploides (Gaudich.) Hook. &
Arn.

물풍뎅이

한해살이풀. 산 속 그늘진 습지에서
모여나고 키 5~10cm 자란다. 잎은
마주나고 넓은 달걀 모양이며 가장자
리에 희미한 물결 모양의 톱니가 있
다. 꽃은 암수한그루로 7~8월에 녹색
으로 피고 잎겨드랑이에 뭉쳐서 달리
며 암꽃이 수꽃보다 많다. 수꽃은 화
피가 4개로 갈라지소 암꽃은 화피가
3개로 갈라지며 그 중 1개는 크다. 열
매는 수과이고 납작한 달걀 모양이며
9월에 연한 갈색으로 익는다.

나사말 자라풀과

Vallisneria asiatica Miki

여러해살이 물풀. 연못이나 흐름이 느린 강가의 물 속에서 길이 70cm 정도 자란다. 뿌리줄기는 흰색이고 마디에서 수염뿌리가 나온다. 잎은 뿌리줄기에서 모여나고 끝이 둔한 선형이며 반투명하다. 꽃은 암수딴그루로 8~9월에 피고 암꽃은 긴 꽃줄기 끝에 달려 물 위로 뜬다. 꽃이 지면 꽃줄기는 나사같이 꼬여 물 속으로 들어간다. 열매는 선형이고 겉이 밋밋하다. 씨는 양끝이 뾰족한 원기둥 모양이다.

아하!
꽃이 진 꽃줄기가 나사처럼 꼬여 있으므로 '나사말' 이라는 이름이 붙었다.

까치박달 자작나무과

Carpinus cordata Blume

나도밤나무 · 물박달나무 · 박달서나무

갈잎 큰키나무. 숲 속 골짜기에서 높이 15m 정도 자란다. 잎은 어긋나고 달걀 모양이며 가장자리는 불규칙한 톱니 모양이다. 꽃은 암수한그루로 5월에 피는데, 수꽃이삭은 작은 가지 끝에 1송이씩 매달리고, 암꽃이삭은 포마다 2송이씩 밑으로 처지게 달린다. 꽃잎은 4~5장이고 포는 잎 모양의 달걀 모양이다. 열매는 달걀 모양 견과이고 과포는 기왓장처럼 배열되며 10월에 익는다. 뿌리껍질을 약재로 쓴다.

눈주목 주목과

Taxus cuspidata S. et Z. var. *caespitosa*
(Nakai) Y. Lee comb. nav.

설악눈주목

늘푸른 바늘잎 떨기나무. 심재가 붉고
수피는 적갈색이며 얇게 띠 모양으로
벗겨진다. 잎은 나선상으로 달리지만
뻗은 가지에서는 깃꼴로 보이고 선형
이다. 꽃은 암수한그루로 4월에 피는
데 암꽃은 녹색이고 짧은 가지 끝에
달리며, 수꽃은 갈색이고 잎겨드랑이
에 달린다. 열매는 견과이고 컵 모양
이며 8~9월에 붉게 익는다. 붉은 겉
껍질 속에 씨가 들어 있다.

아하!
땅에 닿은 가지에서 뿌리가 나와 줄기
가 옆으로 벋으므로 땅에 누운 주목이
라는 뜻으로 '눈주목'이라 부른다.

주목 주목과

Taxus cuspidata S.et Z.

적목

늘푸른 큰키나무. 높은 산에서 높이
20m 정도 자란다. 잎은 선형이며 옆
으로 벋은 가지에서는 깃털처럼 2줄
로 배열한다. 꽃은 암수한그루이고 4
월에 피며, 잎겨드랑이에 1송이씩 달
리는데, 수꽃은 갈색이고 비늘조각에
싸여 있으며, 암꽃은 녹색이고 달걀
모양이다. 열매는 핵과이고 과육은 씨
의 일부만 둘러싸며 9~10월에 붉게
익는다.

아하!
굵은 가지와 줄기가 붉은빛을 띠기 때
문에 붉은(朱;주) 나무(木;목)라는 뜻으
로 '주목(朱木)'이라고 부른다. 강원도
에서는 같은 뜻으로 '적목(赤木)'이라
고도 한다.

수피

비자나무 주목과

Torreya nucifera Sieb. et Zucc.

문목

늘푸른 바늘잎 큰키나무. 산지에서 높이 25m 정도 자라며 수피는 회갈색이다. 잎은 어긋나고 끝이 뾰족한 선형이며 흰 줄 2개가 있다. 꽃은 암수딴그루로 4월에 황갈색으로 피는데, 수꽃은 난상원형이고 한 화축에 10송이가 달리며, 암꽃은 2~3송이씩 달려 녹색 포에 싸인다. 열매는 육질의 종의로 싸인 타원형 핵과이고 다음해 9~10월에 자갈색으로 익는다. 열매를 식용·약용한다.

아하!
바늘잎이 좌우로 줄처럼 달린 모양이 한자의 아닐 비(非)자를 닮았다하여 '비자(榧子)나무'가 되었다.

개족도리 쥐방울덩굴과

Asarum maculatum Nakai

알록세신·섬세신·알락족두리풀

여러해살이풀. 산지의 반그늘지고 습한 곳에서 자란다. 잎은 짧은 줄기끝에 1~2장씩 나고 삼각상 달걀 모양이며 표면은 진록색이고 흰색 얼룩무늬가 있다. 꽃은 5~6월에 짙은 보라색으로 피고 짧은 꽃줄기 끝에 수그러져 달리며, 족도리 모양이고 꽃잎 끝이 3개로 갈라진다. 열매는 장과이고 8~9월에 익으며 씨는 반타원형이다. 뿌리를 약재로 쓴다.

아하!
족도리풀과 달리 잎에 흰색 무늬가 있어 '알락족두리풀'이라고도 불린다.

족도리풀 쥐방울덩굴과
Asarum sieboldii Miq.
세신

여러해살이풀. 산지 숲에서 자란다.
잎은 땅 속의 뿌리줄기에서 2장씩 나
며 잎자루가 길고 염통 모양이다. 꽃
은 4~5월에 검은 자주색으로 피고
잎 사이에 1송이씩 달린다. 꽃받침은
항아리 모양이고 윗부분이 삼각형으
로 갈라져 꽃잎처럼 보인다. 열매는
장과 모양이고 씨가 20개 정도 들어
있다. 뿌리를 약재로 쓴다.

아하!
커다란 잎 아래에 꽃의 모양이 옛 여인
들이 쓰는 족도리 모자같이 생겨 '족도
리풀'이라는 이름이 붙었다. 뿌리에서
나는 시고 매운 맛(辛;신) 때문에 '세신
(細辛)'이라고도 한다.

갈참나무 참나무과
Quercus aliena Thunb.

갈잎 큰키나무. 산기슭에서 높이
25m 정도 자란다. 잎은 타원형이고
가장자리는 물결 모양이다. 꽃은 암수
한그루로 5월에 피고 잎겨드랑이에
달리는데, 수꽃이삭은 아래로 축 처지
고 암꽃은 삼각형의 작은 돌기로 덮
인다. 열매는 견과이고 타원형이며
10월에 익는다. 열매를 식용하고 약
재로도 쓴다.

떡갈나무 참나무과
Quercus dentata Thunb.

갈잎 큰키나무. 산지에서 높이 20m
정도 자라며 작은 가지에 별 모양의
털이 많이 난다. 잎은 어긋나고 두꺼
우며 달걀 모양이다. 꽃은 암수한그루
이고 5월에 피며 잎겨드랑이에 달리
는데, 수꽃이삭은 밑으로 늘어지고 암
꽃은 위로 곧추 선다. 열매는 견과이
고 긴 타원형이며 10월에 익는다.

아하!

잎에서 발생하는 천연 방부효과를 이
용해 옛날부터 떡을 오랫동안 갈무리
할 때, 새로 난 잎으로 떡을 싸서 두면
잘 쉬지 않는다고 하여 '떡갈나무'라
고 불린다.

졸참나무 참나무과
Quercus serrata Thunberg.

소리나무 · 재잘나무

갈잎 큰키나무. 산기슭과 산 중턱 양
지에서 높이 23m 정도 자란다. 잎은
어긋나고 달걀 모양 또는 타원형이며,
가장자리에 날카로운 톱니가 있고 뒷
면에 누운 털이 있으며 회백색이다.
꽃은 암수한그루로 4~6월에 녹색으
로 피며, 수꽃이삭은 길게 늘어지고
암꽃이삭은 짧다. 열매는 타원형 견과
이고 9~10월에 익으며 총포비늘은
벌어지지 않는다. 열매를 식용 · 약용
하며 나무껍질은 염료용으로 쓰인다.

아하!

참나무 종류 중에서 잎이 가장 작다고
하여 '졸(拙)' 자를 붙여 '졸참나무'라
고 이름지었다.

대반하 천남성과
Pinellia tripartita (Blume) Schott

여러해살이풀. 상록수림 밑에서 키 20~50 cm 자란다. 잎은 밑동에서 1~4장 나오고 깊게 3갈래로 갈라지며 갈래는 좁은 달걀 모양으로 길이 10~20㎝이다. 꽃은 육수화서로 불염포는 녹색 또는 자색을 띤 녹색이고 현부(舷部)는 달걀 모양이다. 내면에 소돌기가 밀생하고 외부는 매끈하며 부속체는 길이 15–25mm이다.

반하 천남성과
Pinellia ternata (Thunb.) Breitenbach

끼무릇

여러해살이풀. 산과 들의 밭에서 키 30cm 자란다. 잎은 1~2장 나고 3장으로 나뉘며 작은 잎은 달걀 모양이고 가장자리에 톱니가 있다. 꽃은 5~7월에 연한 황백색으로 피고 꽃줄기 끝에 달린다. 열매는 장과이고 8~10월에 녹색으로 익는다. 뿌리줄기를 약재로 쓴다.

아하!
여름(夏:하)이 반(半)쯤 지나간 6월경에 이 풀의 꽃이 많이 핀다고 하여 '반하(半夏)'라고 부른다.

앉은부채 천남성과

Symplocarpus renifolius Schott ex Miq.

우엉취

여러해살이풀. 산지의 그늘에서 자라
며 줄기는 없다. 잎은 뿌리에서 뭉쳐
나고 염통 모양이며, 끝이 뾰족하고
잎자루가 길다. 꽃은 3~5월에 잎이
나기 전에 핀다. 열매는 장과이고 둥
글며 모여 달리고 7월에 붉은색으로
익는다. 잎은 나물로 먹고 땅속줄기와
잎을 약재로 쓴다.

아하!
잎이 부채를 펼쳐 놓은 것처럼 넓고,
다 자란 포기가 사람이 웅크리고 앉은
것만큼이나 크다고 하여 '앉은부채'라
고 한다.

알로카시아 산데리아나

천남성과

Alocasia sanderiana Bull.

고려연

여러해살이풀. 줄기는 짧고 잎자루는
25~40cm로 길며 갈록색이 난다. 잎
은 밑동에서 모여나고 V자형이며, 길
이 30~40cm · 폭 15cm로 끝은 좁
고 길며 뾰족하다. 잎가장자리에 물결
모양의 결각이 있고 표면은 암록색
바탕에 광택이 나며, 잎맥은 주맥과
지맥이 은백색이 나며 잎가에도 가늘
게 은백색이 난다. 여름에 꽃이 핀다.

아하!
잎의 은백색 줄무늬가 우리 나라(고려;
高麗)의 화려한 연(鳶)을 연상시킨다고
하여 일본에서 '고려연(高麗鳶)'이라
고 부른다.

넓은잎천남성 천남성과

Arisaema robustum (Engler) Nakai

여러해살이풀. 산의 그늘진 습지에서 키 20cm 정도 자란다. 잎은 1장이고 여러 갈래로 갈라지며 작은잎은 양끝이 뾰족한 타원형이다. 꽃은 암수딴그루이고 5~6월에 연녹색으로 피며, 깔대기 모양의 포 속에 들어 있다. 열매는 장과이고 9~10월에 붉은색으로 익는다. 알뿌리를 약재로 쓴다.

(아하)!

천남성의 일종이며 천남성보다 잎이 크고 넓기 때문에 '넓은잎천남성' 이라고 부른다.

두루미천남성 천남성과

Arisaema heterophyllum Blume

여러해살이풀. 산에서 키 50cm 정도 자란다. 잎은 새발처럼 갈라지며 갈래는 타원형이다. 꽃은 암수딴그루고 5~6월에 피며 끝이 길게 자라 포 밖으로 나온다. 열매는 장과이고 긴 타원형이며 8~9월에 빨갛게 익는다. 알줄기를 약재로 쓴다.

(아하)!

넓게 퍼져 갈라진 잎과 기다란 포의 모습이 날개를 펼친 두루미의 모습과 닮았다고 하여 '두루미천남성' 이라고 부른다.

둥근잎천남성 천남성과
Arisaema amurense Max.

여러해살이풀. 산의 그늘진 습지에서 키 50cm 정도 자란다. 잎은 1장 달리고 여러 갈래로 갈라지며, 작은잎은 긴 타원형이다. 꽃은 암수딴그루고 깔대기 모양의 녹색 포 속에 들어 있으며 5~7월에 자줏빛을 띤 보라색으로 핀다. 열매는 장과이고 10월에 적색으로 익는다. 알뿌리를 약재로 쓴다.

아하!
천남성의 일종이며 천남성과 달리 잎의 가장자리가 밋밋하여 둥그스름하므로 '둥근잎천남성'이라고 부른다.

점박이천남성 천남성과
Arisaema angustatum var. *peninsulae* Nakai

얼룩이천남성 · 자주천남성

여러해살이풀. 산지 나무 그늘에서 키 20~80cm 자란다. 줄기에 자갈색 반점이 있고 밑동에서 나온 비늘잎이 줄기를 감싼다. 잎은 줄기 끝에서 2장이 나오고 여러 갈래로 갈라져 겹잎이 된다. 꽃은 암수딴그루로 5~6월에 자줏빛이 도는 녹색으로 피고 통 모양의 포 속에 들어 있다. 열매는 장과이고 꽃줄기에 긴 타원형으로 모여 붙어 빨갛게 익는다. 덩이줄기를 약재로 쓴다.

아하!
줄기에 자갈색 반점이 얼룩처럼 퍼져 있어 '점박이천남성'이라 하고 '얼룩이천남성'이라고도 부른다.

천남성 천남성과
Arisaema amurense Max. var. *serratum* Nakai

사두초 · 호장

여러해살이풀. 산지의 그늘진 습지에서 키 15~50cm 자란다. 잎은 1장 달리는데 여러 개로 나뉘며, 작은잎은 양끝이 뾰족한 긴 타원형이다. 꽃은 암수딴그루며 5~7월에 연한 녹색으로 피고 깔대기 모양의 포 속에 들어 있다. 열매는 장과이고 옥수수알처럼 달리며 10월에 붉은색으로 익는다. 알뿌리를 약재로 쓴다.

열매

아하!
땅 속에 있는 납작한 덩이줄기(괴경:塊莖)가 범(虎:호)의 발바닥(掌:장) 같다고 하여 '호장(虎掌)'이라고도 부르고, 꽃잎이 없는 꽃 모양이 뱀 머리(蛇頭:사두)와 비슷하다고 하여 '사두초(蛇頭草)'라고도 부른다.

큰천남성 천남성과
Arisaema ringens Schott

여러해살이풀. 주로 황해도 이남 지방섬의 산지에서 자란다. 땅속줄기는 편평하고 둥글며 위에서 수염뿌리가 사방으로 퍼진다. 잎은 2장이 마주나고 긴 잎자루에 작은잎이 3장 붙는다. 작은잎은 넓은 난상 타원형이고 잎의 밑이 뾰족하다. 꽃은 5~7월에 연두색으로 피고 포 바깥쪽에 녹색줄이 뚜렷하다. 땅 속의 덩이줄기는 약재로 쓴다.

아하!
천남성의 일종이며 깔때기 모양의 포가 다른 천남성보다 크다고 하여 '큰천남성'이라는 이름이 붙은 것 같다.

필로덴드롱 구티페룸
천남성과
Philodendron guttiferum Kunth

늘푸른 덩굴 식물. 페루, 코스타리카, 콜롬비아 원산. 줄기 지름은 가늘고 마디는 짧다. 덩굴성 식물로 줄기의 기근을 이용하여 타 물체에 착생하여 뻗는다. 잎은 어긋나고 암록색이며, 두껍고 부드러운 가죽질이며, 광택이 나고 잎자루 양쪽에 날개가 있다.

아하!
속 명 Philodendron은 그리스 어 philos(좋아함)와 dendron(나무)의 합성어로 이 나무가 다른 나무에 착생하는 데서 유래되었다.

꽃

측백나무 측백나무과
Thuja orientalis L.

늘푸른 큰키나무. 인가 부근에 심으며 높이 10m 정도 자란다. 잎은 비늘처럼 생기고 마주나거나 3개씩 두루 달리고, 어릴 때는 바늘잎이지만 성장 후에는 비늘같이 부드럽게 되는 것도 있다. 꽃은 암수한그루이고 짧은 가지 끝이나 잎겨드랑이에 달린다. 열매는 구과이고 목질이며 씨에 날개가 있다. 잎과 가지와 씨를 약재로 쓴다.

아하!
잎이 옆(側;측)을 향해 나는 귀한 식물이라는 뜻으로 '측백(側栢)나무'라고 불렀다. 예로부터 왕릉에는 소나무를 많이 심고 왕족의 묘지 주위에는 측백나무를 심었다.

솔비나무 콩과
Maackia fauriei (Lev.) Takeda

갈잎 중키나무. 산 중턱에서 높이 8m 정도 자란다. 잎은 어긋나고 짝수1회 깃꼴겹잎이고 작은잎은 보통 13개 이상이다. 꽃은 7~8월에 황백색으로 피고 가지 끝에 밀생하여 총상화서로 달린다. 꽃받침은 종형이고 얕게 5개로 갈라지고 갈색 복모가 있다. 열매는 편평하고 긴 타원형 협과이고 한쪽에 날개가 있으며 10월에 익는다. 나무껍질을 염료재로 이용한다.

주엽나무 콩과
Gleditsia japonica var. *koraiensis* Nakai

갈잎 큰키나무. 한국특산식물. 냇가에서 높이 15~20m 자라며 줄기에 가지가 변한 가시가 있다. 잎은 어긋나고 깃꼴겹잎이며 작은잎은 긴 타원형이고 5~8장이다. 꽃은 암수한그루로 5~6월에 연녹색으로 피고 총상화서로 달린다. 꽃받침과 꽃잎은 각 5장이다. 열매는 협과이고 10월에 익으며 꼬투리는 비틀린다. 어린 순을 나물로 먹고 열매와 가시를 약재로 쓴다.

아하!
완전히 익은 열매의 내피 속에 달콤한 맛이 나는 끈끈한 잼 같은 것이 있는데 식용하며, 이것을 '주엽' 이라고 한다.

머루 포도과
Vitis coignetiae Palliat

갈잎 덩굴나무. 산기슭 숲 속에서 길이 10m 정도 자란다. 덩굴손이 나와 다른 식물이나 물체를 휘감는다. 잎은 어긋나고 가장자리에 톱니가 있으며 뒷면에 적갈색 털이 빽빽하게 난다. 꽃은 암수딴그루이며 5~6월에 황록색으로 피고, 잎과 마주나온 꽃줄기에 여러 송이가 모여 달린다. 열매는 장과이고 9~10월에 흑자색으로 익는다. 열매는 식용하거나 약재로 쓴다.

아하!
전설에서 머루와 천남성이 싸웠는데, 이긴 머루는 나무에 오르고 진 천남성은 땅 속으로 들어갔다고 한다. 천남성 독의 해독제로 '머루'를 쓴다.

포도나무 포도과
Vitis vinifera L.
유럽포도

갈잎 덩굴나무. 아시아 서부 원산이며 길이 3m 정도 자란다. 잎은 덩굴손과 마주나고 뒷면에 솜털이 나며 가장자리에 톱니가 있다. 꽃은 5~6월에 황록색으로 피고 작은 꽃이 모여 달린다. 열매는 장과이고 둥글며 8~10월에 자흑색으로 익는다. 열매를 먹고 약재로도 쓴다.

SUPPLEMENTS

부록

꽃의 생김새

◆ 꽃의 구조

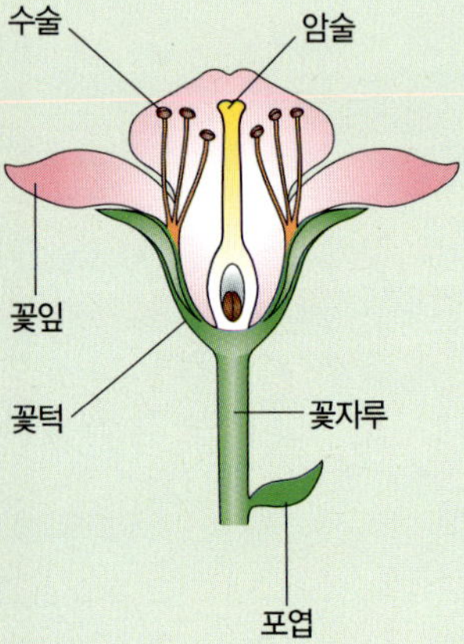

- 수술
- 암술
- 꽃잎
- 꽃턱
- 꽃자루
- 포엽

◆ 꽃의 모양

- 나팔 모양
- 단지 모양
- 종 모양
- 술잔 모양
- 통 모양
- 십자 모양
- 바퀴 모양
- 입술 모양
- 긴 술잔 모양
- 나비 모양

1. 꽃

♣ 꽃의 구조

꽃은 생식을 목적으로 특수하게 변화되고 단축된 가지라고 할 수 있다. 줄기의 끝이 꽃판이며, 여기에 꽃턱·꽃부리(화관)·수술·암술(심피)이 달린다. 각각 원래는 잎이 변한 것이다.

꽃턱 하나하나를 꽃받침조각, 꽃부리 하나하나를 꽃잎이라고 한다. 꽃턱과 꽃부리를 포함할 때는 화피라고 한다. 화피가 이중인 꽃이 많은데, 홑겹인 것 도 있으며, 전혀 꽃잎이 없는 것도 있다. 화피가 없어도 수술과 암술이 있으면 꽃의 역할을 다할 수 있기 때문이다.

수술과 암술을 가진 꽃은 양성화라고 한다. 둘 중 어느 하나만 가진 것은 단성화이고, 수꽃과 암꽃으로 구별된다. 그리고 수꽃과 암꽃이 한 식물에 같이 달려 있으면 암수한그루라 하고, 각각 별개의 식물에 달려 있으면 암수딴그루라고 한다.

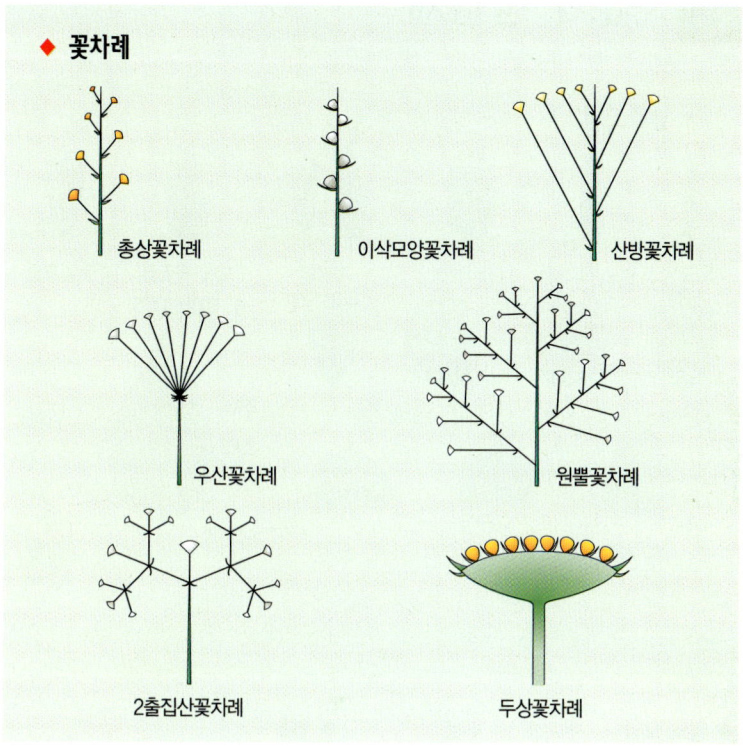

◆ 꽃차례

총상꽃차례　　이삭모양꽃차례　　산방꽃차례

우산꽃차례　　원뿔꽃차례

2출집산꽃차례　　두상꽃차례

꽃의 외부에 포(포엽)가 붙어 있는 것도 있다. 이것도 잎이 변한 것이기 때문에 꽃봉오리일 때는 붙어 있지만, 일찍 떨어져 버리는 것도 있다.

♣ 꽃차례

얼레지는 잎 사이에서 나온 긴 꽃줄기 끝에 커다란 꽃이 한 송이만 달리지만, 대부분의 식물은 줄기 윗부분에 여러 송이가 모여 달린다. 이런 꽃이 달리는 방식을 꽃차례(화서)라고 하는데, 꽃이 모여 있는 방법은 종류에 따라 일정한 구조를 이루고 있다.

한 송이처럼 보이는 민들레 꽃은, 사실 수백 송이의 작은 꽃들이 한데 모여 있는 것이다. 꽃차례의 줄기(꽃자루)가 편평해지고 거기에 작은 꽃들이 붙어 바깥쪽부터 꽃이 핀다. 이것을 두상꽃차례(두상화)라고 한다.

꽃차례를 감싸고 있는 잎을 총포(총포엽)라고 하고, 그 하나하나를 총포조각이라고 한다. 삼백초에서 4장의 흰색 꽃잎처럼 보이는 것은 실은 총포조각이다.

그 외, 꽃차례에는 여러 가지 양식이 있으며 각각 이름이 붙어 있다.

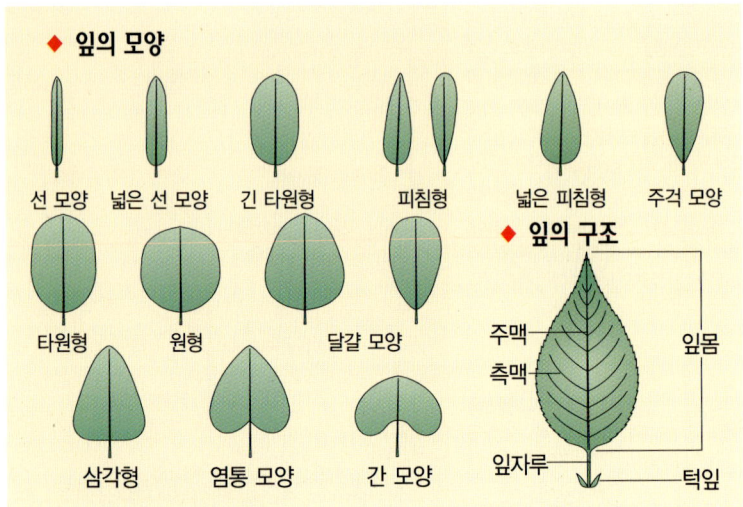

◆ 잎의 모양

선 모양 넓은 선 모양 긴 타원형 피침형 넓은 피침형 주걱 모양

타원형 원형 달걀 모양

삼각형 염통 모양 간 모양

◆ 잎의 구조

주맥 측맥 잎몸 잎자루 턱잎

2. 잎

♣ 잎의 모양

잎은 빛을 잘 받기 위해 보통 평평한 모양을 하고 있다. 잎몸과 잎자루로 나뉘는데, 잎자루가 없는 것과 확실하지 않은 것도 있다. 잎자루의 기부에 턱잎이라고 하는 부속체가 있다. 턱잎은 크기가 큰 것(완두), 잎과 같은 모양인 것(꼭두서니). 눈에 잘 띠지 않는 것(칡), 가시로 변한 것(회화나무), 빨리 떨어지는 것(벚나무), 처음부터 없는 것(나팔꽃) 등 여러 가지가 있다. 잎자루가 없는 잎에는 턱잎도 없다.

잎몸의 가장자리는 매끄러운 것, 까실까실한 것(톱니), 깊게 갈라진 것과 얕게 갈라진 것 등이 있다.

♣ 엽초

여뀌과 풀은 턱잎(탁엽)이 칼집처럼 되어 줄기를 감싸고 있다. 이것을 엽초라고 하는데, 여뀌과를 구별하는 특징이다.

벼과 풀도 엽초가 있는데, 이것은 잎몸의 아래 부분이 줄기를 감싸고 있으므로 턱잎이 변한 것은 아니다. 벼과의 줄기는 엽초에 의해서 지탱되고 있다.

♣ 겹잎과 홑잎

잎을 빨리 커지게 하면 광합성을 하는 데는 유리하지만, 무거워져 꺾이기 쉽고 아래의 빛을 가리기 쉬운 단점도 있다.

◆ 잎차례

어긋나기(호생)　　마주나기(대생)　　돌려나기(윤생)

줄기잎
(경생엽)

◆ 잎이 줄기에 붙는 방법

잎자루가　　잎자루가　　줄기를　　줄기가 잎을　　방패처럼
있다　　　　없다　　　　감싼다　　뚫는 모양　　된다

뿌리잎
(근생엽)

◆ 겹잎(복엽)

3출복엽　　　2회3출복엽

깃꼴겹잎　　　　깃꼴겹잎　　손바닥모양겹잎　2회깃꼴겹잎　　3회깃꼴겹잎
(짝수)　　　　　(홀수)

　　겹잎을 만든 것은 식물의 커다란 지혜라고 생각된다. 겹잎은 갈래가 깊어져 작은잎으로 나누어진 형이다. 간단한 겹잎은 작은잎 2~3개로 되어 있다 (2출복엽, 3출복엽). 작은잎이 여러 개가 방사상으로 된 것은 손바닥모양겹잎, 작은잎이 2줄로 늘어선 것은 깃꼴겹잎이다. 복잡한 모양은 겹잎이 2~3번 반복되어 구성된다.
　　겹잎처럼 작은잎으로 나누어지지 않은 것을 홑잎(단엽)이라고 한다.

♣ 잎차례

　　잎이 줄기에 달려 있는 모양을 잎차례라고 한다. 잎 2개가 마주보고 달려 있는 것이 마주나기(대생)이며, 마디마다 직각으로 돌며 마주 달리는 것을 열십자마주나기(십자대생)라고 한다. 잎이 3개 이상 1마디에 붙는 것을 돌려나기(윤생)라고 한다.
　　잎이 1개씩 달려 있는 것을 어긋나기(호생)라고 한다. 어긋나기는 규칙성이 있어서, 세로로 2줄을 만드는 것, 3줄을 만드는 것, 5줄·8줄 등이다. 각각 1/2잎차례·1/3잎차례·2/5잎차례·3/8잎차례라고 부른다.
　　줄기의 바깥 둘레를 따라서 잎의 위치를 바로 위쪽 잎과 연결하면 나선 모양이 된다. 세로로 3줄을 만드는 잎차례는 3번째마다 줄기를 한바퀴 돌아 같은 줄이 된다. 2/5줄 잎차례는 5번째마다 줄기를 2바퀴 돌아 같은 줄이 되며, 3/8잎차례는 8번째마다 줄기를 3바퀴 돌아 같은 줄이 된다. 그래서 나선잎차례라고도 부른다. 더 복잡한 잎차례도 있다.

식물 용어 사전

각과(角果) 익으면 2개의 씨방에 격벽이 생기고, 과피가 벗겨져 격벽에 붙은 씨가 노출되는 열매. 삭과의 일종으로 유채 등에서 볼 수 있다.

감과(柑果) 귤처럼 껍질이 가죽질인 열매.

거(距) = 꽃뿔

건과(乾果) 호두처럼 완전히 익었을 때 수분을 거의 함유하지 않는 열매.

견과(堅果) 도토리나 개암처럼 열매껍질이 딱딱하고 벌어지지 않는 열매.

겹산형꽃차례 산형꽃차례가 여러 개 모여 전체적으로 겹을 이룬 꽃차례. 미나리과 식물의 대부분은 겹산형꽃차례이다.

겹잎 하나의 잎몸이 갈라져서 두 개 이상의 작은잎으로 구성된 잎. 갈라진 작은잎의 배열 상태에 따라 깃꼴겹잎·3출 겹잎·손바닥 모양 겹잎으로 나눈다. 복엽(複葉)이라고도 한다.

겹집산꽃차례 집산꽃차례의 일종. 꽃차례축의 끝에 꽃이 달리고, 그 밑 겨드랑이에서 굵기가 같은 2개의 가지가 발달하여 끝에 꽃이 달리고, 다시 겨드랑이에 같은 굵기의 가지가 발달하는 것이 반복되는 꽃차례이다.

겹쳐나기 꽃잎이나 꽃받침 조각이 마치 기왓장처럼 포개져 있는 상태. 꽃봉오리일 때의 꽃잎은 대부분이 겹쳐나기 모양이다. 복와상(複瓦狀)이라고도 한다.

경생엽(莖生葉) = 줄기에 난 잎

과피(果皮) = 열매껍질

관모(冠毛) 수과 열매 등에서 볼 수 있는 것으로 열매 위에 달린 털뭉치. 국화과 식물에서는 꽃받침이 털로 변한 것. 민들레의 동그란 솜 모양을 이루는 하나 하나가 모두 관모이다.

관목(灌木) = 떨기나무

관통형(貫通形) 마주나는 잎 2개가 줄기 부분에서 서로 붙어 버려서, 마치 줄기가 잎을 관통한 것처럼 보이는 잎의 모양.

괴경(塊莖) = 덩이줄기

괴근(塊根) = 덩이뿌리

교목(喬木) = 큰키나무

구경(球莖) 줄기가 저장 기관의 역할을 하는 것 중에서, 건조한 막질의 잎에 싸여 있고 다육질이거나 비늘 조각 모양의 구형인 것. 양파를 구경으로 착각하기 쉬우나, 양파는 비늘줄기(인경)로 분류한다. 글라디올러스에서 볼 수 있다.

구과(球果) = 솔방울

구근(球根) 땅 속에 있는 영양번식기관의 총칭으로, 잎이 저장기관이 되는 비늘줄기(인경), 줄기가 저장기관이 되는 구경, 뿌리가 저장기관이 되는 근경 등이 있다.

귀화식물(歸化植物) 본래 국내에 자생하고 있지 않던 식물이 외국에서 들어와 야생화에 성공한 식물.

근경(根莖) = 뿌리줄기

근생엽(根生葉) = 뿌리에 난 잎

기는줄기 땅 위를 기면서 자라는 줄기. 경우에 따라서는 마디에서 뿌리가 내리며, 곧게 위로 줄기가 자라기도 한다.

기생(寄生) 땅에서 양분이나 수분을 얻지 않고 다른 생물로부터 직접 양분과 수분을 얻어 생활하는 것. 겨우살이와 새삼 등이 있다.

깃꼴겹잎 작은잎들이 총잎자루에 붙어 있는 모양이 마치 깃털 모양 같다고 하여 붙여진 명칭이다. 우상복엽(羽狀複葉)이라고도 한다.

깃조각 깃꼴겹잎의 각 조각인 작은잎. 양치류처럼 잎이 깃털 모양으로 깊게 갈라진 경우에도 사용하는 용어. 우편(羽片)이라고도 한다.

까끄라기 벼과 식물에서 포영(苞穎)이나 호영(毫穎)의 끝 부분이 자라서 털 모양이 된 것. 벼과 식물을 분류하는 데 중요한 역할을 한다.

깔때기 모양 꽃부리 말 그대로 깔때기 모양을 한 꽃을 말한다.

꼬투리 콩과 식물의 전형적인 열매로서, 심피 하나로 이루어진 씨방이 발달한 열매. 보통 2개의 봉선을 따라서 저절로 터진다. 두과(豆果) 또는 협과(莢果)라고도 한다.

꽃가루덩이 여러 개의 꽃가루가 덩어리진 상태. 난초과·박주가리과 식물의 특징적인 형질이다. 화분괴(花粉塊)라고도 한다.

꽃덮이 화피(花被)라고도 하며, 보통은 꽃잎과 꽃받침을 함께 일컬을 때 쓰는 용어. 거의 같은 모양인 것이 안팎으로 있을 때는 안쪽 것을 속꽃덮이(내화피), 바깥쪽 것을 겉꽃덮이(외화피)라고 하며, 다른 모양일 때는 바깥쪽 것을 꽃받침, 안쪽 것을 꽃잎이라고 한다.

꽃받침 꽃받침 조각의 복합어. 꽃의 가장 바깥쪽에 있으며 꽃부리와 함께 꽃덮이를 이룬다. 꽃받침은 통상 녹색이지만 아닌 경우도 있다.

꽃받침 조각 꽃받침을 이루는 각 조각이 서로 떨어져 있을 경우, 그 떨어져 있는 각각을 뜻한다. 보통은 녹색이지만, 색소를 함유하여 마치 꽃잎처럼 보이는 경우도 있다.

꽃밥 수술의 일부분으로서 꽃가루를 만드는 주머니. 약(葯)이라고도 한다.

꽃부리 꽃덮이 중에서 꽃받침 안쪽에 있으며, 꽃잎으로 이루어진다. 꽃잎이 서로 떨어져 있는 것을 이판 화관, 서로 붙어 있는 것을 합판 화관이라고 한다. 화관(花冠)이라고도 한다.

꽃뿔 꽃부리나 꽃받침의 일부가 길고 가늘게 뻗어 돌출된 부위. 보통 속이 비어 있거나 꿀샘이 있다. 제비꽃·물봉선·매발톱꽃 등의 꽃에서 볼 수 있다. 거(距)라고도 한다.

꽃술대 수술과 암술이 융합된 복합체이다. 고도로 특수화한 기관이며, 박주가리과와 난초과 식물의 특징이다.

꽃잎 꽃부리(화관)를 구성하는 요소로서,

수술과 꽃받침 사이에 있다. 어떤 식물은 꽃받침이 꽃잎처럼 보이는 경우가 있다.

꽃자루 꽃 또는 꽃차례의 자루. 화경(花莖)이라고도 한다. 열매가 다 익은 후에도 자루가 남아 있는 경우에는 과경(果莖)이라고 부른다.

꽃줄기 그 끝에 꽃이 달리는 줄기로서, 대개 잎은 달리지 않는다. 화경(花莖)이라고도 한다.

꽃차례 가지에 꽃이 배열되는 상태. 화서(花序)라고도 한다. 꽃이 피는 순서에 따라 유한꽃차례와 무한꽃차례로 구별한다. 유한꽃차례는 위에서 아래쪽을 향해, 무한꽃차례는 아래에서 위쪽을 향해 꽃이 차례로 피게 된다. 형태에 따라서는 총상꽃차례와 집산꽃차례로 구분한다.

꽃턱 줄기에 꽃잎·꽃받침 등 꽃의 전 기관이 붙는 부위를 뜻한다. 화탁(花托)이라고도 한다.

꿀샘 꿀을 분비하는 다세포의 선(腺). 꿀샘이 꽃에 있는 경우는 화내 꿀샘, 꽃 이외의 부분에 있는 것을 화외 꿀샘이라고 한다. 밀선(蜜腺)이라고도 한다.

나비 모양 꽃부리 콩 등에서 볼 수 있는 좌우대칭의 꽃부리. 기판 1개, 익판 2개, 용골판 2개로 이루어져 있다. 기판은 가운데 위쪽에 있는 둥근 꽃잎이고, 익판은 기판의 좌우에서 날개처럼 벌어져 있는 꽃잎이며, 용골판은 두 익판 사이의 아래쪽으로 늘어진 꽃잎이다.

나이테 나무 내부의 형성층의 활동에 의해서 1년 동안 만들어진 목질부. 형성층은 횡단면으로 바퀴 모양을 이루며 안쪽으로 목부를 만든다.

낙엽(落葉) 잎자루나 잎몸의 기부에 이층(離層)이 생겨, 잎이 줄기에서 떨어져 나오는 것.

다년생 초본 = 여러해살이풀

다년초(多年草) = 여러해살이풀

다육식물(多肉植物) 두꺼운 잎이나 굵은 줄기에 다량의 수분을 가진 식물. 선인장처럼 건조한 곳이나 염분이 많은 곳에서 자라는 식물이 많다.

단성화(單性花) 수술이나 암술 중 한 쪽만 있는 꽃. 또 다 갖추고 있어도 한 쪽만 기능을 하는 꽃도 포함된다. 수꽃과 암꽃의 구별이 있다.

대과(袋果) 익어가면서 열매껍질이 건조해지고 하나의 선을 따라 세로로 나뉘어 씨를 노출하는 열매. 모란과 일본조팝나무에서 볼 수 있다.

대생(對生) = 마주나기

덩굴 줄기나 덩굴손으로 물체를 감거나, 담쟁이덩굴처럼 흡반으로 물체에 붙어 기어오르며 자라는 식물의 총칭. 줄기는 곧게 설 수 없다.

덩굴손 줄기나 잎의 일부가 변하여 물체를 감을 수 있게 변형된 부분이다. 콩과 · 박과 식물에서 흔히 볼 수 있다.

덩굴줄기 나팔꽃이나 칡 · 더덕 등과 같이 다른 물체에 의존하여 기어오르며 자라는 줄기. 어떤 종은 왼쪽으로만, 또 어떤 종은 오른쪽으로만 감기면서 자란다.

덩이뿌리 많은 양의 양분을 저장하여 비대해져 덩어리진 뿌리. 달리아처럼 월동기관인 동시에 영양번식(營養繁殖)에 쓰이는 경우도 있다.

덩이줄기 감자처럼 땅속줄기가 너무나 뚱뚱해진 나머지 덩어리처럼 된 것. 괴경(塊莖)이라고도 한다.

동아(冬芽) 겨울에 생장을 멈추고 있는 식물의 싹. 여러해살이풀은 땅 속이나 지표 부근에, 나무는 줄기나 가지에 있다. 월동아(越冬芽) 라고도 한다.

두과(豆果) = 꼬투리

두상꽃차례 무한꽃차례의 일종. 국화과 식물에서 볼 수 있다. 원판 모양의 줄기 끝에, 중심꽃(통꽃)과 주변꽃(혀꽃)이 다닥다닥 붙어 있어, 전체적으로는 하나의 꽃같이 보인다. 두상화서(頭狀花序)라고도 한다.

두상화서(頭狀花序) = 두상꽃차례

두해살이풀 싹이 튼 후, 꽃 피고 열매 맺고 죽을 때까지의 기간이 2년인 초본 식물. 2년초(二年草)라고도 한다.

돌려나기 줄기의 한 마디에 잎이나 가지가 3개 이상 나는 상태. 꼭두서니나 갈퀴덩굴속 식물은 잎과 턱잎이 돌려나는 특징적인 형질이 있다. 윤생(輪生)이라고도 한다.

땅속줄기 땅속을 수평으로 기어서 자라는 줄기. 지하경(地下莖)이라고도 한다.

떨기나무 큰키나무와 상대되는 용어. 대체로 사람과 키가 비슷한 높이의 나무. 흔히 뿌리나 밑부분에서 여러 개의 가지가 갈라져 중심 줄기가 분명하지 않다. 관목(灌木)이라고도 한다.

로제트(Rosette) 뿌리에서 나는 잎(근생엽)이 땅위에 방사상으로 퍼진 상태. 이러한 식물을 로제트 식물이라고 부른다. 민들레 · 질경이 · 달맞이꽃 등에서 볼 수 있다.

마디 식물의 줄기에서 잎 또는 싹이 붙어 있는 자리를 말한다.

마름모형 잎 모양에서 넓은 달걀 모양이나 중앙부가 약간 모가 난 형태.

마주나기 줄기에 잎이 달리는 방법의 하나로, 한 마디에 한 쌍의 잎이 서로 반대 방향을 향해 나 있는 상태. 석죽과나 꿀풀과 식물에서 잎이 마주나는 것은 이들 과를 특징짓는 형질 중의 하나다. 대생(對生)이라고

도 한다.

무성아(無性芽) = 살눈

밀선(蜜腺) = 꿀샘

바늘 모양 가늘고 길며 끝이 뾰족한 바늘처럼 생긴 잎의 모양.

바늘잎 소나무잎과 같이 바늘 모양으로 생긴 잎. 침엽(針葉)이라고도 한다.

방사상칭화(放射相稱花) 꽃잎의 배열이 가운데 축을 중심으로 하여 여러 방향으로 대칭을 이루는 꽃. 기하학적으로 별 모양 같은 것은 방사상칭이라고 할 수 있다. 장미·도라지의 꽃에서 볼 수 있다.

방패형(防牌形) 연잎처럼 잎자루가 잎의 끝에 붙지 않고, 잎 뒷면의 중앙이나 중앙부 가까이에 붙어 있어 방패처럼 보이는 잎의 모양.

배상화서(杯狀花序) = 술잔꽃차례

배주(胚珠) 씨방 속에 들어 있으며 씨로 발달하게 될 부분. 씨방 하나에 들어 있는 배주의 수는 종에 따라 한 개부터 여러 개까지 다양하며, 보통 1~2겹의 주피(珠皮)로 싸여 있다.

복엽(複葉) = 겹잎

복와상(複瓦狀) = 겹쳐나기

복합꽃차례 꽃차례축이 하나에서 여러 개로 갈라지며, 갈라진 가지에 꽃이 달리는 꽃차례. 원추꽃차례·겹산형꽃차례 등이

이에 속한다.

분과(分果) 여러 개의 씨방이 성숙하면 한 개씩 분리되는 열매. 꿀풀과·쥐손이풀과·미나리과 등의 식물에서 볼 수 있다.

비늘잎 측백나무속·편백나무속 식물의 잎같이 편평한 모양의 잎. 인엽(鱗葉)이라고도 한다. 비늘잎은 겉씨식물·속씨식물 또는 양치식물 등, 분류군에 따라 개념을 달리하는 경우가 있으므로 주의할 필요가 있다.

비늘줄기 저장 기관의 역할을 하는 짧은 땅속줄기. 엽록소가 없고 백색인 다육질의 잎에 둘러싸여 있다. 나리속 식물에서 흔히 볼 수 있다. 크기가 특히 짧은 비늘줄기는 살눈, 또는 주아(珠芽)라고 한다. 인경(鱗莖)이라고도 한다.

뿌리잎 잎이 지면과 아주 가깝게 있기 때문에 뿌리에서 나온 것처럼 보이는 잎. 근생엽(根生葉)이라고도 한다. 사실 잎은 모두 줄기에서 나온 것이다.

뿌리줄기 땅 속에 있기 때문에 뿌리처럼 보이는 줄기. 잎만 땅 위로 내미는 것, 옆가지를 땅 위로 내어 잎과 꽃을 만드는 것 등이 있다.

삭과(蒴果) 두 개 이상인 여러 개의 심피에서 유래하는 열매로서 통상 심피의 수만큼 갈라진다. 갈라지는 데는 붓꽃속·양귀비

속·질경이속·유카속 식물의 4가지 유형이 있다. 튀는열매라고도 한다.

산방꽃차례 무한꽃차례의 일종. 밑부분에 있는 꽃의 작은 꽃자루가 길기 때문에 꽃차례를 이루는 꽃들이 전체적으로 거의 평면으로 배열한 모양이다. 찔레꽃이나 벚꽃나무류에서 흔히 볼 수 있으나 기하학적으로 정확하지는 않다.

산형꽃차례 무한꽃차례의 일종으로서, 꽃차례 축의 끝에 작은 꽃자루를 갖는 꽃들이 방사상으로 배열한 꽃차례. 앵초속 식물에서 볼 수 있으며, 미나리과·두릅나무과 식물의 기본 꽃차례인데, 작은 꽃자루의 길이가 같으므로 구형을 이루거나 편평한 것 등이 있다.

살눈 식물체의 일부분에 생겨, 별개의 개체로 발달하는 부분. 잎겨드랑이가 비대해진 것(참나리), 줄기의 일부가 비대해진 것(마), 잎의 비대해진 것(백합류의 비늘줄기) 등이 있다. 무성아(無性芽)라고도 한다.

선형(線形) 길이와 폭의 비가 5:1에서 10:1 정도이고, 양 가장자리가 거의 평행을 이루는 잎·꽃잎·꽃받침조각 등의 모양을 묘사하는 용어.

소수(小穗) = 작은이삭

소엽(小葉) = 작은잎

손바닥 모양 겹잎 잎자루 끝에 보통 5~7개의 잎이 손바닥 모양으로 달린 잎. 으름덩굴에서 볼 수 있다. 장상복엽(掌狀複葉)이라고도 한다.

솔방울 소나무나 삼나무 등의 열매를 말하며 통상 구과라고 한다. 암구화가 발달하여 목화(木化)한 것으로서, 여러 개의 종린(種鱗)이 중앙측 주변에 밀생하여 구형, 또는 원기둥·원뿔 모양을 이룬다.

송곳잎 향나무속 식물의 잎같이 바늘 모양으로 가늘고 끝이 날카롭게 뾰족하나 비교적 길이가 짧은 잎을 말한다.

수과(瘦果) 껍질이 얇으며 씨앗과 분리되는 열매. 해바라기나 딸기에서 흔히 씨라고 하는 것이 수과이다.

수레바퀴 모양 꽃부리 통부가 짧고 수평에 가까운 방향으로 꽃이 피는 방사상칭의 꽃부리. 석죽과의 장구채속이나 지치과의 꽃마리속 식물에서 볼 수 있다. 복상꽃부리라고도 한다.

수상화서(穗狀花序) = 이삭꽃차례

수술 종자식물에서 꽃가루를 만드는 꽃의 수기관으로, 꽃밥과 수술대로 이루어진다. 수술대가 없고 꽃밥만 있는 수술도 있다.

수술대 수술의 일부분으로 꽃밥을 받치는 자루를 말한다. 화사(花絲)라고도 한다.

술잔꽃차례 항아리 모양의 기관 속에 암꽃 하나와 수꽃 다수가 모여 있는 꽃차례. 배상화서(杯狀花序)라고도 한다. 등대풀 등에서 볼 수 있는 특수한 꽃차례이다.

심장형(心臟形) = 염통 모양

심피(心被) 암술을 이루는 잎 모양의 구조에 대한 해부학적 용어. 꽃의 가장 안쪽이며, 한 개 내지 여러 개의 배주를 포함한다. 심피는 대포자엽이 퇴행적으로 진화한 것으로 보인다.

십자 마주나기 마주나는 두 쌍의 잎이 아래위로(위에서 볼 때) 십자를 이루는 상태.

십자 모양 꽃 꽃잎 네 개가 십자 모양으로 붙어 있는 꽃이며, 십자화과 식물에서 볼 수 있는 특징적인 형질. 십자 모양 꽃의 꽃잎은 서로 붙어 있지 않으므로 꽃부리를 이루지 않는다. 십자화(十字花)라고도 한다.

십자화(十字花) = 십자 모양 꽃

씨방 암술 아래쪽의 부푼 부분으로, 심피에서 생겨나며 배주를 포함한다. 씨방은 보통 꽃턱 같은 꽃의 다른 부분과 융합되어 열매로 발달한다. 이 때 배주는 씨로 발달하게 된다. 꽃덮이가 붙는 위치에 따라 상위·중위·하위 씨방으로 구분한다. 자방(子房)이라고도 한다.

암수한그루 암꽃과 수꽃이 구별되지만 같은 개체에 함께 달리는 경우를 말한다. 쐐기풀·수박 등이 여기 속한다. 자웅동주(雌雄同株)라고도 한다.

암수딴그루 한 개체에 암꽃 또는 수꽃만이 달리는 경우이며 일반적으로 초본보다 목본에서 흔하다. 환삼덩굴·다래 등이 있다. 자웅이주(雌雄異株)라고도 한다.

암술 종자식물에서 열매를 이루는 암기관. 하나 또는 여러 개의 심피로 이루어지며, 보통 암술머리·암술대·씨방으로 이루어진다. 암술대가 없는 경우도 흔히 있다.

암술대 암술머리를 받치고 있는, 즉 암술머리와 씨방 사이의 조직. 모양과 수가 다양하며 식물 분류의 중요한 기준이 된다. 암술대가 없는 암술도 있다. 화주(花柱)라고도 한다.

암술머리 꽃가루를 받는 암술의 일부분으로, 통상 암술대의 끝부분을 말한다. 주두(柱頭)라고도 한다.

약(藥) = 꽃밥

어긋나기 줄기에 잎이 붙는 방법의 하나로, 마디마다 한 개의 잎이 줄기를 돌아가면서 배열되어 있는 상태. 종에 따라 위에서 내려다볼 때 위아래의 잎이 이루는 각도가 다르며, 이 각도에는 어느 정도 규칙성이 있다. 호생(互生)이라고도 한다.

여러해살이풀 여러 해 동안 살아가는 초본 식물을 뜻한다. 여러해살이풀은 겨울이 되면 땅 윗부분은 죽지만 땅속뿌리나 땅속줄기는 살아 있어, 이듬해 봄이 되면 다시 싹

을 낸다. 다년초(多年草)라고도 한다.

열개과 성숙하면 껍질이 갈라져 씨앗이 방출되는 열매. 삭과·골돌·꼬투리·분리과·단각과·장각과 등이 있다.

열매 씨방이 성숙한 것. 통상 씨방벽이 변해서 된 과피와 배주가 변해서 된 씨앗으로 이루어지며, 모양과 종류가 다양하다. 식물 분류의 주요 지표가 된다.

열매껍질 씨방의 벽이 발달하여 생긴 것으로, 씨를 감싸고 있다. 과피(果皮)라고도 한다.

염통 모양 염통 형태의 잎 모양. 심장형(心臟形)이라고도 한다.

엽맥(葉脈) 잎의 그물망처럼 보이는 조직. 엽맥의 배열 상태는 잎모양과 관련되며, 통상 평행맥과 그물눈맥으로 구분한다.

엽병(葉柄) = 잎자루

엽설(葉舌) = 잎혀

엽신(葉身) = 잎몸

엽초 = 잎집

영과(穎果) 열매의 껍질과 씨앗이 붙은 형태의 열매. 흔히 곡류, 또는 낟알이라 부르는 것이다. 벼과 식물에서 볼 수 있다.

외영(外穎) 벼과 식물의 잔꽃을 둘러싸는 포(엽) 중에서 바깥쪽에 있는 것.

우상복엽(羽狀複葉) =깃꼴겹잎

우편(羽片) = 깃조각

원뿔꽃차례 총상꽃차례 또는 이삭꽃차례 등의 축이 갈라져서 전체적으로 원뿔 모양을 이룬 꽃차례. 원추화서(圓錐花序)라고도 한다.

원추화서(圓錐花序) = 원뿔꽃차례

원형(圓形) 전체적으로 둥근 모양을 나타내는 잎, 꽃잎 등의 모양을 표현하는 말.

월동아(越冬芽) = 동아

윤생(輪生) = 돌려나기

2년생 초본 = 두해살이풀

2년초(二年草) = 두해살이풀

이삭꽃차례 길고 가느다란 꽃차례축에 꽃자루(소화경)가 없는 꽃이 촘촘히 달린 꽃차례. 질경이속·벼과 식물 등의 꽃차례이다. 수상화서(穗狀花序)라고도 한다.

인경(鱗莖) = 비늘줄기

인엽(鱗葉) = 비늘잎

인피 벼과 식물의 퇴화한 꽃덮이에 해당하며, 막질의 비늘조각 같은 부속물을 말한다. 수술의 기부에 2~3개가 있다.

1년생 초본 = 한해살이풀

입술 모양 꽃부리 좌우대칭형으로, 끝부분이 위아래로 갈라져 튀어나온 입술 모양으로 보이는 꽃부리. 꿀풀과·현삼과 등에서 볼 수 있다.

잎몸 잎에서 잎자루를 제외한 넓은 부분. 엽신(葉身)이라고도 한다.

잎자루 잎몸과 줄기를 연결하는 부분으로, 엽병(葉柄)이라고도 한다. 쓴풀이나 톱풀같이 잎자루 없이 잎몸이 직접 줄기에 붙는 상태를 무병엽(無柄葉)이라고 한다.

잎집 벼과·방동사니과·마디풀과 식물 등에서 볼 수 있으며, 줄기를 둘러싸고 있는 부분. 엽초라고도 한다.

잎혀 잎집과 잎몸 연결부의 안쪽에 있는 작은 돌기. 벼과 식물 등에서 볼 수 있다. 종에 따라 잎혀가 없거나, 털 모양으로 변해 있기도 한다. 엽설(葉舌)이라고도 한다.

자방(子房) = 씨방

자엽 떡잎이나 씨에 양분을 저장하는 일.

자웅동주(雌雄同株) = 암수한그루

자웅이주(雌雄異株) = 암수딴그루

작은이삭 벼과 식물에서 여러 낱꽃이 모여 있는 것. 소수(小穗)라고도 한다.

작은잎 겹잎을 구성하는 작은 잎 하나하나를 말한다.

작은포 보통의 포보다 작은 포를 말하며, 낱꽃 밑에 있다.

잡성화(雜性花) 양성화와 단성화가 한 그루에 달려 있는 것을 말한다.

장상복엽(掌狀複葉) = 손바닥 모양 겹잎

절두형(切頭形) 위를 잘라 낸 듯한 모양.

점질(粘質) 끈적끈적한 성질.

정생(頂生) 꽃이나 줄기가 꼭대기에 나거나 줄기 끝에 나는 것.

종피(種被) 씨의 껍질.

주두(柱頭) = 암술머리

주피(珠被) 배주를 둘러싼 껍질.

줄기잎 줄기에 나 있는 것이 명확한 잎. 경생엽(莖生葉)이라고도 한다.

중성화(中性花) 꽃에 암술과 수술이 모두 없는 꽃.

지하경(地下莖) = 땅속줄기

집과(集果) 목련처럼 여러 열매가 모여서 덩어리가 된 것.

짝수깃꼴겹잎 겹잎을 구성하는 작은잎의 갯수가 짝수인 깃꼴겹잎.

초본(草本) 가을이 되면 땅 윗부분이 완전히 말라 버리는 식물.

총상화서(總狀花序) 긴 꽃차례축에 꽃자루의 길이가 같은 꽃들이 들러붙고, 아래에서 위쪽 순서로 꽃이 피는 꽃차례.

총생(叢生) 잎이나 줄기가 한데 모여 더부룩하게 무더기로 난 것.

총포(總苞) 꽃차례 밑에 붙은 포.

총포 조각 총포를 구성하는 총포 조각.

취산꽃차례 꽃차례의 끝에 달린 꽃 밑에서 한 쌍의 꽃자루가 나와 각각 그 끝에 꽃이 한 송이씩 달리고, 바로 그 꽃 밑에서 또 각각 한 쌍씩의 작은 꽃자루가 나와 그 끝에 꽃이 한 송이씩 달리는 꽃차례. 처음의 중

앙에 있는 꽃이 먼저 핀 다음 주위의 꽃들이 핀다.

침형 = 바늘 모양

큰키나무 떨기나무와 상대되는 용어. 사람보다 키가 크며 중심 줄기가 곧고 굵게 자라는 나무. 교목(喬木)이라고도 한다.

타원형(楕圓形) 길이가 폭의 두 배 정도 되는 길고 둥근 잎의 모양.

탁엽(托葉) = 턱잎

턱잎 잎자루가 줄기에 붙어 있는 곳의 좌우에 달린 비늘 같은 잎. 탁엽(托葉)이라고도 한다.

튀는열매 = 삭과(朔果)

폐쇄화(閉鎖花) 제비꽃 또는 땅콩에서 볼 수 있으며, 보통 땅 속에서 피는 꽃을 지칭한다.

포(苞) 잎이 작아져서 그 형태가 보통의 잎과 달라진 것.

포충낭(捕蟲囊) 땅귀이개와 통발과 같이 잎이 주머니 모양으로 되어 작은 벌레를 잡는 기관.

피목(皮木) 코르크층(層)을 가진 나무껍질에 산재하여 기체의 출입구가 되는 부분. 옆으로 긴 것(벚나무)과 세로로 긴 것(말오줌나무)이 있다.

피침형(皮針形) 창처럼 생겼으며, 길이가 폭의 몇 배가 되고, 밑에서 3분의 1 정도 되는 부분이 가장 넓으며, 끝이 뾰족한 잎의 모양을 말한다.

한해살이풀 싹이 트고 자라며, 꽃이 피고 열매를 맺으며 죽는 일이 1년 내에 일어나는 초본 식물. 특히, 겨울에 싹이 트고 봄에 열매 맺는 초본 식물을 동계한해살이풀이라고 한다.

합판화(合瓣花) 꽃잎이 서로 붙어 있는 꽃.

핵과(核果) 다육질의 껍질을 지닌 열매. 속에 단단한 내과피가 씨앗을 둘러싸고 있다.

헛수술 양성화에서 수술이 형태만 갖추고 기능을 나타낼 수 없는 것.

협과(莢果) = 꼬투리

호생(互生) = 어긋나기

호영 벼과 식물 꽃의 맨 밑을 받치고 있는 한 쌍의 작은 조각.

홀수깃꼴겹잎 겹잎을 구성하는 작은잎의 숫자가 홀수인 깃꼴겹잎.

화경(花莖) = 꽃자루, 꽃줄기

화관(花冠) = 꽃부리

화분괴(花粉塊) = 꽃가루덩이

화사(花絲) = 수술대

화서(花序) = 꽃차례

화주(花柱) = 암술대

화총(花總) 꽃이 모여 다발처럼 된 것.

화탁(花托) = 꽃턱

화피(花被) = 꽃덮이

찾아보기

ㄴ

686

ㅇ

ㅈ

ㅊ

ㅋ

ㅌ

ㅍ

■ 도움을 주신 분

문순열 : 한국자연사진가협회 회장
박찬수 : 사진가
안승일 : 사진가
이화진 : 한국벌레잡이식물원 원장
한영일 : 사진가

■ 주요 참고 문헌

● 《꽃이있는삶 上·下》 김대성·오병훈著 반야刊
● 《나의꽃문화산책》 손광성지음 을유문화사刊
● 《大韓植物圖鑑》 李昌福著 鄕文社刊
● 《독도의우리꽃》 김태정著 집현전刊
● 《몸에좋은山野草》 尹國炳·張俊根著 石悟出版社刊
● 《빛깔있는책들 약이되는야생초》 김태정著 대원사刊
● 《식물도감》 이창복감수 (주)은하수미디어刊
● 《약이되는한국의산야초》 김태정著 국일미디어刊
● 《약이되는야생초》 김태정著 대원사刊
● 《우리꽃참좋을씨고》 한국생태조경연구소著 얼과알刊
● 《원색도감한국의야생화》 김태정著 敎學社 刊
● 《原色資源樹木圖鑑》 金昌浩·尹相旭編著 아카데미서적刊
● 《原色韓國植物圖鑑》 李永魯著 敎學社刊
● 《趣味의 山野草》 (株)月刊さつき硏究所(일본)刊
● 《한국민속식물》 최영전著 아카데미서적刊
● 《韓國樹木圖鑑》 山林廳林業研究院刊
● 《韓國野生花圖鑑》 김태정著 敎學社刊
● 《한국의천연기념물》 윤무부 서민환 이유미共著 敎學社刊

꽃 색깔로 쉽게 찾는

아하! 꽃 도감

글·사진/김완규 펴낸이/이홍식 기획/숨은길
발행처/도서출판 지식서관 등록/1990.11.21 제96호
주소/경기도 고양시 덕양구 벽제동 564-4 우412-510
전화/031)969-9311(대) 팩시밀리/031)969-9313
e-mail/jisiksa@hanmail.net

초판 1쇄 발행일 / 2010년 5월 20일